CAMARGUE MARITIME

D'Artémis à Baroncelli

Collection

L'AVENTURE DU MONDE

Luc Long

CAMARGUE MARITIME

D'Artémis à Baroncelli

Sur la trace des épaves et d'un port antique
aux Saintes-Maries-de-la-Mer

GEORGES
NAEF

SOMMAIRE

1 - SUR LES TRACES D'ARTÉMIS

2- DU FER ET DU MARBRE

3- DES CROISADES AU MARQUIS

BIBLIOGRAPHIE

Partie 1 : **SUR LES TRACES D'ARTÉMIS**

Fig. 1 : La ville des Saintes vue en autogire (photo L. Long).

« La mer (...) n'avait rien de sauvage ni de tempétueux.
Je l'attendais dangereuse en l'honneur de Médée
mais il n'y avait pas de trace de Médée dans ces eaux »

Elias Canetti, 1984.

UNE ÎLE SAUVAGE

Au moment d'initier ce texte qui résume plusieurs décennies de recherches sur le littoral saintois et relate à travers les épaves une histoire maritime insoupçonnée depuis la plus haute Antiquité, c'est le ton du récit qui s'impose. Celui d'une histoire passionnelle, depuis toutes ces années, à la croisée du vent marin, de l'écume et des bancs de sable, avec l'univers camarguais en toile de fond. Au début des années 70, plongeur l'été dans une pizzeria aux Saintes-Maries-de-la-Mer, je flâne entre les services dans les ruelles jusqu'à la jetée et aux barques de pêche, où la mer est toujours en mouvement. La cité gardiane exerce déjà un très fort attrait sur moi et nourrit des rêves de voyages. Aux parfums salés des enganes se mêle l'odeur du large, aux cris des gosses sur la plage, le compás d'une guitare gitane (fig. 1). L'appel de la mer et quelques plongées en apnée sur une vieille coque métallique, près de grands congres somnolents, dévoilent l'autre côté du miroir dans une eau à l'opacité glauque. A aucun moment cependant ce havre étésien au terroir immense, offert à une noria de touristes, n'entrouvre les failles du temps, ces couloirs abstraits, ces turbulences transtemporelles, où se cristallisent parfois nos passions pour l'histoire et l'archéologie. A côté, la grande voisine, Arles et sa kyrielle de monuments antiques, offre une histoire en marche, une perpétuelle invitation au rêve, au voyage dans le temps. Mais ici, dans une mosaïque de milieux naturels, entre les salicornes et la mer, où sont passés les bâtisseurs romains ? Ont-ils seulement foulé ces terres salées, aux confins sauvages et marécageux de la *Provincia* ?

Étrange coïncidence, dans ces années-là, les photographies que Lucien Clergue expose à Arles, dans l'*opus* « Langage des sables », rappellent la volatilité de l'empreinte humaine dans ces parages et sa persistance insoupçonnée dans une rétine cosmique. Parmi ces survivances, la légende des Saintes-Maries fait corps avec l'histoire locale mais les reliques sont ténues et seuls deux lions en marbre desquamé, qui flanquent une ancienne porte de l'église, éveillent le lointain souvenir d'un mausolée ou d'un temple antique. Semblables aux monstres médiévaux du portail de Saint-Trophime ils sont peut-être grecs ou romains, tandis qu'une partie de la cité perdue affleure encore sous la mer ?

La question restera longtemps en suspend car depuis des décennies les découvertes sont rares en Camargue et certains témoignages des plus énigmatiques ? Quelques pêcheurs saintois, avant-guerre, n'ont-ils pas vu par mer calme des tombeaux alignés au fond des eaux[1]. Dès 1958, quelques trouvailles fortuites sur la plage, après une tempête ou dans un filet de pêche, sont signalées par l'archéologue Hubert Gallet de Santerre, le long du littoral languedocien, entre le Grau-du-Roi et le Petit Rhône. Privées de contexte, elles mettent pourtant en lumière un mobilier intéressant comme une amphore étrusque, quelques céramiques, des lampes, un *simpulum* en argent, une statuette. Au même moment, les plongeurs du spéléo-club de Nîmes recherchent une épave romaine à l'embouchure du Petit Rhône dont la cargaison d'amphores dispersée ne s'avère guère homogène[2]. Les découvertes deviennent ensuite plus épisodiques tandis que l'*omerta* gagne du terrain.

---

[1] Colinon 1975, 88.
[2] Gallet de Santerre 1961.

En réalité, toujours trouble et houleux, soumis à de fortes tempêtes et aux brumes matinales, ce littoral peu propice à la recherche archéologique offre de rares possibilités de mise à l'eau aux embarcations et reste peu attrayant pour les plongées touristiques comme le confirme l'absence de club entre Fos-sur-Mer et le Grau-du-Roi. C'est donc dans ce contexte défavorable que nous nous immergeons pour la première fois en 1980, avec une petite équipe de la DRASM (aujourd'hui le DRASSM) et du Groupe Archéologique Arlésien[3]. Les résultats de ces prospections présentés en 1983 lors d'une exposition d'archéologie sous-marine, au cloître Saint-Trophime d'Arles, inaugurent une vitrine d'objets issus des épaves de Camargue. A côté des amphores romaines de la côte provençale, prêtées pour la circonstance, les visiteurs découvrent les reliques de quelques vaisseaux du XVIIIème siècle, notamment des lingots de plomb anglais ou hollandais retrouvés face à la Plage d'Arles. Il faudra attendre encore une quinzaine d'années avant que n'émergent les premières épaves romaines et avec elles tout un front de mer bordé d'installations, comme si un grand port maritime antique, tombé dans l'oubli sous dix mètres d'eau, refaisait surface.

Fig. 2 : Géographie de Ptolémée, livres I-VIII (photo BnF, Paris).

Fig. 3 : La Gaule selon Ptolémée, détail (photo BnF, Paris).

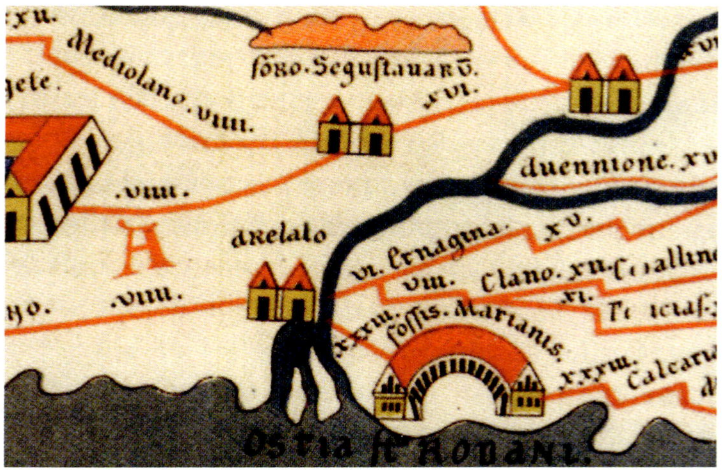

Fig. 4 : Carte de Peutinger, Arles et Fos (copie de Conrad Miller, 1887)

DES PREMIERS ÉRUDITS AUX ÉQUIPES PLURIDISCIPLINAIRES

Les travaux des érudits modernes et les sources gréco-romaines esquissent déjà néanmoins, à l'époque, les fortes potentialités archéologiques sous-marines de la région et vont stimuler nos premières plongées de prospection. Au demeurant, excepté quelques rares sources grecques et romaines[4], le tracé du littoral antique n'est pas connu et les cartes anciennes qui éclairent son évolution sont peu nombreuses. Dérivée des copies médiévales du XIIIe siècle, une représentation du delta camarguais, avec deux bras du Rhône, est inspirée dès la Renaissance de la Cosmographie projetée du géographe grec Claude Ptolémée, au IIe s. ap. J.-C. (fig 2 et 3). Pour sa part, la carte de Peutinger ou *Tabula Peutingeriana*, une copie médiévale d'un itinéraire d'époque impériale du IVe siècle, sous Théodose, dépeint trois embouchures formant deux îles (fig 4). Au vu des découvertes sous-marines, qui reflètent aujourd'hui une très grande

[3] DRASSM : Département des Recherches Archéologiques Subaquatiques et Sous-Marines, organisme à compétence nationale, basé à Marseille (Ministère de la Culture).

[4] Strabon, *Géographie*, IV.

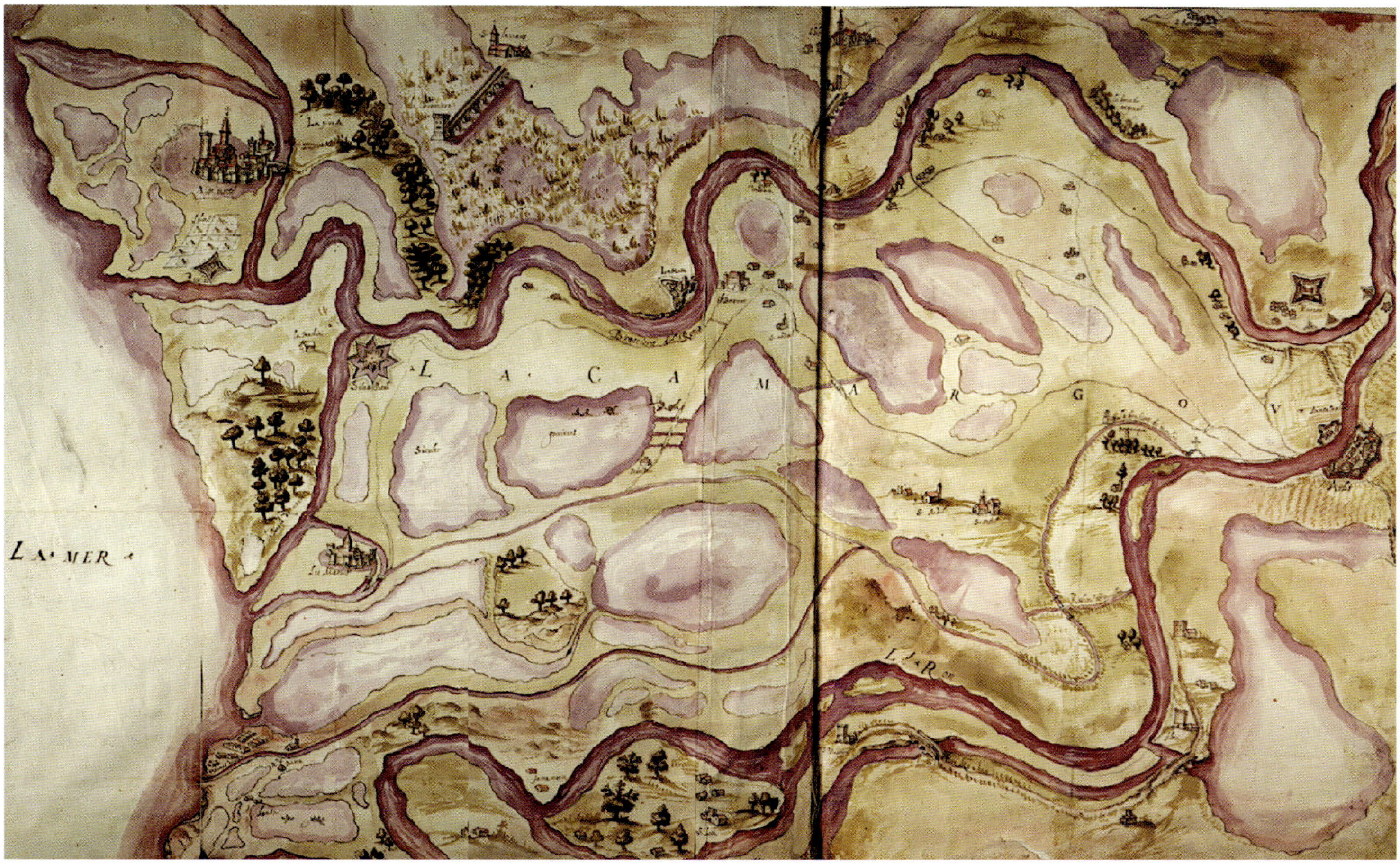

Fig. 5 : Carte de Camargue d'Ascano Vitozzi, 1592 (Archivio di Stato, Turin).

activité maritime dans ce secteur et une difficulté d'accès persistante avec le fleuve, on peut s'interroger sur l'existence éventuelle de cartes marines plus détaillées sur des embouchures en évolution permanente, à l'usage des navigateurs antiques. Si les Grecs et les Byzantins utilisaient déjà des instruments de navigation, comme celui découvert en 1900 sur l'épave d'Anticythère, vers 100 v. J.-C., l'existence des cartes antiques est souvent remise en cause[5]. Gravée au Ve siècle av. J.-C. sur un *ostracon* figurant le talon de la botte italienne, la carte de Soleto permet de reconsidérer les prémices d'une cartographie ancienne, en marge des « périples » de l'Antiquité classique, limités aux indications de distance de port en port[6]. D'autres hypothèses sont tout aussi controversées, comme le schéma supposé de la péninsule ibérique dans le papyrus d'Artémidore, œuvre d'un copiste du Ier s. av. J.-C., ou la carte marine de la Corse, selon Ptolémée, révélée par un réseau de feux de signalisation et de vestiges du monachisme primitif (IVe-VIIe s. ap. J.-C.)[7].

Au vrai, la question des cartes nautiques antiques a déjà fait débat et si l'absence de document laisse la place au doute, on sait que les Romains n'ignoraient rien des éléments nécessaires à leur établissement. Si les *itineraria adnotata* ne comportent généralement pas de représentation cartographique, on pense à des itinéraires complétés parfois de croquis de la côte, à petite échelle, à l'instar des cartes nautiques du Moyen Âge, qui pouvaient figurer dans ce cas les diverses entrées du Rhône[8]. Ainsi, le relevé fidèle et détaillé du tracé côtier de chacune des îles de la mosaïque d'Haïdra, en Tunisie, démontre l'existence d'une cartographie romaine du littoral [9]. Pour obtenir des indications plus précises sur le tracé de ses embouchures, il faut attendre aux XIIe et XIIIe s. les premiers recueils d'instructions nautiques, les *mappamunda* latines, ou *carta de navegar*, qui mentionnent la pointe de l'Espiguette, celle de la Pinède (Brasinvert) et le grau de Passon[10]. Ce sont d'abord les chroniques de Roger de Howeden, en 1190, puis le *Compasso da navigare*, entre 1248

[5] Pastore 2013. Il s'agit d'un planétarium, peut-être l'œuvre de Posidonios d'Apamée, Cicéron, *De la nature des dieux*, II, 88.

[6] Van Compernolle 2005. Un colloque entier a porté sur son authenticité.

[7] Kramer 2001 ; Moracchini-Mazel, Boinard 1989.

[8] Arnaud, 2005, 46.

[9] Bejaoui 1998.

[10] La plus ancienne mention de carte nautique à bord d'un navire est celle du chroniqueur français Guillaume de Nangis qui accompagnait le roi Louis IX à Tunis en 1270 (Rigaud 1990 a, 41).

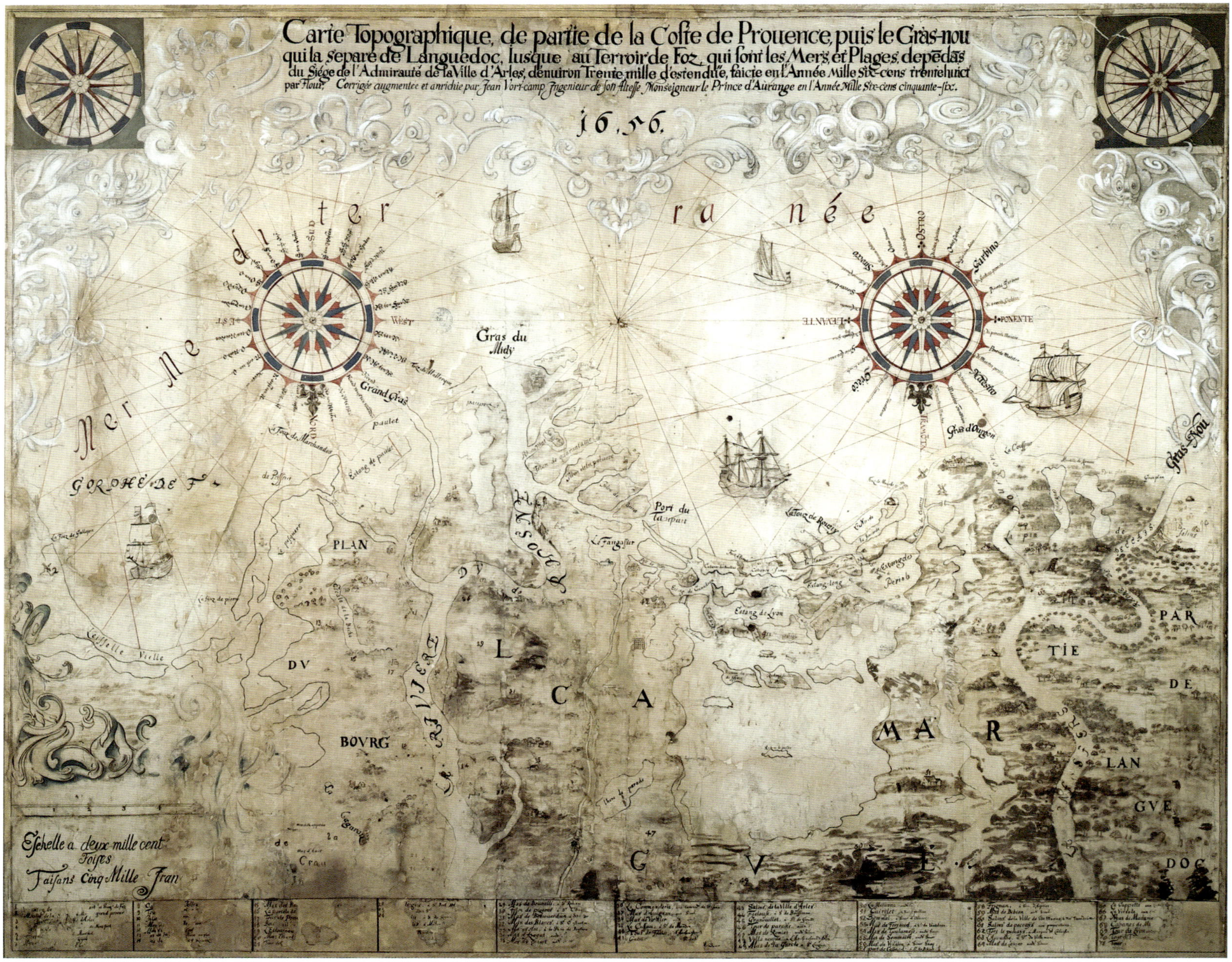

Fig. 6 : Carte de la côte de Provence de J. Voortcamp en 1656 (photo BnF, Paris).

Fig. 7 : Éphèbe de Cabassole, fond de coupe à figure rouge (photo C. Hussy, SRA-PACA)

et 1256, un recueil technique peut-être pisan, à l'usage des navigateurs, contemporain de la fondation d'Aigues-Mortes. Le delta du Rhône est figuré ensuite sur la *Carta Pisana* (1275-1300)[11], puis sur les cartes du génois Petrus Vesconte (début XIVe s.). Il est aussi question de la route des navires, en 1370, dans le poème épique du géomètre Bertrand Boysset intitulé *Le Roman d'Arles*, tandis qu'un siècle plus tard, deux portulans italiens foisonnent d'indications sur la navigation entre Bouc et Aigues-Mortes[12]. Ce sont le *Parma Magliabecchi*, en 1480, puis le *« portulano per tutti i navichanti »,* de Luigi Cadamosto, en 1490, dont les informations sont reprises vers 1523 dans le *Kitab i Bahriye*, ou *Livre de la mer* de l'amiral turc Piri Re'is[13]. Il faut attendre ensuite la fin du XVIe s., cinq ans après l'ouverture du Bras de Fer, pour découvrir l'une des premières cartographies modernes du delta, entre 1591 et 1592, lors de la venue à Arles des ingénieurs piémontais de Charles-Emmanuel, duc de Savoie[14]. Ainsi la *« carte de la Camargo »*, l'une des premières représentations du delta, s'attache à situer toutes les places fortifiées durant les guerres de la Ligue (fig. 5). A cette période, celle éditée par Pierre-Jean Bompar, pour les ligueurs catholiques et le duc de Savoie, rapporte un état des lieux antérieur à 1591, tiré des relevés confisqués à l'érudit protestant Jules-Raymond de Solier[15].

En cette fin du XVIe s., la Camargue devient la zone d'affrontement entre les catholiques arlésiens, soutenus par Charles-Emmanuel Ier, duc de Savoie et prince de Piémont, et les huguenots languedociens.

En 1635, c'est au tour de l'ingénieur Arlésien Flour de dresser pour Richelieu une géographie des côtes de Provence, qu'enrichissent entre 1640 et 1656 les néerlandais Jean Van-Ens et Jean Voortcamp, lors de l'assèchement des marais d'Arles et de Barbegal (fig. 6). Une cartographie plus régulière est activée dans la deuxième moitié du XVIIe siècle et au début du XVIIIe siècle (Sanson 1667, Cantelli di Vigniola 1690, Nolin 1692), lorsque les ingénieurs hydrographes procèdent à des relevés systématiques des embouchures et des bancs de sable du Bras de Fer (les *Tignes*), puis du Grand Rhône, pour servir d'outils de navigation à la marine royale. Henri Gautier, ingénieur des Ponts et Chaussées, s'intéresse même à la sédimentation du fleuve à son embouchure, au début du XVIIIe siècle. Mais les cartographes du Génie renoncent le plus souvent à s'aventurer dans l'île de Camargue au prétexte que ses rivages sont déjà assez dissuasifs pour d'éventuels ennemis[16]. Les défluviations importantes, notamment entre 1695 et 1711, entraînent de nouveaux relevés des embouchures par le cartographe du roi, Noël Advizard, qui seront intégrés en 1778 dans la carte topographique dite de Cassini. A la même période, Charles Virgile de la Bastide s'intéresse à la sédimentologie et croit pouvoir affirmer en 1733 que la mer, dans les temps anciens, est allée jusqu'à Beaucaire, une théorie qui sera reprise textuellement par Nicolas Desmarest, en 1793, sans citer son auteur[17].

A la fin du XVIIIe siècle, un érudit boulimique d'archives, Pierre Véran (1744-1819), premier archéologue arlésien et créateur du musée municipal, pose les fondements d'une véritable étude géo-historique du delta. Ses œuvres manuscrites, notamment : « *Statistique de la ville d'Arles et de son territoire* », inspire la génération suivante, notamment l'historien Ernest Desjardins. Celui-ci, en 1866, dans son « *Aperçu historique sur les embouchures du Rhône* », compare les textes antiques, les cartes anciennes et les relevés archéologiques. Dix ans plus tard, Charles Lenthéric, ingénieur hydrologue passionné, initie à son tour un long travail de recherches sur la Camargue et le delta du Rhône. Dans « *Les Villes mortes du golfe du Lyon* », il positionne à hauteur des Saintes-Maries-de-la-Mer le littoral du Ier s. de notre ère, sur une ligne qui unit le domaine des Marquises à l'abbaye d'Ulmet, une hypothèse sous-tendue par la légende des Saintes-Maries. Il distingue ensuite, en 1892, dans « *Le Rhône, histoire d'un fleuve* », une « phase romaine maritime » et une « phase médiévale paludéenne » qui devait déboucher, avec l'assèchement des marais, sur une « phase moderne agricole ». Ce modèle historique est influencé à l'époque par la poussée démographique d'une Europe menacée de pénurie alimentaire[18].

Au début du XXe siècle, Gabriel Tallon, premier directeur de la réserve nationale de Camargue, et l'abbé Mazel, curé de Gageron, multiplient les découvertes archéologiques. Ce dernier met notamment au jour un fond de vase grec à

---

[11] Pastoureau 1992, 13.

[12] Haupt 2003.

[13] Allibert 2011.

[14] Le Bras de fer n'est pas visible sur cette carte, rognée dans le bas.

[15] Pichard, Roucaute 2014, 67.

[16] Pichard 2005.

[17] De la Bastide 1733 ; Pichard 2005.

[18] Leveau, Valentin 1993.

Fig. 8 : Relevé sur l'épave Plage d'Arles 1 en 1981 (photo P. Mouton)

figures rouges, l'éphèbe de Cabassole (fig. 7). En 1931 et 1932, les sondages d'Henri de Gérin Ricard, sur les rives du Vaccarès, à Notre Dame d'Amour et au Carrelet, livrent un riche mobilier : vaisselle grecque à figures rouges, amphores et monnaies massaliètes, bassins à salaisons d'époque romaine[19]. Comme Léopold-Albert Constans dans son ouvrage « *Arles Antique* », il dénonce la tendance des auteurs du XIX e siècle à imaginer une géographie ancienne très différente de l'actuel[20]. Enrichie de ces nouveautés, la carte archéologique des Bouches-du-Rhône (*Forma Orbis Romani,* vol. V), publiée en 1936 sous la direction d'Adrien Blanchet, mentionne déjà 17 sites sur la commune des Saintes-Maries-de-la-Mer, 34 sur celle d'Arles. Mais la recherche régionale connaît une évolution décisive lorsqu'un jeune archiviste paléographe, archéologue éclairé, Fernand Benoit, compile tous les travaux et réinvente l'archéologie provençale. En 1952, à Marseille, supervisant la fouille du Cdt Cousteau sur une épave romaine au pied du Grand Congloué, il jette aussi les bases de l'archéologie sous-marine et ébauche la *Forma maris antiqui*, la carte littorale des nouvelles épaves[21].

Le delta du Rhône, peu soumis ensuite aux aménagements autoroutiers, aux réseaux ferrés ou aux programmes immobiliers, échappe pendant près d'un demi-siècle aux préoccupations des chercheurs et des historiens. Parmi les exceptions, en 1954, Louis Stouff, élève de Georges Duby, compile les archives médiévales du pays d'Arles, Guy Barruol publie en 1969 une géographie historique des peuples préromains du Sud-Est de la Gaule, tandis qu'Hubert Gallet de Santerre et Jacky Granier recensent en 1961 et 1965 les découvertes faites le long du littoral gardois.

Mais la Camargue va bientôt devenir le creuset d'une nouvelle enquête scientifique et industrielle liée à la recherche géomorphologique et sédimentaire. Déjà, en 1925, un géologue britannique, Richard Dixon Oldham, puis en 1942, un géographe américain, Richard Joël Russel, se sont penchés sur la question de la géomorphologie et de la climatologie du delta du Rhône[22]. Puis, entre 1955 et 1975, la partie occidentale du delta est au cœur des travaux d'une nouvelle génération de chercheurs : Cornelis Kruit, Christiane Duboul-Ravazet, Jean-Pierre Bertrand et Max Guy,

[19] Benoit, 1965, p. 208 ; Landuré, Vella, Charlet 2015, 18.

[20] Constans 1921.

[21] Benoit 1961.

[22] Oldham 1925 ; Russel 1942.

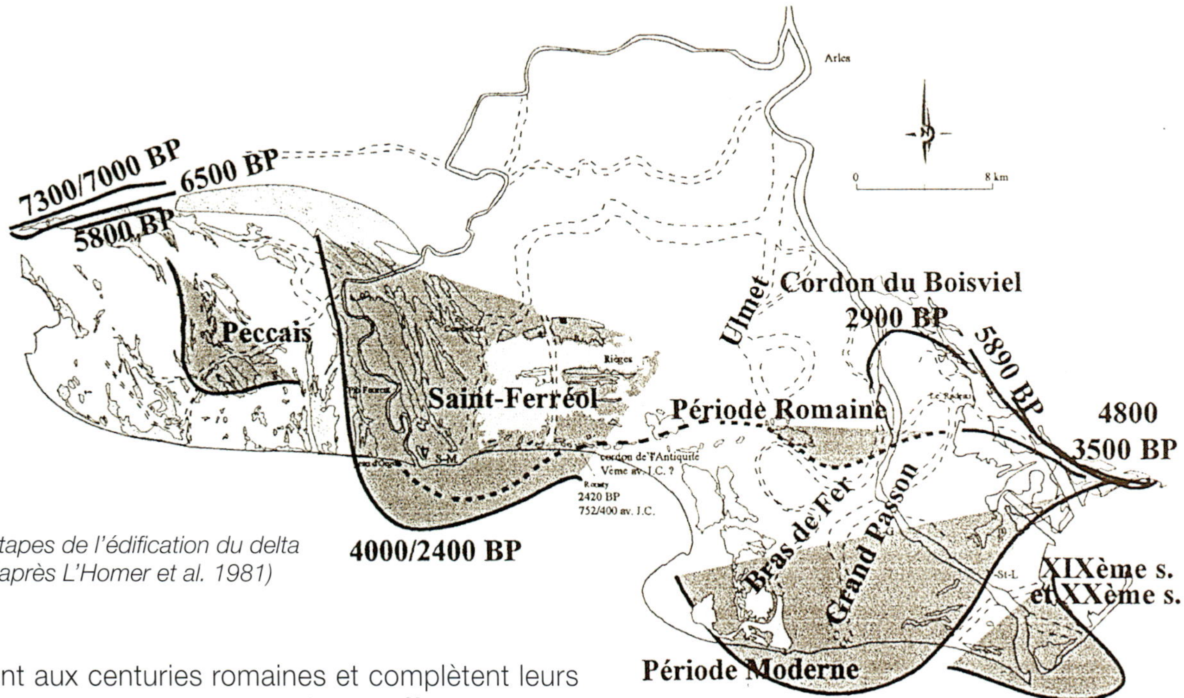

Fig. 9 : Les étapes de l'édification du delta du Rhône (d'après L'Homer et al. 1981)

s'intéressent aux centuries romaines et complètent leurs recherches par des prospections aériennes[23]. La voie est alors ouverte à Alain L'Homer, géologue perspicace, qui fusionne dans un article fondateur, en 1981, géologie, géomorphologie, sédimentologie et océanographie, et propose un séquençage chronologique de la construction du delta lié aux variations du milieu marin[24]. Chargé de la carte géologique d'Arles et du Grau-du-Roi, entre 1987 et 1993, il procède au premier recensement raisonné des vestiges archéologiques en Petite Camargue, dont la datation des cordons successifs repose désormais sur l'analyse C^{14} d'échantillons coquillers, de macro-restes végétaux et des vestiges antiques (fig 9).

En 1989, le géographe Jean-Paul Bravard, affine à son tour les chronologies par les sédimentations et initie une première histoire hydrologique des milieux fluviaux du bassin-versant rhodanien[25]. Après le concept de géosystème, imaginé dans les années 60, celui d'anthroposystème rapproche désormais archéologues et historiens, et débouche sur les notions actuelles de géoarchéologie et d'archéogéographie, tandis que Bernard Picon, dans un essai d'ethnoécologie sociale, s'intéresse dès 1978 à la notion d'espace et de temps en Camargue[26].

Sur ces entrefaites, lorsque nous intervenons en plongée, en 1981, en collaboration avec les musées d'Arles et l'association Hérisson-Bonaventure, la DRASM développe ainsi les premières recherches sous-marines, au large des Saintes-Maries et de la Plage d'Arles, dans un milieu compliqué à faible visibilité (fig.8 et 10).

Des travaux complétés en 1988 par le dépouillement des archives maritimes initié par Albert Illouze, qui publie en 1988 : « Épaves de Camargue », un catalogue de 400 navires perdus entre le XVe et le début du XXe siècle. Avec les travaux complémentaires de Patrick Lizé, Philippe Rigaud, Antoine Golf, Louis Haesslé et Michel Goury, ce recensement constitue un outil incontournable pour l'histoire des naufrages en Camargue et dans le Rhône.

Fig. 10 : Les épaves de Camargue sont des abris à congres (photo D. Metzger, DRASSM)

[23] Kruit 1955 ; Duboul-Ravazet 1956 ; Bertrand *et al.* 1974 ; Pons *et al.* 1979.

[24] L'Homer *et al.* 1981

[25] Bravard 1989.

[26] Burnouf, Bravard, Chouquer 1997 ; Burnouf *et al.* 2003 ; Burnouf, Leveau 2004 ; Picon, 1978.

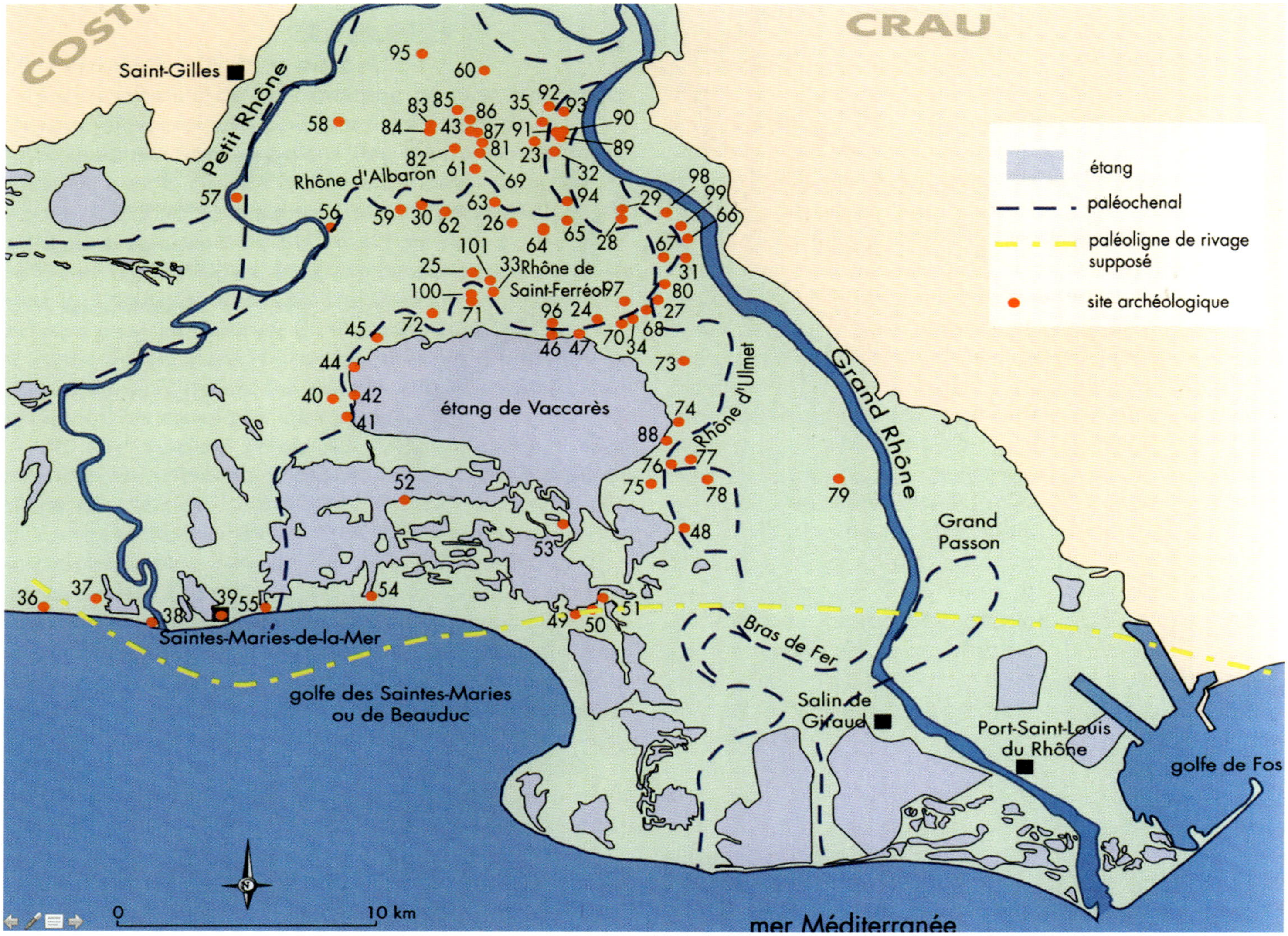

Fig. 11 : Rhône de Saint-Ferréol (en pointillé), les épaves et les sites du Ier au IIIè s. (carte et DAO : B. Simon, M. Olive).

Une première liste de sites expertisés qui comptabilise à l'époque 70 épaves, antiques et modernes, est présentée en 1995 au colloque « Crau, Alpilles, Camargue, Histoire et Archéologie », sous l'égide du Groupe Archéologique Arlésien. Synthèse de nos investigations sous-marines, l'analyse fait le point, pour la première fois d'après les épaves, sur la position du trait de côte sous l'Empire romain.

Les années suivantes, Georges Pichard, chercheur en archives et historien du milieu rural de la Provence rhodanienne moderne, étudie les travaux de drainage des zones humides et analyse l'impact régional des crues, tandis que Mireille Provansal et son équipe (CEREGE) renouvellent les connaissances géomorphologiques sur la plaine deltaïque[27]. Parmi ses proches collaborateurs, Gilles Arnaud-Fassetta, spécialisé en géoarchéologie fluviale, définit une synthèse paléohydrographique des quatre derniers millénaires qui affine les chronologies d'Alain L'Homer, tandis que Claude Vella, qui scrute la marge orientale du delta et sa mobilité durant l'Holocène, isole les facteurs actifs du trait de côte, du niveau marin et de la position des embouchures. Intéressé par l'apport des épaves, il collabore à nos fouilles et supervise par ailleurs les travaux de Tony Rey sur les dynamiques hydro-sédimentaires de l'Holocène, en Petite Camargue. Entretemps, peu après les grandes inondations de 1993 et la parution des travaux historiographiques de Philippe Leveau, sur la Camargue antique[28], les chercheurs du SRA-PACA (Service Régional de l'Archéologie, installé à Aix-en-Provence), fédèrent en 1997 dans un projet commun les archéologues, historiens et géomorphologues. Dans ce cadre et au cœur de la Réserve naturelle, Corinne Landuré et Michel

[27] Provansal *et al*. 1999 ; Provansal *et al.* 2002 ; Provansal 2003, Provansal, Arnaud-Fassetta, Vella 2004 ; Vella 1999 ; Picon 1978.

[28] Leveau, Valentin 1993.

Fig. 12 : Épitaphe à Annius Camars, sénateur arlésien (d'après M. Pasqualini 2004)

Pasqualini relancent l'inventaire exhaustif des sites deltaïques et des modes d'occupation du sol, dans un programme collectif qui inclue nos recherches sous-marines[29].
Au moment où émergent les premières hypothèses d'un avant-port maritime antique devant les Saintes-Maries-de-la-Mer, les prospections d'Otello Badan à l'est du Vaccarès, sur la montille d'Ulmet, soulèvent la piste d'une nouvelle zone portuaire et de son embarcadère près du fleuve, durant l'Antiquité tardive. Les fouilles menées à Ulmet par Corinne Landuré et Claude Vella s'harmonisent alors avec les interventions du DRASSM à Fos-sur-Mer et dans le Rhône à Arles, pour une vision plus globale des embouchures antiques et de l'organisation des ports de la cité. Désormais il existe un lien logique entre les épaves agglutinées à l'ancienne embouchure du Rhône de Saint-Ferréol (la branche médiane des trois bras antiques) et la grande quantité d'installations terrestres contemporaines qui jalonnent son cours jusqu'à Arles (fig. 11). Dans le même temps, le médiéviste Jacques Rossiaud, compile en 2007 ses recherches dans l'ouvrage « Le Rhône au Moyen-Age »[30] et s'intéresse à la question des embouchures, tandis que Philippe Leveau et Cécile Allinne abordent l'archéologie du paysage, et le problème de l'eau, des inondations et de la végétation antique dans le Bas-Rhône[31]. En 2008, une nouvelle version de la carte archéologique « Arles, Crau, Camargue » voit le jour, sous la direction de Michel Provost, et succède à la *Forma Orbis Romani* de 1936. Enfin, en 2015, Corinne Landuré, Claude Vella et Marion Charlet cosignent le catalogue « La Camargue au détour d'un méandre », qui retrace, lors de l'exposition au musée d'Arles, 20 ans de recherches archéologiques et géomorphologiques, notamment sur le Rhône d'Ulmet. Dans le même temps, le DRASSM et le Centre Camille Jullian (CNRS), lancent entre 2014 et 2016 sous la direction de Souen Fontaine le programme collectif de recherche Fossae Marianae sur la partie orientale du delta. En parallèle, nous poursuivons toujours nos fouilles sans interruption au large des Saintes-Maries.

LE NOM DE LA ROSE ?

En dépit d'une recherche active, la Camargue antique garde encore sa part de mystère, comme sur l'origine de son nom, inconnu des textes grecs et latins. Une version controversée de l'étymologie tient aux travaux de l'épigraphiste Robert Mowat, qui reconstitue en 1888 le *cursus honorum* du légat Aulus Annius Camars, en comparant deux fragments d'inscriptions. Le premier, légué au XVIIe siècle au musée d'Arles, provient d'un monument public exhumé dans la rue des Arènes, le second, trouvé à Rome, est conservé au Musée de Vérone. Robert Mowat propose de décliner le toponyme *Camarica* du *cognomen* de ce tribun de la plèbe, riche propriétaire foncier de la gens *Annia*, qui élève en 83 un monument et des statues à Arles pour perpétuer son souvenir et celui de sa famille (*CIL VIII*, 449 et *XII*, 670) (fig. 12).
Le terme officiel de « l'île de Camargue » était déjà apparu au Xe siècle, dans un diplôme de 920, mentionnant une église située « *in insula camarigas* », puis en 923 dans le cartulaire de Saint-Victor, à Marseille, lors de la concession d'une abbaye : « *in territorio urbis arelatensis, in insula camaricas, super flumen Rhodani* »[32]. Pour d'autres linguistes, l'appellatif pré-celte kam-ar, désignant une hauteur arrondie, pouvait s'appliquer à l'origine à la forme courbe des méandres du Rhône[33].
Le problème d'une origine étymologique perdue dans la nuit des temps est le même pour les populations indigènes qui vivaient entre Marseille et Arles, tant les sources écrites demeurent lacunaires et approximatives. Sur ce point, l'archéogéographe Gérard Chouquer a tenté de placer en Camargue les *insulae furianae*, présentes sur un fragment épars du cadastre C d'Orange, en relation toponymique avec les terres de la Furane, liées au XVIIe s. à la commanderie de Saliers[34].

---

[29] Landuré, Pasqualini, Guilcher, 2004 ; Landuré, Vella, Charlet 2015, 17.
[30] Rossiaud 2002 ; 2007.
[31] Allinne 2005 ; Leveau 1993.
[32] Gayraud 2010, 100.
[33] Sauze 2013, 257.
[34] Chouquer 1980 ; Leveau, Valentin 1993, 98.

Quant au nom même du fleuve Rhône, *Rhodanus* en latin, il reste lui aussi sujet à discussion. Une liste du tome 175 du *Corpus Christianorum*, au Ve s. ap. J.-C. intitulée *De Urbibus gallicis*, où sont commentés des noms de villes, stipule que *Rhodanus* signifie à la fois en gaulois et en hébreu, « Juge terrible »[35]. Dans son acception celte, *Rhodanus* se décompose en *rod-aounas-us*, qui pourrait signifier un fleuve de montagne violent, tumultueux et bondissant, le radical *rod* ou *rot* pouvant se rapporter au flux d'eau puissant[36].

Mais son nom pourrait provenir aussi de *Rhoé*, *Rhodé, Rhodum, Rhoda* ou *Rhodanousia*, une ville massaliète sur l'une de ses embouchures, issue pour divers auteurs : Hérodote, l'anonyme de la Périégèse et Pline, d'une ancienne escale rhodienne[37]. Littéralement, *Rhodanousia* signifie l'établissement, la propriété (*ousia*) des rhodaniens, une étymologie proche en effet de celle de la colonie emporitaine de *Rhodé*, Rosas, au Sud du Cap Creus, une autre ville que le Pseudo-Scymnos de Chios et Strabon rattachent aux Rhodiens lors de leur voyage en Ibérie, qui sera occupée ensuite par les Massaliètes.

Ces idées vont perdurer comme le confirment l'épitre aux Galates de Saint-Jérôme, au IV e siècle : *« L'oppidum de Rhoda a été fondé par les Rhodiens et de lui le Rhône a tiré son nom »* Isidore de Séville, au VIIe s. (*Etymologies*) : *« Le Rhône, fleuve de la Gaule, tient son nom de Rhodum fondé par les colons rhodiens »*. Cet hydronyme dériverait dans ce cas, selon la tradition antique, de la divinité marine associée à l'île de Rhodes, à qui elle a donné son nom. Il s'agit donc de celui de la rose, qui apparaît sur le monnayage et sur les timbres amphoriques de la cité grecque. Une forme qui, par les hasards de l'usage et de la syntaxe, a perdu son *s* dans le vieux français *Rhosne*, issu du *Rhodanus* latin, et son *n* en provençal, et refait surface dans la langue de Mistral sous la forme « Lou Rose ».

LES RICHESSES D'UN TERRITOIRE ARIDE

Les traces de l'occupation humaine au Néolithique, en Camargue, sont sans doute dissimulées aujourd'hui sous une épaisse sédimentation. Entre 5700 et 3600 av. J.-C., le delta en mouvement, avec ses marécages insalubres aux abords de l'étang du Vaccarès, constitue peut-être un ensemble environnemental peu favorable à l'homme.[38] Toutefois, les résultats d'analyses palynologiques issues de carottages ont révélé des indices d'anthropisation au Carrelet (4430-4270 av. J.-C.), aux Frignants et à Augery (3500-2500 av. J.-C.), et au Pont-Noir (1670-1470 av. J.-C.)[39]. Parmi d'autres témoignages, un squelette d'équidé de race Camargue, associé à des outils en silex, a été mis au jour en 1875 sur la rive droite du Rhône[40].
De manière générale, la découverte en 1996 près du tombolo de Giens (Hyères), dans 3 m d'eau, d'un vase non tourné du néolithique moyen ou supérieur (4700-3500 av. J.-C.), implique que les hommes fréquentaient déjà, à cette période, les littoraux lagunaires et insalubres, sans doute pour la chasse, la pêche et la récolte du sel[41]. L'Age du bronze, qui aurait pu être plus favorable, n'a laissé lui aussi en Camargue aucun *artefact*. Toutefois, la sédimentation est telle que d'éventuelles traces très anciennes sont peut-être encore enfouies.

C'est à partir du VI e siècle avant J.-C., que l'étude des céramiques importées confirme une présence humaine et une densité économique qui laissent percevoir la spécificité d'une région liée à la navigation et aux échanges avec le fleuve, ainsi qu'aux richesses agro-pastorales et halieutiques d'un littoral aride, baigné d'étangs. Ces lagunes, plus denses en basse Camargue, sont fréquentées très tôt pour leurs ressources alimentaires. Ainsi, dès l'époque archaïque et bien avant l'aménagement de salines, ces immenses surfaces naturelles se prêtent à la collecte du « sel sauvage » en grande quantité, en bordure des étangs, des *launes* du Rhône, jusqu'aux étangs salés de Fos. Une telle facilité accroît l'implantation des populations humaines, car l'homme s'installe là où il trouve des ressources, et engendre d'importants échanges commerciaux. La proximité du Rhône favorise aussi la pêche, la chasse, l'approvisionnement en eau et en bois. Ainsi, le site de la Capelière, occupé depuis le V e s. av. J.-C., par des indigènes hellénisés, constitue un embarcadère et une étape fluviale intermédiaire entre Arles et la mer[42].

Seul mode de conservation connu des anciens, le sel marchand est recherché pour les salaisons de poisson et de viande. Mais si des traces tangibles de cette exploitation sont

[35] Buridant 1998, 40 ; Gayraut 2010.
[36] Le Tourneau 2017, 192.
[37] Hérodote IV, 9 ; Périégèse 201-210 ; Pline III, 32.
[38] Arnaud-Fassetta 1998, 181.
[39] Sauzade 2008, 55.
[40] Nicolas 1876 ; Bonnet 1999, 59.
[41] Long, Vella 2003.
[42] Landuré etal. 2020, 144.

Fig. 13 : Foëne en bronze découverte devant les Saintes-Maries-de-la-Mer (photo S. Cavillon Drassm)

Fig. 14 : Peson de filet en pierre de l'épave SM43. (Photo L. Long)

attestées au Ier s. av. à la Tour du Vallat, Notre-Dame-d'Amour et la Capelière, puis au Ve s. ap. J.-C. au Carrelet, par des bassins à salaisons, cette activité traditionnelle, qui ne représente pas d'aspect remarquable, est absente des sources écrites habituelles. L'élevage du mouton et l'essor des salaisons de poisson, au Ier s. av. J.-C., sur le site de Grand Parc, au sud de la Camargue, attestent la proximité de réserve de sel. Des salines sont toutefois mentionnées plus tard, au IVe s. ap. J.-C., dans la vie d'Hilaire, évêque d'Arles de 430 à 449, et au VIe siècle, dans un sermon de Saint-Césaire, archevêque d'Arles, tandis que de nombreuses citations au Moyen Âge évoquent les abbayes du sel[42]. Contrairement à Narbonne, où une stèle antique conserve la mémoire de deux *salinatores*[43], aucune inscription latine du Gard ne confirme l'assertion récente, relayée par certains chercheurs, sur l'existence d'un ingénieur romain des salins de Camargue au début de l'ère chrétienne. Son nom, *Peccius*, serait selon eux à l'origine de celui de Peccais, attribué au chenal qui constitue la partie terminale du Rhône d'Albaron et prenait naissance à côté de Lauricet[44].

La richesse halieutique des eaux peu profondes des étangs de Vaccarès et de la Camargue gardoise, offrent aussi une matière première de choix, même si ces pêcheries ont laissé, elles-aussi, très peu de trace. L'immense plaine d'inondation du Rhône favorise très tôt l'élevage (ovicaprins, bovins, cervidés) et l'agriculture, notamment vignes et céréales, comme le mentionne une borne de limite de propriété exhumée sur le site du Carrelet. Non loin de là, plusieurs dizaines de bergeries, en Crau, occupées dès le milieu du Ie s. av. J.-C., à la création de la colonie d'Arles, jusqu'au début du Ve s., traduisent l'importance de l'élevage, une partie du bétail ayant pu être exploitée pour sa laine[45]. Le cheval tient également une place importante, si l'on en croit la correspondance entre Symmaque, préfet de Rome, au IVe s., et son ami Bassus, un éleveur local[46].

Un autre texte associe la partie méridionale du delta, avec l'étang de Vaccarès (*stagnum de Vaccaresio*), à une grande réserve de pêche et de chasse comme le précise le pseudo-Aristote dans ses Singularités Merveilleuses (II, 89) : *« il existe en Ligystique*[47]*, dans le territoire de Marseille, un étang qui bouillonne, déborde et donne un si grand nombre de poissons que cela paraît incroyable. Lorsque soufflent les vents d'été, le fond se soulève et il se produit une telle poussière que sa surface devient solide comme le sol.*

En les frappant avec leurs tridents, les habitants retirent de l'étang en peu de temps autant de poissons qu'ils veulent. On raconte que certains Ligures manient si bien la fronde que, lorsqu'ils voient plusieurs oiseaux, ils se disputent pour savoir lequel chacun s'apprête à frapper, car tous atteindront leur cible ».

Excellente illustration de ces sources, une foëne antique en bronze, découverte récemment en mer au large des Saintes-Maries-de-la-Mer, servait à piquer les poissons qui passaient à fleur d'eau dans les étangs et les estuaires (fig. 13).

Sur l'épave romaine *SM43*, à l'est de la ville, un peson en calcaire fin (poids : 3,4 kg, diam. 15 cm, ouverture : 7,2 cm), associé à une lèvre d'amphore Dressel 20, devait lester la ralingue d'un filet et roulait sans difficulté lorsque l'engin était tiré à terre (fig. 14). Dans ce contexte, le col de Dressel 20

Fig. 15 : Chargement des filets et pesons sur un bateau de pêche, bas-relief de Narbonne (photo L. Roux CCJ-CNRS)

[42] Heijmans 2013, 193.
[43] Sanchez, Ginouvez, Kotarba 2011, 53.
[44] Pérez, Urbe 1970.
[45] Badan *et al.* 1995.
[46] Symmaque, Correspondances, IX, 20.
[47] Ce terme de *Lygistique* (Ligurie), est selon Strabon employé par les Anciens pour désigner la chôra massaliète. D'après la compilation des textes, l'évocation de cet étang dans le delta du Rhône est antérieure aux interventions romaines de 125/123 avant J.-C (Bats 1986, 31).

n'est pas anodin et fut sans doute réutilisé comme peson de filet, ce que suggèrent des traces de frottement et la similitude de forme avec d'autres poids antiques[48]. Ces objets permettent de réinterpréter, selon nous, le bas-relief du musée de Narbonne qui illustre un chargement de bateau (fig. 15)[49]. Le fardeau sur l'épaule des deux personnages qui montent sur la coupée, pris à l'origine pour une nasse emplie de bols sigillés de la Graufesenque, n'est qu'une botte de filet équipé d'une dizaine de pesons comme le nôtre. Les fardeaux sont donc deux filets de chanvre pour la pêche au thon qui, au vu de leur volume et à l'échelle des personnages, doivent mesurer environ une centaine de mètres de long chacun.

Si le poids du chanvre sec est de l'ordre de 30 kg, comme celui du lest, la charge totale, proche de 60 kg, paraît supportable à dos d'homme. On ne sera pas étonné, du coup, que le navire amarré à quai, sur ce bas-relief, soit équipé de rames. Il ne s'agit sans doute pas comme on l'a cru d'une galère de commerce mais bien d'un gros navire de pêche dont la propulsion permettait d'encercler un banc de thons lors d'une seinche, la pêche thonière traditionnelle. Si le peson en pierre des Saintes-Maries-de-la-Mer est généralement d'un type associé aux captures de loups, daurades, muges et petits sparidés et se voit remplacé au Ier siècle par des poids en terre cuite ou en plomb, il a pu servir aussi, vu sa taille, à la pêche au thon[50].

Dans un long poème sur l'art de la pêche, au IIe siècle, Oppien fait justement allusion aux captures de thon aux embouchures du Rhône, avec de grands filets : « *En premier lieu, dans la mer Ibérienne, ils (les thons) rencontrent pour ennemis les Ibères, orgueilleux de leur vigueur ; ensuite, aux embouchures du Rhône, ils sont pêchés par ces Gaulois, dont les ancêtres ont habité autrefois la ville de Phocée… Quand arrive au printemps l'armée des thons, c'est pour les pêcheurs le signal des captures les plus riches et les plus abondantes (…). Aussitôt on déploie au sein des eaux tous les filets, dont la disposition ressemble à celle d'une ville (…). On fait ainsi une pêche excellente et vraiment merveilleuse* »[51].

Fig. 16 : Carte des épaves antiques de Camargue (L. Long et L. Masselin)

48 Bernal Casasola *et al.* 2011, 433, fig. 1, 437, fig. 2.

49 Espérandieu 1907, 420, n° 685.

50 Sternberg 1998, 102.

51 Oppien, Halieutiques, III, 625-648, trad. Bourquin 1877, 83-84.

Fig. 17 : Une amphore massaliète émerge du sable face aux Saintes-Maries (photo K. Boscolo)

D'autres pesons de filets antiques en pierre ont été remontés en surface par des pêcheurs dans la zone devant les Saintes-Maries. Très attaqués par les lithophages, on recense un autre peson cylindrique proche de celui découvert sur *SM43* et une vingtaine d'autres modèles, triangulaires ou quadrangulaires, toujours rainurés verticalement pour le passage cette fois d'une filière extérieure.

L'image par ailleurs de sols craquelés et d'étangs asséchés que reflètent le texte du Pseudo-Aristote (II, 89), nous renvoie aux traditionnelles phases de sécheresse intense en Camargue, autour du Vaccarès. Ainsi, en 1491, deux notaires d'Arles, en arpentant à pied l'étang totalement asséché, découvrent au milieu une borne antique[52].

LES VILLES ET LES PEUPLES ANTIQUES DU DELTA

L'interprétation des textes et les recherches archéologiques ont renouvelé le débat sur les peuples du delta du Rhône, même si quelques confusions subsistent encore. Décrivant les rives occidentales de la Méditerranée, au IVe siècle av. J.-C., le Pseudo-Scylax précise : « *Après les Ibères habitent les Ligures et les Ibères mêlés, jusqu'au Rhône, puis, au-delà du Rhône, suivent les Ligures jusqu'à Antion* (Antibes)». Pour les auteurs du XIXe siècle, notamment Charles Lenthéric, la Camargue est occupée par la tribu des *Anatalii*, étendue entre Martigues et le Rhône et citée qu'une fois par Pline, le

[52] Pichard 2008, 282.

Fig. 18 : Statuette en bronze d'Héraclès au sanglier d'Érymanthe (photo L. Long)

site du Carrelet étant leur capitale *Anactilia* (*Anatilia*). Si cette tribu a quelquefois été confondue avec les *Avataci*, Pline, qui a peut-être voyagé en Gaule, les distingue bien (III, 36).
Mais on situe aujourd'hui avec plus de certitude les premiers au nord-est de la Crau, dans la région des Alpilles, près de leur chef-lieu, l'énigmatique oppidum d'*Anatilia,* peut-être Salon, Eyguières, Sénas, ou Saint-Rémy (Pline, III, 37), et les seconds vers Martigues, sur la bande côtière entre le bras oriental du Rhône et les abords de Marseille[53]. C'est plus vraisemblablement les *Libiccii*, connus par ailleurs en Italie, qui occupaient le delta du Rhône et la Camargue, et donnèrent leur nom à deux des bras antiques du fleuve, les branches libyques, l'une étant la branche centrale, l'*ostium Metapinum* (grau de Saint-Ferréol), l'autre, la plus occidentale, l'*ostium Hispaniense* (fig. 16)[54].

Une autre cité, fréquemment confondue avec le village primitif des Saintes-Maries-de-la-Mer, *l'Oppidum Priscum Ra Mastrabalae*, est évoquée au IVe s. ap. J.-C. par le sénateur Festus Avienus dans un extrait de son célèbre périple : *Ora Maritima*. Si l'on suit ce poète géographe dont l'œuvre tardive fut malheureusement corrompue par les copistes, l'*oppidum Priscum Ra* correspond au site de Saint-Blaise ou à celui de Berre. Le texte se lit ainsi aujourd'hui : « *La navigation est de deux jours et deux nuits* (depuis Arles). *Là le peuple des Néarchi et la cité de Berginé* (*Ernaginum*/Saint-Gabriel),

[53] Tréziny 2004, 97 ; Barruol 1969, 203, n° 5-6
[54] Barruol 1975, 193.

les cruels Salyens, le vieil oppidum de Mastrabala sur le lac (Saint-Blaise ou Berre), *un haut promontoire que les indigènes nomment Cecylistrium* (chaîne de l'Estaque), *et enfin Marseille elle-même ».* On a cru longtemps, comme le pensait Camille Jullian, qu'Aviénus assimilait l'*Oppidum Priscum Ra* au nom égyptien d'une île consacrée à Râ, dieu solaire égyptien, et que ce toponyme s'était transformé ensuite, sous l'influence chrétienne, en *Ratis*, qui signifie bateau, radeau ou ilot. Aviénus précise aussi qu'Arles s'appelait *Théliné* (la nourricière), aux siècles anciens, quand les Grecs l'habitaient (*Ora Maritima*, 689-691). Si la présence des Grecs est confirmée dans la ville vers 540-530 av. J.-C., par les fouilles terrestres, on ignore cependant encore si Arles est à cette époque une colonie grecque ou un *emporion*, c'est-à-dire un comptoir commercial au sein d'une agglomération indigène ? D'autres villes, par ailleurs, sont connues des textes mais n'ont pu être localisées avec certitude, *Arelate* étant la seule dont l'identification est incontestée. Il s'agit en particulier de *Rhodanousia* et d'*Héracléa*, qui furent peut-être, avant l'installation des Phocéens à Massalia, des comptoirs rhodiens fortifiés par les Marseillais[55]. Ainsi, dans le dernier quart du IIe s. av. J.-C., le « Circuit de la Terre » ou périple d'un auteur anonyme appelé traditionnellement le Pseudo-Scymnos, mentionne les sites côtiers depuis Ampurias, notamment « *Agathé* (Agde) *et Rhodanaousia, que longe le grand Rhône et ensuite Massalia* ». Strabon, au Ier siècle, évoque Agde et *Rhodanousia*, à propos des Grecs de Marseille, *« Ils fondèrent leurs cités comme des places fortes, les unes en Ibérie contre les Ibères (...), Rhodanousia et Agathé contre les barbares qui habitent la région du fleuve Rhône »*. Etienne de Byzance, au Ve s. ap. J.-C., garde également le souvenir de cette *Rhodanousia* qu'il rattache au domaine des Massaliètes : « *Rhodanousia, ville de Massalie* ». Plusieurs chercheurs, dont Fernand Benoit, ont tenté de la localiser à Trinquetaille, puis à Beaucaire, où la mention *Raunissa* serait au Xe siècle une survivance de son nom[56]. Si, par ailleurs, Guy Barruol et Michel Py la situent à Espeyran, près de Saint-Gilles, où a surgi un important habitat gallo-grec, Henry Trésiny la place à Arles et Réjane Roure, plus récemment, au Caylar, en Camargue gardoise[57]. *Rhodanousia* correspond sans doute à un comptoir commercial fortifié sous influence grecque, repris par les Gaulois au IIIe siècle av. J.-C. La présence de mobilier grec au large des Saintes-Maries-de-la-Mer, peut constituer du coup une nouvelle occurrence pour cette fondation (fig. 17). Une autre cité perdue est mentionnée par Pline l'Ancien, qui, après avoir évoqué le nom des trois branches du fleuve, précise : « *Il y a des auteurs qui disent qu'il y eut aussi une ville d'Héracléa, à l'embouchure du Rhône* ». La mention employée : « *in hostio Rhodani* » est significative. (*Hist. Nat.* III, 33). Etienne de Byzance rattache cette même *Héracléa* à une ville de Celtique (Cf. *infra*). Elle a peut-être déjà disparu ou a changé de nom dans le deuxième quart du IIe s. av. J.-C., lorsque le Pseudo-Scymnos énumère Agde, *Rhodanousia* et Marseille, sans la citer ? Mais *Héracléa* est peut-être tout simplement le nom primitif des Saintes-Maries-de-la-Mer, comme l'a déjà avancé Guy Barruol[58]. On citera sur ce point la déclaration d'une statuette en bronze du héros éponyme, datée entre le Ier s. av. et Ier s. ap. J.-C., dans l'embouchure du Petit Rhône, en 2011 (Fig. 18). Survivance locale du culte d'Héraklès ou simple objet décoratif, elle représente le colosse portant sur l'épaule un fardeau disparu, le sanglier d'Érymanthe. L'exploit est ici peut-être particulièrement symbolique pour les Grecs de Marseille installé dans la région, aux prises avec les Celtes dont le sanglier est une divinité importante. Un autre objet trouvé en mer dans ce secteur, une anse en bronze, est également à son effigie. Comme le rappelle Eschyle, le demi-dieu, au retour de son périple en extrême occident, jalonne les grandes routes du monde méditerranéen et traverse la Crau battue par le mistral (Boréas) où il combat les Ligures. Son culte apparaît donc comme un fait marseillais, au carrefour de la « voie hérakléenne » et du Rhône, et il correspond bien, pour les Grecs de la région, au type même du héros protecteur qui avait son sanctuaire dans des ports, comme *Heraclea Monoikos* à Monaco, ou *Heraclea Caccabaria* à Cavalaire[59]. D'autres mentions de villes antiques posent des problèmes de localisation. C'est le cas du *vicus Virinnae* (CIL XII, 3362), qui peut être aussi attribué au Caylar, tandis que l'*Itinéraire Maritime* de Rome à Arles (*Itineraria romana*), positionne la station portuaire *Ad Gradus* sur le bord de mer entre Marseille et Arles. Il s'agit vraisemblablement de l'*Ostium massiliensis* de Pline, autrement dit l'embouchure naturelle du Rhône d'Ulmet, à l'ouest de Fos, (probablement au nord de l'actuelle Port-Saint-Louis), au moment où le canal de Marius est déjà ensablé. Ce guide du cabotage de la fin du Ier s. ou du IIe s. ap. J.-C., (itinéraire d'Antonin, constitué au IVe s.) donne la distance en milles romains séparant *Ad Gradus* de Fos et d'Arles : *« a Fossis ad Gradum Massilitanorum, fluvius Rhodanus, m(ilia), P(assuum), XVI »* et *« a Gradu per fluvium Rhodanum Arelatum, m(ilia), p(assuum), XXX ».* Avec un mille romain de 1479 m, cette station se situe donc à 23,70 km de Fos et 44,40 km d'Arles, ce qui n'est guère possible car le point aboutit alors en mer, à moins d'imaginer un bras

[55] Barruol 1975, 198 ; Morel

[56] Benoit 1940, 571.

[57] Py, Roure 2002 ; Roure 2010.

[58] Barruol 2013, 175 ; Morel 1966, 380-385.

[59] Benoit 1949, 109.

excessivement sinueux qui débouchait entre la Bélugue et Tourvieille, au-dessus du marais de Faraman ?
Par ailleurs, près de la montille d'Ulmet, un débarcadère endolagunaire fonctionne durant l'Antiquité tardive avec l'avant-port fluvio-maritime de Saint-Ferréol. Il confirme que les berges des chenaux fluviaux ont pu servir de dessertes portuaires et de zones d'implantation privilégiée pour les petits habitats, comme dans le cas, plus à l'ouest, du port de Narbonne-Mandirac. Sur ce point, la localisation du Portus crindavinus ad ripam fluminis rhodani, légué à sa ville par un riche nîmois (CIL XII 3313), se situe peut-être entre la Petite Camargue et l'embouchure du Gardon[60].

LES BRAS DU RHÔNE : LES SOURCES

Si les sources d'archives médiévales et modernes mettent fréquemment en lumière les tourments que le Rhône impétueux inflige directement ou indirectement au pays d'Arles (crues, débâcles, naufrages, invasions, razzias, épidémies), les textes antiques, en dépit d'une navigation compliquée, reflètent plutôt un mariage heureux. Durant les six siècles qui s'écoulent après les travaux de Marius, dans l'hiver 103-102 av. J.-C., pour canaliser son embouchure, tous les témoignages s'accordent sur la situation exceptionnellement florissante dont jouit le pays d'Arles. A l'origine, outre les avantages d'une voie navigable, les premiers habitants ont sans doute recherché la protection efficace de ce rempart naturel. Les sources, néanmoins, sont assez unanimes pour rappeler que le Rhône finit sa course par un delta où la navigation, à l'embouchure, est difficile. Pour Ammien Marcellin, historien du IVe s. ap. J.-C., « Le Rhône, enrichi des eaux de l'Isère, porte les plus grands navires, assez souvent habitués à être ballotés par les vents contraires, et au terme de la carrière que la nature lui a prescrite, ses eaux écumantes s'unissent à la mer gauloise, dans le large golfe que l'on appelle des Graus et qui est distant d'Arles d'environ dix-huit milles », une distance qui parait fondée lorsqu'on la reporte vers les Saintes-Maries-de-la-Mer ou vers Ulmet. Les plus grands navires en question ici peuvent très bien désigner des chalands de 30 m de long, chargés de 30 ou 40 tonnes de marchandises, comme Arles-Rhône 3. Plutarque, dans sa Vie des Hommes illustres, précise à propos de Marius, à la fin du Ier s. ap. J.-C., « Les embouchures du Rhône, à cause du refoulement opéré par la mer, recevant quantité de limon et de sable que la vague comprime en boue épaisse, offraient aux navires chargés de blé une entrée difficile, laborieuse et étroite. Marius (...) creusa un grand canal, y fit passer une bonne partie du fleuve et le conduisit vers une anse commode du rivage, là où il est profond, capable de recevoir de grands navires en même temps plat et mettant l'embouchure à l'abri des vagues ».

Les auteurs anciens ne sont cependant pas toujours unanimes sur le nombre des embouchures, qui peut varier de deux à sept, une disparité logique si l'on replace ces sources dans leur contexte historique.

A partir du VIe av. J.-C., les traces archéologiques révèlent que la Camargue est sillonnée par des navires grecs, et sans doute étrusques, qui explorent cette côte sablonneuse, scrutant les voies d'accès en Gaule. C'est la période de l'expansion coloniale et des grands voyages en quête d'alliances et de relais d'échange. L'embouchure du Rhône de Saint-Ferréol est fréquentée dès cette époque par des navigateurs-marchands à la recherche de passages, dont les récits de voyages sont parfois repris par les géographes et les historiens. Ces divers témoignages, dont nous livrons ici des extraits chronologiques, traduisent donc, parfois dans une certaine incohérence, les étapes de la mobilité du littoral et de ses embouchures[61].

[60] Bonnard 1913, 51 ; Leveau 2014, 24.
[61] Vella, Leveau, Provansal 1999.

• **Timagétos** (milieu du IVe siècle av. J.-C) :

7 embouchures. Auteur d'un ouvrage sur les ports, il n'a pas vu les lieux et s'inspire d'un marchand massaliète. Son itinéraire sera en partie repris par Apollonios de Rhodes.

• **Timée de Tauroménion** (début du IIIe siècle av. J.-C.) :

5 embouchures. Auteur d'une Histoire de la Sicile, il n'a pas vu les lieux non plus, mais compile des textes en référence à l'Odyssée et emprunte des informations à Pythéas, au IVe siècle (fragment 70).

• **Appolonios de Rhodes** (milieu du IIIe siècle av. J.-C.) :

7 embouchures. Il reprend Timagétos. (*Argonautiques*, IV, v. 634).

• **Polybe** (IIe siècle av. J.-C.) : **2 embouchures**. Très crédible car il visite personnellement la Gaule vers 133 av. J.-C. et corrige la version de Timée de Tauroménion : *« Il n'y en a pas cinq, mais seulement deux… »* (*Histoires*, XXXIV, 10, 5-8).

• **Posidonius d'Apamée** (vers 100 av. J.-C.) :

6 embouchures. Après de nombreux voyages ce philosophe stoïcien se fixe à Rhodes. De ses écrits perdus, cités par Strabon, on ne conserve que des fragments.

• **Artémidore d'Éphèse** (vers 100 av. J.-C.) :

3 embouchures. Géographe et ambassadeur, il visite l'Italie et les pays riverains, sans doute la Gaule, puis rédige les 11 volumes de sa « Géographie », peut-être un peu avant le creusement du canal de Marius (fragment 33).

• **Diodore de Sicile** (Ier siècle av. J.-C.) : **5 embouchures**, s'inspire de Timée de Tauroménion (*Bibl. hist.*, V, 25).

• **Strabon** (début du Ier s. ap. J.-C.) :

3 embouchures. Il rappelle qu'Artémidore d'Éphèse, un siècle plus tôt, en comptait déjà 3 (Géographie, IV, 1, 8, C 208).

• **Pline l'Ancien** (3e quart du Ier s. ap. J.-C :

3 embouchures. Il visite la Narbonnaise en 70 ap. J.-C. et étudie l'hydrographie du Rhône (Hist. Nat. III, 5).

• **Silius Italicus** (milieu du Ier s. ap. J.-C.) :

une vaste embouchure (*Punica*, III, 450).

• **Ptolémée** (IIe s. ap. J.-C.) : **2 embouchures**. Il compile les connaissances géographiques sous Hadrien, attribuant des coordonnées aux lieux géographiques (Guide géographique, II).

• **Mosaïque d'Ostie** (IIe s. ap. J.-C.) :

3 embouchures représentées au sud d'Arles, en aval de son fameux pont de bateaux.

• **Table de Peutinger** (fin IVe siècle, copie médiévale) :

3 embouchures représentées en aval d'Arles.

• **Festus Avienus** (IVe s. ap. J.-C.) :

5 embouchures. Il reprend Timée et Diodore de Sicile. (v. 685).

• **Martianus Felix Capella** (Ière moitié du Ve siècle) :

3 embouchures (*De nuptiis Philogiae et Mercuri libri*, VI, v. 686). Avocat résidant à Carthage, il utilise les auteurs grecs, notamment Pline.

Si cette compilation de sources laisse planer une certaine confusion, l'essentiel des auteurs qui n'ont pas vu les lieux reproduisent des témoignages anciens qui font état de 5 à 7 embouchures. Les analyses sédimentologiques semblent cependant donner raison à Polybe, avec deux bras actifs au IIe s. av. J.-C., un bras occidental (Saint-Ferréol) et un bras oriental (Ulmet).
À partir du Ier s. av. J.-C., excepté les auteurs qui n'ont pas vu la région et reprennent encore Timée de Tauroménion, comme Diodore de Sicile et Posidonios d'Apamée, les autres s'accordent sur trois embouchures. De fait, quelques décennies après Polybe, entre le milieu du IIe s. et les années 125-100 av. J.-C., se forme à l'ouest un troisième chenal. Ce bras occidental, désigné sous le nom de bras de Peccaïs pour sa partie terminale, qui débouche au Grau-de-la-Chèvre, serait le prolongement vers l'ouest du bras d'Albaron, également appelé Rhône d'Albaron-Daladel et fermé en 1440. Le point de divergence des trois bras se situe à 1,5 km en aval d'Arles, à l'île de la Cappe. Strabon suppose qu'on a compté comme bras supplémentaires le canal de Marius et le grau de la lagune *stomalimné* (l'étang de l'Estomac, IV, 1, 8), ce qui implique qu'à son époque le canal de Marius ne fonctionne déjà plus, soit un siècle après son creusement. Sur ce point, la naissance d'un troisième bras, en captant une partie de la force du Rhône de Saint-Ferréol, a pu améliorer les conditions de navigation de ce dernier et stabiliser son tracé.
Si Tite Live, contemporain d'Artémidore, qui écrit entre 27 av. et 17 ap. J.-C., ne fournit aucun détail : *« le fleuve se divise en plusieurs bras avant de se jeter dans la mer »* (XXI, 26, 21, 3), Pline l'Ancien, partisan des trois embouchures, précise que deux d'entre elles sont appelées Libyques. Implantées dans la partie occidentale du delta, ces deux *ora Libica*, de dimensions modérées, sont l'*Hispanienne* (Pecaïs-Albaron-Daladel) et la *Métapine* (bras de Saint-Ferréol). A l'Est, la troisième, surnommée *Massaliotique*, est la plus large (*Histoire Naturelle*, III, 33, 5), ce qui n'est pas un bon critère de navigation, car plus le Rhône s'étend moins il est profond. Cette branche correspond au bras d'Ulmet, qui se jette au *Gradis massiliatorum*, à l'ouest de Fos. Le terme grec

Métapine, au niveau littéral, signifie la branche « qui boit » ou « qui absorbe ensuite » (*meta*) les eaux du Rhône, ce qui peut désigner un bras intermédiaire. Quant au terme *libyca,* on le rattache à *ligyca*, le nom des Ligures, ou encore celui d'un peuple fixé entre les bras du Rhône, les *Libii*, qui n'est pas sans rappeler les *Libicii*, une population d'Italie transpadane. Cette vision de trois embouchures s'impose durant plusieurs siècles et implique une période hydrologique plutôt calme. A Ostie, près de *Portus*, le port de Rome, la mosaïque des naviculaires d'Arles, qui y tiennent leur concession au IIe s. après J.-C., représente le pont de bateaux de la ville traversant le fleuve en amont de trois chenaux (fig. 19). Sur la copie médiévale d'une cartographie du IVe s., la carte de Peutinger, on retrouve ces trois bras, comme les mentionne aussi le roman allégorique de Martianus Capella, « *Les noces de Philologie et de Mercure* », vers 420 après J.-C. (v. 686).

Seule exception, Claude Ptolémée, au IIe s. après J.-C., dans son *Guide géographique* (II, 10,1), qui semble refléter un état du début du Ier s. ap. J.-C., ne connaît que deux branches. Il situe, curieusement, par ailleurs, les Fosses Mariennes non pas à l'est, mais à l'ouest du delta du Rhône (II, 10, 15). Simple erreur de copiste ou confusion entre le port de Fos, célèbre depuis Marius, et l'avant-port anonyme des Saintes-Maries-de-la-Mer, au débouché du bras de Saint-Ferréol ?

Pour certains géologues, comme Gilles Arnaud-Fassetta, le Rhône de Saint-Ferréol, qui s'écoule au nord puis à l'ouest de l'étang du Vaccarès, joue une place centrale dans la construction du delta et constitue son bras majeur. Si ceux d'Albaron-Daladel et d'Ulmet, évacuent l'essentiel des eaux du fleuve, le bras central de Saint-Ferréol est probablement le plus emprunté, comme le prouve à son embouchure un nombre exceptionnel d'épaves antiques. Les bateaux de mer doivent franchir d'abord des graus et des passes, dans un dédale d'îlots et de bancs de sable sous-marins très mobiles, pour accéder à l'étang relativement protégé au sein de ce lobe. Mais il faut passer ensuite la barre d'embouchure et ses bancs, ultime étape aux variantes saisonnières avant la remonte sur Arles dans les eaux douces[62]. En fonction du vent, des courants et du débit du fleuve, la profondeur attestée selon les archives modernes, varie en fonction des saisons entre 1,20 m et 2,50 m. Elle limite ainsi le passage des gros navires, à l'exception des coques à fond plat ou des bateaux partiellement déchargés. À la même époque à Rome, si de gros vaisseaux peuvent fréquenter le *Portus*, l'embouchure et la remonte du Tibre ne sont accessibles qu'aux navires maritimes de capacité moyenne n'excédant pas 150 tonnes de port en lourd, ce qui comprend le poids du navire et son chargement maximum, soit un tirant d'eau généralement inférieur à 2,50 m[63].

À la fin de l'Antiquité, avec la chute du commerce international, le nombre de bras à l'embouchure du Rhône devient une préoccupation secondaire car le fleuve est plus appréhendé comme limite terrestre que comme axe de circulation. Cela avait déjà été le cas lorsqu'il servait de frontière avec les Volques Arécomiques (Strabon, IV, 1, 12). Désormais, du IIIe s. au Ve s., il démarque la Narbonnaise Première, sur la rive droite, de la Viennoise, de l'autre. Lors de l'occupation de la Gaule du Sud jusqu'aux Alpes par les Wisigoths, il redevient une frontière, après leur défaite contre les Francs, en 508. A la mort de Théodoric, roi des Ostrogoths, en 526, il sépare le royaume d'Espagne wisigothique de la Provence et oppose les Wisigoths aux Francs jusqu'à la conquête arabe, en 711.

Fig. 19 : Mosaïque d'Arles sur le forum des corporations d'Ostie (photo GAA)

[62] Maillet et al. 2006

[63] Boetto 2006.

Fig. 20 : Copie de la carte de Flour, entre 1635 et 1638 (d'après G. Pichard et al. 2014)

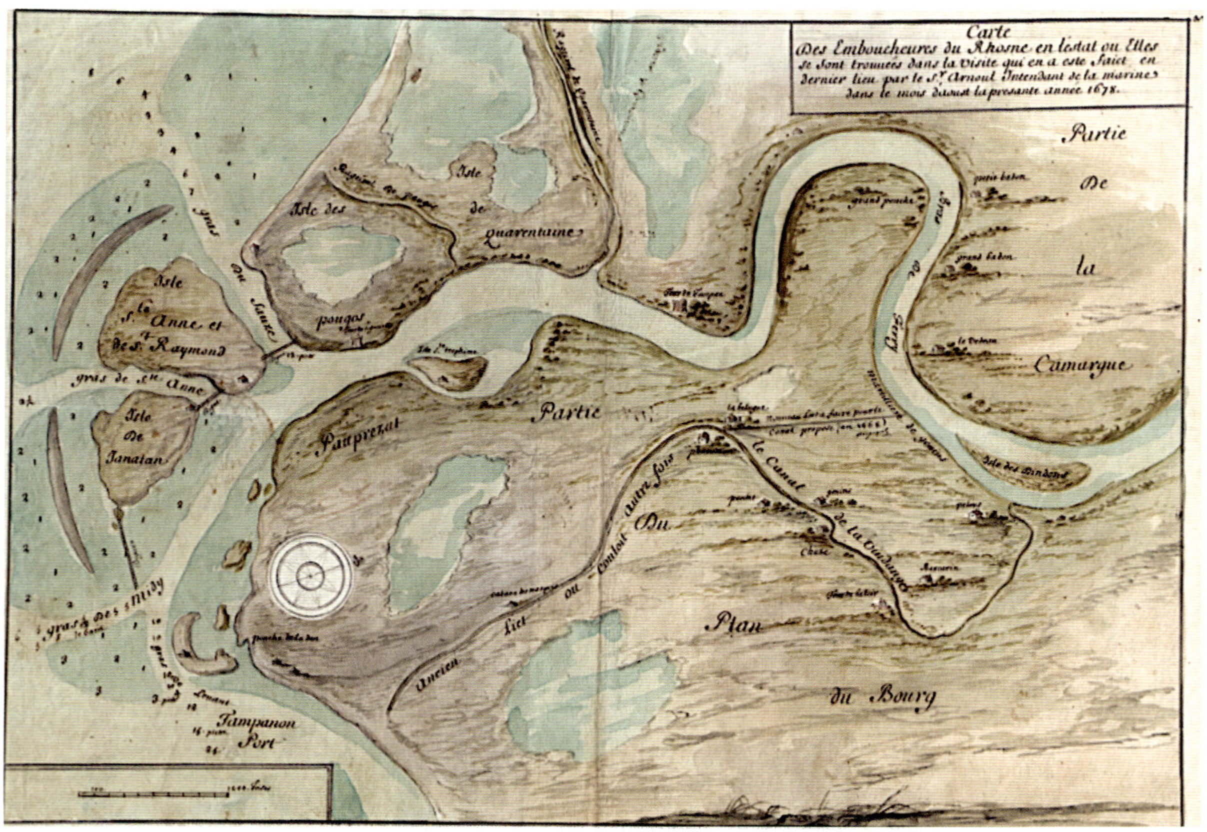

Fig. 21 : Carte des embouchures du Rhône par P. Arnoul, 1678 (d'après G. Pichard et al. 2014)

Fig. 22 : Carte des ingénieurs (A. Niquet, 1711), (d'après G. Pichard et al. 2014)

Fig. 23 : Survol de l'embranchement des 2 Rhône au nord d'Arles (Photo L. Long)

Au VIIe s., si le couloir rhodanien fonctionne toujours, la dégradation des réseaux de distribution et d'approvisionnement impose aux moines de Corbie, près d'Amiens, de venir s'approvisionner eux-mêmes en huile, à Fos-sur-Mer. Le bras de Saint-Ferréol, ou brassière de la Cape, reste toutefois navigable durant une grande partie du Moyen Age et son débit, au début du Xe s., est encore bien supérieur à celui d'Ulmet. Il se colmate au XI e s. même si son lit est curé et entretenu comme roubine jusqu'en 1440, date qui marque la fermeture de la Cappe et son abandon, comme celui d'Ulmet. Ce dernier, très ensablé et alimenté uniquement désormais par l'entrée de Montlong, n'est plus emprunté au début du XIVe s. que par des navires fluviolagunaires. C'est sur cette prise que les Arlésiens édifient en avril 1593 le fort de Pâques qui surveille le grand Rhône et commande un bac à traille facilitant la communication entre les cultivateurs camarguais.
À l'ouest, le Rhône d'Albarron est fermé au XIII e s. au profit de celui de Peccaïs, qui formait sa branche terminale et dont une partie du cours fonctionne jusqu'en 1552. A cette date, les eaux sont détournées vers l'Est, au Grau d'Orgon, et forment le Petit Rhône qui n'était à l'origine qu'une prise creusée par les Saintois pour s'alimenter en eau, depuis la fermeture du bras de Saint-Ferréol [64]. Cette embouchure n'est en aucun cas un abri car des témoignages précisent en 1633 que les habitants des Saintes n'arment qu'une dizaine de tartanes de 300 à 1000 quintaux, "ne pouvant avoir de plus forts vaisseaux pour n'y avoir de l'eau en suffisance au gras d'Ourgon où ils sont contraints de les tenir, leur plage étant trop dangereuse"[65]. Le bras du grand Passon, par ailleurs, à la bordure orientale du delta, prend naissance à côté des salines de la Porcelette (ou salines de Plan du Bourg). Bras principal à la fin du Moyen Âge, il comprend plusieurs brassières navigables à certaines périodes de l'année, qui s'atterrissent ensuite. Il est remplacé à partir de 1587, vers l'ouest, par le Vieux Rhône et le Bras de Fer (ou gras du Midi), jusqu'en 1711, où prend naissance le Grand Rhône (fig. 20 et 21). Le bras de Fer s'écoule ainsi à son embouchure entre la pointe de Beauduc et la plage de Piémanson, jusqu'à ce que de fortes crues, entre 1710 et 1712, ne le dédoublent avec le canal des Launes qui devient le bras principal en 1725, après le comblement progressif du Bras de Fer (fig. 22)[66]. Dans les années 1757, le Grau d'Orgon permet à de nombreuses barques génoises et catalanes de remonter le Petit Rhône pour rejoindre la foire de Beaucaire, Mais les glaces rhodaniennes entravent régulièrement la navigation, interrompue par exemple à Arles en 1758 durant plus de deux mois. Entre 1725 et 1851, l'embouchure principale du Rhône, au débouché du Canal des Launes, compte trois graus principaux : Piémançon, Roustan et le Grau de l'Est.
Ce dernier se divise à son tour en trois : le grau d'Eugène au nord, le Pégoulier au centre, et celui de la Tartane au Sud[67]. Entretemps, en 1822, est édifié le phare de Faraman tandis que quelques années plus tard, en 1855, tous les autres graus sont fermés par une digue pour améliorer la navigation par le Pégoulier. La construction du canal Saint-Louis en 1871 n'arrange pas la situation, du coup, la destruction de la digue réactive le grau de Roustan tandis que le Pégoulier se colmate, barrant même le passage aux petits bateaux de pêche[68]. Si certaines sections du Rhône sont dotées d'équipements dès la fin du Moyen Age, les grands travaux ne commencent pas avant le XVIIe s., à cause d'une crise hydrologique de longue durée, au petit âge glaciaire (XVIIe-XVIIIe s.), où se multiplient des épisodes d'embâcles et des crues exceptionnelles[69]. Ils se poursuivent de façon systématique après les grandes inondations de 1840 et la mise en place des chambres de dépôt (caissons Girardon) destinées à piéger les alluvions. Aujourd'hui, la forte anthropisation du bassin versant a vu la construction dans les plaines d'inondation de tenons, d'épis, de digues insubmersibles et de digues submersibles pour améliorer la navigation. Dès le XXe s., les besoins en électricité entraînent la construction de barrages et la demande de matériaux de construction pousse à l'extraction. Toutes ces conditions concourent à la diminution de la charge solide, à l'accélération du transit des alluvions, et aboutissent à une incision du chenal, notamment dans le couloir d'étranglement d'Arles, tandis que le delta est fortement artificialisé. Le fleuve se divise aujourd'hui en deux, au niveau de Fourques, à quelques km en amont d'Arles (fig. 23). A l'est, le Grand Rhône accapare 85 à 90 % du débit d'eau et s'écoule au grau de Roustan où la profondeur moyenne est de 4 m à l'embouchure, obligeant les navires à emprunter l'écluse de Port-Saint-Louis. La profondeur de la barre, à cette embouchure, n'excède pas 2 m en 1846, 1,40 m en 1852 et 1,85 m en 1880Le petit Rhône, à l'ouest, débouche au grau d'Orgon où sa hauteur d'eau à la barre alluviale varie aujourd'hui de 2,50 à 2,80 m, soit une profondeur assez proche, selon nous, de l'embouchure du Rhône de Saint-Ferréol, aux fortes eaux durant l'Antiquité.
Mais les choses ne sont jamais figées avec le Rhône et vont très certainement évoluer d'ici les cinquante prochaines années, où les prédictions les plus inquiétantes, liées au réchauffement climatique, annoncent un débit jusqu'à trois fois plus faible en été[70].

[64] Rey 2008, 69.
[65] Sue 1839, 308
[66] Pichard 1983.
[67] Maillet *et al.* 2006.
[648] Guerard 1895.
[69] Arnaud-Fassetta, Provansal 1993 ; Arnaud-Fassetta 2000.
[70] Berthemont, Bravard 2016.

UN LITTORAL HOSTILE

Parallèlement aux recherches en archives, les prospections que nous initions en plongée au large de la Camargue, à l'aulne des années 1980, confirment le double visage de ce

Fig. 24 : Plongée en visibilité réduite dans les eaux camarguaises (photo D. Bravernann)

Fig. 25 : Les sites sont souvent recouverts de filets de pêche (photo G. Spada)

Fig. 26 : L'Archéonaute mouillé devant les Saintes-Maries (photo D. Metzger)

littoral. A l'image hospitalière qu'offrent aujourd'hui ses plages ensoleillées, baignées d'eau calme, le génie du lieu dévoile, lorsqu'on s'y attend le moins, l'humeur sombre et imprévisible d'une véritable terre à naufrages, dévoreuse de navires. La première liste exhaustive de ces fortunes de mer, dressée en 1988 par Albert Illouze, en est la preuve. Jeune ouvrier-métallurgiste la nuit, il consacre l'aube de ses journées de repos à la chasse en apnée sur les épaves, puis afin de les identifier se découvre une passion pour les vieux manuscrits. Cette curiosité le conduit à recenser dans les archives près de 400 naufrages en Camargue, du XVe au XIXe s.[71]. Nous plongeons ensemble pour la première fois en juillet 1981, sur l'épave « *Plage d'Arles 1* », qu'il vient de découvrir, arbalète au poing, avec deux autres chasseurs, Alain Cappelli et Gérard Testagnère. Très poissonneux, ce tumulus oblong recouvert de filet, qui repose par 10 m de fond dans une eau chargée de particules, n'est autre qu'un vaisseau du XVIII e s. francisé dans les registres sous le nom de « Galère de Livourne » (cf *infra*). Au milieu d'un désert de sable, la carcasse fantomatique du navire apparaît, couverte de filets et de vie marine (fig. 24 et 25). Durant la mission, que nous menons avec Jean Piton, archéologue plongeur aux Musées d'Arles, la mer se retire subitement, puis revient en force comme un tsunami, submergeant notre campement. Un journaliste plongeur de la revue Océans, Patrick Mouton, suit de près notre aventure et ses aléas au large de Piémanson, titrant son article : « Première mondiale en Camargue ». La fouille de la « Galère de Livourne », menée en trois courtes campagnes, bénéficie rapidement du support de *L'Archéonaute*, des plongeurs professionnels de la DRASM (aujourd'hui le DRASSM), des photographes du Centre Camille Jullian (CNRS), des membres du musée d'Arles et du groupe associatif Hérisson-Bonaventure (fig. 26). Elle marque les débuts de l'archéologie sous-marine postmédiévale professionnelle en Méditerranée française à une époque où seuls quelques amateurs éclairés s'intéressent aux épaves modernes[72]. Parmi eux, il y a d'abord Frédéric Dumas et Jane Issaverdens, puis Claude Santamaria, qui plongent en 1961 et 1963 sur l'épave *Chrétienne E*, un vaisseau du XVIe s., près d'Agay. Puis André Galéotti intervient en 1973 sur une épave du XVIIe s., près de l'île Sainte-Margueritte ;

Fig. 27 : Pascal et Alain Chabaud, inventeurs de nombreuses épaves (photo L. Long)

Louis Monguilan, en 1979, sur un navire du XVIIIe s. à Port d'Alon, près de Bandol ; Alain Visquis, la même année sur une nef génoise du XVIe s., à Villefranche. En 1980, Michel Goury explore le *Grand Saint-Antoine*, à Marseille (1720) et Max Guérout, *La Baleine*, à Port-Cros (1710). Ce dernier, l'année suivante, fouille *La Slava Rossii*, près de l'île du Levant (1780), sur laquelle le cdt Philippe Taillez avait remonté des canons, en 1958. Mais contrairement aux eaux claires du littoral rocheux provençal, où émergent les premières épaves antiques à la fin des années 1940, la tâche est moins facile en Camargue où nous sommes confrontés à des eaux presque toujours limoneuses et chargées de particules.

Fig. 28 : Banc d'anchois lors d'une plongée en eau claire (photo D. Metzger)

[71] Illouze 1988.

[72] Braud 1985, 24.

Fig. 29 : Grain orageux observé depuis le bord (photo L. Long)

Partout sur le littoral, la masse d'eau douce glisse ainsi sur le liquide salé, plus dense, et forme un épais panache de dilution, une mixtion spéciale visible de la surface, qui s'étend très loin de la côte. En outre, au large, où gisent aujourd'hui la majorité des sites, la houle résiduelle est toujours présente, comme un balancier perpétuel et oscille, même par beau temps, toutes les six secondes, entre 40 et 80 cm de haut. Si elle est fréquemment plus forte, entre 1 à 2 m, celle générée par les vents de secteur Est-Sud-Est, atteint 4 à 6 m grâce à une côte basse et un important plan d'eau naturel, sans obstacle, sur lequel fraichit le vent. Les changements de régime entraînent des courants puissants et il n'est pas rare de se faire surprendre par un soudain vent du Sud ou un coup de mistral. En contrepartie, la profondeur générale des épaves est relativement faible, car le delta forme une immense plateforme alluvionnaire qui s'avance en mer en pente douce, sans interruption vers le large. Le domaine plongeable à l'air, jusqu'à 50 ou 60 m de profondeur, peut s'étendre ainsi jusqu'à 18 km de la côte, mais l'essentiel des épaves antiques, entre 14 et 18 m de fond, gisent en moyenne entre 2 et 3 km du bord. Dans cet espace maritime, les eaux chargées en particules vertes et brunes, que le ressac maintient en suspension, obligent souvent à fouiller quasiment à tâtons. Lorsqu'elles sont plus claires, quelques inconvénients subsistent car le mélange entre le Rhône et la mer stratifie la colonne d'eau, générant des différences de densité dues aux écarts de température et de salinité, qui troublent la vision et floutent les prises de vues. Au mieux, il faudrait cibler les rares eaux cristallines et glacées de l'hiver, entre janvier et février, balayées par le courant et peu compatibles avec le calendrier des fouilles (fig. 28).

Après la « *Galère de Livourne* », rompu à la recherche sous-marine et à une bonne connaissance des dossiers, le tandem formé avec Albert Illouze reste à l'affût des moindres points de croche et dresse une première carte des épaves locales, une collaboration fructueuse qui le conduit à intégrer officiellement le DRASSM quelques années plus tard. Dans la décennie 1990, nos missions régulières sur le littoral camarguais avec l'aide des inventeurs graulins : Maxime Vedel, Pascal Ardois, Alain Chabaud, et bientôt son fils Pascal (fig. 27), et de quelques plongeurs saintois comme Luc

Fig. 30 : Le Nosibé Too mouillé sur zone en 2006, au centre du dépotoir portuaire SMO (photo C. Chary)

Forbeaux, puis Patrice Militch, cumulent les heures de navigation et de plongée et multiplient les expertises. Mais il faut revenir sur les mêmes épaves d'une année sur l'autre pour espérer de meilleures conditions de travail. La difficulté tient au fait que les gisements qui apparaissent lorsqu'un banc de sable se dissipe, s'ensablent à nouveau rapidement, ce qui rend alors leur localisation très aléatoire avant l'invention du GPS. Pour être efficace lors d'une mission, il faut changer plusieurs fois de sites et d'objectifs au cours d'une même journée, en fonction de l'ensablement, de l'état de la mer ou de la clarté des eaux, une initiative plus compliquée aujourd'hui avec des réglementations administratives moins flexibles au niveau des fouilles, ce qui peut limiter les résultats scientifiques sur ce littoral, voire laisser les équipes carrément à quai. Ainsi, en 2021, alors que l'épave *SM45* s'est totalement réensablée au moment du sondage, le DRASSM ne souhaite pas que nous intervenions sur un autre site plus accessible, parmi ceux récemment déclarés et dégagés du sable.

Néanmoins, durant une trentaine d'années très productives, avec un petit effectif et des budgets dérisoires, à bord de toutes sortes d'embarcation, du Grau-du-Roi à Port-Saint-Louis, nous scrutonschaque épave, en liens étroits avec les chasseurs et les pêcheurs professionnels. Après les frêles pneumatiques, malmenés par la houle et les rouleaux, puis les barges à fond plat mieux adaptées, *L'Archéonaute*, principal bâtiment de recherches du DRASSM, soutient enfin régulièrement nos missions dans les années 90, sur de courtes périodes au printemps ou à l'automne. Ses dimensions : 30 m de long et 3 m de tirant-d'eau, ne lui épargnent pas le roulis mais imposent de relâcher le soir à Port-Camargue, près du Grau-du-Roi, après 1 h 30 de navigation, au lieu de Port-Gardian, trop souvent envasé. Avec les problèmes récurrents de mauvaise visibilité, de mer creusée et de vents forts, qui font régulièrement déraper le bateau, ce littoral est soumis aussi à des grains violents et à des orages magnétiques (fig. 29). En 1992, au mouillage au large des Saintes-Maries-de-la-Mer, un impact de foudre carbonise les antennes du « navire amiral » et propulse une boule de feu dans le puits, le long de la chaîne d'ancre. Après deux décennies d'aventures sous-marines avec Albert Illouze, il raccroche le néoprène à la suite d'un accident à bord de *L'Archéonaute*, au début des années 2000.
À partir de 2006, les opérations sont programmées annuellement sur plusieurs semaines, avec le support du « *NosyBé Too* » (fig. 30), puis pendant près de dix ans, dès 2008, avec le « *Brézéhan* ».

Fig. 31 : Le Brézéhan, face aux Saintes, sur SM0 (photo L. Long)

Fig. 32 : Dernières consignes avant les plongées (photo G. Spada)

C'est l'occasion d'intégrer chaque année dans l'équipe de plongeurs un jeune archéologue italien prometteur, Giorgio Spada, appelé désormais au Musée des Saintes-Maries à un brillant avenir.

Le « Brézéhan », vieux ligneur breton de 17 m de long pour un tirant-d'eau limité, se faufile sans encombre entre les pannes de Port-gardian et nous évite d'inconfortables nuits au mouillage ou dans des hâvres éloignés (fig. 31, 32, 33).

Nouveau fleuron du DRASSM, depuis 2012, *L'André Malraux,* long de 36 m, vient ponctuellement aujourd'hui nous prêter main forte lorsqu'il faut, par exemple, relever un bloc de marbre de plusieurs tonnes pour le musée d'Arles, tandis que son petit frère de 14 m de long, le *Triton*, lancé en 2016, est fréquemment notre principal support (fig. 34). Clin d'œil de l'Histoire ou expérimentation involontaire, l'un de nos derniers bateaux-bases en date, le « *Liberty III* », une goélette de 20 m de long aux allures de bateau pirate, coule sans faire de victime, en 2016, au retour de notre campagne saintoise (fig. 35 et 36).

Fig. 33 : Remontée d'un plongeur à bord du bateau-base (photo K. Boscolo)

Fig. 34 : Le Triton et son pneumatique se rendent sur zone (photo L. Long)

Fig. 35 : Le Liberty III, une goélette équipée pour la plongée (photo L. Long)

Fig. 36 : Nous naufrageons en 2016 au retour des Saintes pour Marseille (photo coll. L. Conk)

Ainsi, sous le calme apparent des vastes étendues sablonneuses de Camargue, sur près de 100 km de côte, la dégradation rapide de l'état de la mer et l'échéance régulière des tempêtes du Golfe du Lion, rappellent dès qu'on l'oublie l'extrême fragilité de nos chavirables périssoires, aussi grandes soient-elles.

À ces conditions naturelles incertaines s'ajoute l'action du Rhône dont le régime hydrologique est marqué par des variations saisonnières, avec des différences de niveaux d'eau, avant la construction des barrages, qui dépassaient couramment 5 m et qui ont considérablement gêné la navigation[73]. Sa charge solide et son volume d'alluvions ont toujours façonné le littoral. Ainsi, avec le recul de la côte sous l'érosion, comme c'est actuellement le cas, lié à la diminution des apports fluviatiles, les bancs d'embouchure et les barres d'avant-côte se déplacent en même temps, gardant toujours la même distance avec le bord. Lorsque ces bancs se dissipent pour se reformer plus loin, ils libèrent les épaves emprisonnées dans le sédiment. Comme par miracle, des navires renaissent alors, parfois quasi intacts, deux-cents ou trois-cents ans après leur disparition. On peut évoquer les ancres mouillées en 1689 par un corsaire malouin, encore liées à l'épave par des cordages de chanvre durcis et exceptionnellement bien conservés, dissimulés sous une ligne de spirographes. Ce sont encore les ballots de cordes de jonc perdus au XVIIIe s. par un brick scandinave, ou les tonnelets en parfait état, emplis de barrettes d'acier, dans la cale d'une flute hollandaise (fig. 37). Il faut retenir aussi, plus récemment, l'anecdote d'un petit tonneau perdu quelques années après la destruction d'une épave du début du XXe s. devant les Baronnets, en Petite Camargue (épave *Camargue 3*).
Récupéré en plage par des pêcheurs du Grau-du-Roi, le tonnelet contenait une excellente eau de vie abondamment prisée dans le bistrot du port, par un petit orifice taillé dans le bois, jusqu'à ce que l'on découvre au fond du fût un singe naturalisé[74].

Mais lors de cette fugace rédemption qui voit les épaves renaître de leurs cendres, entrent en scène les *deii ex machina* de la mer, ces puissants chalutiers de 40 m de long pour 400 à 2500 cv., dont le nom dérive de la redoutable poche qu'ils tractent sur le fond, de loin le plus brutal de tous les filets de pêche. Maintenue ouverte comme une immense gueule tressée, cette nasse de 30 m d'envergure engloutit indifféremment tout ce qu'elle rencontre, un vrai désastre pour l'environnement. Dans le même temps, les lourds panneaux de fer, les ralingues de chaîne et de câbles d'acier, découpent et démembrent les épaves. Les jours de gros temps, ces navires qui pêchent habituellement à la limite du plateau continental sur des fonds de près de 100 m, ne s'aventurent pas au large. Avant de rentrer au Grau-du-Roi, transgressant l'interdiction dans les 3 milles nautiques, certains d'entre-eux finissent la journée « en terre » et viennent racler devant les Saintes-Maries, car les épaves sont de véritables viviers. Dans un fracas inimaginable, ils décapitent alors les rangées d'amphores, disloquent le pont des vieux vaisseaux, détruisent les coques et volatilisent le mobilier fraîchement exhumé du sable, offrant à la dispersion des courants ces fragiles témoignages du passé. Disparue en 1889, l'épave *Camargue 6* en est un exemple notable. Véritable vaisseau fantôme après plus d'un siècle sous le sable, elle est détruite par un chalutier il y a vingt-cinq ans et livre sur la plage sous l'action des déferlantes sa cargaison de noix de coco brésiliennes parfaitement bien conservées.

Fig. 37 : Ballots de cordages sur une épave du XVIIIe s. (photo D. Metzger)

[73] Nicolas 1877, 66-67

[74] Une histoire similaire est rapportée en Vendée où il existe plusieurs versions (Le Quellec 2012).

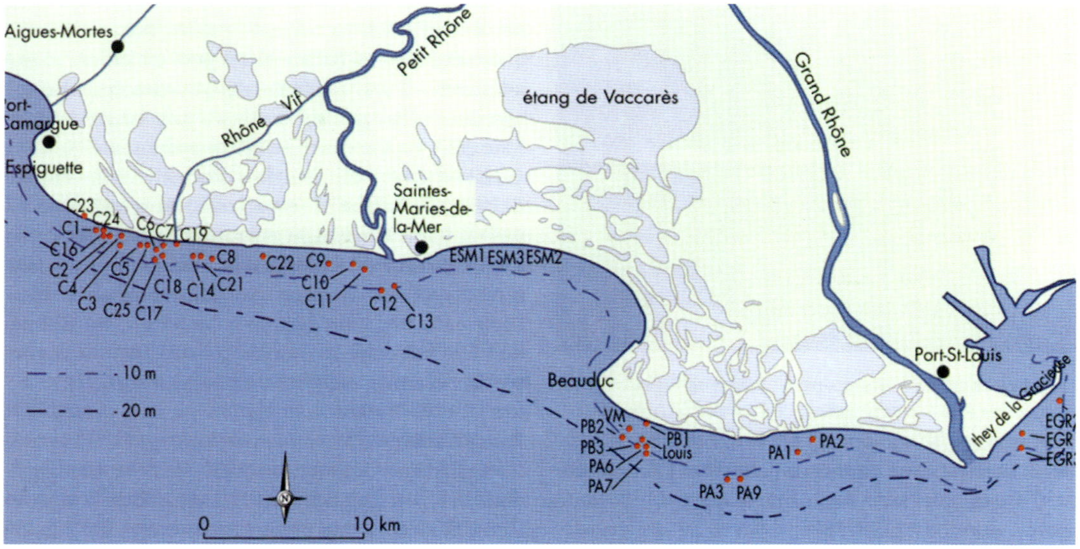

Fig. 38 : Carte des épaves en 2004 (carte/DAO : L. Long, F. Richez, M. Olive)

C'est ce qu'a démontré, dix ans plus tard, l'opération programmée sur cette épave par une équipe du CNRS, spécialisée en archéologie postmédiévale. Les vestiges enterrés étaient devenus totalement inaccessibles[75]. Découverte en 1991, *Camargue 8* est restée visible jusqu'en 1994, avant de disparaître sous plus de 2 m de sédiment, sans doute à la suite de trois crues successives du Rhône et de plusieurs tempêtes hivernales devant les Saintes-Maries.

Si la charge solide du Rhône a diminué depuis les aménagements du XXe s., on signalera cependant l'ensablement d'une série d'épaves explorées durant les années 90, entre l'Espiguette et le Rhône Vif (fig. 38). Recouvertes désormais d'un à deux mètres de sable charrié depuis les Saintes-Maries, elles émergeront peut-être à nouveau dans quelques décennies, si le mouvement s'inverse. Ce phénomène implique des expertises archéologiques urgentes, les plus complètes possibles, car une fois libérées du sable et mutilées par les chalutiers, les épaves sont offertes à nouveau aux tempêtes et aux plongeurs clandestins avant d'être entièrement recouvertes de moules, ce qui altère à nouveau le bois et ralentit les relevés archéologiques (fig. 39). Au cours de l'année suivante, le processus d'ensablement se remet en marche tandis que les mécanismes de destruction naturelle sont réactivés par l'affaiblissement des structures et la prolifération des organismes lithophages, aboutissant à terme à la disparition totale des vestiges.

En 1992, l'expertise d'un brick suédois du XIXe s., l'épave *Camargue 8*, menée depuis *L'Archéonaute* en une seule journée, avec 5 palanquées de deux plongeurs, permet d'abord de nettoyer et de réaliser un plan préliminaire du site, de prélever ensuite une pièce significative de l'architecture du vaisseau pour étude à terre et d'identifier enfin le navire. La suite a prouvé qu'un projet de fouille programmé *ex nihilo*, dans des commissions parisiennes, sans tenir compte de la réalité de terrain et des conditions d'enfouissement locales, peut virer à l'échec.

Mais au-delà des dangers et des vicissitudes du milieu, sur cette côte, la connaissance des sources archivistiques et la protection qu'offrent le limon argileux et le sable, plaident néanmoins en faveur d'un patrimoine sous-marin exceptionnel, où les recherches confirment la présence d'un très grand nombre d'épaves. En général, pris dans les tempêtes de Sud-Est et poussés par les vents marins, les navires en perdition qui serrent trop la côte sont, à toute époque, jetés sur les brisants sans issue favorable.

Fig. 39 : Pâte d'une ancre moderne recouverte de moules (photo G. Spada)

[75] Dez 2006, 36.

LES BANCS DE SABLE

Après la « *Galère de Livourne* » et *Camargue 6*, la liste des épaves découvertes, postmédiévales et modernes, s'accroit rapidement grâce à la collaboration des plongeurs et des pêcheurs locaux. En dépit des conditions de plongée, nous poursuivons quasi annuellement des campagnes de recherches qui enrichissent la base de données Patriarche (Ministère de la Culture) et comptabilisent aujourd'hui plus de 80 épaves modernes, sans compter les navires et aéronefs de la première moitié du XXe s. Une telle quantité de gisements sur ce littoral s'explique par plusieurs facteurs : de mauvaises conditions de navigation, une embouchure très fréquentée et l'absence d'abri dans le delta, excepté peut-être celui de Beauduc, ce que confirment les textes d'archives, unanimes et très explicites sur ce point. Poussés par la tempête ou éventuellement poursuivis par une escadre anglaise, un corsaire mahonnais ou un chébec Barbaresque (très actifs jusqu'à la prise d'Alger, en 1830), les grands voiliers de commerce ont peu de liberté de manœuvre ni aucun refuge entre Sète et Port-de-Bouc. Seuls demeurent les mouillages incertains du grau d'Aigues-Mortes et de Beauduc, tandis que partout ailleurs les ancres chassent sur le sable. La navigation le long de ces côtes basses, à une distance de 3 ou 4 lieues du bord (lieue marine : 5556 m), ne permet pas de discerner le rivage, même depuis la vigie des misaines, excepté l'église des Saintes-Maries-de-la-Mer et ses cabanes de pêcheurs, semblable à un grand navire sous voile. Sans repère, cette terre instable et basse, cernée de bancs sous-marins, se dissimule comme un piège fatal derrière le rouleau des déferlantes. À moins d'utiliser la chaloupe, la route tracée à la sonde ne peut appréhender la remontée subite d'une barre de sable quand l'opacité de l'eau interdit dans le même temps de discerner le fond. Chargées de sédiment, les eaux du Rhône altèrent très au large la couleur de la mer, blanchâtre en surface, tandis qu'à l'approche du bord elle devient plus foncée et tire sur le jaune. Ainsi, la seule inspection de la couleur des eaux peut annoncer les dangers du rivage[76]. A la croisée du Mistral et du vent marin, les capitaines les redoutent toujours mais s'en rapprochent dangereusement, au point de talonner très vite la première ceinture de sable. Le balisage est inexistant ou défectueux, au mieux, après un sinistre, accorde-t-on une indemnité d'une dizaine de livres aux capitaines qui se sont échoués, afin qu'ils laissent en place l'arbre de mestre (le grand mât du navire), comme signal du danger. Ces bancs de sable sous-marins, étendus le long de la côte et enchevêtrés aux embouchures, sont connus dans les textes sous les termes de *tines*, *tignes*, *tignaux*, *tignements*, *tes* ou *theys*. Leur étymologie dérive peut-être d'un mot ligure signifiant « tas », tandis que pour Frédéric Mistral un *tes* est un ilot de sable émergeant issu du grec *this*[77]. Ces *theys*, entre lesquels s'écoulent les bras du Rhône, sont de simples îles plates et marécageuses, couvertes d'une maigre végétation de plantes salines[78]. Ils sont formés par l'érosion des côtes, notamment le sable des dunes projeté à la mer par le mistral ou la tramontane, ce qui renforce le déficit sédimentaire de la plage. Submergés ou pas, ils s'engraissent aussi, à l'inverse, des matières amenées à la côte par la houle du large, les vents marins et les vents d'est. Enfin, ils profitent des apports véhiculés d'est en ouest par le courant ligure.

Ces bancs sous-marins qui suivent la côte, de 10 à 20 m de large, sont donc enrichis par les sables du fleuve remobilisés par la mer et étalés parallèlement au rivage. La mobilité saisonnière de ces bancs est très marquée et il n'y a pas de permanence dans la position ni dans la hauteur de ces barres au niveau des embouchures[79]. Dans les secteurs plus linéaires, comme le golfe de Beauduc, puis entre les Saintes-Maries-de-la-Mer et l'Espiguette, excepté la zone modifiée par les épis, ils se forment fréquemment par deux ou trois, parallèlement au rivage, et sont faciles à repérer de la surface lorsque les eaux sont claires ou grâce à un sondeur. En général, dans ces secteurs, le premier est à environ 50 m du bord, le deuxième à 100 ou 120 m et le troisième à 300 m (fig. 40). La hauteur d'eau est de 1,20 m sur le premier, 1,50 m sur le second et 2,50 m sur le troisième ce qui en effet constitue un vrai danger pour les navires à fort tirant d'eau. L'espace entre les bancs correspond à un vaste et profond chenal appelé *cadoule* par les pêcheurs, où la mer, chassée

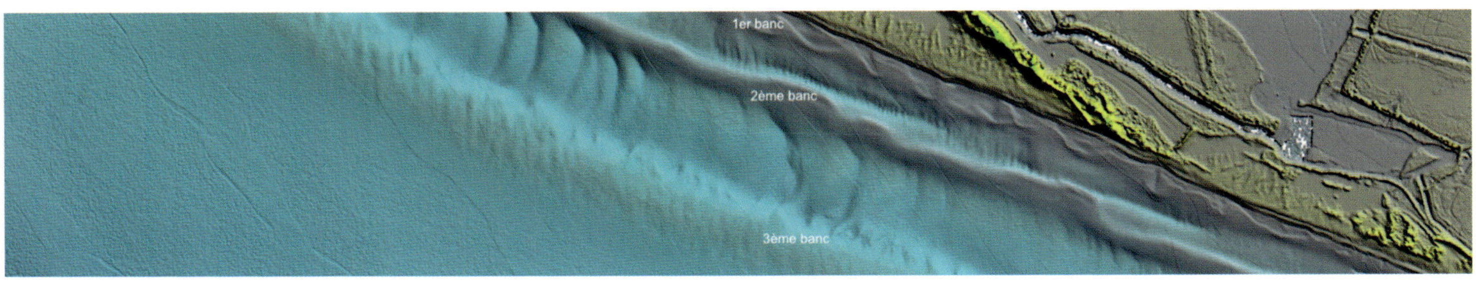

Fig. 40 : Littoral de Camargue gardoise, formation des 3 bancs de sable (Lidar)

76 Baudin 1840, 240.
77 Mistral, Calendal
78 Surel 1847.
79 Maillet et al. 2011.

d'est en ouest par le courant côtier, conduit à l'érosion de la côte et à la progradation vers l'ouest de la pointe de l'Espiguette, libérant des sites et des objets (fig. 41).
Dans ces *cadoules,* surcreusées par le courant, la profondeur atteint 3,50 à 4 m entre le premier et le deuxième banc, autour de 7 m entre le deuxième et le banc le plus au large (fig. 42 à 46). Au-delà de ces cordons extérieurs, la profondeur se rétablit autour de 5 ou 6 m, puis augmente sur un degré de pente faible, sans interruption vers le large. Lorsque la plage recule, comme c'est le cas aujourd'hui, les bancs se déplacent et se reforment toujours à la même distance de la terre. On assiste ainsi à la naissance d'un nouveau cordon alluvionnaire, proche du rivage, et à la disparition simultanée de celui qui était plus au large.
Genèse des naufrages, ces barres d'avant-côte constituent un danger imprévisible pour la navigation, comme les barres d'embouchure disposées de façon concentrique autour des îles et des vastes lobes dessinés par le fleuve. Implantées à son débouché et liées à l'action des courants, ces îles et ces barres sous-marines à faible profondeur sont également très mouvantes, au point de changer d'un bord à l'autre par le seul mouvement des eaux. Par gros temps, les navires projetés contre ces haut-fonds sont souvent endommagés et subissent des voies d'eau car la mer est creusée. Une fois le vaisseau immobilisé, les déferlantes et la force destructrice des tempêtes ouvrent rapidement la coque en deux (fig 47 et 49). Les textes nous renseignent assez précisément sur ces mécanismes de destruction répétitifs. En quête d'abri et poussé par le courant et les vents violents, en particulier ceux de secteur Sud ou Est, qui portent en terre, le navire se rapproche du bord, tandis que les creux diminuent dangereusement la profondeur sous la coque. Encore loin du rivage, alors que la vigie n'a toujours pas repéré la côte, le bateau est surpris par le premier cordon de sable, à 300 m du rivage, qu'il heurte violemment sans que l'équipage n'ait pu réagir, ni mouiller l'ancre de miséricorde, d'autant que ce type de désastre se produit aussi de nuit. Au moment du choc qui est terrifiant lorsque le navire se défonce sur le banc, la quille se brise, une ou plusieurs voies d'eau déchirent la coque, parfois sur plus d'un mètre de long, tandis que le gouvernail est arraché avec ses pentures. Couchés en travers de la houle par la prise au vent dans les voiles, parallèlement à la plage, les plus gros vaisseaux restent immobilisés sur le banc qui a causé leur perte, quand la majorité des embarcations de petit tonnage traversent la cadoule sous l'action de la mer et meurent sur le banc suivant ou plus rarement sur la plage (fig 46 et 48).

Dans l'un et l'autre cas, les épaves gisent dans environ 2 à 3 m d'eau et sont rapidement submergées, puis disloquées par le rouleau des déferlantes. Pendant toute la durée de la tempête, les vagues affouillent au pied du gisement et activent son ensevelissement partiel ou total dans le banc de sable, si bien qu'une fois le calme revenu, le navire est totalement absorbé, excepté les mâts. Ceux dont le pont est encore accessible ont dans tous les cas la cale inondée. De nombreuses sources confirment ce « modèle de naufrage », qui s'est assurément appliqué aussi aux navires antiques, dont le tonnage et les conditions de navigation étaient similaires (Cf. encadré). En règle générale, si l'équipage n'a pas le temps de mettre la chaloupe à l'eau pour rejoindre la plage, ses chances de survie sont minces. Sur ce point, selon la force des éléments, la chaloupe n'est pas toujours un gage de survie. Généralement, les malheureux qui ne trouvent pas refuge dans les mâtures sont rapidement emportés par les lames. Dans la majorité des cas, ceux qui tentent de rejoindre la plage à la nage se noient rapidement. Lorsque l'équipage réussit à sauver sa peau, c'est généralement le jeune mousse, inexpérimenté, qui périt noyé ou qui meurt de froid dans la nuit. Les rescapés s'égarent parfois dans les marais en voulant se rapprocher du phare de Faraman et sont ensuite retenus sur place dans la maison de la saline pour une quarantaine. Peu organisés, les secours tiennent souvent à l'initiative individuelle et à la bravoure des marins saintois.

Fig. 41 : Col d'amphore africaine in situ (photo K. Boscolo)

Fig. 42 : Chalutier posé sur le banc du large (coll. A. Chabaud)

Fig. 43 : Notre Dame d'Artois sur le 2ème banc (coll. A. Chabaud)

Fig. 44 : Trois-mâts-barque sur le banc du milieu (coll. A. Chabaud)

Fig. 45 : Brick échoué sur le banc du milieu, fin XIXè s. (coll. A. Chabaud)

Fig. 46 : Petit chalutier drossé à la plage dans les années 1960 (coll. A. Chabaud)

Fig. 47 : Proue d'un navire de pêche en plage Est (photo L. Long)

Fig. 48 : Goélette échouée en plage au début du XXe s (photo C. Naudot)

Fig. 49 : Élément d'épave rejeté en plage dernièrement (photo L. Long)

UN « MODÈLE DE NAUFRAGE » [80]

L'examen en archives des pertes de navires et des récits de rescapés permet de reconstituer les phases d'échouage et de destruction rapide des vaisseaux au large de la Camargue. Un modèle théorique moderne qui s'applique plus largement à l'ensemble des côtes lagunaires et sablonneuses et très vraisemblablement aussi aux bateaux antiques car la taille des navires et les conditions de navigation étaient à peu près les mêmes.

VIOLENCES DE L'ÉCHOUAGE

La violence du choc contre les bancs de sable entraîne fréquemment des dégâts irrémédiables sur la coque comme en témoignent les textes. En novembre 1765, la tartane « *La Crau du Rhône* » est « *entièrement brisée sur la plage du Sauzet* », plusieurs membres de l'équipage sont noyés. En juin 1782, le « *Saint-Antoine* » « *vient frapper des coups sur les bancs de sable de Beauduc, ce qui fait ouvrir le bâtiment qui est mis en pièce* ». En janvier 1831, le brick grec « *Achille* », « *s'éventre sur l'Espiguette, brisant en plusieurs morceaux sa quille et son bordage* ». En mars 1837, le brick-goélette « *Triestina* », échoué à 100 pas de la côte, voit « *sa contrequille et son gouvernail emportés sous le choc* ». En octobre 1847, la bombarde sarde « *Delvina* » est « *entièrement brisée* ». En juin 1860 le brick « *Sainte-Anne* » est « *échoué et défoncé à Faraman* »[81]. En Janvier 1881, le clipper « *Ecuador* » (398 tx), est « *broyé sur les brisants* », on compte deux survivants sur 15 hommes d'équipage. Parfois, sous la violence des éléments, le navire est carrément sectionné, ainsi en décembre 1641, la galère espagnole *Gironna* est « *échouée et coupée en deux par la tempête* ».

LA CHALOUPE DU BORD

Le canot de sauvetage, primordial sur un vaisseau, permet de tracter le navire en panne de vent, de tirer des aussières à terre et reste le principal moyen de survie lors d'un échouage ou d'un naufrage. En 1711, l'équipage de la barque française « *Notre Dame d'Abondance* », abandonne l'épave grâce à sa chaloupe. Selon les circonstances, la manœuvre en chaloupe est aléatoire. En avril 1812, lorsque l'équipage du navire français « *Volonté de Dieu* » (178 tx), échoué à Beauduc, se sauve à bord de la chaloupe, il accoste finalement à Carro. En janvier 1838, un navire inconnu (31 tx), est démâté et submergé devant la dune de la Galère, sans personne à bord ; la chaloupe manque mais l'équipage a vraisemblablement péri en mer avec elle.

SURVIE DANS LES MÂTURES

Lorsque le navire est échoué, si la coque ne s'est pas complètement couchée sur un côté, les haubans et les hunes, voire la cheminée, offrent parfois une solution de survie dans l'attente des secours. En janvier 1818, l'équipage du brick français de 145 tonneaux, le « *Saint-Louis* », est accroché durant 26 heures dans les haubans. En février 1848, 4 hommes de la Bombarde « *La Donna* » y périssent de froid. Pour sa part, l'équipage du « *Bonne Aimée* », un brick goélette français de 121 tonneaux, passe 2 jours et 3 nuits dans cette position inconfortable, en mars 1861, sans qu'aucun secours ne puisse intervenir. Réfugiés dans la hune de misaine, les 7 hommes d'un autre brick de 25 tonneaux, le « *Nouvelle Espérance* », en février 1862, doivent la vie à une embarcation de pêcheurs venue de terre.

LES SECOURS

En 1820, Valentin Moreau, pilote d'Arles, en « bravant les flots » à l'aide d'un radeau de fortune, parvient à secourir 14 personnes retenues sur l'épave du brick français « *Marie-Françoise* ». En 1835, l'équipage de la bombarde anglaise « *Esposa Amorosa* » est sauvé grâce au courage de deux pêcheurs saintois, Joseph Manaud et Honoré-Marie Coulomb, sans lesquels ils auraient péri. Plus récemment, en janvier 1901, le marquis Folco de Baroncelli-Javon, honore les sauveteurs saintois qui ont secouru les passagers du Cargo « *La Russie* », dans le poème intitulé : « Per li Sauvadou de la Roussio ».

ÉTAT DE LA CARGAISON

Les marchandises sont parfois récupérées partiellement au moins, après la tempête. En 1735, le sauvetage des lingots de cuivre de « *L'Aigle* », échoué près des embouchures, débute un an plus tard sous la direction du sieur de Gérin, Lieutenant général de l'Amirauté de Marseille. En 1838, le capitaine du « *Pierre Cinq* », perdu le 9 mars aux cabanes de Beauduc, écrit, après avoir rejoint la plage en chaloupe, avec son équipage : « *Je ferai procéder au sauvetage de la cargaison, si le navire n'est pas démoli par l'effort de la grosse mer* »[82]. L'administration peut lancer le sauvetage d'un navire, à condition : « *que le bâtiment n'ait pas disparu dans le sable avec la cargaison* »[83] comme en 1848 lorsque

[80] Illouze 1988 ; Golf, Haesslé 2002.

[81] Illouze 1988.

[82] Golf, Haesslé 2002, 228.

[83] Golf, Haesslé 2002, 244.

s'échoue la « *Louise-Marie* », sur le they de Béricles[84]. Le pillage de la cargaison est, par ailleurs, toujours possible, comme l'illustre l'affaire d'une tartane génoise échouée en 1657, où plusieurs habitants des Saintes-Maries-de-la-Mer sont accusés d'avoir récupéré l'or et l'argent qui se trouvaient à bord. En 1672, ce sont les soldats de la garnison de Peccaïs et les gardes du sel, qui pillent deux vaisseaux provenant d'Amsterdam, naufragés sur la côte d'Aigues-Mortes.

RENFLOUEMENT

La pratique qui consiste à libérer un vaisseau engravé en plage, après avoir colmaté des voies d'eau, est plus courante qu'on ne le pense. Ainsi, la galiote pirate de Mallorca, échouée en 1469 devant l'étang de l'Auffac, fut renflouée, amenée en Arles et offerte au roi René, à Tarascon. En janvier 1758, échouée à l'entrée du Grau-du-Roi, une tartane française de 40 tonneaux est vendue aux enchères après avoir été remise à flot. C'est également le cas du brigantin français de 60 tonneaux, naufragé le 7 juin 1807 à la Pointe, sur le they de Roustan, qui est remis en eau et ramené au port d'Arles, le 18 juin[85].

DISTANCE À LA PLAGE

Les distances à la plage des navires échoués sont connues des archives. Si celles-ci démontrent une très grande diversité dans les systèmes de mesure, elles se rapportent aux bancs de sable souvent disposés par deux ou par trois, entre 50 et 300 m du bord, comme le montre la liste ci-dessous, ordonnée chronologiquement.
Le « *Saint-Antoine-de-Padoue* », en 1763, « s'échoue à 10 cannes de la terre » (20 m) ; le brigantin « *Victory* », en 1770, « à 20 brasses du rivage » (35 m) ; le « *Saint-Maurice* » (26 tx), en 1814, « à 300 pas du rivage » (225 m) ; la «*Vierge du Salut* », en 1818, « à un quart de lieu du poste de Beauduc » (environ 500 m du bord) ; le « *Saint-Pierre* » (74 tx), « à une portée de fusil de la plage », (250 m) ; le « *Hedda* », en 1823, « à 2 encablures de la plage » (330 m) ; en 1823, de nouveau, « *L'Égyptienne* » (126 tx), « à une petite portée de canon (environ 300 m) ; le « *Conception* », en 1827, « à 15 toises de la côte » (environ 30 m) ; le brick « *Vagabond* », en 1834, « à une longueur et demie de câble de la terre » (250 m) ; le brick-goélette « *Fénix* » (79 tonneaux), en 1836, « à 20 pas de la côte » (15 m) ; le brick-goélette « *Triestina* » (109 tx), en 1837, « à 100 pas de la côte » (70 m) ; la bombarde « *Delvina* », en 1847, « à une encablure de terre » (185 m) ; le « *Sainte-Anne* » (250 tx), en 1860, « défoncé à 4 fois sa longueur de terre » (150 m) ; le brick-goélette « *Vicenzino* » (142 tx), en 1863, « à 25 m de la côte » ; le brick « *Phoque* » (295 tx), en 1866, « à 50 m de la côte » ; le « *Loigny* », en 1874, « à 300 m du bord » ; le brick-goélette « *Providenzia* » (228 tx), « à 180 m du rivage » ; le paquebot « *Russie* », en 1901, « à 350 m de la côte » ; le « *Paneghia-Genethia* » (120 tx), en 1911, « à 150 m du bord » ; le vapeur « *Sirtico* », en 1913, « à environ 100 m du bord ».

Parfois, une partie des effets et de la cargaison est récupérée lorsque le calme est revenu si le navire, encore accessible, n'est pas absorbé tout entier par le sable. Au XVIIe s., un « droit de bris » ou « de lagan » autorise les populations misérables à s'approprier les débris des cargaisons et des navires jetés à la côte, et le roi d'y prélever sa part. L'ordonnance de Colbert, qui remet en ordre ces usages, en 1681, punit de mort les naufrageurs qui attirent les bateaux à la côte pour les piller et obligent les riverains à prévenir l'Amirauté de tout accident maritime. Récupérer le bateau et la cargaison reste avant tout la préoccupation du capitaine lorsqu'il a survécu au naufrage et il est possible, dans certains cas, on l'a vu, de renflouer la coque.

L'examen des archives des XVIIIe et XIXe s., situe donc entre le banc du large, à environ 300 m du bord, et la plage, la position d'échouage la plus fréquente. Elle dépend en réalité du tonnage du navire et de la force des éléments. Les mentions fréquentes : « jeté à la côte », « a fait côte » ou « sur le they de... », concernent aussi bien les petits tonnages atterris en plage que les gros vaisseaux immobilisés à plusieurs centaines de mètres du bord. A travers une multitude de mesures de distance en vigueur en Europe sous l'Ancien Régime, les échouages les plus fréquents se situe, on l'a vu, autour du banc du milieu. Poussés par le vent et le courant, les navires heurtent d'abord le banc du large, se retrouvent en travers de la houle puis s'immobilisent sur le banc du milieu, par 1,5 à 2 m de fond. Avec des avaries plus ou moins importantes (voies d'eau, quille fracturée, gouvernail arraché), ils sont rapidement disloqués par la mer et recouverts de sable avant la fin de la tempête. L'expertise archéologique de ces gisements récents, localisés pour partie entre l'Espiguette et le Petit Rhône, met en relief une ligne d'échouage régulière sur l'isobathe actuel des 7 m. Située à l'époque entre 100 et 200 m du bord, cette bande en est aujourd'hui distante d'environ 700 à 800 m, ce qui traduit la mobilité et le recul marqué du trait de côte depuis 250 ans. Un phénomène qui n'a cessé de s'accentuer jusqu'aux années 2000 avec le déclin de la

[84] D'abord appelé they du Ponant, puis they Saint-Jean-Baptiste, ou encore islon Saint-Jean, situé à l'ouest du Grand Rhône actuel.

[85] Illouze 1988, 46 et 58[79] Illouze 1988, 46 et 58.

charge sédimentaire pour des raisons diverses : endiguement du fleuve, multiplication des barrages et extraction massive de matériaux (granulats, sable, galets).
Cette théorie, d'après les archives, sur la distance d'échouage à la côte, appliquée aux premières épaves antiques, permet bientôt de retracer avec une relative précision le tracé du paléorivage sous le Haut Empire romain.

Fig. 50 : Premières plongées en Camargue (photo P. Mouton)

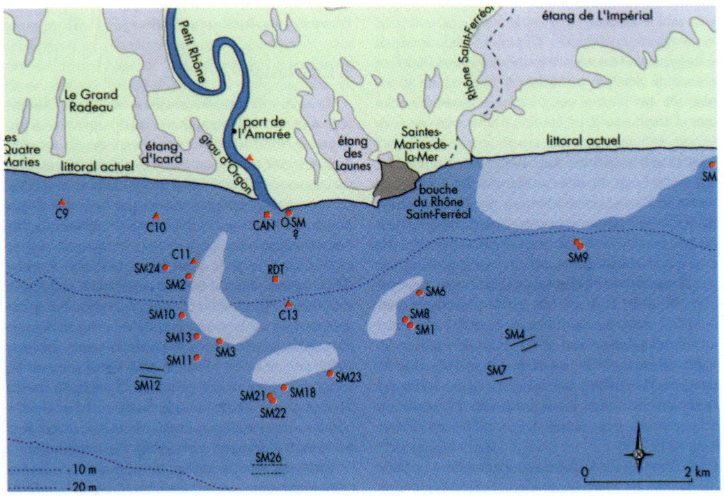

Fig. 51 : Les épaves antiques reflètent dès les années 2000 un lobe sédimentaire aujourd'hui disparu (carte L. Long, F. Richez, M. Olive)

LES ÉPAVES ROMAINES RESTITUENT LE PALÉORIVAGE

Une concentration d'épaves à l'embouchure du Rhône de Saint-Ferréol

Les chargements de lingots de plomb et de barres de fer, premiers gisements antiques recensés sur ce littoral, au début des années 1990, ne sont désormais plus les seuls à enrichir le groupe des épaves romaines de Camargue (fig. 50). En trois décennies de recherches, à quelques encablures des Saintes-Maries-de-la-Mer, émerge désormais un *corpus* de cinquante épaves romaines qui livrent des informations capitales sur le commerce maritime et constitue désormais le plus gros « cimetière » de navires antiques de Méditerranée française. Dans le même temps, au-delà de leur caractère propre et de leur intérêt historique, ces épaves jouent un rôle de marqueur spatial et chronologique du paysage. Leur localisation géographique, d'après le modèle théorique d'échouage défini grâce aux archives modernes, restitue en partie, le long d'un lobe sédimentaire fossile, la forme du littoral antique et les paléo-barres d'avant-côte. Le tracé en pointillé de ce paléorivage et de ses zones d'échouage possibles, revêt, en outre, un caractère prédictif pour les découvertes futures (fig. 51 et 52). Si, en effet, l'apparition des premières épaves antiques a nécessité une dizaine d'années de recherches et de contacts avec le milieu fermé de la pêche, leur nombre est désormais si important dans un « mouchoir de poche » à l'échelle de la Camargue, qu'il soulève un grand nombre de questions.

Datées entre la fin de la République et l'époque flavienne, en gros entre 50 av. J.-C. et 100 de notre ère, avec un groupe majoritaire dans les premières décennies du Ier s. ap. J.-C., ces épaves se concentrent dans un rayon de 3 à 4 km face aux Saintes-Maries-de-la-Mer, devant l'ancienne embouchure du Rhône de Saint-Ferréol. En se rapprochant de l'entrée du fleuve, les navires se sont engravés sur l'entrelacs de bancs périphériques qui encombraient l'estuaire. Celui-ci, localisé à l'est de la ville des Saintes-Maries-de-la-Mer, au grau de la Fourcade, constitue à l'époque un espace nautique particulier et une importante zone de rupture de charge entre le grand commerce maritime et la diffusion des marchandises par voie fluviale, jusqu'à Arles et au-delà. L'hypothèse de restitution cartographique du littoral en forme de lobe, grâce

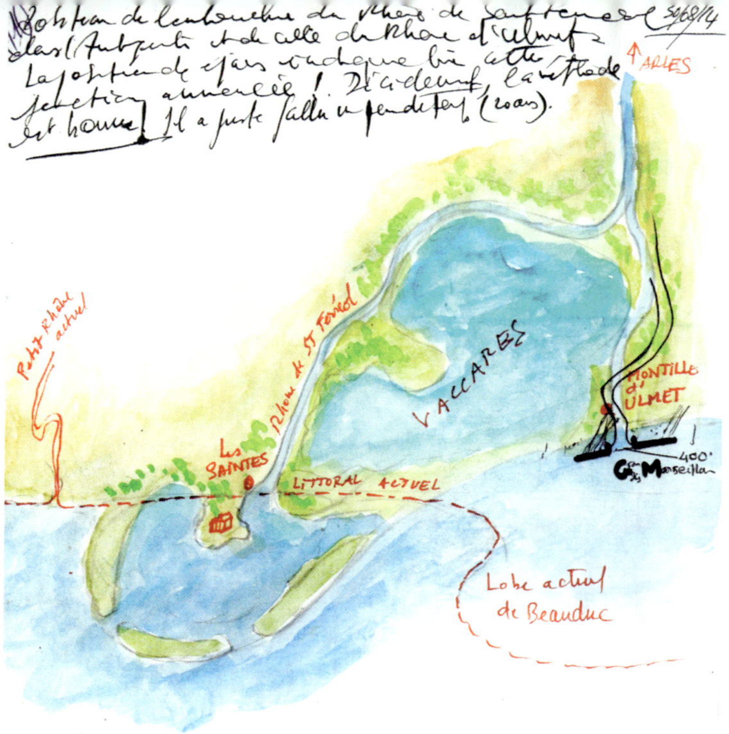

Fig. 52 : Position hypothétique du grau des Marseillais (dessin L. Long)

aux épaves, a beaucoup évolué depuis nos premiers travaux et s'est considérablement complexifiée, avec l'augmentation du nombre de sites. Ce schéma va continuer à se préciser à l'avenir avec les prochaines découvertes. Le tracé discontinu du cordon occidental de ce grand lobe montre clairement que le fleuve ne coulait pas nord-sud mais vers l'ouest, dans un dispositif de plusieurs graus séparés d'îlots et de cordons qui vont se succéder à l'est, au cours du Ier s. ap. J.-C. Le tracé, nettement lisible à l'ouest, forme une île longue avec les épaves *OSM1* (loc. imprécise), *SM31, 45, 24, 2, 10, 13, 3, 11, 12 et 3*. Il reprend au sud, probablement après un grau, formant une île plus compacte : *SM23, 18, 21, 22, 47 et 46*. Les autres cordons restitués à l'est par les épaves sont concentriques. Le plus oriental, comprend *SM50, 52 et 7* (loc. imprécise). Ensuite se dessine le cordon arrondi le plus complet, depuis le sud du dépotoir *SM0*, par *SM17, 32*, puis plus loin : *SM28, 40, 39, 36, 44, 29, 41, 51, 9 (a et b)*, et enfin *SM5*. Le troisième lobe concentrique s'appuie sur *SM8, 1, 30, 33, 35 et 25*, le quatrième sur *SM27, 49, 6, 34, 38, 43, 42 et 48*. Un dernier cordon englobe peut-être *SM26* et les installations marquées par des pierres en désordre (fig. 53).

Si le Rhône de Saint-Ferréol, qui contourne l'étang du Vaccarès par l'ouest pour déboucher aux Saintes-Maries-de-la-Mer, ne constitue pas le chenal dominant, il devient dans l'Antiquité, comme le montre son avancée vers le sud, l'axe majeur des échanges entre la mer et la vallée du Rhône[86]. Mais les bateaux de mer qui acheminent leurs produits vers Arles et l'axe Rhône-Rhin peuvent emprunter aussi le bras oriental d'Ulmet, qui oblique vers le sud, à hauteur de la motte castrale de Villeneuve. Sur ce point, le site grec de la Capelière constitue très tôt une étape pour les bateaux qui naviguent sur le Rhône d'Ulmet entre Arles et la mer.

A son embouchure, le Grau de Marseille ou *Gradum massalitanorum*, désigne sans doute la présence d'un port ou d'une agglomération (*Ad Gradus*), en liaison au Ier s. av. J.-C. avec le canal de Marius, près de Fos. Bien plus tard, un débarcadère est aménagé sur son cours au IVe s., à l'est de l'étang de Vaccarès, près de la montille d'Ulmet. Quant au bras d'Albaron-Daladel, qui bifurque vers l'extrémité occidentale du delta, il fait brutalement irruption dans ce paysage vers la fin du IIe s. av. J.-C., peut-être vers 125-100, mais nous ignorons là aussi le tracé de son embouchure[87].

Si les bras d'Albaron-Daladel et d'Ulmet privent donc tous deux d'une partie de sa force le Rhône de Saint-Ferréol, qui s'encombre, Claude Vella (Cérège-CNRS), ne leur prête pas une activité fluviale importante[88]. Il est clair sur ce point que les nombreux navires recensés devant les Saintes-Maries-de-la-Mer ont majoritairement tenté de rallier les installations à l'embouchure du Rhône de Saint-Ferréol, puis au-delà la cité d'Arles, confirmant la bonne navigabilité du chenal. A l'inverse, quelques-uns parmi eux, se sont échoués au sortir du fleuve. Les études d'architecture navale sur certaines de ces embarcations, mettent en exergue un premier groupe de navires fluviomaritimes qui fréquentent l'embouchure et peuvent rejoindre Arles. D'une longueur de 20 à 25 m, un fond plat et une quille basse, leur chargement n'excède pas 40 ou 45 tonnes, soit une capacité d'environ 900 amphores ou 5000 *modii* de blé, à l'image des nombreux bateaux qui fréquentent l'embouchure d'Ostie sous le Haut Empire, avant les grands travaux de Claude, puis de Trajan, au *Portus* de Rome[89].

Sans doute originaire de Narbonne avec sa cargaison de fer, l'épave *SM24*, qui présente une signature architecturale particulière avec des membrures ligaturées au bordé, se range dans la catégorie des 5000 *modii*. Prototypes éloignés de la tartane ou de l'allège du Rhône, ces embarcations à fond relativement plat, doté d'une quille basse, devaient d'abord accéder par des graus au lobe d'embouchure avant de franchir le seuil de la barre alluviale. Un haut-fond sableux s'est accumulé à la jonction mer-fleuve par la compression de la charge sédimentaire fluviale sous l'effet des vagues, qui se répand alors latéralement. Mais c'est à l'extérieur, à l'approche du lobe d'embouchure, que se concentrent les plus gros dangers comme le montrent les naufrages

---

[86] Landuré, Vella, Charlet 2015, 44.

[87] Landuré, Vella 2010 ; 2013, 202.

[88] Nous remercions ici Claude Vella pour ses conseils.

[89] Le ravitaillement de Rome et les disettes hivernales poussent Claude à favoriser les armateurs de navires d'au moins 10 000 *modii* (70 t. de blé), soit à peine plus à l'époque que la jauge moyenne de 60 t., soit 9000 *modii* ou 1300 amphores (Houston 1988).

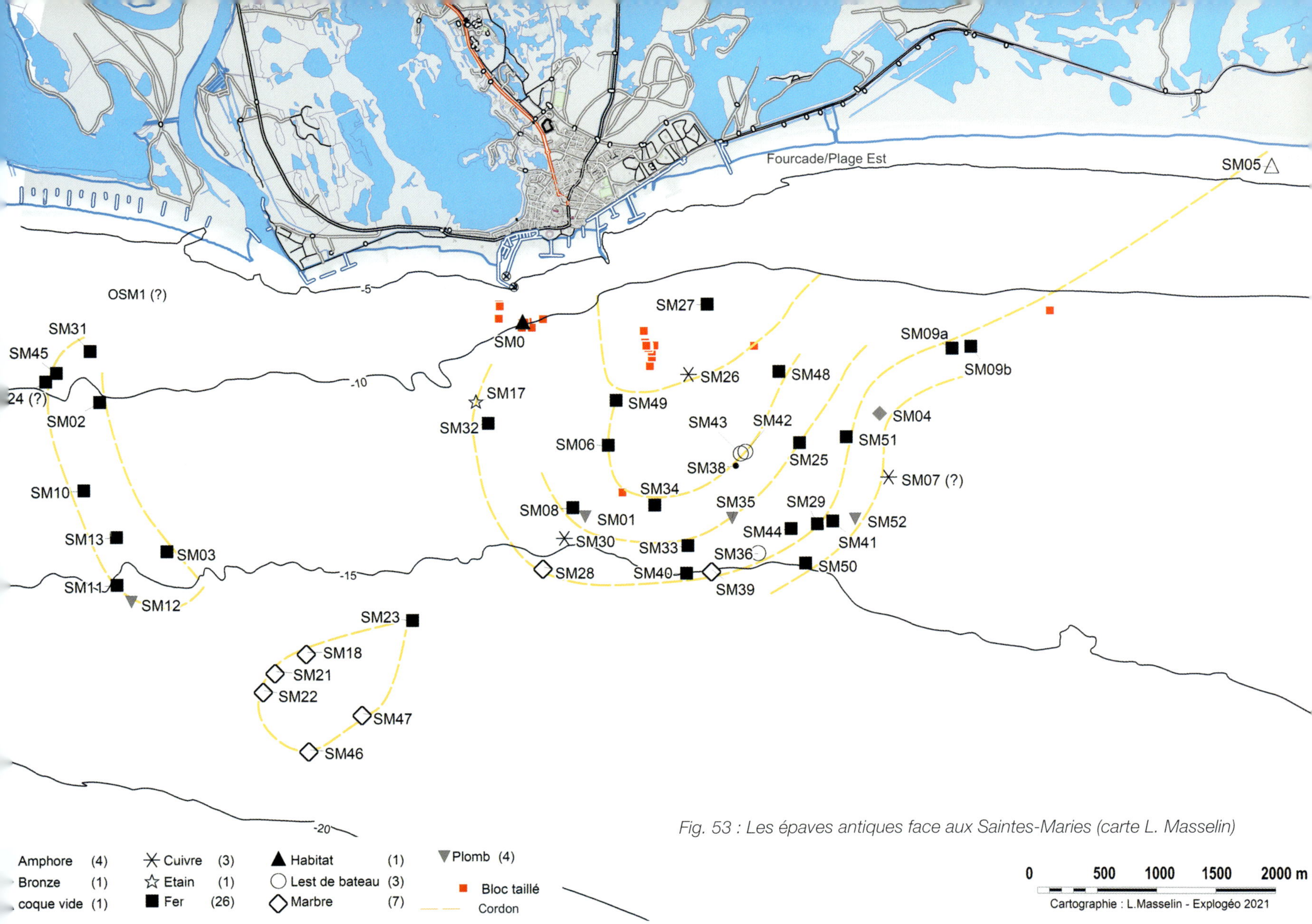

Fig. 53 : Les épaves antiques face aux Saintes-Maries (carte L. Masselin)

modernes. Si plus de 70% d'entre eux se produisent entre novembre et mars, période de *mare clausum* dans l'Antiquité où peu de navires se risquent à naviguer, cette côte instable reste dangereuse tout au long de l'année. Véritable piège à bateaux par mauvais temps, à l'entrée et à la sortie du fleuve, comme le confirme l'épave *SM1* échouée en quittant le Rhône. Immobilisés à l'origine dans environ 2 m d'eau, sur l'une des barres situées entre 150 et 300 m du rivage, les épaves antiques s'en trouvent éloignées aujourd'hui de plusieurs kilomètres, par 12 à 18 m de fond, sous l'influence du recul régulier du littoral[90].

Mais, de nombreux facteurs : l'érosion marine, la faible profondeur, l'action de la houle qui couvre et découvre les épaves, le bois gorgé d'eau qui ploie sous le chargement, enfin les assauts répétés des chaluts et le pillage, ont eu raison des gisements les plus fragiles. Ceux chargés de pondéreux (blocs de marbre) et de matières premières (plomb, cuivre, fer, étain), ont mieux résisté et ne se sont pas trop dispersés. Du coup, la carte du littoral antique, restituée grâce aux épaves échouées encore en place, est incomplète et ne repose que sur une partie des navires, en majorité du Haut Empire, période d'intense trafic du marbre, du fer et d'autres métaux.

[90] Long 1997, 109 ; Long, Illouze 2004, 321 ; Vella 2004 ; L'Homer *et al.* 1981.

UN PORT ANTIQUE À L'EMBOUCHURE DU RHÔNE

Discipline scientifique basée sur l'étude des vestiges matériels, l'archéologie engrange les incertitudes et conduit bien souvent à échafauder des hypothèses que la poursuite des fouilles doit vérifier, ce qui demande du temps. Celle d'un espace portuaire antique devant les Saintes-Maries a été avancée voilà plus de 15 ans[91]. Dès 2006, laissant de côté l'étude intrinsèque des épaves, nous mettons au jour devant les Saintes-Maries-de-la-Mer un grand dépotoir portuaire antique. Bouleversé par les tempêtes, il se répartit en plusieurs zones, face à l'embouchure de l'ancien Rhône de Saint-Ferréol. Baptisé *SM0*, le premier secteur, dense et homogène, est le plus important. Situé au large, à environ 1 km de Port-Gardian, par 9 m de fond, il renferme des milliers de fragments d'amphores répartis entre le VIe s. av. J.-C et le VIe s. ap. J.-C., en surabondance par rapport à la vaisselle, ce qui souligne le caractère portuaire des rejets. Dans le même temps, certains récipients ayant conservé leur bouchon désignent plutôt des ratés de transbordement ou le nettoyage de fonds de cale. Ce faciès est néanmoins complété par des céramiques, des objets domestiques en bronze, parfois luxueux[92] (fig. 54), des outils de pêche, et tout un *instrumentum* caractéristique de la vitalité économique d'un site portuaire et d'un habitat d'où proviennent sans doute une partie des inscriptions votives des Saintes-Maries-de-la-Mer[93]. De fait, pour fonctionner, un tel espace a dû reposer très tôt sur une population spécifique et nombreuse. Avec des objets roulés par la mer et d'autres fortement ancrés dans le sédiment, il renferme aussi, sur plusieurs centaines de m^2, des blocs de construction épars, des pierres plus ou moins alignées, réparties par zones, des *tegulae* et des *imbrices*, des amalgames de ciment hydraulique et des clous de charpente, qui le distinguent d'une simple zone de mouillage ou d'un rejet de chalut (fig. 63). Les zones de blocs se concentrent en deux groupes espacés d'environ 1000 m, de part et d'autre de la sortie du fleuve. Nous n'avons recensé pour l'instant que très peu de fragments de *dolia*, mais des vestiges de ces grandes jarres ont été signalés lors de la découverte de la tête colossale d'Auguste, à l'est des Saintes-Maries-de-la-Mer, en 1984 : « *L'endroit est connu comme un fond difficile où se détériorent les filets. Il aurait livré des amphores fragmentaires à anses bifides (Dressel 2-4) et des fragments de dolia vinaires, et des blocs de granit* »[94]. Les auteurs imaginaient à l'époque une épave doliaire complétée par des amphores qui enfermait dans sa cale l'effigie du prince. Le contexte de découverte incluant aussi des blocs de granit, laisse plutôt penser aujourd'hui à des installations qui côtoyaient peut-être une statue monumentale érigée sur place, au début de l'Empire, que confirment les réparations du marbre (fig. 64 à 67).

Le second dépotoir, plus près du bord, se situe au débouché direct de l'ancien Rhône de Saint-Ferréol, en bordure de la plage Est, au lieu-dit La Fourcade, par 1 à 2 m de fond. Il présente un mobilier complémentaire, parfois un peu plus roulé par l'action abrasive de la mer à faible profondeur, avec en contrepartie, une proportion plus importante de vaisselle et de petits objets de la vie quotidienne et de l'*instrumentum* : monnaies, amulettes, briquets, verre (fig. 68 et 69).

Dans une situation naturelle favorable, ces deux dépotoirs portuaires, reflets d'une zone de rupture de charge et de consommation des produits sur place, sont donc en retrait du vaste lobe sédimentaire aujourd'hui disparu, dont le tracé virtuel est uniquement circonscrit par les épaves (fig. 53). Dans l'Antiquité, les manœuvres d'approche dans ce secteur, par vents forts et courants contraires, deviennent compliquées pour les navires à gréement carré. Ils recourent sans doute alors à la rame, au touage ou aux baliseurs, les *lenunclarii* et *scapharii*, servant peut-être aussi de bateaux-pilotes et de remorqueurs.

Fig. 54 : Anse de vase en bronze décorée (photo L. Long)

[91] A ce jour seul D. Djaoui, un de mes anciens collaborateurs, la conteste sans connaître le dossier, par simple posture polémique.

[92] Les bronzes issus des fouilles des 2 grands dépotoirs portuaires (SM0 et Fourcade-Plage Est) sont regroupés infra avec ceux de SM4.

[93] Heijmans 2004.

[94] Brentchaloff, Salviat 1989, 20.

Fig 55 - Chaudron en bronze (photo S. Cavillon)

Fig 56 - Déflecteur de lampe (photo S. Cavillon)

Fig 57 - Embouchures de vases en bronze (photo S. Cavillon)

Fig 58 - Lampe à tête de Gorgone (photo S. Cavillon)

Fig 59 - Anneau et bracelet en bronze (photo S. Cavillon)

Fig 60 - Satyre des Saintes-Maries, détail (photo L. Roux)

Fig 61 - : Foëne antique in situ (photo N. Garino)

Fig 62 - Satyre des Saintes-Maries (photo L. Roux)

Fig 63 - Amphores, tuiles, clous (photo L. Long)

Fig 65 - Restitution hypothétique de l'embouchure de St-Ferréol (dessin J.-M. Gassend)

Fig 68 - Dépotoir de la Fourcade : Monnaies et instrumentum (photo L. Long)

Fig 64 - Portrait d'Auguste (photo J.-L. Maby)

Fig 69 : Coupe en verre à côtes régulière d'époque tibéro-flavienne (photo S. Fontaine)

Fig 66 - Restitution hypothétique de navalia ou hangars à bateaux (DAO G. Valayer)

Fig 67 - Zone de stockage à l'embouchure (DAO G. Valayer)

Quant aux installations locales, elles peuvent se limiter à des structures légères, tels que des pieux, des ducs d'Albe et des débarcadères en bois, que la mer a pu facilement déchausser depuis 2000 ans.
La pointe d'un pieu moderne en pin maritime, de 20 cm de large, mise au jour dans ce secteur en 2016, datée par radiocarbone entre 1660 et 1890, a ainsi été délogée par l'érosion. Parfois, seuls des arbustes marquent les passes incertaines, comme le confirme un texte du Vème siècle, récemment souligné par Pascal Arnaud, qui évoque à l'entrée du port fluvio-lagunaire de Vada Volterrana, en Toscane, de hauts lauriers fichés comme des pieux, avec leur rameau visible, guidant les navires entre les bancs de sable[95].
Il pouvait déjà exister à l'époque romaine un système de balisage des passes, comme celui que la ville d'Arles met en place vers 1570, au moyen de bigues de signalisation et de barriques servant de bouées. Une autre pratique moderne a consisté à rémunérer le capitaine d'un navire échoué afin qu'il laisse en place le mât de son épave, en guise de signal (cf. *supra*). Strabon confirme ces dangers, précisant que les Massaliètes ont dressé des tours servant de repère aux navigateurs. Enfin, sans doute comme dans la baie de Kition (Larnaca, Chypre), le colmatage des lagunes et des graus d'embouchure a dû sans cesse déplacer les installations d'accostage vers un fluctuant front maritime, dans une véritable « course à la mer », en opposition à des constructions pérennes.[96]
Au bilan, l'extrême pauvreté des vestiges d'un port antique en Camargue, au niveau des structures, ne doit pas étonner. Les équipements portuaires habituels sur une côte sablonneuse aussi érodée ne laissent que très peu de traces tangibles, 2000 ans après. Ainsi, plus à l'est, vers Fos-sur-Mer, dans un secteur pourtant moins bouleversé, ne cherche-t-on pas encore l'emplacement d'un ouvrage majeur, le fameux canal de Marius ?

Il n'existe pas non plus beaucoup de preuves archéologiques des ports de Narbonne, Cumes ou Byblos[97]. Quant au port perdu d'Ostie, ce n'est qu'en 2002 que son bassin, dépourvu de structure, est détecté sous le sédiment. Une hypothèse qui va demander dix ans pour être validée[98].
Si cet estuaire naturel du Rhône de Saint-Ferréol présente donc des avantages dont les hommes vont tirer profit dès l'Antiquité, le franchissement des graus, encombrés de bancs de sable mobiles, et les tempêtes qui balaient les infrastructures légères, génèrent en un demi siècle un immense cimetière à bateaux égrené de manière linéaire sur les marches d'un rivage en arc de cercle. Sa courbe concave, à très large rayon, est celle du delta progressant vers le sud, amortie par le travail constructeur et régulateur de la mer[99].
L'espace couvert pas cette cinquantaine d'épaves est d'environ 2800 hectares, incluant celles plus à l'est, au Pertuis de Rousty. Par comparaison, en rade de Marseille, la plus vieille cité maritime de France et la plus riche en naufrages, cette superficie, qui englobe par exemple l'archipel du Frioul, le Vieux Port et la Joliette, est beaucoup plus pauvre en navires antiques. De même, on comptabilise moins de dix épaves dans les ports de Narbonne et de Fos sur Mer. À l'époque impériale, ce mouillage portuaire face au Rhône fonctionne en même temps que Fos-sur-Mer, dont le canal, qui n'est pas mentionné dans l'*Itineraria romana*, est déjà sans doute en partie ensablé. Il s'articule aussi avec l'embouchure naturelle d'Ulmet (*gradus massiliensis*), plus proche, dont une escale fluviale tardive a été récemment circonscrite à l'est du Vaccarès, sur la Montille éponyme.
Dans ce système portuaire polycentrique, en attendant des recherches plus poussées, la branche espagnole du Rhône d'Albaron-Daladel passe semble-t-il par les étangs du Scamandre et du Charnier, au nord-est d'Aigues-Mortes, et file ensuite vers l'ouest, grossi par le Vidourle, en direction d'Agde par les étangs. Mais celle de Saint-Ferréol évacue, avec la branche d'Ulmet, l'essentiel des eaux du Rhône et capte la part la plus importante du trafic. D'assez gros navires s'y présentent avec des chargements de fer qui excédent 100 tonnes (épaves *SM2*, *SM9* et *SM40*). Au demeurant, pour le sédimentologue Claude Vella, cette barre d'embouchure, plus basse que la barre actuelle, reste inférieure à 2,50 m de profondeur[100]. On peut se demander, dès-lors, si ces navires se sont échoués en voulant rejoindre directement Arles par le fleuve, comme les tartanes et les allèges modernes engravées au grau de Roustan, ou si la rupture de charge ne se faisait pas plutôt dans un étang juste après cette première barrière naturelle, entrecoupée de graus à l'accès changeant et dangereux. Dans cette hypothèse, comme ceux abrités au *portus* de Rome qui ne pouvaient remonter le Tibre, de gros navires relâchaient devant les Saintes-Maries-de-la-Mer, dans un espace portuaire aménagé, abrité des vagues, au débouché du bras de Saint-Ferréol. L'existence, en conséquence, d'une lagune antique en communication avec la mer, derrière une longue montille discontinue et semi-circulaire, décelée grâce au tracé en pointillé des épaves, complète la vision de cet avant-port antique.

[95] Arnaud 2016, 146 ; Wolf *et al.,* 2007.
[96] Bony et al. 2016, 377.
[97] Morhange, Marriner, Carayon 2015.
[98] Goiran 2013.
[99] François, 1933, 137.
[100] Vella *et al.* 1999, 137.

Fig 70 - Carte des embouchures, Isnard, 1783, avec la représentation en pointillé des bancs de sable (ABDR, photo L. Long)

Fig 71 - Ancre romaine bien conservée (photo L. Masselin)

Fig 72 - Ancre in situ avec sa pièce d'assemblage (photo G. Spada)

Fig 73 - Jas d'ancre erratique près du site SM0 (photo G. Spada)

Fig 74 - Plomb de sonde isolé (photo L. Long)

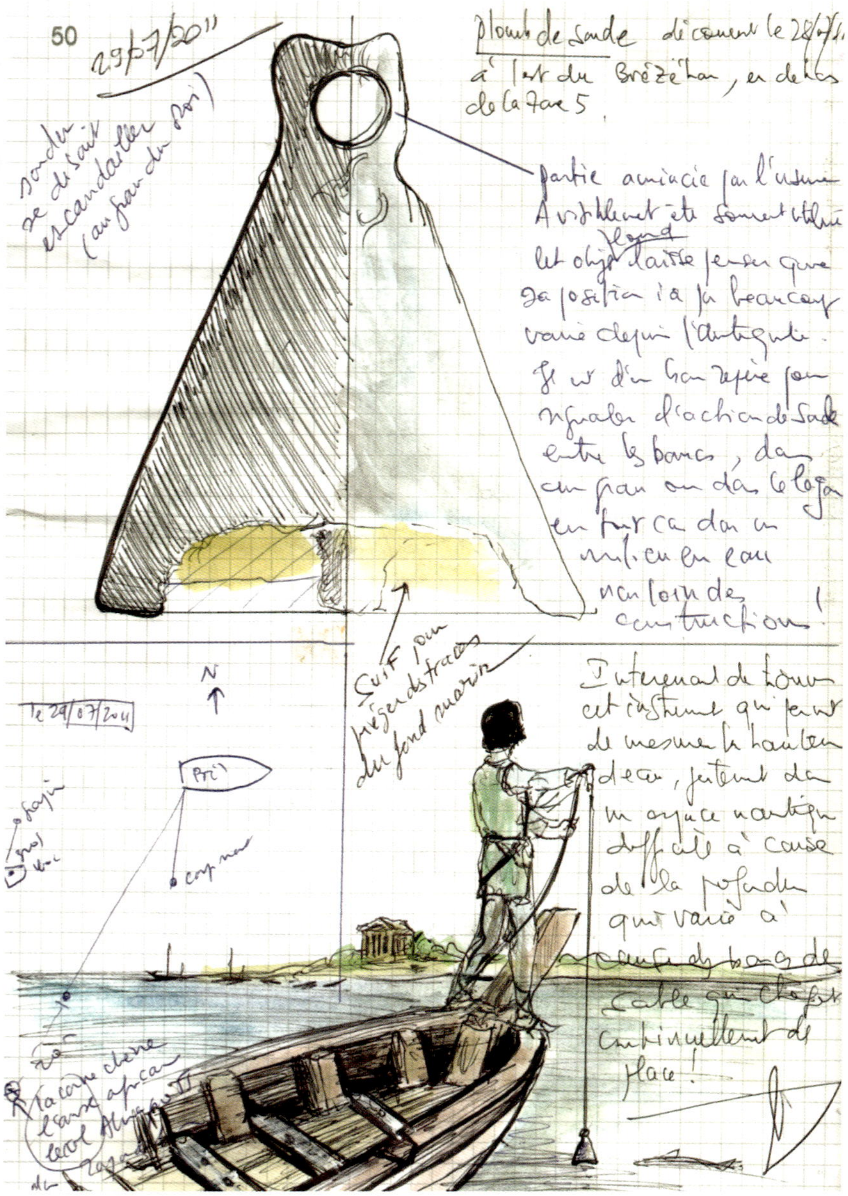

Fig 75 - Plomb de sonde, Zone 5, carnet de fouille (dessin L. Long)

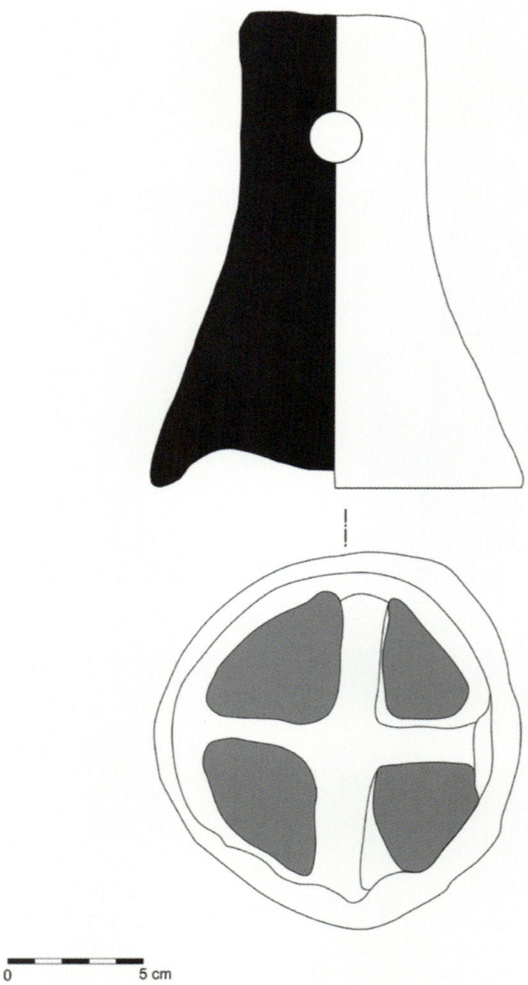

Fig 76 a - Plomb de sonde, base et profil (dessin L. Long)

Fig 76 b - Plomb de sonde, base (photo L. Long)

Par sa configuration naturelle, ce plan d'eau représente un refuge naturel contre la houle et les tempêtes, pour les bateaux en escale qui guettent le vent favorable pour reprendre le large ou rallier Arles par le fleuve, si leur chargement n'excède pas une quarantaine de tonnes. Quant à ceux de très fort tonnage, qui dépassent 2,5 à 3 m de tirant d'eau, ils n'ont d'autre solution que de mouiller hors du lobe, plus au large, comme plus tard les grandes nefs médiévales devant Aigues-Mortes, sous un fréquent régime de forte houle peu propice au chargement et au déchargement des cales.

Aux XVIIe et XVIIIe s., même s'il ne connaît pas l'activité et l'effervescence économique des embouchures romaines, le port de Beauduc présente une configuration naturelle semblable et une fréquentation digne d'un abri réputé. En 1758, les barques locales et les navires hauturiers y mouillent nombreux, à l'abri des vents marins. Des bateaux de toutes les formes et de toutes les nationalités y relâchent la nuit derrière la grande pointe de sable en demi-lune qui fait office de digue et empêche la mer d'entrer. Ce sont des pinques, tartanes, galiotes, chébecs, senaults, allèges, ainsi que des bâtiments catalans, génois, maltais, et majorquins. Les équipages au mouillage vont à terre faire de l'eau ou du bois et se procurent aux cabanes de pêcheurs du poisson et d'autres secours (fig. 70)[101]. A l'extérieur, pour éviter les bas-fonds, les gros vaisseaux, exposés au vent de sud-ouest, peuvent mouiller à un mille de la plage (1850 m), par 4 à 10 brasses d'eau (entre 6 et 16 m). C'est sans doute dans ces parages que la flotte anglaise passa l'hiver en 1812[102].

Par comparaison, l'embouchure antique de Saint-Ferréol, au niveau des Saintes-Maries, offrait sans doute un abri plus vaste, d'environ 800 à 900 hectares, ce que confirment la disposition des épaves et les deux grands dépotoirs datés du VIe s. av. J.-C. au VIe s. ap. J.-C.

Les premières plongées dans ce lobe virtuel, dont le tracé n'est plus visible, ont permis de localiser de nombreuses ancres antiques. La première, conservée intégralement à l'exception d'une patte et exposée au musée d'Arles, a été repérée par Pascal Ardois en décembre 1991, face à l'embouchure du petit Rhône, par 4 à 5 m de fond. Cet espace jadis partiellement exondé était bordé, en effet, à 200 m à l'ouest, d'un chenal maritime où se concentrent une quinzaine de jas d'ancre et de plombs de sonde (fig.71 à 76b).

Fig 77 - Bloc percé in situ (photo C. Durand)

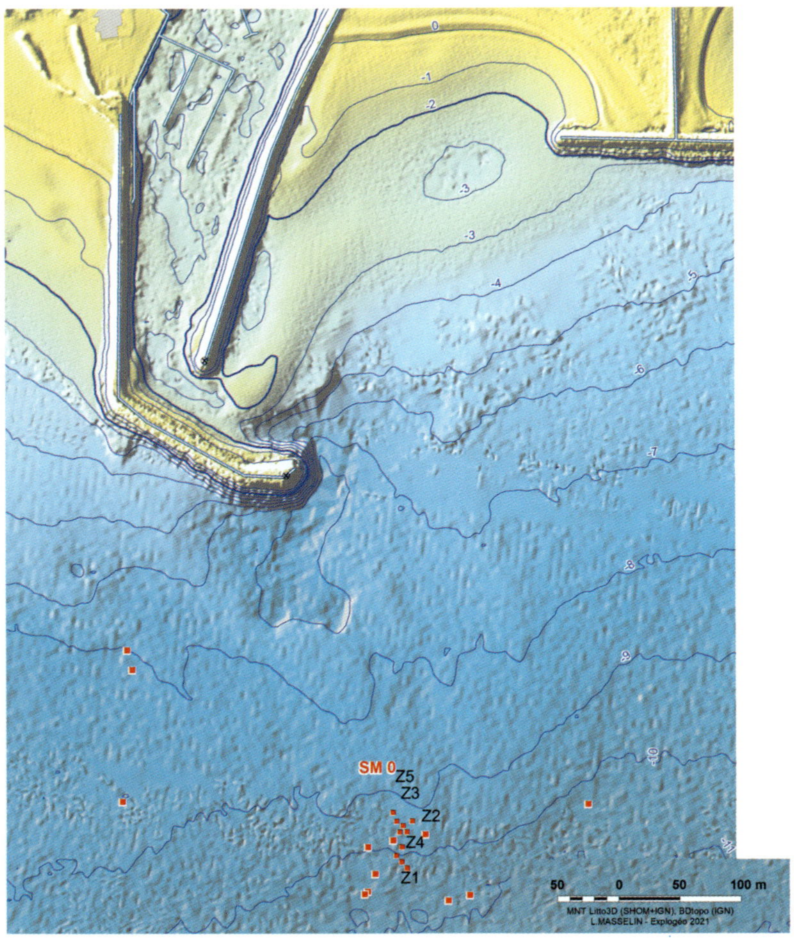

Fig 78 - Regroupements de blocs face aux Saintes-Maries (relevé L. Masselin)

[101] Lettre au gouverneur et à l'intendant de Provence, BB110 Folio 489, Archives communales d'Arles.

[102] Baudin 1840, 239.

Fig 79 - Bloc de grande taille, à orifice (photo C. Chary)

Fig 80 - Petit bloc de pierre in situ (photo C. Chary)

Fig 81 - Petit moellon du dépotoir (photo C. Chary)

Fig 82 - Moellon calcaire au milieu du dépotoir SM0 (photo C. Chary)

Fig 83 - Blocs en désordre près du dépotoir (photo K. Boscolo)

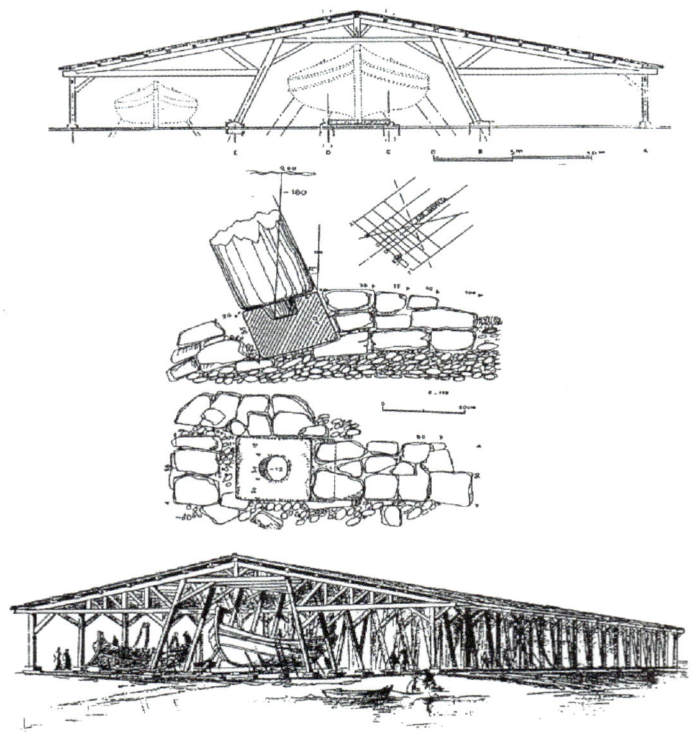
Fig 84 - Restitution des structures de Fos (Dessin : J.-M. Gassend)

Ces derniers, utilisés pour mesurer la hauteur d'eau sous la coque et examiner la nature du fond, illustrent les difficultés pour se frayer un passage dans le dédale des barres d'embouchure. Comme à Fos-sur-Mer, où les épaves et les ancres isolées côtoient sous 3 m d'eau des bâtiments, une nécropole et des caissons d'assainissement en bois, les dépotoirs et les entrepôts étaient, aux Saintes-Maries-de-la-Mer, directement au contact des navires au mouillage ou amarrés aux appontements[103]. Aucun môle, aucune digue en grand appareil, à queue d'aronde, n'a été repéré comme à Olbia (Var) ou à Port-la-Nautique, près de Narbonne, car la pierre est absente ici et la route longue pour l'acheminer[104].
L'idée de structures légères, de piliers et de batardeaux en bois, déjà évoqués plus haut, s'appuie sur l'exemple des quais romains de l'espace Jules Verne, à Marseille, ceux à pans de bois du port antique de Rezé (*Ratiatum*), sur l'Atlantique[105], ou encore les coffrages à double parement sur lit d'amphores de la *Venetia maritima*[106]. Parmi les nombreux blocs calcaires épars que nous avons localisés, dont certains ont été déplacés par les chaluts, des pierres évidées au centre d'une cavité (diam. 22 à 25 cm) pour l'encastrement de poteaux, rappellent l'implantation des entrepôts de l'anse Saint-Gervais, à Fos-sur-Mer, d'abord assimilés à des *navalia* ou à des hangars à bateaux (fig. 77 à 79, 83 et 84)[107]. Dans une région comme la Camargue où le calcaire et la pierre à bâtir font défaut, les matériaux sont, à l'évidence, rapidement réutilisés, entraînant même la persistance de l'habitat, ce qui peut expliquer la présence d'un hameau médiéval près d'un site antique. En outre, la plupart des pierres du secteur portuaire, soumis à une lente submersion après son abandon à la fin de l'Antiquité, a pu servir aussi de carrière pour chausser les drailles, remplir les murs de ferme ou finir calcinées pour produire de la chaux. Sur ce point, des tambours de colonnes à facettes ont été réemployés au Bas Empire sur le site du Carrelet et à Notre Dame d'Amour, comme des fragments de marbre et des pierres inscrites ou sculptées dans les mas des alentours[108].
On imagine donc un premier niveau d'infrastructures portuaires maritimes aux Saintes-Maries-de-la-Mer, en complément du port fluvial d'Arles, composées de ducs d'Albe et d'appontements en retrait, à l'abri des montilles. On pense à des *cataplii* et *horrea* de stockage pour les denrées commerciales et les fournitures en réparation navale et en ravitaillement, des édifices fonctionnels légers qui devaient occuper une place prédominante dans cet espace (fig. 65 à 67)[109]. Dans l'étang de Thau, près de Sète, des blocs assez semblables aux nôtres (diamètre des trous, entre 14 et 18 cm), forment un double alignement d'environ 50 m de long sur 5 à 6 m de large, interprété par André Bouscaras comme un embarcadère sur pilotis[110].

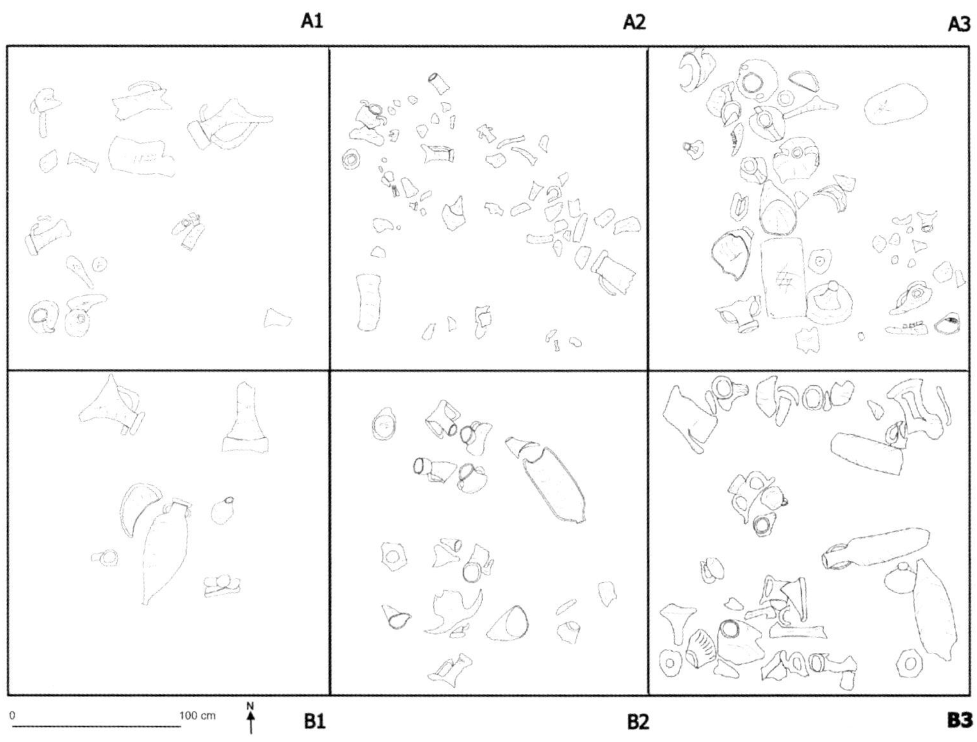

Fig 85 - Carrés de fouille 2011, zone 5, SM0 (dessin C. Delaere)

[103] Marty, Guibal, Hesnard 2016.
[104] Falguéra, Jézégou 2002, 45.
[105] Hesnard 1994, 210 ; Mouchard et al. 2016.
[106] Zabeo 2016.
[107] Gassend, Maillet 1990, 2004, 2013.[106] Carabalona 1978, 12.
[108] Benoit 1969, 83 ; Carabalona 1978, 12.
[109] Long 2008b, 815.
[110] Gallet de Santerre 1961.

Fig 86 - Dépotoir portuaire SM0 (photo K. Boscolo)

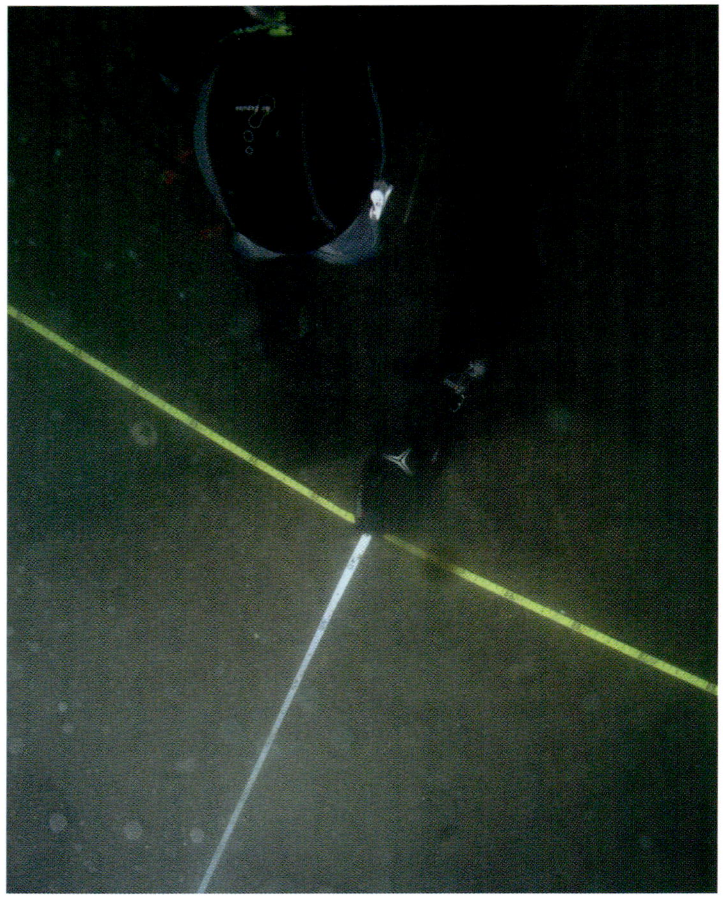

Fig 87 - Mesures et positionnement (photo K. Boscolo)

Fig 88 - Amphores à la surface du site (photo K. Boscolo)

Fig 89 - Photomosaïque d'un carré de fouille (photo C. Chary)

Un tel secteur d'activité devait nécessiter sans doute alors un personnel d'affranchis, d'esclaves manutentionnaires, de haleurs et d'*horrearii* pour alimenter et surveiller les greniers, et avec eux toute une population inconstante, anonyme et sans qualification, se louant à la belle saison. De même, le déchargement sur place de marchandises transbordées sur des allèges fluviales ou fluviomaritimes, implique l'existence sur place d'infrastructures douanières pour les formalités portuaires. La fonction de *statio quadragesima Galliarum,* qui perçoit les droits et délivre la certification de dédouanement pour la commercialisation des produits, est attestée par l'épigraphie à Arles mais pouvait s'appliquer aussi dans l'avant-port aux navires déchargés sur place qui ne remontaient pas en ville[111]. Le cas est connu au XVIIIe et XIXe s. avec le poste de douanes du grau d'Orgon, au débouché du Petit Rhône.

Ces multiples activités ont dû générer très tôt, dans l'immédiate proximité, un groupement d'habitat en matériaux légers et périssables (bois, torchis, brique ou terre crue) qui, dans un paysage si souvent remodelé, n'a laissé aucune trace. Il devait occuper dans ce cas une position légèrement surélevée, en retrait des cordons littoraux, comme les levées de berge qui protègent à la fois des crues fluviales et de l'action érosive des tempêtes.

À ce jour, les interventions dans le dépotoir antique du secteur SM0, se sont déroulées sur six campagnes, entre 2006 et 2013, l'emprise globale de la fouille n'excédant pas 140 m^2 (fig. 85 à 89). Outre les prospections en divers point de ce vaste espace, des sondages ont touché sept zones différentes du dépotoir afin d'enrichir le corpus typologique de la céramique et des amphores, et d'affiner la chronologie d'occupation du site. La stratigraphie présente chaque fois

[111] France 2001, 24-31 ; 44-46.

Fig 90 - Concrétions et plaques de lauzes (photo G. Spada)

un faciès identique où se discernent trois niveaux. La couche de surface, qui peut varier en épaisseur d'une année sur l'autre, est composée de sable coquillé grossier sur une hauteur moyenne d'environ 20 à 50 cm. Dans cette couche souvent mise en mouvement par la houle, les objets archéologiques sont assez rares. Il s'agit de panses et de cols d'amphores exposés hors du sable à la vie marine qui sont régulièrement recouverts de serpules, de concrétions calcaires et de marques d'usure. La deuxième couche, de 20 à 40 cm d'épaisseur, livre un mobilier relativement dense, qui couvre une très longue période échelonnée de la période archaïque à la fin de l'Antiquité. Il s'agit d'une couche de vase grise et légère qui comprend parfois des boules de glaise et des lauzes, ces plaques de sable induré (fig 90).

Apparemment mélangé, le mobilier archéologique a pu se déplacer à cause de l'érosion des sols liée au déficit sédimentaire, après l'assèchement et la fermeture du Rhône de Saint-Ferréol (1440) et la diminution des charges solides observée depuis la fin du petit âge glaciaire, mais le bon état de conservation du matériel laisse penser que le déplacement a été limité.

Enfin, au-dessous, le substrat se compose d'une couche de vase tassée, compacte et stérile, qui se taille au couteau et correspond, pour Claude Vella (Cnrs, Cérège), à l'argile en place en arrière d'un cordon littoral, ce que confirme la position des épaves (fig. 91 à 96).

En conséquence, si cette côte, propice notamment à l'exploitation et à la récolte du sel, engendre dès le milieu du VIe s. av. J.-C. des échanges avec les premiers navigateurs, les aménagements d'époque romaine, lorsque s'intensifie le commerce impérial, reflètent plus vraisemblablement l'organisation d'une escale portuaire pour l'amarrage des navires et le stockage provisoire des produits. Le fait que de nombreux navires maritimes et fluviomaritimes à fond plat puissent à cette époque franchir les graus et remonter directement à Arles peut contredire l'idée d'un port d'embouchure qui reste, par ailleurs, inconnu des sources antiques. Mais, dans l'Antiquité on n'écrit guère sur les ports et pour retrouver leurs traces, comme le pense le géoarchéologue Jean-Philippe Goiran, il faut d'abord chercher leur fonction[112]. Or, au vu de l'importance des échanges dans cette zone, des installations semblent nécessaires pour décharger sur place ou alléger les plus gros bateaux, limités par leur tirant-d'eau, ou les charger pour le retour d'une nouvelle cargaison, d'un lest de pierres, galets, ou à l'aide de couffins de sable[113]. De fait, la mauvaise mer et les fortes crues, liées aux précipitations abondantes sur les Alpes du Nord et le bassin de la Saône, qui grossissent les affluents, n'autorisaient pas toujours une parfaite adéquation entre l'arrivée des marchandises depuis la haute mer et leur acheminement vers Arles par voie fluviale. Le Rhône, lors des crues, avec l'augmentation des débits liquides extrêmes[114],

Fig 91 - Numérotation in situ des artefacts (photo K. Boscolo)

Fig 92 - Un habitué des blocs épars (photo K. Boscolo)

[112] Schweyer 2020, 46.
[113] Bani 1990, 14.
[114] Provansal et al. 1999.

Fig 93 - Pieuvre dans un col d'amphore (photo K. Boscolo)

Fig 94 - Dessin sur une plaquette PVC (photo K. Boscolo)

Fig 95 - Numérotation in situ (photo G. Spada)

Fig 96 - Fouille stratigraphique (photo G. Spada)

gênait la remonte directe des *navis onerariae* et des *navis caudicariae* qui avaient opéré le transfert des marchandises. Cette intermittence des activités fluviales devait présenter un inconvénient majeur tandis qu'en période d'hiver c'est le *mare clausum* (fermeture de la mer) qui renforçait l'inadéquation des deux rythmes commerciaux et nécessitait des entrepôts.

MARCHANDS ÉTRUSQUES ET GRECS

Les premiers signes d'activité dans les dépotoirs sous-marins face aux Saintes-Maries-de-la-Mer nous renvoient 26 siècles en arrière, à la période archaïque et au commerce des Phocéens, des Étrusques et des Grecs de Marseille. La recherche de nouvelles voies navigables pousse, en effet, les premiers navigateurs à explorer l'embouchure du Rhône de Saint-Ferréol. L'ensemble du mobilier recensé entre le VIe s. et le IIIe s. av. J.-C., dans des sondages limités, comprend une cinquantaine d'amphores et une vingtaine de pièces de céramiques[115]. Destinées au transport du vin, les petites amphores étrusques, y sont très rares. Reconnaissables à leur pâte, leur panse conique, l'absence de col, une lèvre directement soudée à l'épaule et des anses semi-circulaires, elles sont les plus anciennes en Méditerranée occidentale. Le recensement des objets découverts isolés au large, entre le Grau-du-Roi et les Saintes-Maries-de-la-Mer, fait état de cinq amphores étrusques dispersées, du VIe s. av. J.-C.[116] Si l'on excepte une amphore étrusque de type EMB dans le lit de l'Hérault, à Agde, de la fin du VIIe s. av. J.-C., les deux exemplaires les plus anciens en Camargue sont de type Py3b. Le premier fut repêché à 120 m de fond au large de Port-Gardian, l'autre découvert par Alain Chabaud, à 11 m de fond, devant la redoute d'Orgon, près du Petit Rhône. Légèrement plus récentes, quelques autres amphores étrusques de type Py 4, originaires de Caere (fin VIe-début Ve s.), ont été chalutées devant le littoral saintois et débarquées au grau-du-Roi. Excepté ces objets dispersés le long du littoral, la fouille stratigraphique partielle du secteur portuaire *SM0*, devant la ville des Saintes-Maries, n'a livré à ce jour que trois fragments d'amphores étrusques : une anse de Py 3A ou 3C (VIe s. av. J.-C.), deux anses et un fond de Py 4 (début Ve s. av. J.-C.) (fig. 97).
Dans une première hypothèse, ces récipients marquent la présence directe des navigateurs étrusques dans la basse vallée du Rhône, depuis les grandes zones de production d'Etrurie méridionale, notamment la région de Vulci, Caere et la Campanie étrusque. Il s'agit d'un commerce de distribution maritime, par cabotage, sur des navires adaptés à des arrêts dans de multiples débarcadères indigènes en contrepartie de matières premières, de métaux recyclés, d'esclaves et de sel. C'est ce que semble démontrer la présence de productions étrusques dès le VIe s. à Marseille, Saint-Blaise, Tamaris, l'Arquet, Arles, Lattes et Agde.
La deuxième hypothèse privilégie un commerce de redistribution des produits étrusques par les Phocéens, puis les Grecs de Marseille, au moment où leur vignoble n'est pas assez développé pour contenter toutes les demandes. C'est ce que pourraient illustrer les épaves Bon Porté et Dattier, sur la côte varoise, avec leur petit chargement mixte d'amphores étrusques, grecques, massaliètes, et la présence d'un mobilier de bord originaire de Marseille[117].
Avec ces premières importations étrusques, les récipients les plus nombreux au milieu du VIe s. av. J.-C., ou vers 540-530, sont les amphores massaliètes, aux dimensions voisines, mais qui se distinguent par une argile riche en inclusions de mica. La première qu'il nous fut permis d'observer sans plonger était fièrement exposée sur le port, au milieu des loups et des dorades, dans l'étale du poissonnier. Après un circuit maritime relativement court, ces petites amphores reflètent la diffusion et le quasi-monopole des vins de Marseille, vers la basse vallée du Rhône, en concordance avec leur prédominance marquée dans certains quartiers préromains d'Arles[118]. De fait, les Marseillais, d'abord dans « l'orbite étrusque »[119], se sont rendus maîtres très tôt du littoral à l'ouest de la *πόλις* (fondée en 598 av. J.-C), avec l'implantation de Saint-Blaise entre le Rhône et l'étang de Berre, dès le VIe s., et la pénétration du delta (fig. 97). Cette route maritime remontant la vallée du Rhône, constitue pour les commerçants grecs une base de départ vers la Celtique, à l'abri des Salyens sur les bandes côtières étroites que ces barbares celtoligures ont abandonnées. Car c'est bien par le couloir rhodanien que les navigateurs marseillais vont exporter leur vin vers l'Ardèche, la Drôme et Lyon, où une vaste agglomération de la rive droite de la Saône, à Vaise, vers 530-400, a livré une grande quantité d'amphores massaliètes, d'importations étrusques et de vases en verre rhodiens polychrome[120]. Au nord et à l'est de Lyon, la découverte de mobilier grec, parfois massaliète, sur des habitats celtiques, au confluent avec le Doubs, le Jura, le Mont-Lassois (Vix), ou vers le plateau suisse et le Würtenberg, témoigne bien des échanges entre la Méditerranée et les populations de Gaule intérieure. Toutefois, comme l'a signalé Michel Bats, le renforcement du rôle des relais littoraux

[115] Long, Duperron 2015.
[116] Long 2002, 72.
[117] Liou 1974.
[118] Arcelin 1990.
[119] Morel 1995.
[120] Burnouf et al. 1989.

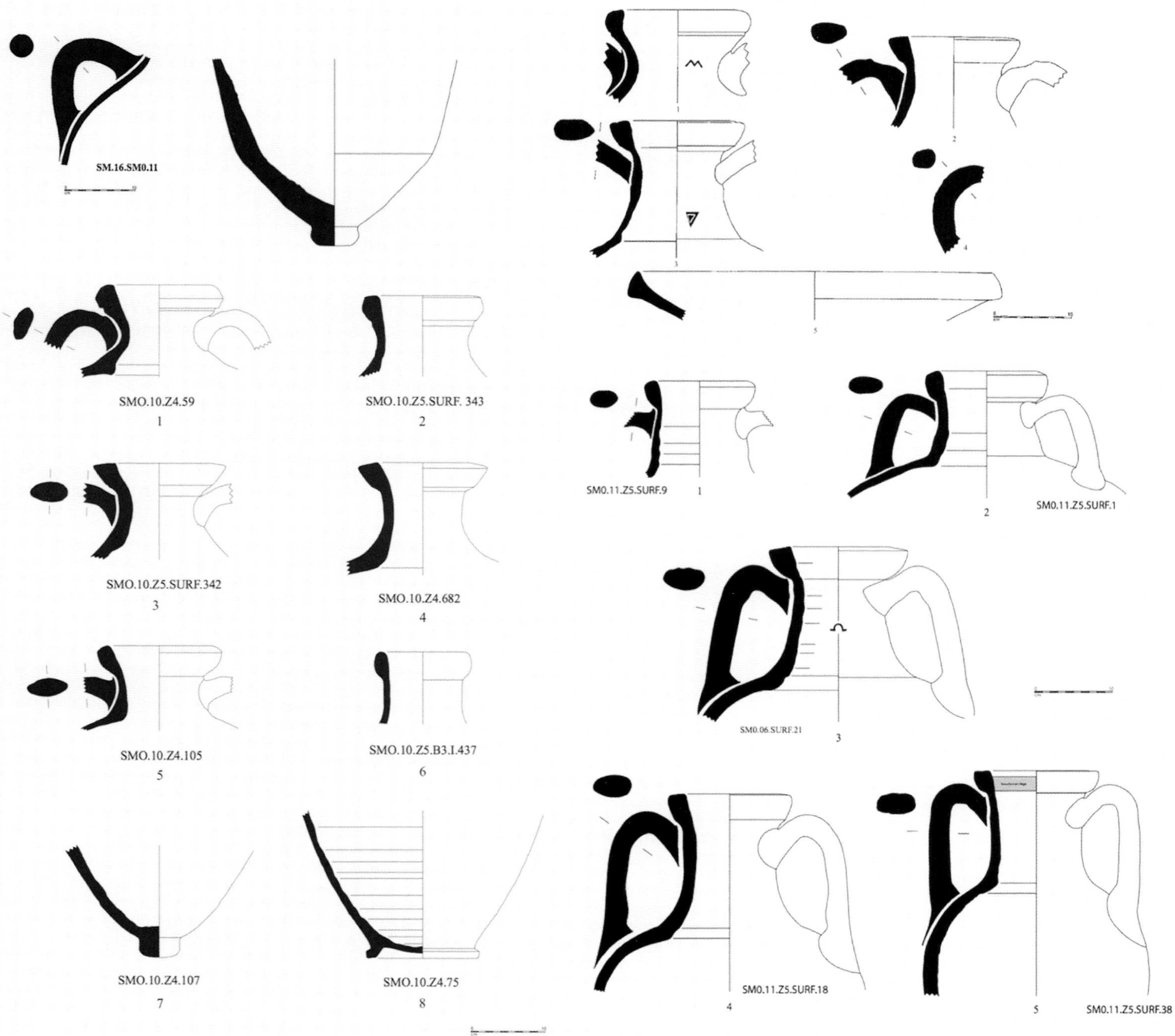

Fig 97 - Amphores étrusques et massaliètes (dessin G. Duperron)

Fig 98 - Bord de céramique attique (photo L. Long)

Fig 99 - Cabane étrusque mono-absidiale, Lattes, 500 av. J.-C. (DA0 Musée Henri Prades)

indigènes (Arles, Espeyran, Lattes, Pech Mao), se traduit ensuite par une baisse des importations d'amphores massaliètes vers l'intérieur, alors que leur distribution sur la côte se maintient et ne fléchira qu'à la fin du IIIe s. av. J.-C.[121]. Les premières découvertes sous-marines d'amphores massaliètes en Camargue remontent à 2005. Un col de type Bertucchi 4 (IVe s. av. J.-C.), est aperçu par Pascal Ardois, à 6 ou 7 m de fond, face à l'étang des Baronnets (Gard), à un mille nautique de la côte, contre la coque du « *Paneghia-Genethia* » (1911). Il présente un timbre estampé en creux, très attesté dans le Midi gaulois, il s'agit de la lettre Φ (*phi*). Un deuxième col, de même type, est récupéré la même année à bord du chalutier « *Samsiuliana* », avec des poteries d'époque romaine, par 22 m de fond, à 3 milles nautiques au large des Saintes-Maries. Il présente un timbre M inscrit dans un cartouche circulaire, lui aussi très diffusé entre Marseille et Lattes[122]. Les autres amphores de Marseille proviennent pour l'essentiel de la fouille sous-marine des zones 1 à 5 au sein du dépotoir portuaire SM0. Les plus anciennes, à pâte micacée grise et lèvre à creux de repliement, sont de type Bertucchi 1 (2e moitié du VIe s. et début Ve s.), puis Bertucchi 2 à lèvre facettée et pâte saumonée (fin VIe-fin Ve s. av. J.-C.). La vaisselle associée comprend des céramiques à pâte claire massaliètes anciennes, notamment un bord de vasque à pâte micacée grise et un fragment à bandes peintes, ainsi que des bords et des pieds de mortiers. La vaisselle importée comprend deux fragments de *kylikes* attiques, notamment une phiale à vernis noir et pâte chamois, décorée de bandes peintes blanches à l'intérieur, de type AT-VN 474-482 ou 809-815, du Ve s., et une coupe à vernis noir de type Castulo cup (vers 450-400 av. J.-C.) (fig. 98). Leur présence implique très tôt le rôle de l'agglomération portuaire arlésienne dans les échanges régionaux et méditerranéens, véritable *emporion* sur l'axe rhodanien, comme le confirmera plus tard Strabon[123]. Naufragée au Ve siècle près de Martigues, sur la route maritime qui mène en Camargue, l'épave *Bonnieu 3*, avec son chargement d'amphores Bertuchi 2 et ses mortiers massaliètes, est très représentative du marché local[124].
A ce mobilier sous-marin s'ajoutent les céramiques grecques, d'époques archaïque et classique, déjà recensées en prospection terrestre autour de l'étang du Vaccarès[125].

[121] Bats 2012.
[122] Long 2007, 56 (cf BS 2005).
[123] Long, Duperron 2015.
[124] Maillet 2001,
[125] Gantès 2004.

Le dépotoir sous-marin des Saintes-Maries livre ensuite les lourdes et épaisses amphores Bertuchi 4 qui marquent l'hégémonie du vin massaliète, au IVe siècle. L'un de ces conteneurs, à lèvre triangulaire, est timbré d'un *delta*, un autre d'un *omega*. Ensuite, entre le IVe et le IIIe s., parmi le petit nombre de récipients massaliètes de type Bertuchi 5 que nous avons recueillis, l'un d'eux, à anses verticales et bord court, conserve en place son bouchon de liège poissé. Ces modèles tardifs annoncent déjà, au IIIe siècle, les mutations économiques qui vont affecter la production des conteneurs marseillais[126].

Au delà des simples marqueurs d'une zone de mouillage ou d'un dépotoir portuaire, la présence de ce mobilier grec en Camargue et l'absence de céramique indigène peut laisser présager l'existence à proximité d'une petite agglomération massaliète, station temporairre entre Arles et la cité mère, sur la route maritime de l'étain et du sel. Ces petits établissements méridionaux, dont les constructions en briques crues et en torchis laissent peu de trace, n'occupent généralement guère plus qu'un hectare, très peu parmi eux ne dépassant 3 hectares. On garde à l'esprit, dans cette hypothèse, le souvenir des villes énigmatiques du delta, aujourd'hui disparues, que chercheurs et historiens peinent à localiser. Parmi les cités grecques préromaines, si l'on excepte *Nurax, Aigitna* et *Ampelos*, probablement sur la côte à l'est de la πόλις, *Héracléa* et *Rhodanousia*, sont évoquées à plusieurs reprises près de l'embouchure du Rhône par le Pseudo-Scymnos (Périégèse, 202-214), Strabon (IV, 1, 5), Pline (Hist. Nat., III, 32-33) et Etienne de Byzance (Ethnika, s. v.).

Ainsi, dans une région où la pierre fait remarquablement défaut, ce qui prive la ville grecque ou celto-ligure d'une enceinte classique, l'utilisation de constructions dont les soubassements reposent sur des poteaux avec des élévations de clayonnage et de torchis, reste aujourd'hui difficilement repérable. Les sols du petit habitat antique de l'île de Mornès, au sud-ouest de l'étang de Vaccarès, témoignent de la présence de matériaux périssables sur poteaux de bois. Ils sont recouverts d'une fine couche d'argile qui peut résulter de la décomposition de murs en briques crues ou en pisé[127]. Sur ce point, la première occupation du site de Lattara (Lattes, Hérault), vers 500 av. J.-C., a révélé au sein d'un habitat étrusque une maison bien conservée de plan mono-absidial, sur poteaux porteurs, murs en torchis et matériaux végétaux[128] (fig. 99). Clin d'œil de l'histoire, elle n'est pas sans rappeler dans sa reconstitution les cabanes de gardian saintoises d'aujourd'hui, héritières dès le XVI e s. des chaumières languedociennes[129].

L'impact précoce dans ce secteur d'une économie liée aux échanges maritimes avec le fleuve, a pu aboutir à une extrême diversité des situations, avec un modèle d'agglomération très différent des forteresses celtiques du premier âge du fer. Le modèle de l'oppidum gaulois, dont le « perchement » constitue un phénomène général jusqu'au Ve s. av. J.-C., dans les zones proches de la côte méditerranéenne et qui débouche sur un établissement de hauteur fortifié, est d'emblée incompatible avec les grandes étendues planes de Camargue, situées parfois en dessous même du niveau de la mer. Grâce aux liens commerciaux, une délégation massaliète représentée dès l'origine par un petit groupe d'individus pouvait constituer aussi un noyau hellénique au sein d'une population indigène. Cette bonne entente, typique de la diplomatie grecque, a pu favoriser dans les premiers temps l'émergence de comptoirs mixtes aux abords de l'embouchure du Rhône, servant de relai au cabotage, ce qui évitait aux navires la remonte jusqu'à Arles-Thélinè. L'estuaire deltaïque passe sans doute ensuite sous le total contrôle des Massaliètes, dont Strabon précise qu'ils ont élevé près du fleuve des tours de repère et un temple d'Artémis. Le fait que la cité d'Arles ne frappe pas de monnaie signifie sans doute, par ailleurs, comme l'a rappelé Eric Teyssier, qu'elle reste dans le giron politique de Massalia[130].

A la fin du IIIème et au début du II e s. av. J.-C., l'étude des épaves sur la côte méditerranéenne française confirme que le monopole du vin massaliète dans le sud de la Gaule est fortement concurrencé par les arrivages de Campanie et de Sicile. La production des amphores vinaires marseillaises s'essouffle et change de forme, ce qui est un signe d'adaptation au marché. Elles passent de la forme archaïque du IVe s., le modèle Bertucchi 4, lourd et trapu, à panse en toupie, à un conteneur plus léger et plus élancé, de type Bertucchi 5, ovoïde et fuselé, qui s'inspire désormais des amphores gréco-italiques de la fin du IIIe s. av. J.-C. L'augmentation des échanges avec l'Italie, à cette période dans la basse vallée du Rhône, se mesure aussi à travers d'autres paramètres, notamment l'usage élargi de la monnaie et l'apparition du denier romain qui devient rapidement l'étalon de référence. Dans le même temps, alors que les oboles et les drachmes marseillaises étaient les seules monnaies régionales, le poids de l'obole massaliète diminue et s'aligne désormais sur le denier de Rome. Conséquence plus grave encore, à la fin du II e s. av. J.-C., face aux arrivages de vin italien par centaines de tonnes, les amphores massaliètes disparaissent totalement, à Arles, dans l'embouchure du Rhône, comme partout ailleurs. En outre, l'importation massive du vin italien correspond à une période de troubles militaires et à l'installation romaine en Provence,

126 Ce sont d'abord les robustes Bertucchi 4, puis au moins 3 exemplaires Bertucchi 5.

127 Rothé *et al.* 2008, 797.

128 Gailledrat, Vacheret 2020.

129 Benoit 1938.

130 Teyssier 2016, 36.

Fig 100 - Temple en ruine au bord de la Méditerranée (dessin L. Long)

Fig 101 - Évocation d'un petit temple en bord de mer (DAO G. Valayer)

Fig 102 - Grande statue de la déesse à Éphèse (photo R. Beauvois)

dans le dernier quart du IIe s. av. J.-C. siècle. Désormais, les vins du Latium, d'Etrurie romaine et de la côte adriatique affluent en grande quantité dans des conteneurs facilement empilables sur plusieurs couches dans les navires. Ces amphores, qui ont toutes succédé de près ou de loin aux gréco-italiques, sont d'abord les Dressel 1A et Dressel 1C, de la côte tyrrhénienne (vers 130-120 av. J.-C.), que remplacent ensuite les Dressel 1B, quelquefois associées à des Lamboglia 2 d'Adriatique (vers 90-80 av. J.-C.) (fig. 116). Il faut attendre encore plus d'un siècle, en particulier les années 40-30 av. J.-C., avec la disparition quasi totale des Dressel 1B pour voir réapparaître à Marseille des amphores à vin[131]. Légèrement micacée et dotée d'un fond plat, ce récipient massaliète impérial, de type Bertucchi 7, est produit par les ateliers gallo-romains de la butte des Carmes et constitue sans doute le prototype de l'amphore « gauloise 4 », à fond plat et pied annulaire, qui va régner en Gaule durant quatre siècles. La disparition de l'amphore massaliète d'origine grecque, au début du IIe s. av. J.-C., qui va de pair avec la diminution de la production vinaire, principale denrée d'échange des Marseillais, est sans doute liée à une crise économique majeure. On sait sur ce point par Posidonios, Diodore de Sicile, Cicéron et César, que les marchands négociants italiens prennent part directement au commerce du vin en Gaule. Ils n'empêchent toutefois pas le rôle joué directement par les armateurs et navigateurs massaliètes dans l'acheminement du vin italien en Gaule.

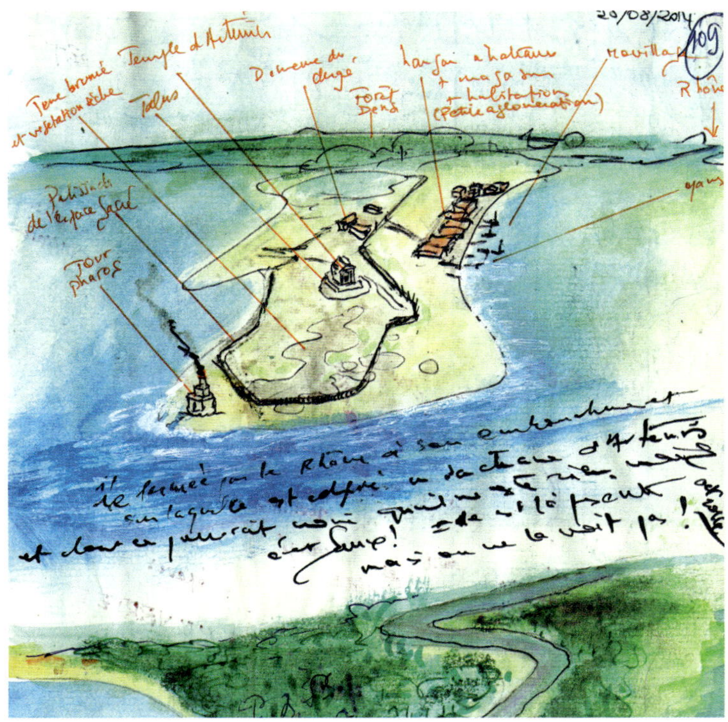

Fig 103 - Le sanctuaire d'Artémis d'Éphèse, hypothèse (dessin L. Long)

[131] Desbat 1998.

Fig 104 - Artémis d'Éphèse, Rome, Musée du Capitole

Fig 105 - Artémis du Musée d'Histoire de Marseille (photo L. Long)

Fig 106 - lampe votive antique (photo L. Long)

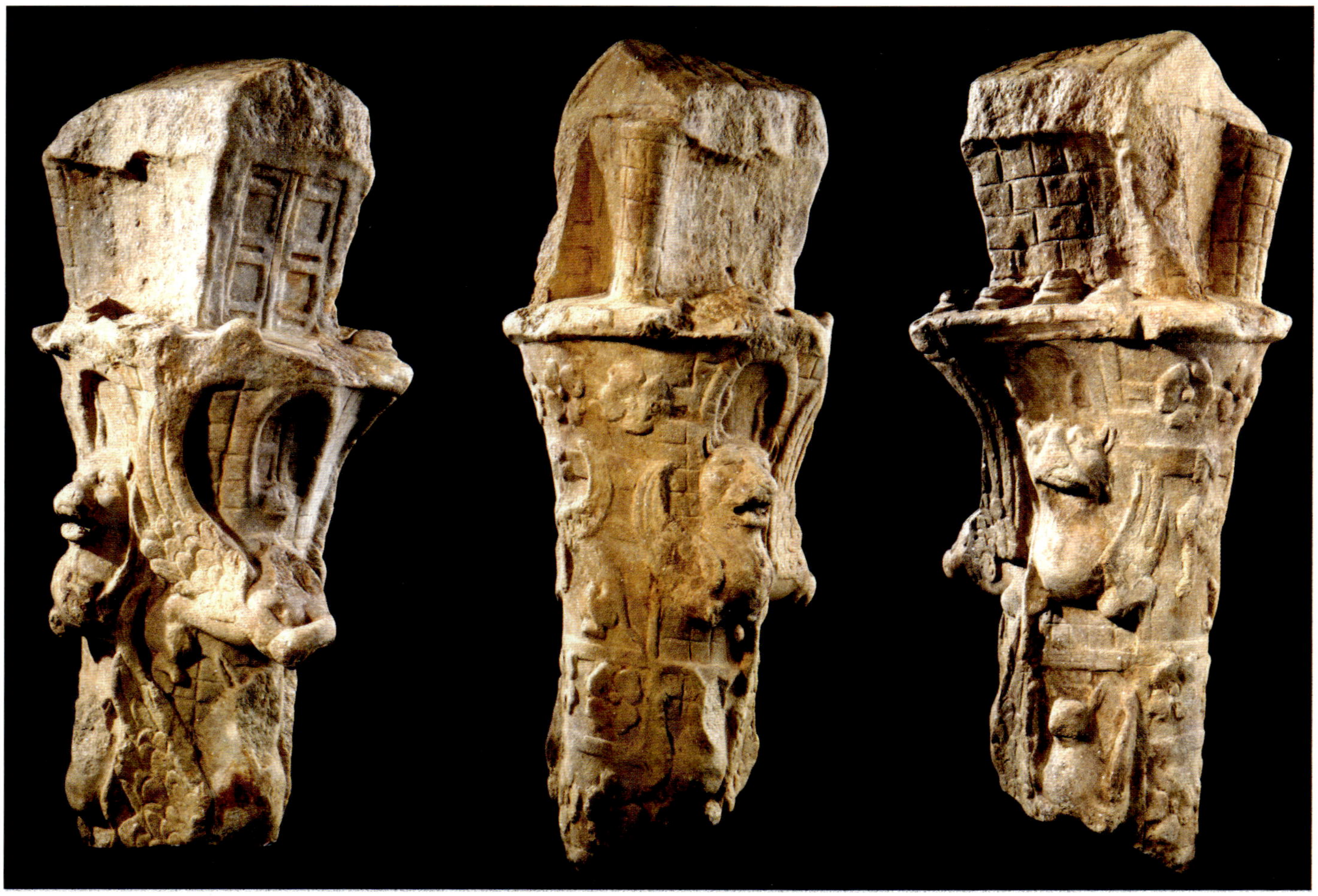

Fig 107 - Tiare d'Artémis du Rhône (photo L. Roux)

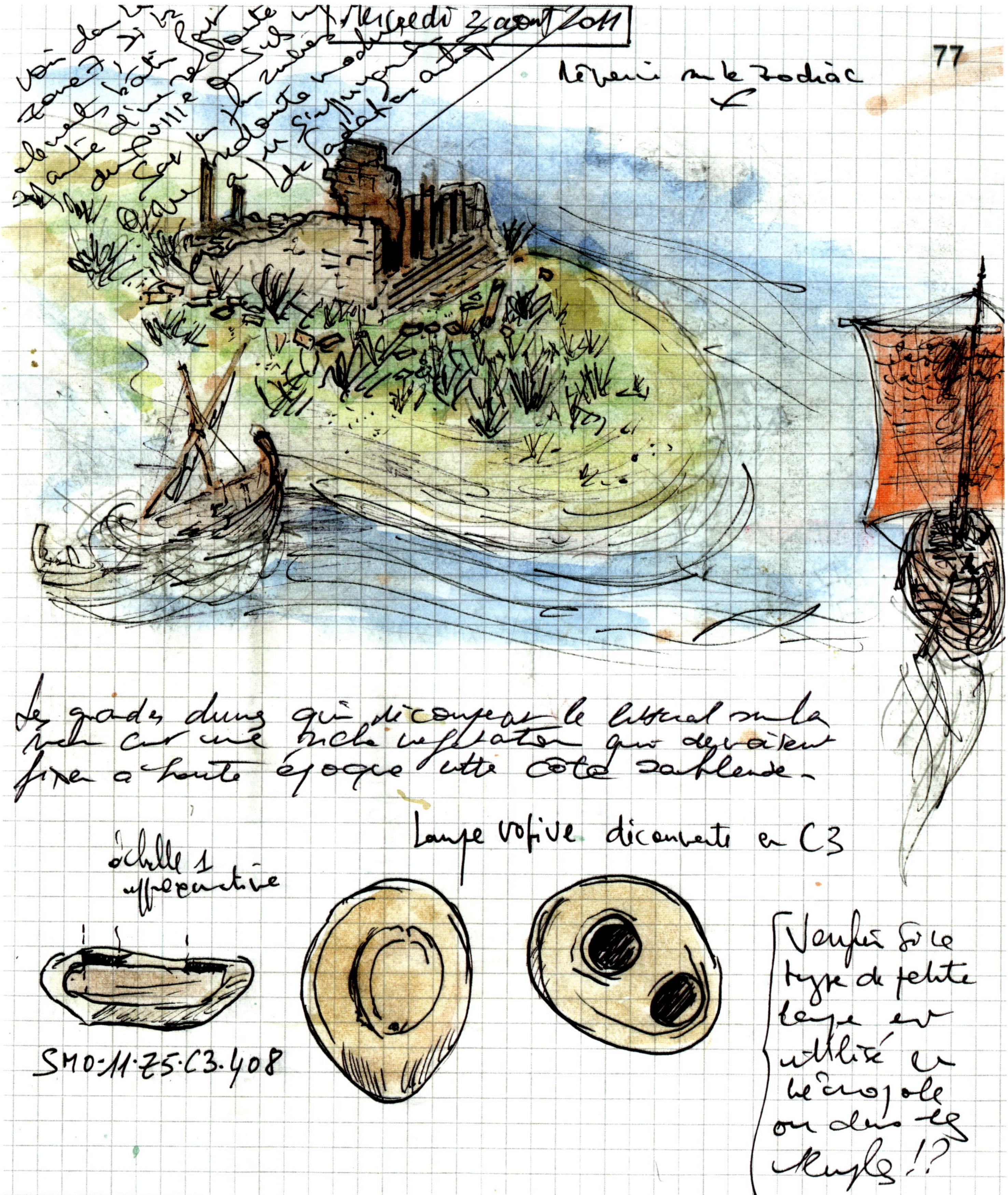

Fig 108 -Temple d'Artémis, hypothèses (dessin L. Long)

Impliqués depuis longtemps dans le transport et la distribution des richesses produites par d'autres peuples, Démosthène rapporte, au IVe s., le rôle d'un capitaine marseillais qui livre du blé entre la Sicile et Athènes. Ainsi, au début du IIe s., sur certaines épaves originaires de Campanie, chargées d'amphores gréco-italiques, se vérifie la présence d'un mobilier de bord caractéristique des productions de Marseille, notamment de la vaisselle en pâte claire, ou encore des graffiti grecs sur quelques vases, ce qui désigne a priori un équipage de même origine[132]. On connaît, par ailleurs, l'existence de trois *dolia* de petite taille contenant chacun environ 830 litres, associés à quelques amphores Dressel 1C, sur l'épave *Cap Bénat 2*, au large de Bormes-les-Mimosas (Var). Ce petit caboteur, d'environ 8 m de long, pourrait donc illustrer, vers 120-100 av. J.-C., la distribution régionale par des négociants marseillais du vin italien en amphore, et de leur propre vin en vrac[133]. Sur ce point, à une époque où la population de la cité phocéenne s'est agrandie et où l'étendue des vignobles diminue face à la menace gauloise, l'essentiel de la production du vin de Marseille suffisait peut-être à peine à la demande locale.

LE TEMPLE D'ARTÉMIS (fig. 93 bis à 100 bis)

Placée dès le milieu du VI e s. sous l'influence des Grecs de Marseille, Arles est liée très tôt au culte d'Artémis d'Éphèse dont une tiare en marbre de Thasos, haute de 52 cm, qui coiffait sa statue, a été découverte dans le Rhône en 2007. Comme dans le cas de la déesse Tyché, le *polos* de cette Artémis, décoré en relief d'une fortification surmontée de son propre temple (qui compte dans l'Antiquité au nombre des sept merveilles du monde), se rattache aux représentations connues de l'éphésienne, haute au moins 2,25 m, comme la « Grande Artémis » du prytanée d'Éphèse. La représentation de cette déesse archaïque, figée et engoncée dans un fourreau décoré d'animaux symboliques qui lui drape la taille et les jambes, s'impose durant toute l'époque hellénistique (fig. 102). Elle est dite polymaste, « aux multiples seins », pour les oves qui lui recouvrent la poitrine et le ventre et célèbrent sans doute la fécondité et la fertilité (fig. 104 et 105). Ces formes, considérées d'abord comme des mamelles, ont nourri d'autres hypothèses : œufs d'Autruche, attributs mâles ou testicules de taureaux, qui auraient été offerts en sacrifice à la déesse. Mais on a évoqué aussi des grappes de fruits, notamment des dates, ou plus simplement la reprise du thème de ses pendentifs.

La tiare du Rhône appartient sans doute, d'après les monnaies, à une statue du II e s. ap. J.-C., dont le culte a pu être implanté plus tôt si l'on se réfère aux fouilles du Jardin d'Hiver, à Arles, qui témoignent d'une influence grecque dès le VI e s. av. J.-C. (fig. 107) Cette Artémis ionienne est, en effet, une divinité archaïque métissée qui tire ses influences du contact entre les déesses autochtones et l'arrivée des Grecs en Asie Mineure, notamment la phrygienne Cybèle. Elle se distingue nettement des Artémis classiques, hellénistiques et de la Diane romaine, une archère en tunique courte. Son culte est surtout pratiqué à Éphèse et chez les Ioniens de la côte orientale de la Mer Égée, dans l'actuelle Turquie. A l'origine, Déméter, Artémis et Athéna, dérivent d'une seule et même grande déesse mère, à la fois Terre et Lune. Artémis, au disque lunaire disposé derrière sa tête, reste cependant une divinité complexe et fusionne en son sein au moins trois déités d'origines différentes : l'Artémis anatolienne et éphésienne, maîtresse des bêtes sauvages et de la Lune, la grande déesse de la Crète et des Cyclades, enfin, la déesse autochtone du Péloponnèse, liée à la Laconie, au Taygète, et à l'Arcadie[134]. Déesse de la nature et maîtresse des animaux (*potnia theron*), son corps est décoré de multiples représentations et de protomés d'animaux qui associent l'abeille, le lion, le cerf, l'ours, le chien ainsi que des animaux fantastiques : sphinx, griffon et lion-griffon.

Vers 600 av. J.-C., les Grecs de Phocée, au moment de fonder Massalia, tandis que la déesse tutélaire de leur cité est Athéna, vont prendre un chef religieux dans la cité rivale d'Ephèse, une métropole plus importante et plus prestigieuse. Aristarqué devient ainsi leur prêtresse et garantit l'identité de culte, de rites et de représentation avec ceux de la vraie métropole religieuse : Ephèse. Ils font d'Artémis dont ils ont amené une statue, vraisemblablement un *xonon* représentant la déesse polymaste, la protectrice de leur nouvelle cité et lui dédient un temple près de l'actuelle gare Saint-Charles : *« Sur le promontoire s'élève l'Éphésion et le sanctuaire d'Apollon delphinien »* (Strabon, Géo. IV). Les Phocéens diffusent ensuite le culte de cette déesse des routes et des ports, de Monaco à Ampurias, dans les comptoirs qu'ils établissent tout le long de la Méditerranée occidentale au point que leur expansion en Occident s'accompagne d'une floraison d'*Artemisia* : *« Dans tous les comptoirs massaliètes on vénère Artémis par-dessus tout autre divinité et on conserve à son idole la même attitude et à son culte les mêmes rites que dans*

[132] La vaisselle de bord de Grand Congloué 1 est incisée en grec, sur Pointe Lequin 2, (Porquerolles), elle est massaliète (Long, Valente 2003, 153).

[133] Joncheray 1994, 48-49.

[134] Richer 1967, 72.

la métropole » (Géo. IV, 1, 4). Strabon précise ainsi que les Marseillais ont construit près du Rhône *« des tours servant de repère, utilisant tous les moyens pour se familiariser avec la région, et un sanctuaire d'Artémis d'Éphèse affectant à cet effort une langue de terre formant une île entre les bouches du fleuve »* (*Géographie*, IV, 1, 7-8). A la fin du XIX e. et au début du XX e s. de nombreux érudits croient en la proximité de ces édifices avec le canal de Marius et situent le temple d'Artémis et les tours marseillaises à la Roque d'Odor (ou Odour), un avis repris récemment par Michel Bats[135]. Cette petite éminence rocheuse, à l'ouest du grau de l'étang du Galéjon, que la zone industrielle de Fos-sur-Mer fait disparaître dans les années 1960, est citée de manière systématique jusqu'à la fin du XVIIIe s., dans les instructions nautiques. Associée à une petite forteresse moderne (Castellas), elle est encore surmontée d'un moulin sur la carte d'Anville, en 1706 et constituait sans doute dans l'Antiquité un point de repère précieux pour les navigateurs. Fernand Benoit, qui a repris un temps lui aussi cette l'hypothèse, privilégie ensuite Saint-Blaise, avant d'estimer enfin qu'aucun emplacement ne convient mieux à ce temple que le promontoire rocheux de l'acropole de Fos[136]. Sur ce point, si Fos-sur-Mer et l'anse Saint-Gervais n'ont livré pour l'essentiel que du mobilier romain, le secteur de la Roque d'Odor témoigne bien d'une occupation massaliète littorale, faible au VIe s. et plus marquée du milieu du IVe s. jusqu'à 100 av. J.-C.[137]. Mais les traces grecques importantes en Camargue, dans les fouilles terrestres et sous-marines, notamment dans le dépotoir *SM0*, relancent le débat et suggèrent une autre piste, conforme au texte de Strabon et soutenue par d'autres chercheurs[138]. La Roque d'Odor formait bien une éminence rocheuse, de près de 10 m de haut, qui a influencé les historiens, mais Strabon n'évoque nullement un promontoire. A l'instar des sanctuaires d'Artémis ioniens, qui ne sont pas acropolitains, il cite une île et une terre très basse, comme en dessine justement le lobe de Saint-Ferréol, précisant que son édification est principalement liée aux difficultés de navigation et constituait un repère visuel, avec le réseau de tours, pour guider les marins. Plutôt qu'une démarcation territoriale, il correspond donc davantage à l'ancienne tradition des *Artemisia* insérés dans un réseau de contrôle des itinéraires maritimes qui jouent un rôle important dans la médiation entre populations grecques et non grecques[139]. Mais le géographe désigne un sanctuaire (*hieron*) et non pas un simple temple isolé (*temenos*), ce qui suggère un édifice entouré d'une palissade (péribole) inviolable, qui délimitait l'aire sacrée, avec un autel à sacrifice et son enceinte, des sculptures, les logements du clergé, la salle du trésor où étaient entreposés les dons, et peut-être une propriété rurale incluant un bois sacré lié à la déesse de la chasse, des sources et de la nature sauvage (fig. 103)[140]. Pour sa construction, compte tenu de la nécessité d'acheminer chaque pierre par mer, dans un secteur qui en est totalement dépourvu, l'édifice par lui-même était certainement modeste comme le modèle figuré sur le *polos* de la statue d'Artémis sorti du Rhône, à Arles. Il se démarque, en effet, du temple ciselé sur la couronne de la grande Artémis d'Ephèse, visiblement un grand édifice à plusieurs frontons. Il pourrait s'agir, sur la statue arlésienne, d'une référence au temple qui lui était dédié à Marseille. Celui recherché en Camargue est peut-être, dans ce cas, une version encore simplifiée de l'édifice marseillais, comme l'Artémision de Marmaria, qui contenait probablement un foyer intérieur[141]. Si on le compare aux édifices régionaux connus, il pourrait par exemple s'apparenter en taille et en volume au plus petit des temples géminés de Glanum. Disposé au départ d'un axe économique florissant, à la rupture de charge entre deux types de navigation, cet *Artémision* avait sans doute une fonction protectrice, commerciale, bancaire et fiscale, à l'instar d'un grand nombre de lieux de culte maritimes. Ainsi, à Éphèse, le clergé prélevait une dîme sur les affaires scellées sous la protection de la déesse et accordait des prêts. Si, excepté une colonne recomposée, il ne subsiste rien aujourd'hui en Turquie du grand Artémision d'Éphèse auquel Crésus avait donné des dimensions colossales (138 x 72 m), qui fut reconstruit à l'identique quelques décennies après l'incendie de 356 av. J.-C., puis sous la Tétrarchie, après 263 ap. J.-C., on peut se demander ce que le littoral deltaïque a gardé d'un petit édifice envahi par la mer et cannibalisé dès la fin de l'Antiquité par d'autres bâtisses.

La pierre, en effet, est souvent réutilisable au point que les lieux de culte monumentaux des Massaliètes n'ont laissé aucune trace, y compris à Marseille même, sauf peut-être un grand chapiteau ionique découvert après-guerre au pied de la butte Saint-Laurent. Comme le rappelait en 2009 Mireille Provansal, géomorphologue (Cérège), à propos des lourdes infrastructures mises en place pour lutter contre la mer : « Le dur n'est pas durable en Camargue », une formule qui s'applicait surtout par le passé à bien des édifices.

135 Bats 1986.

136 Benoit 1965, 98.

137 Marty 2017 ; Fontaine et al. 2019, 45.

138 Clerc 1927-1929, 246 ; Tréziny 2004, 102.

139 Gras 1987 ; 1993, 108 ; Polignac 1984.

140 Plusieurs bois de cerf sont attestés dans le dépotoir SM0 et il existait, à l'ouest, un grand espace boisé, de Sylvéréal à Aigues-Mortes, la Sylve Godesque, sans doute une grande réserve de chasse où est mentionné un autel au dieu Sylvain (Pérez, Urbe 1970).

141 Gras 1987.

Il est intéressant de noter, par ailleurs, que le corps hiératique de ces Artémis d'Ephèse rappelle les premières *xoana*, ces sculptures archaïques, en bois revêtu d'or, qui servaient à diffuser le tout premier culte de la déesse. Ointes d'huile, leur bois a fini par noircir au niveau du visage, des pieds et des mains, une image qui s'est peut-être perpétuée au Moyen Age au travers des vierges noires. Sur ce point, dans le domaine des croyances et des rites appliqués aux choses surnaturelles et aux religions à mystère, les assimilations et le syncrétisme possible, dès la période paléochrétienne, entre la chaste et féconde déesse-mère polymaste antique et le culte de la vierge Marie, qui voit son apothéose comme mère de Dieu (*Theotokos*) lors du synode d'Alexandrie en 430, puis du concile d'Ephèse, en 431, ont déjà été évoqués. En dépit d'une faille temporelle importante, une autre corrélation avec une Artémis de couleur a été avancée à propos de Sara la noire (Sara la Kali, chez les Gitans), même si son origine bohémienne, égyptienne ou éthiopienne, n'émerge qu'au milieu du XVe, voire au début du XVIe s.[142]. Le pèlerinage gitan, reconnu par l'église locale en 1935 grâce au marquis de Baroncelli, n'est lui-même attesté qu'à partir du XIXe s.[143] Mais dans ces analogies tenaces, une autre vierge noire, Notre-Dame la Brune, est attestée à Marseille, fief de l'Artémis éphésienne d'Occident, dans la Crypte Saint-Victor, tandis qu'une partie de la tradition locale, en Camargue, veut que l'église des Saintes-Maries recouvre le temple d'Artémis.

Fig 109 - Coupe campanienne à palmettes (photo L. Long)

Nos plongées, en 2011 et 2012, sur l'ancienne redoute submergée du Grau d'Orgon, où se jette le Petit Rhône, ont tenté de vérifier si ces vestiges modernes ne s'appuyaient pas sur une semelle rocheuse ou sur un bâti plus ancien ?

La tradition, qui relate au Moyen-Âge le débarquement de Marie-Madeleine en Provence, entre 43 et 45 ap. J.-C., situe, en effet, dans un secteur mal localisé, aux Saintes-Maries-de-la-Mer, l'existence d'une grande roche ou d'une plateforme rocheuse composée de blocs qui pourrait rappeler les vestiges d'un temple antique ? (Cf. *infra* : Le rocher des Saintes-Maries). Si, enfin, une petite lampe votive mise au jour dans le dépotoir portuaire *SM0* évoque peut-être un culte local, les indices archéologiques sont inexistants. La découverte récente en plongée d'un bâtiment inconnu, au large de la redoute du Grau d'Orgon, est une nouvelle piste ? (cf. infra)

Fig 110 - Panse d'amphore en place (photo K. Boscolo)

[142] Teyssier 2016, 125 ; Bergaglio 2016, 141. Sur ce point, la Tarasque est peut-être une lointaine réminiscence des crocodiles ramenés à Nîmes par les Romains, adaptés pendant un temps au milieu et dont le souvenir a persisté au Moyen Age ?

[143] Barruol, Borel 2013, 225.

Fig 111 - Céramique campanienne in situ (photo K. Boscolo)

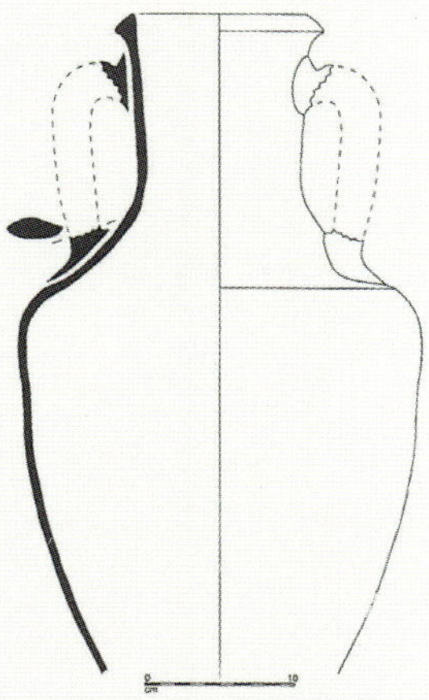

Fig 112 - Amphore magno-grecque (dessin G. Duperron)

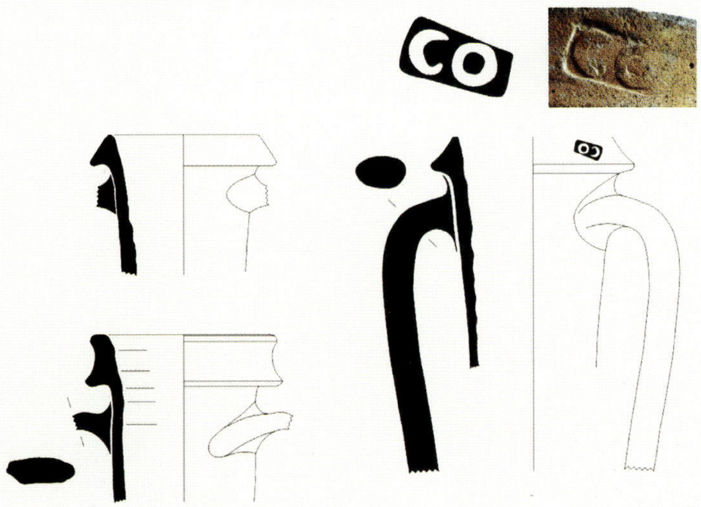

Fig 114 - Amphores Dressel 1A (dessin et photo G. Duperron)

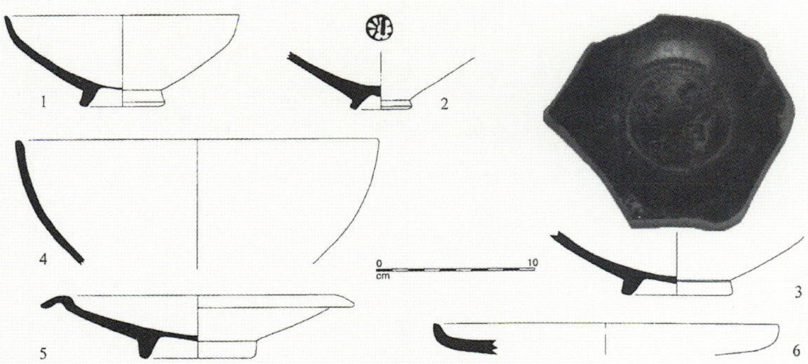

Fig 113 - Céramique campanienne (dessin et photo G. Duperron)

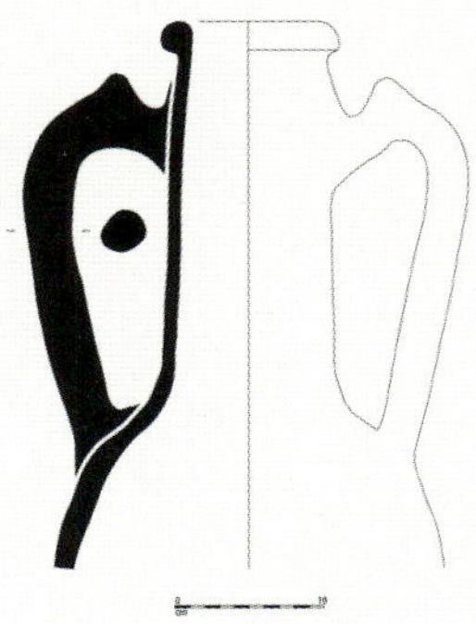

Fig 115 - Amphore crétoise (dessin G. Duperron)

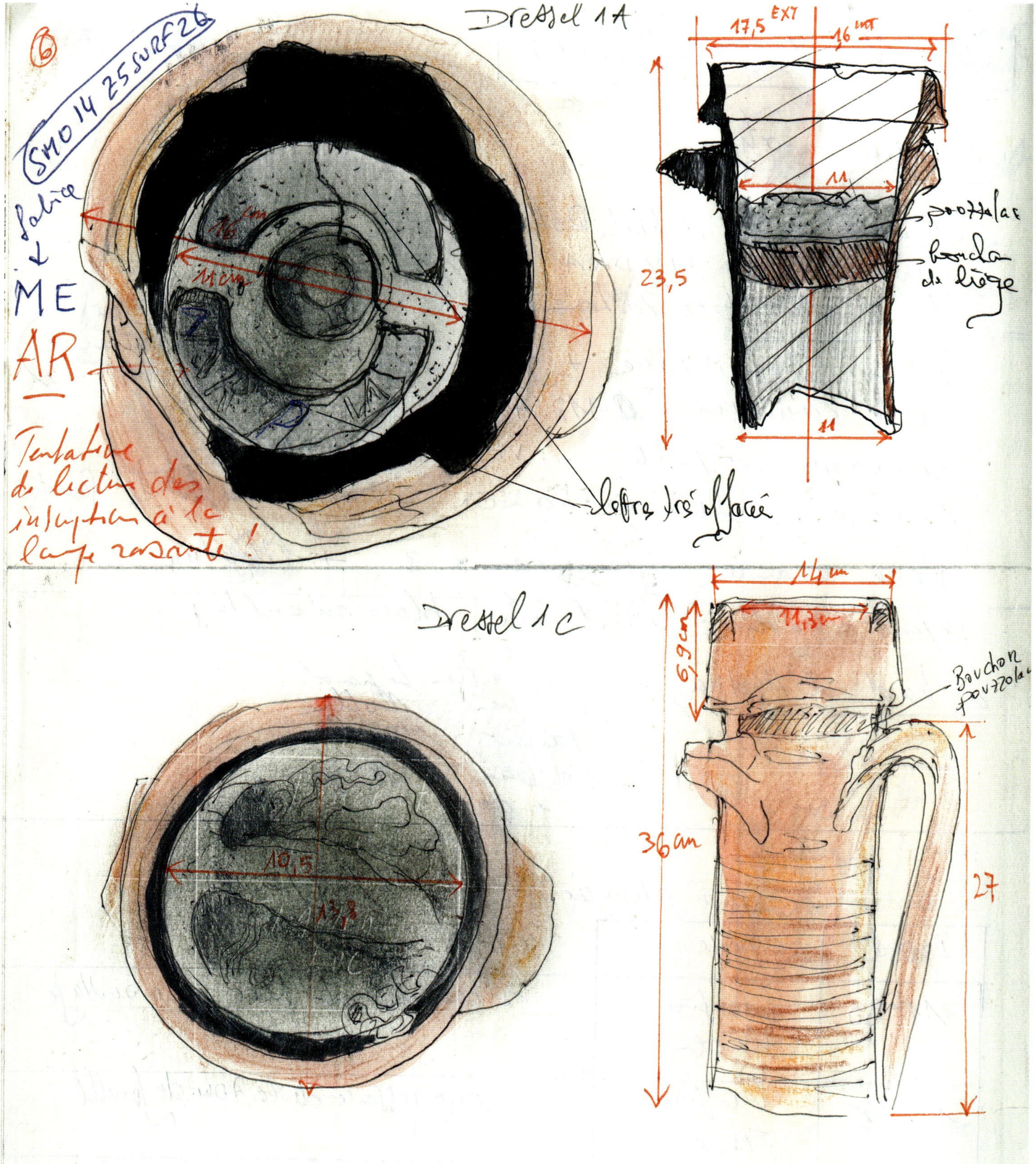

Fig. 116 - Cols d'amphores romaines Dressel 1A et 1C bouchées, avec timbre du négociant (dessin L. Long)

Fig 117 - Le Monde romain tout autour de la Méditerranée (d'après Time-Life 1968, carte D. Greenspan)

L'ESSOR DU COMMERCE ROMAIN SOUS LA RÉPUBLIQUE

L'étude du mobilier recueilli à la surface des deux grands dépotoirs portuaires des Saintes-Maries-de-la-Mer : *SM0* et Fourcade/Plage-Est, confirme la continuité commerciale dans ce secteur entre les Grecs et les Romains. A la fin de la seconde guerre punique, la victoire sur Carthage fait de Rome la première puissance de Méditerranée occidentale, devant Marseille. Un triomphe qui s'accompagne en Italie centrale d'un nouveau mode de production, dans l'artisanat et l'agriculture, basé sur l'esclavagisme.

L'emploi de cette main-d'œuvre servile abondante va développer à Naples une production de masse de la vaisselle à vernis noir, à prix réduit, qui voyage désormais avec des cargaisons bien plus précieuses d'amphores vinaires. Cette vaisselle, dont les formes sont presque exclusivement réservées au commerce colonial et à l'outre-mer, bénéficie encore sur ces marchés lointains, où la concurrence est faible, d'un certain engouement[144]. Les ports de diffusion sont principalement Carthage, avant sa destruction en 146, et Marseille, et leurs zones d'influence et de redistribution.

Précédées par un exemplaire d'amphore de Grande Grèce, proche des types A-MGR5 de l'épave de la Tour Fondue (milieu du IIIe s.)[145], les amphores gréco-italiques et la céramique campanienne ancienne recensées dans les deux dépotoirs sous-marins, correspondent aux premières vagues d'exportation italienne, entre la fin du IIIe s. et le début du IIe s. av. J.-C. (fig. 112)[146].

[144] Morel 1998, 43.

[145] Dangréaux 1995, 47.

[146] Long, Duperron 2011b, 100.

La vaisselle campanienne à vernis noir constitue un produit de qualité réalisé à très bas coût et diffusé à travers l'Occident méditerranéen[147] (fig. 111 et 113). Si les amphores gréco-italiques ne sont représentées pour l'instant que par une vingtaine d'individus, on relève après le milieu du II e s. la très grande abondance des amphores Dressel 1A, fabriquées tout le long de la côte tyrrhénienne. On en comptabilise sur le littoral camarguais plus d'une centaine d'exemplaires mais, détail intéressant, elles sont déjà quasi absentes à Fos-sur-Mer au moment du creusement du canal de Marius à la fin du II e s. av. J.-C.[148]. Ces récipients vinaires, chargé dans des navires de plus en plus grands, marquent dès le troisième quart du IIe siècle la croissance des exportations italiques, associées aux céramiques campaniennes tardives (A, B, Boïde), et à la vaisselle commune italique (fig. 114). Bien attestées à Fos, les massives Dressel 1B qui leur succèdent au début du Ier siècle av. J.-C., semblent à l'inverse moins nombreuses en Camargue, tandis qu'on comptabilise quelques amphores vinaires Lamboglia 2 de la côte adriatique, parfois associées à de rares amphores à huile de Brindes (fig. 120, n°8).

Si la vaisselle italienne importée, accompagnant ces amphores gréco-italiques puis Dressel 1A et 1B, se limite essentiellement aux céramiques campaniennes à vernis noir (A, B, boïde) et aux céramiques communes de la même région, elles sont remplacées dans la deuxième moitié du I e s. av. J.-C. par quelques exemplaires de vaisselle arétine à vernis rouge. Mais la surabondance des amphores par rapport à la vaisselle souligne sans doute ici le caractère portuaire de ces dépotoirs, tandis que des amphores encore bouchées se rattachent à des accidents de transbordement ou proviennent de quelques épaves. Tous ces produits sont le reflet d'une deuxième période de croissance économique vraisemblablement liée, d'une part, vers 125, à l'apparition d'un nouveau bras du Rhône, celui de Peccaïs, qui va modifier favorablement les conditions de navigation du Rhône de Saint-Ferréol, en diminuant sa force, d'autre part, entre 122 et 118, à la conquête romaine de la Transalpine[148 b]. L'avant-port maritime des Saintes-Maries-de-la-Mer semble alors prendre une part significative dans le commerce des vins italiens durant l'époque tardo-républicaine. Après le déclin des amphores Dr. 1B, dans la seconde moitié du Ier s. av. J.-C., les importations de vin italien se poursuivent en quantités beaucoup plus faibles durant le Haut Empire[149]. Au milieu du Ier siècle av. J.-C., les amphores Dr. 2/4, nombreuses dans l'avant-port de Fos-sur-Mer, qui connait l'apogée de son activité, sont assez rares devant les Saintes-Maries-de-la-Mer, avec moins d'une dizaine d'exemplaires, à pâte campanienne. L'un des cols porte sur le haut de l'anse une marque fragmentaire M.R.V.P. attestée sur l'épave *Grand Ribaud D*, dans la dernière décennie av. notre ère[150]. Au demeurant, nous ignorons si une part du vin en provenance d'Italie n'est pas déjà véhiculée dans des tonneaux, sensés se développer à partir du II e s. Des tonnelets en bois emplis de lopins de fer, sur l'épave *SM41*, face aux Saintes-Maries-de-la-Mer, démontrent déjà l'usage commercial de tels conteneurs, dès le I er s. ap. J.-C.

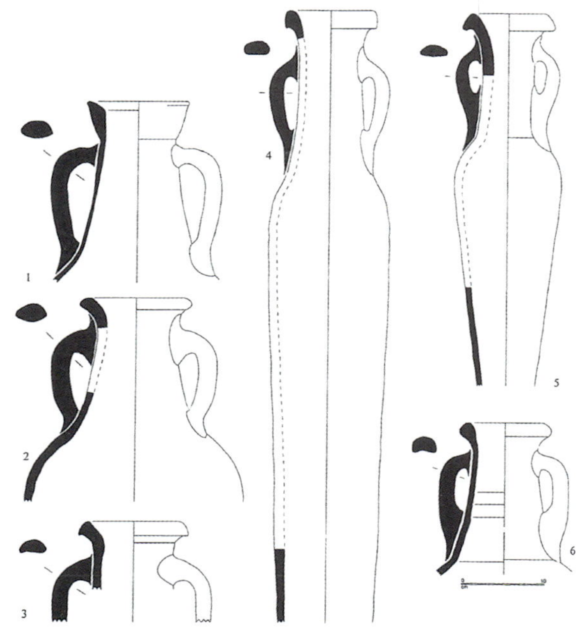

Fig. 118 - Amphores africaines (dessins G. Duperron)

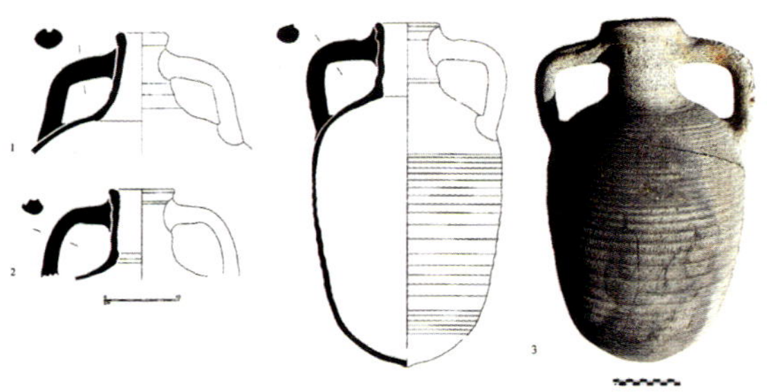

Fig. 119 - Amphores orientales (dessin G. Duperron)

[147] Morel 1981.

[148] Liou, Sciallano 1989.

[148 b] Provansal et al. 1999 ; Rey *et al*. 2009.

[149] Tchernia 1986, 126 ; Desbat 1988.

[150] Hesnard *et al.* 1988, 51.

CHANGEMENT D'ÈRE, LE COMMERCE SOUS L'EMPIRE JUSQU'À LA FIN DE L'ANTIQUITÉ

Le deuxième volet de cette étude du mobilier issu des zones portuaires *SM0* et *Plage-Est*, dont la chronologie s'étend du début de l'Empire à la fin de l'Antiquité, ouvre une époque où la ville d'Arles, plus que jamais, va jouer un rôle de transmission entre le *Mare Nostrum* et les provinces romaines du Nord (fig. 105 et 106). Cette recherche a fait l'objet d'une thèse soutenue par Guillaume Duperron, l'un de nos proches collaborateurs, à laquelle elle doit beaucoup[151]. Un autre jeune chercheur, Fabrice Bigot, spécialisé dans les amphores gauloises, s'est joint à nous dans cette enquête. Si les amphores sont les plus abondantes, avec près de 70% du total du matériel, la vaisselle recueillie est constituée pour près des deux tiers par des céramiques communes et culinaires, tandis que les lampes à huile sont peu nombreuses, avec seulement 3 exemplaires. La vaisselle à vernis rouge à la fin de la République et dans la 1ère moitié du Ier s. ap. J.-C. comprend plusieurs groupes, notamment les sigillées gauloises véhiculées depuis Narbonne avec, par exemple, dans notre jargon typologique, des bords de plats Drag. 15, 15/17 A, 18 C et une série de coupes Drag. 24/25, 29B, 30B, 35 et 37A. L'une d'elles est ornée d'une tauromachie. Dans cette famille, 2 lèvres Drag. 35/36, dont l'une est marbrée, circulent entre 60 ap. J.-C. et le IIe s. ap. J.-C. Par ailleurs, une Ritt. 8B, un He. 90.5 et 2 Drag. 37B datent du IIe s.[152]. Un fragment de vasque, décorée de deux motifs, est également attribuable à ce type, avec deux dauphins dos à dos et un personnage féminin tenant un arc dans sa main droite, sans doute une Diane chasseresse. On note aussi le fond timbré NEQVR, en relief dans un cartouche rectangulaire, d'une coupe Drag. 27 datée entre 70/80 et 100/110 ap. J.-C.[153]. Pour leur part, les sigillées italiques, faiblement attestées jusque-là dans ces dépotoirs, apparaissent en 2011 avec des fragments de coupe Consp. 22.1, d'époque augustéenne, un plat proche des productions Consp. 3.2., une coupe à fond en calice indéterminée, un plat marqué ANTEROS et une grande patère proche de l'assiette SIG-IT 1-2, produite vers 15 av. J.-C., timbrée *L. Sempronius* et *L Gellius*, avec palme. Les autres céramiques se rapportent à la vaisselle rhodanienne, avec un vase en sigillée Claire B et un bord de gobelet en sigillée luisante. Cette production savoyarde est très diffusée à Arles où elle représente 30 à 50 % des vases de table, dans les dépotoirs fluviaux comme sur les sites urbains[154]. Les céramiques sableuses et culinaires rhodaniennes descendent aussi le fleuve, c'est le cas de 2 urnes (COM-E-M A3 et 4), diffusées entre 130 et 220, et d'une marmite (COM-O-M B4) datée entre 250 et 350 ap. J.-C. On compte par ailleurs 7 céramiques à pâte claire, dont un mortier à bord en bandeau CL-REC 18 et un autre à collerette CL-REC 21, pour la préparation culinaire, ainsi que des couvercles, des fonds et des anses de cruches pour le service ou le stockage de denrées. Enfin, des urnes A1 à pâte kaolinitique, tournées dans la moyenne vallée du Rhône, datent entre 20 et le milieu du IIe s.[1535], tandis que des urnes à pâte brune de Provence occidentale (Nin 5310), se situent entre la fin du Ier s. et le IIIe s. Ce répertoire gaulois se complète par des plats à pâte sableuse réductrice, des deux premiers siècles de notre ère, et une urne en pâte sableuse oxydante.

Les vins de Tarraconaise, dans des amphores Dressel 2-4 et Pascual 1, sont par ailleurs fréquemment attestés devant les Saintes-Maries au changement d'ère. Créée dans la région de Tarragone au tournant des années 50-40 av. J.-C., l'amphore Pascual 1, représentée dans notre dépotoir par une quinzaine d'exemplaires, est surtout diffusée en Gaule sous le règne d'Auguste, entre les années 15/10 av. J.-C. et 10 ap. J.-C., redistribuée par Narbonne vers l'axe Aude-Garonne, avant son déclin marqué sous Tibère[156]. L'un de nos exemplaires porte le timbre I[VLI-TH]EO[PHIL], très abondant sur ce type d'amphore.

Dans le même temps, dès l'époque d'Auguste, la province de Bétique (Andalousie) connaît un très fort développement économique qui repose en particulier sur l'exportation de ses matières premières, de ses pêcheries et de ses productions agricoles. Ainsi, dans la première moitié du Ier s. ap. J.-C., déferlent les produits de la vallée du Guadalquivir (huile, vin et salaisons de poisson) et l'on recense notamment dans le dépotoir *SM0* une trentaine d'amphores à huile Dressel 20, de la première moitié du Ier s. ap. J.-C., dont les arrivages se poursuivent jusqu'à la fin du Haut Empire. L'un de ces récipients porte la marque PANNIR (avec ANNI ligaturés), très documentée sur l'axe rhodanien dans la seconde moitié du Ier s. et provient de l'atelier de la Catria[157]. Mais les vins gaulois destinés à l'exportation, sont également présents en quantités importantes à cette époque, tout d'abord par quelques modèles précoces de Gauloises 3, puis par de nombreuses Gauloises 4, dont la vingtaine d'exemplaires inventoriés, est certainement destinée ici à l'exportation vers les grands centres urbains méditerranéens, en particulier

[151] Duperron 2014.

[152] Passelac, Vernhet 1993, 574.

[153] Genin 2007, 266.

[154] Long, Duperron 2011 ; 2014 ; Duperron 2014 ; Richarté, Glibert 2008, 754 ; Piton, Djaoui 2008.

[155] Meffre, Raynaud 1993b, 489.

[156] Etienne, Mayet 2000, 112.

[157] Chic, Garcia 2001, 179-180 ; Etienne, Mayet 2004, vol 2, 36.

[158] Laubenheimer 2001.

Fig. 120 - Amphores les plus communes du littoral camarguais (Montage L. Long)

5
6
7
8
12
13
14
15

Rome[158]. Dès le milieu du Ier s. ap. J.-C., apparaissent aussi des amphores orientales dont une amphore vinaire Crétoise 4, découverte près de l'épave *SM40*, qui se rattache à la tradition rhodienne (fig. 106 bis).
Les premières importations africaines se manifestent, par ailleurs, dès le Ier s. ap. J.-C. par la présence au moins d'une amphore *Ostia* LIX, probablement à huile, puis, dès la fin du IIe s., les produits africains circulent de plus en plus régulièrement, avant de jouer un rôle majeur durant l'Antiquité tardive. Le vin italien, sans doute véhiculé dans des tonneaux, est parfois encore attesté en amphore comme dans cet exemplaire dit « *de Forlimpopoli* », correspondant au type Aldini D, produit au IIe s., en Émilie, sur la côte adriatique de l'Italie[159]. D'autre part, plusieurs amphores proviennent des régions méridionales de l'Italie, notamment une rare petite amphore vinaire *Ostia I 455*, peut-être de Sicile ou de Calabre, essentiellement diffusée à Rome et attestée à Ostie au IIIe s.[160].

Tout ce mobilier des IIe et IIIe s. est contemporain des inscriptions mentionnant à Arles les cinq corporations de naviculaires marins, liées aux structures institutionnelles du ravitaillement de Rome. Elles doivent ce rôle à la position stratégique de la cité rhodanienne, à la croisée des routes maritimes et fluviales, mais sans doute aussi à la compétence des marins et des équipages, comme à la qualité et à la compétitivité de navires particulièrement adaptés à l'espace nautique du delta. D'autres conteneurs italiques sont attestés aux Saintes-Maries, entre le IIIe et le Ve s., comme une amphore d'Empoli, destinée au vin de la Toscane et produite dans la vallée de l'Arno, régulièrement attestée en Provence, en quantité réduite, au cours des IVe et Ve s.[161]. On en retrouve à cette époque quelques exemplaires dans les dépotoirs portuaires arlésiens du Rhône. Parmi les autres conteneurs italiens de cette période, il faut signaler 3 amphores du type MRA IA des ateliers de Catane et une amphore *Keay 52*, de Calabre et du nord de la Sicile, bien attestée au IVe et au Ve s. en Gaule méridionale, en particulier à Marseille et sur l'axe rhodanien. Mais le IVe s., reflète surtout la nette domination des produits africains, notamment les amphores Africaine III, dont une IIIA timbrée : SPES/I«ND»EV, puis les *spatheia* du Ve s., tous vraisemblablement destinés au vin (fig. 118). On note aussi la présence d'amphores vinaires de Maurétanie césarienne, de type Keay IB, proches de celles de l'épave voisine *SM19*, et d'une amphore Keay 35B, du Ve s., sans doute pour les salaisons de poisson. Une amphorette proche du type Keay IB devait également diffuser le vin d'Algérie, en petit module. Ainsi, le mobilier des IVe et Ve s. est lui aussi particulièrement abondant dans les dépotoirs des Saintes-Maries au moment où la ville d'Arles, au début du IVe s., concentre l'attention de la cour impériale et devient la résidence de Constantin, puis à la fin du siècle, la deuxième place en Gaule après Trèves. C'est dans cette logique, en 418, que l'empereur Honorius vante sa prospérité, sa position stratégique dans le commerce international et la fertilité de son sol. En revanche, les dépotoirs portuaires ne livrent aucun objet postérieur au VI e s. Si l'Afrique fournit donc essentiellement du vin durant l'Antiquité tardive, d'autres régions complètent l'approvisionnement, en particulier la Péninsule ibérique qui continue à exporter de l'huile de Bétique dans des amphores Dressel 23. Mais cette période est surtout marquée par l'essor du commerce de la province de Lusitanie qui exporte en grande quantité, entre le IIIe et le milieu du Ve s. ap. J.-C., des produits à base de poisson en amphores Almagro 50 et 51. On note, en même temps, l'importance grandissante et régulière de vins orientaux, en particulier dans les amphores LRA1, 2, 3, 4 5/6 et 7, de Chypre, de Mer Egée, des côtes occidentales et méridionales de l'Asie Mineure, de Palestine et d'Égypte (fig. 115 et 119). Parmi la vaisselle tardive, les productions africaines exercent une très nette domination avec les sigillées africaines C, produites en Tunisie centrale à partir du second quart du IIIe s. ap. J.-C. (plats Hayes 44 et 50), avec les céramiques de cuisson (plats à cuire Hayes 181D, couvercles Hayes 196 tardif), mais surtout la vaisselle fine rattachée aux productions de sigillée africaine D de Tunisie septentrionale du VIe s. av. J.-C. (plats Hayes 58, 59, 61A et 87A-88)[162]. Les productions gauloises en sigillée luisante sont également attestées (coupes Pernon 37, mortier Drag. 45/Pernon 40).
Ces premières observations confirment donc, même si nos sondages n'ont touché qu'une infime partie des sites, la richesse de ces dépotoirs et soulignent l'importance économique de cet espace d'échanges, sur la durée, dans le système portuaire arlésien antique, du milieu du VIe s. av. J.-C. au début du VIe s. ap. J.-C. Le dynamisme commercial dont témoigne, entre le IVe et le VIe s., la diversité des produits transitant par cet espace, dont les importations ne faiblissent pas, doit être mis en relation avec les découvertes faites au niveau du Rhône d'Ulmet, qui correspondent, pour Claude Vella, à un bras fluvial de taille plus réduite, qui n'absorbait peut-être pas un gros trafic[163]. Les deux embouchures sont ensuite abandonnées en même temps, au VIe s., le Rhône d'Ulmet se tarissant en 1197 et ceux de Saint-Ferréol et d'Albaron au milieu du XIIIe s. avec une fermeture en 1440.

159 Aldini 1989 ; Tchernia 1986, 258 ; Panella 2001, 195.
160 Bonifay *et al.* 2004, 22 ; Silvino 2007, 210.
161 Lacombe 2013, 579-580.
162 Hayes 1972.
163 Landuré *et al.* 2011, 2012, 2013.

Partie 2 : **Du fer et du marbre**

Fig.121- Jas d'ancre avec osselets (photo L. Long)

UNE KYRIELLE D'ÉPAVES ANTIQUES

Les premières épaves romaines

A l'époque antique, la nécessité de véhiculer par mer et par les rivières la plupart des marchandises, notamment les matières premières, les produits manufacturés, les pondéreux et les denrées alimentaires, répond à deux avantages principaux : le prix et la rapidité par rapport au transport terrestre. En outre, au-delà du volume de charge d'un navire qui peut contenir dans ses cales celui de plusieurs centaines de charriots, les routes ne sont pas toujours sûres et carrossables. Elles sont, de plus, ponctuées de nombreuses douanes et points de rupture de charge qui augmentent considérablement la durée et le coût du transport. Seule contrepartie, les périls de la mer peuvent anéantir un navire et sa cargaison, et avec eux les investissements considérables engagés par les marchands. Les jas d'ancre en plomb et vraisemblablement le bateau lui-même, portent régulièrement à cet effet des décorations et des signes apotropaïques (tête de méduse, dauphin, osselets) sensés protéger le navire et éloigner le mauvais sort, comme c'est le cas sur une très belle ancre quasi entière, trouvée devant le petit Rhône (fig. 121). À l'époque chrétienne, des invocations prophylactiques inscrites à l'encre sur les amphores, placent même le navire et sa cargaison sous protection divine[164].

Ces voyages sont cependant relativement longs puisque 30 à 40 jours, par exemple, sont nécessaires pour rallier Marseille depuis Alexandrie, avec des ports de transit espacés le long des côtes méditerranéennes par deux jours de navigation, en moyenne.

Avec les échanges maritimes, la multiplication des grandes villes romaines en Gaule, le long de l'axe Rhône-Saône, augmente le commerce fluvial et les échanges avec la mer, d'autant que le couloir rhodanien relie avec la Saône presque

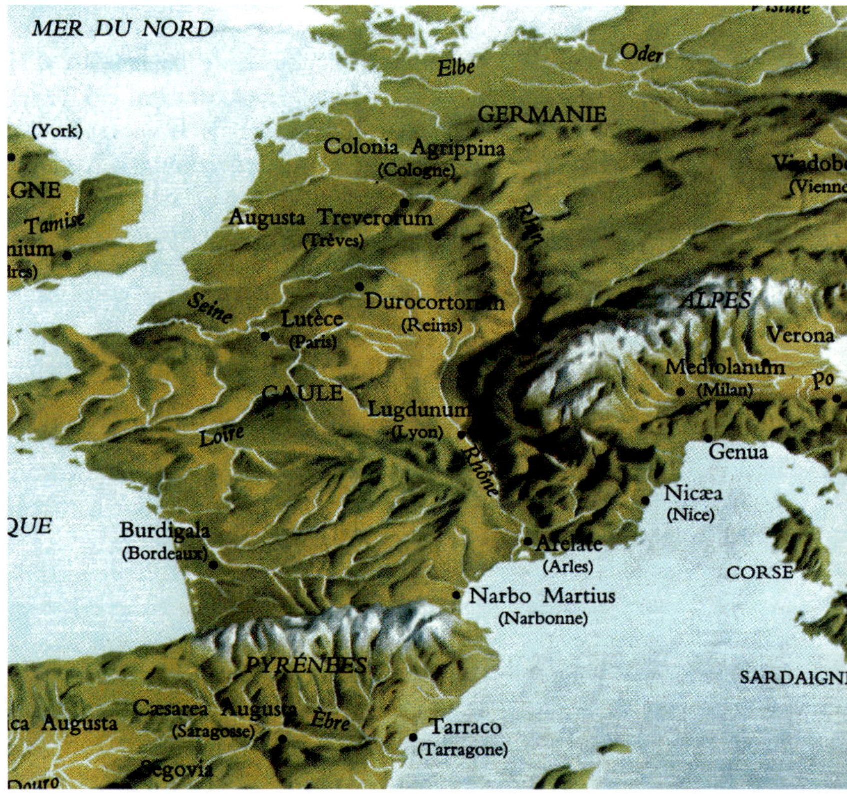

Fig.122- Le monde romain, l'axe Rhône-Saône (d'après Time-Life 1968)

directement la Méditerranée à l'Europe du Nord (fig. 122). Toutes ces conditions favorisent donc la multiplication des naufrages sur notre littoral et sur l'axe fluvial. Cependant, face au développement de la plongée autonome sur la côte provençale dans la deuxième moitié du XXe s., qui livre les premiers vestiges, le littoral camarguais reste en marge de la recherche sous-marine. Si, par ailleurs, notre petite équipe recense les restes de quelques vaisseaux postmédiévaux et modernes dès les années 1980, le mystère des navires antiques s'épaissit. Au moment d'entreprendre les recherches, une seule mention de cargaison amphorique est connue depuis le milieu du XXe s., à l'embouchure d'un ancien bras du Rhône, mais les récipients qui ont été glanés sur la plage accusent des différences morphologiques[165]. De fait, beaucoup plus anciennes et fragiles, les épaves antiques ont considérablement souffert du séjour sous-marin durant 2000 ans. Lorsque commence la fouille de l'épave du Grand

[164] Pieri 2002, 124.
[165] Benoit 1952, 257, 275-275 ; Long 2004, 292.

Fig. 123 - Lingots de plomb alignés de l'épave SM1 (photo L. Long)

Congloué, à Marseille, en 1952, l'archéologue Fernand Benoit et le Cdt Cousteau imaginent les navires romains figés dans le temps, comme des sépultures hermétiquement enfouies ou des villes scellées par un volcan. De nombreux facteurs vont dissiper ce rêve et leur feront payer cher cet optimisme, puisqu'ils croient jusqu'au bout être en présence d'une seule épave là où deux navires s'étaient superposés[166]. Les conditions du naufrage, la profondeur, la nature du fond, l'ensablement, le caractère périssable de la cargaison, puis le chalutage et le pillage contemporains, influent grandement sur l'état de conservation d'une épave au point d'entraîner sa disparition totale.

Face au doute, il faut attendre 1989 pour voir émerger en Camargue la première épave antique, devant le Petit Rhône, baptisée alors *Saintes-Maries 1 (SM1)*. Son inventeur, Daniel Hermier, pêcheur professionnel, qui n'hésite pas à plonger lui-même en bouteille pour décrocher ses filets, discerne cette année-là des lingots de plomb alignés sur plusieurs files. Sa profondeur : 13 m, s'avère d'emblée un indice intéressant car elle est supérieure à celle des épaves modernes, plus près du bord par à 6 à 10 m d'eau. Lorsque nous nous immergeons en suivant à contre-courant le fil de la bouée qui matérialise le site, il n'y a aucun doute, l'épave est bien romaine. Si certains lingots, couverts de spirographes, sont méconnaissables, d'autres portent sur le dos une marque de producteur en latin : *Flavius Verucla,* encore lisible sous l'eau (fig. 123). Seule déception, aucun élément de bois du bateau n'a résisté comme le confirme un peu plus tard la fouille, menée avec la Nérée, une petite barge en aluminium (DRASSM) et une équipe de quatre plongeurs. Cette découverte marque le début d'un désensablement généralisé de la rade des Saintes, qui n'a cessé de s'accentuer depuis, au point que nombre d'épaves reposent aujourd'hui directement sur le substrat de glaise dure, tandis qu'à l'inverse, les épaves modernes du littoral gardois ont disparu sous des quantités de sable. En 1991, Alain Chabaud localise une nouvelle épave, face au petit Rhône,

[166] Long 1987.

Fig.113 - Charpente bien conservée de l'épave SM24 et sa concrétion posée au centre (photo F. Blanc)

par 11 m de fond. D'abord baptisée *Camargue 12*, au sein d'une série de navires modernes, les barres de fer du chargement présentent cette fois encore des noms latins : *Erotis, Lepidus*. En outre, sous les filets de chaluts entortillés, les concrétions ferrocalcaires emprisonnent quelques amphores romaines d'Hispanie, en particulier des Dressel 2/4 d'un chargement d'appoint, et les vestiges métallifiés du navire. Cette deuxième épave antique est rebaptisée *Saintes-Maries 2* (*SM2*). A cette époque, un nouvel inventeur d'épave se fait connaître, le graulin Maxime Vedel. Habitué à libérer les filets enragués de ses collègues pêcheurs, son carnet d'amers regorge, à notre surprise, de chargements de fer antique. Avec lui, d'autres plongeurs, dans les années 90, comme Pascal Ardois, Alain Génies, Marc Monet, Sabine Chizelle, complètent la liste des sites. Mise au jour en 1998, l'une des ces épaves (*SM24)*, avec son petit chargement de barres de fer antiques, conserve encore une partie de sa coque, sans doute épargnée par les chaluts (fig. 124). Pour la première fois sur le littoral camarguais, un fond de carène romaine se prête à un relevé d'architecture. Jusque-là, seules des bribes de bois, métallifiées, étaient quelquefois reconnaissables dans les concrétions métalliques, à l'exception d'un élément de coque jetée en plage par la mer, l'épave *SM5*, en 1994. Car dans la plupart des cas, les vestiges de bois du navire sont dévorés par les tarets, ou piégés par les oxydes d'une cargaison de barres de fer, ce qui les rend peu exploitables pour l'étude.

Si aujourd'hui, nombre de ces inventeurs ont arrêté la plongée, le jeune Pascal Chabaud, initié très tôt aux eaux camarguaises, a pris la relève de son père en déclarant depuis 2016 une vingtaine d'épaves romaines nouvelles (fig. 53 et 132). Au total, on compte à ce jour 52 épaves antiques face aux Saintes-Maries-de-la-Mer, dont plus d'une vingtaine sont chargées de barres et de lopins de fer, ce qui représente une concentration exceptionnelle, à l'échelle de la Méditerranée, et des perspectives de recherches sans précédent sur ces demi-produits ferreux.

DES NAVIRES HAUTURIERS COULÉS À GRANDE PROFONDEUR, SUR UNE ROUTE MARITIME TRÈS AU LARGE

C'est grâce aux informations fournies par les patrons des gros chalutiers pélagiques, que sont recensées dès le début des années 1990, un certain nombre d'épaves homogènes à plusieurs centaines de mètres de fond, très au large de la Camargue. Si les amphores ou les céramiques remontées dans les filets nous éclairent parfois sur la nature de ces cargaisons immergées, leur localisation reste toujours approximative. Elles désignent dans tous les cas une route maritime loin de la côte empruntée par des navires hauturiers à fort tirant d'eau, vraisemblablement coulés par tempête alors qu'ils faisaient route vers Narbonne ou, inversement, vers Rome. Si cette voie maritime très au large garde ses distances avec les Saintes-Maries-de-la-Mer et les embouchures du Rhône, elle dessine un axe qui, d'ouest en est, passe par Narbonne, le Cap Corse et l'Italie, sans perdre de vue, par beau temps, certains repères montagneux comme le massif du Canigou, le pic Saint-Loup ou le Mont Ventoux. La plus ancienne et la plus orientale d'entre-elles, l'épave *Sud-Gracieuse*, gît par 150 m de fond, face au they éponyme, avec sa cargaison d'amphores vinaires gréco-italiques du II e s. av. J.-C. Au milieu du IIème siècle, les négociants italiens distribuent le vin campanien dans ce type de récipient, le long de l'isthme gaulois, jusqu'à Vieille-Toulouse[167] (fig. 125-1). On compte ensuite l'épave *SM14,* par 116 m de fond, face au Petit Rhône, avec son chargement d'amphores vinaires Dressel 1B (début Ier siècle av. J.-C.), toutes décapitées par la ralingue des chaluts (fig. 125-2). Sous le Haut-Empire, avant d'être à leur tour précipités par le fond, d'autres navires croisent au loin face au Rhône de Saint-Ferréol, peut-être après une escale à Narbonne. C'est le cas d'un groupe homogène de navires chargés exclusivement de marchandises de la Bétique (Espagne du Sud), perdus au large des Saintes-Maries-de-la-Mer : l'épave *SM15,* par 62 m de fond, chargée d'amphores à saumure Dressel 7/11 et Dressel 8 ; l'épave *SM16,* par 120 m, avec des amphores Dressel 10 et 7/11 ; l'épave *SM20*, par 92 à 95 m, avec des amphores à huile Dressel 20 ; l'épave *Plage d'Arles 3*, par 93 m de fond, avec des amphores Dressel 9 ; l'épave *Plage d'Arles 8,* par 93 m, face à l'étang du Vaisseau, avec des amphores à salaisons de poisson Dressel 9 et 12 (fig. 125-3). Plus au large encore, à 430 m de fond, face au they de Sainte-Ursule, à l'ouest du Grand Rhône, l'épave *Plage d'Arles 5* est vraisemblablement originaire de Narbonne comme l'atteste son chargement de vaisselle sigillée sud-gauloise. Les recherches effectuées sur les indications des pêcheurs, notamment avec le support de la Comex et du sous-marin Rémora 2000, n'ont donné aucun résultat. Raclée à plusieurs reprises par des filets, l'épave a livré des assiettes Drag 36 à lèvre décorée de feuille d'eau, une coupelle Drag 27b lisse, estampillée dans un cartouche : OF.PAV (Paullus ?), et plusieurs grandes coupes hémisphériques Drag 37a. Sur l'une d'elles, la signature infra-décorative d'abord attribuée à *C. Silvius*, doit plutôt se lire : C. CINGI*(us)* SENOVIR*(i)*, *tria nomina* d'un décorateur connu dans la zone de production de la Graufesenque, entre Vespasien et Trajan[168] (fig. 125-4).

Mais l'épave que nous connaissons le mieux dans ce groupe profond est *Plage d'Arles 4*, située par 670 m de fond à près de 40 milles nautiques de l'étang de Faraman. Découverte en 1988 lors d'une promenade abyssale de la soucoupe *Cyana* (IFREMER), nous la visitons à deux reprises, en 1989 avec ce même submersible (fig. 126) et découvrons ce tumulus d'amphores déposées sur le sable immaculé. En 1993, avec le sous-marin *Nautile*, nous organisons la mission Nautilion qui réunit le DRASSM, l'IFREMER et la SETP (société de photogrammétrie) et marque l'un des premiers

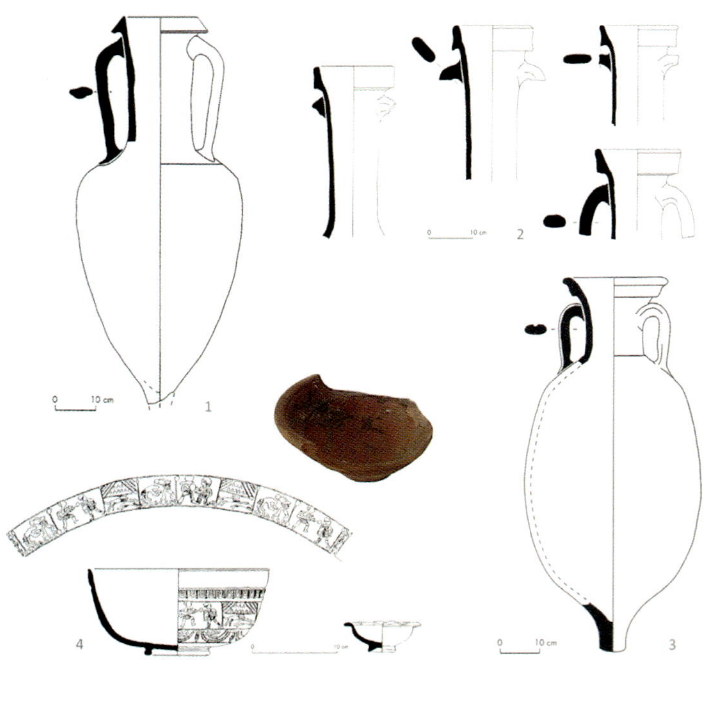

Fig 125 - Le mobilier des épaves antiques

[167] Sanchez, Jézégou 2016, 26.
[168] Long, Illouze 2004, 305 ; Mees 1995, 176.

Fig 126 - La Cyana en 1989 sur l'épave Plage d'Arles 4 (photo L. Long)

Fig 127 - Le Nautile sur l'épave, en 1993 (photo L. Long)

épisodes de l'archéologie des abysses, réalisant au final en 4 jours la couverture photogrammétrique totale du tertre d'amphores (fig. 127). Non destructrice, elle permet d'obtenir à cette profondeur les plans et les restitutions numériques 3D d'un navire de 20 m de long et 10 m de large, avec une précision décimétrique. Le sous-marin *Nautile*, avec 3 personnes à son bord, dont un archéologue, dispose sur l'épave à l'aide de son bras articulé des repères métriques : cube étalon pour calibrer les appareils photos et calculer la déformation visuelle, mires altimétriques et règles graduées pour l'enregistrement des coordonnées cartésiennes.

Il procède ensuite par plusieurs survols à hauteur constante au-dessus de l'épave aux prises de vues stéréophotogrammétries, d'abord obliques puis verticales. Elles sont effectuées à partir des caméras Benthos du submersible et par deux appareils semi-métriques Rollei 6006 enfermés à l'avant dans des caissons étanches. Le suivi de la photomosaïque et le contrôle des prises de vues stéréoscopiques sont réalisés quotidiennement dans le laboratoire de photographie argentique installé à bord du Nadir, bateau-support de l'IFREMER.

La restitution stéréophotogrammétrique est réalisée ensuite à partir des couples photographiques au laboratoire de la SETP (Société d'Études et de Photogrammétrie, Salon-de-Provence), par Maurice Blaustein et Pierre Drap, en utilisant deux fichiers numériques distincts, l'un réservé à la répartition spatiale des objets, l'autre à la modélisation de chaque type de récipient. Ainsi apparaît en quelques semaines une première représentation numérique tridimensionnelle d'un gisement d'amphores à grande profondeur, sous forme d'images de synthèse, ce qui permet déjà de visualiser l'épave sur un ordinateur et de choisir diverses perspectives.

Fig 117 - Cube étalon

Fig 128 - Vue du chargement d'amphores à saumure et conserves de poisson (photo L. Long)

Le succès de cette expérience, qui est alors une grande première, conduit le Ministère de la Culture à offrir au DRASSM son premier robot filoguidé, un ROV Achille capable d'intervenir jusqu'à 600 m. Si aucun incident n'est à signaler durant la mission Nautilion, un problème se pose dès le premier jour lors de la préparation du site. En perturbant les congres (*Conger conger*) qui avaient élu domicile dans les amphores, ces grandes anguilles de mer de 2 m de long, devenues soudain très nerveuses, s'en prennent à nos règles graduées qu'elles bousculent à plusieurs reprises. On remonte en urgence toutes nos règles afin de les lester et de les lier entre elles par une filière plombée, dans l'espoir que ce lourd chapelet résistera aux assauts des congres, entre chaque prise de vues. Par chance, au deuxième jour, les monstres des grands fonds sont redevenus calmes ; seuls les phronima, ces petits crustacés qui se déplacent en poussant un réceptacle en gélatine tournoient comme des lucioles devant nos lampes (fig.128). Les restitutions photogrammétriques permettent de visualiser que ce chargement de 2000 amphores, très symétriquement organisé, se compose au centre de récipients à saumure Dressel 7-11 et 12, puis de part et d'autre de grandes

Fig 129 - Amphores Dressel 28 à l'extrémité du chargement (photo L. Long)

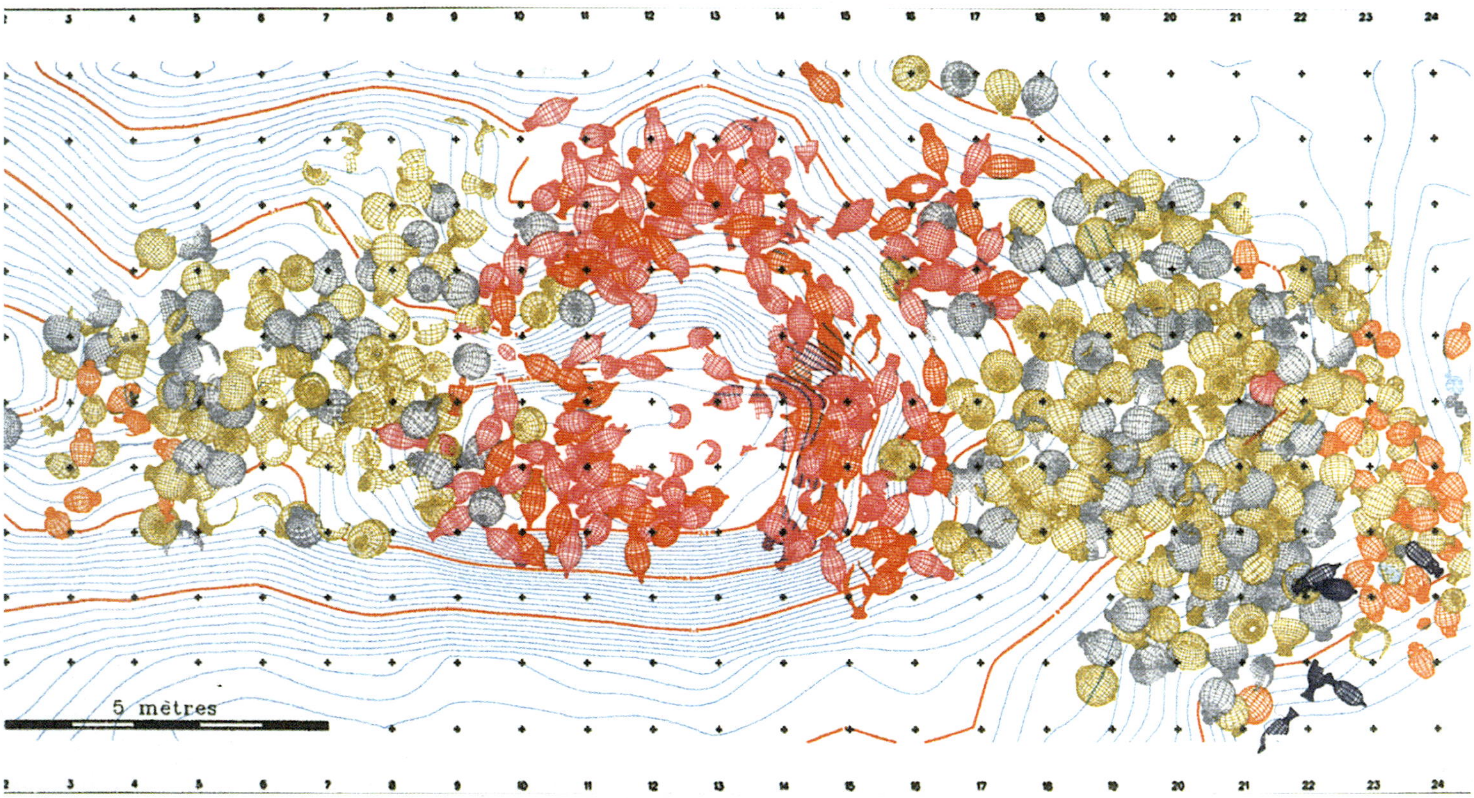

Fig 130 - Plan du site avec points côtés et courbes de niveau (SETP, Salon)

amphores sphériques à huile, Dressel 20. Les extrémités livrent des pots à *garum* et de petites amphores vinaires à fond plat, Dressel 28, de deux dimensions. L'observation méticuleuse du site laisse apparaître quelques membrures appartenant à l'ossature architecturale du navire, encore visibles, impliquant que le *taredo navalis* ne survit pas à cette profondeur. On distingue également des galettes de cuivre provenant sans doute de la Sierra Morena et des amphores ébusitaines de type PE25 (Ibiza), chargées en cours de route lors d'une escale aux Baléares. Au vu de la position de l'épave en droite ligne face au Rhône, ce navire d'un port en lourd de 150 à 200 tonneaux vise probablement au moment de couler l'embouchure du Rhône de Saint-Ferréol, où des allèges à fond plat venues d'Arles peuvent le décharger[169]. Cette opération, passée inaperçue, a permis de restituer en 3 dimensions il y a déjà 30 ans un chargement naufragé à près de 700 m de fond. Grâce à sa technologie et à sa restitution précise, elle marque véritablement ici les débuts de l'archéologie sous-marine profonde, incitant le Ministère de la Culture à doter le DRASSM dans les mois qui suivent de premiers outils spécialisés.

LES ÉPAVES CHARGÉES DE MATIÈRES PREMIÈRES

Les matières premières d'ordre métallique, lourdes, denses et parfois amalgamées entre elles par la concrétion, résistent mieux que les amphores en Camargue, à l'action du chalutage. On compte aujourd'hui face aux Saintes-Maries-de-la-Mer au moins 37 épaves antiques, chargées de cuivre, plomb, étain, et majoritairement de fer (fig. 53)[170]. A l'époque romaine, ces métaux jouent un rôle prépondérant dans l'armement, l'équipement militaire mais aussi le développement des sociétés urbaines qui ont besoin de métaux monétaires (or, argent, cuivre) et de métaux usuels (plomb, étain, cuivre, fer) pour les nécessités de la vie quotidienne, de l'agriculture, des œuvres d'art et des grands travaux. Dès le début de l'Empire, les provinces occidentales, notamment l'Espagne du sud (Bétique) et la Gaule, en sont les principales pourvoyeuses. C'est à partir des années 1950, que l'archéologie sous-marine va livrer des semi-produits (lingots, lopins, barres, galettes) dont la forme est liée aux

[169] Long 1995, 29.
[170] Long 1997 ; Long, Illouze 2004 ; Long 2008b ; Long dir. 2012, 55-56.

Fig 131 - *Découverte d'une nouvelle épave antique (photo K. Boscolo)*

contraintes de la manutention et du transport maritime. De fait, ces lingots bruts transformés une fois arrivés à bon port en objets manufacturés, ne sont donc pas très connus. Les métaux précieux (or, argent) circulent la plupart du temps par voie terrestre, sous escorte, en raison de leur valeur et de leur faible volume. Le lingot d'argent antique, trapézoïdal, de 12 livres romaines, retrouvé isolé en bordure de plage, aux Aresquiers, s'il est associé à une épave, est un cas assez rare[171]. Ceux de l'épave *Arles-Rhône 24* sont liés à une navigation typiquement fluviale d'ordinaire plus sûre. Cependant, pour les métaux plus ordinaires, les épaves en mer abondent en témoignages uniques sur la nature, la forme et l'épigraphie, c'est à dire le système de contrôle et l'organisation sociale liée à la fabrication de ces demi-produits.

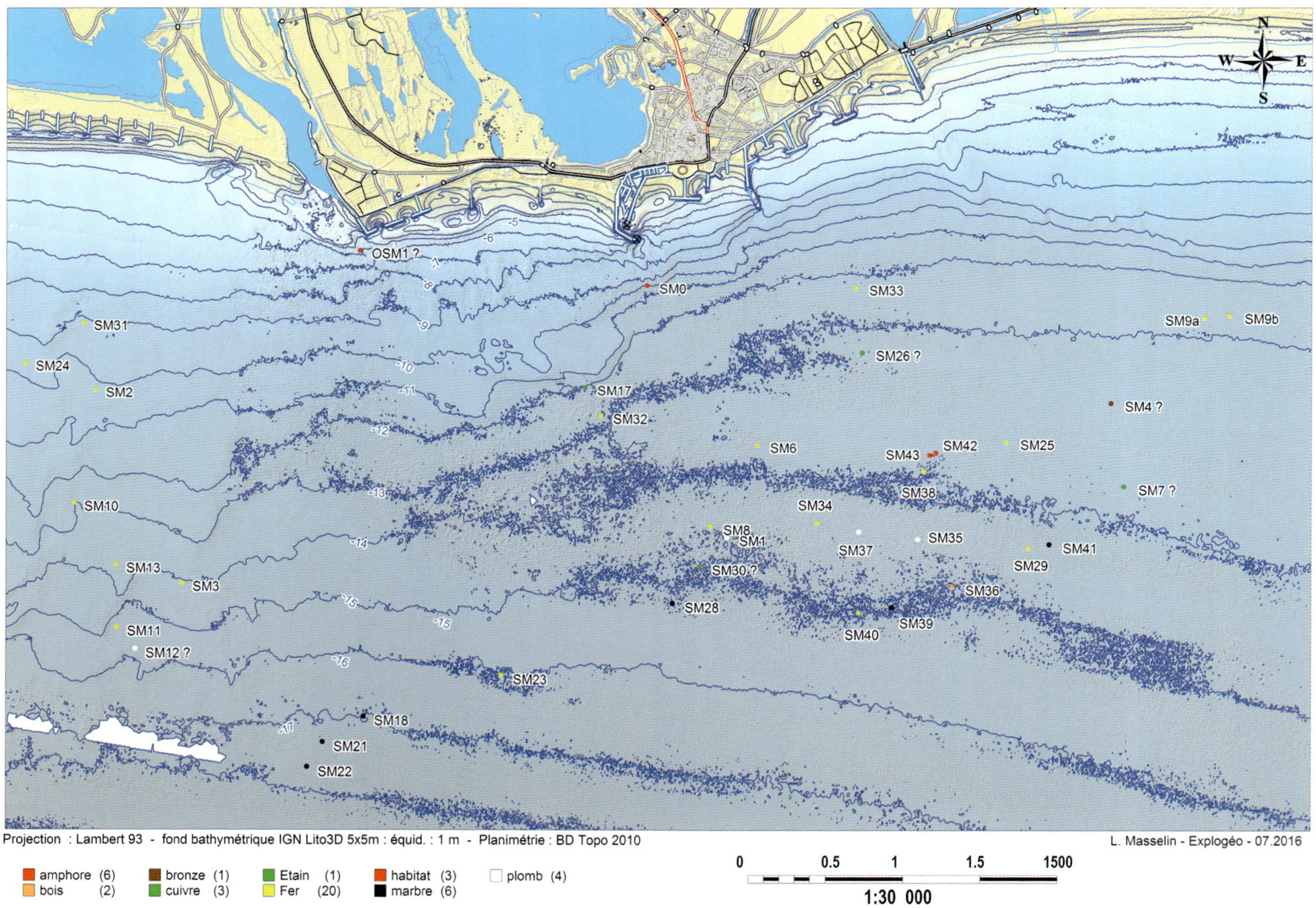

Fig 132 - *Les épaves antiques par type de cargaison (Carte L. Masselin)*

[171] Jézégou *et al.* 2001, 341.

Fig 133 a et b - Galettes de cuivre de deux type (photo L. long)

LES GALETTES DE CUIVRE

Fusionné à l'étain pour former le bronze, le cuivre est très largement utilisé dès la plus haute Antiquité et constitue l'un des principaux métaux. Dès le début de l'époque impériale, les lingots de cuivre extraits des zones minières du sud de l'Espagne sont véhiculés par mer en grande quantité, tandis que d'autres en moins grand nombre sont gaulois. De nombreux naufrages ont lieu, par exemple, entre la Corse et la Sardaigne sur la voie maritime directe vers Rome depuis la Bétique, ainsi que sur la route de cabotage qui passe par Narbonne et se poursuit jusqu'au Rhône, une route marquée en pointillé au moins jusqu'à Seyssel où ont été trouvées 3 de ces galettes[172]. C'est le cas des lingots provenant de quatre épaves, à Agde, Marseillan (*Rieu 1*), Sète (*Corniche 6*) et Maguelone. Sur cette dernière, les galettes de cuivre marquées SOC. AMAT (S rétro), associées à des barres de fer, par 14 m de fond, sont originaires du district de Los Pedroches, en Sierra Morena[173]. Généralement conditionné sous forme de galettes circulaires, tronconiques, au dos aplati ou arrondi, ce métal est fréquemment capté par les filets de pêche qui raclent le fond. Ainsi, devant les Saintes-Maries, nous ignorons toujours la position précise de plusieurs épaves chargées de ce métal, excepté l'épave profonde *Plage d'Arles 4*. C'est donc, pour l'essentiel, chez des pêcheurs qu'ont été observées ces galettes vertes issues de trois chargements distincts : *SM7*, *SM26, SM30*[174]. La première, *SM7*, située à environ 2 nautiques au large des Saintes-Maries-de-la-Mer, a livré deux lingots de 88 kg chacun, récupérés dès 1976 par un pêcheur du Grau-du-Roi[175]. Le premier est incisé en relief du chiffre V dans une estampille ronde, avec un graffito : LNVINLFEII CCLXIX. Le second est marqué IVNIOR AV CCLXIX, peut-être du nom d'un affranchi, propriétaire ou gestionnaire de la mine. Dans les deux cas, les indications pondérales en chiffres romains, de 269 livres romaines (1 livre = 327 g), correspondent bien au poids des lingots. La comparaison avec des éléments-traces et des impuretés propres aux minerais cévenols, permet de proposer pour ces lingots une origine languedocienne, sans doute autour des districts cuprifères de Fayet (près de Camarès, Aveyron), des Monts Folat et du Grand Mourgis (Haute vallée de l'Orb, Hérault), de Cabrières, Lodève et de Saint-Laurent-le-Minier (Hérault)[176].

Située par ailleurs face au Petit Rhône, sur un trait de cale entre 15 et 23 m de fond, l'épave *SM26*, à son tour, a abandonné à un chalutier deux lingots à dos arrondi, plus petits que ceux de *SM7*. Récupérés encore soudés ensemble, en 1998, ils pèsent chacun 7 kg.

Quant à l'épave *SM30*, récemment localisée à l'est de Port-Camargue, près des épaves *SM1*, *SM8* et *SM26*, nous connaissons un lingot anépigraphe, remis en 2014 par un pêcheur, qui constitue une épave distincte[177]. Enfin, plus récemment une nouvelle galette plate a été récupérée isolée par un pêcheur à l'ouest de la Camargue (fig. 133 a).

DES SAUMONS D'ÉTAIN

S'il a beaucoup moins de valeur aujourd'hui, l'étain est très précieux dans l'Antiquité car, fusionné au cuivre, il entre dans la fabrication du bronze, un alliage dont on fait les monnaies, les armes et de très nombreux objets décoratifs. En fonction de la période et de la zone de production, les lingots d'étain se déclinent sous diverses formes. Au Ier siècle av. J.-C., Diodore de Sicile, dans sa Bibliothèque Historique, évoque les marchands qui se procurent de l'étain en Grande Bretagne

[172] De Izarra, 1993, 214.
[173] Rico *et al.* 2005-2006.
[174] L'épave *SM30* est représentée par une seule galette d'étain aplatie, de 34 kg, prélevée par un pêcheur en 1980.
[175] Cette épave est connue sous la mention Saintes-Maries-de-la Mer B, dans Parker 1992.
[176] Maréchal 1986 ; 1987, 170.
[177] Poids 34 kg, diam. 43 cm : sa face supérieure plane présente une

et le transportent en Gaule, où après une traversée en trente jours, ils acheminent le métal à dos de cheval jusqu'à l'embouchure du Rhône. Ainsi, s'il existe bien une alternative à la voie fluviale, la desserte portuaire de l'embouchure du Rhône est à la jonction des routes.
À ce jour, devant les Saintes-Maries, une seule épave a livré de l'étain antique, l'épave *SM17*, découverte par Pascal Chabaud en 2011, et expertisée en 2012 et 2014. Légèrement à l'ouest de l'entrée de Port-Gardian, à 1500 m du bord, par 13 m de fond, elle marque sans doute un cordon de sable proche des zones exondées, au sud du dépotoir portuaire SM0, au débouché du fleuve.

Lors de nos plongées, un plafond très bas, chargé de particules en suspension, nous impose de rester au plus près de la vase désertique qui constitue le fond, d'où jaillissent soudain les lingots poussiéreux, une fois le nez dessus. Mais l'épais nuage de vase soulevé par les palmes nous absorbe ensuite totalement. De cette épave homogène, dont le bois a disparu, apparaissent les galettes du chargement, les tuyaux de plomb de la pompe de cale (long de 175 cm), un jas d'ancre en plomb et une ancre en fer, mais tous sont méconnaissables. Le jas d'ancre, boursouflé de coquilles et de végétation (long. 121 cm, poids, près de 100 de kg), désigne un navire de taille moyenne, comme l'ancre en fer, conservée en creux dans sa concrétion, sur 83 cm de haut pour 67 cm d'envergure, l'anneau de brague encore en place dans le diamant. Si seuls 7 lingots d'étain, de forme plano-convexe allongée, sont rassemblés sur 15 m^2 (long. 41 cm, larg. 29 cm, haut. 8 cm, poids, de 22 à 34 kg), le reste du chargement a sans doute été emportée ou déplacée par chalutage (fig. 134 à 136). Les boursouflures de la « lèpre de l'étain » recouvrent toute éventuelle inscription, tandis que les retraits de coulée bien visibles rappellent les lingots de l'épave antique *Bagaud 2* (Var), de la fin du IIᵉ s. av. J.-C.[178]

Fig 135 - Jas d'ancre de l'épave SM17 (photo K. Boscolo)

Fig 134 - Saumon d'étain in situ, épave SM17 (photo K. Boscolo)

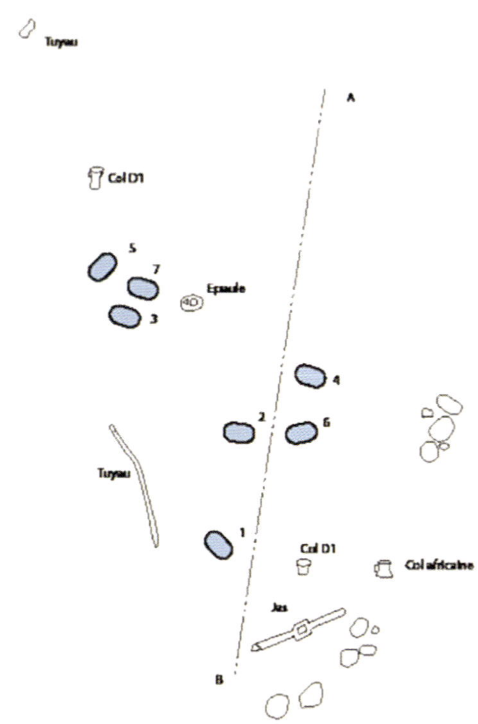

Fig 136 - Chargement de lingots d'étain, plan de l'épave SM19 (dessin L. Masselin)

[178] Long 1982.

Fig 137 - Relevage de l'un des saumons avec un parachute (photo K. Boscolo)

Fig 138 - Pascal et Laurent examinent le lingot en surface (photo L. Long)

Fig 139 - Saumon d'étain de l'épave (photo L. Long)

DU PLOMB EN LINGOTS

Omniprésent et très largement utilisé pour sa malléabilité et sa fusion rapide, le plomb est un traceur de l'histoire romaine. Conditionné sous forme de lingots trapus, au dos arrondi ou en tronc de pyramide, on en fait un usage important à Arles notamment pour fabriquer les nombreuses conduites sous-fluviales du Rhône, qui nécessitent chacune une trentaine de tonnes de plomb, soit plus de 750 lingots par conduite. Comme pour le cuivre, l'archéologie sous-marine a fait progresser la recherche sur le plomb attesté sur les épaves de Méditerranée, notamment à l'embouchure du Rhône. Ces avancées, à la fois sur la morphologie, l'épigraphie et l'histoire économique, mettent en œuvre aujourd'hui des outils archéométriques de traçabilité qui ouvrent de nouvelles perspectives pour déterminer leur provenance. Nous connaissons pour l'instant quatre épaves de lingots de plomb en Camargue : *SM1, SM12, SM35 et SM52*.

L'une d'elles reste énigmatique et n'a pas encore été localisée avec précision. Il s'agit de *SM12* qui se situe à l'ouest du Petit Rhône, par 16 à 18 m de fond. Raclée par

Fig 140 - Lingots de plomb de l'épave SM1 (photo L. Long)

un petit chalutier sur un trait de cale entre le Grand Radeau et le Grau d'Orgon, elle n'a pas marqué l'écran sonar et échappe à nos investigations. Si en 1982, elle livre aux filets six lingots de plomb, le seul connu se trouve au Musée d'Histoire et d'Archéologie d'Aigues-Mortes.
De forme sphérique (diam. 35 à 38 cm, haut. 13 cm), il pèse approximativement 70 kg et se rapproche de ceux de l'épave antique de Ploumanac'h (Côtes d'Armor)[179] . On note sur le sommet de sa face arrondie la marque pondérale incisée en livres romaines : CCXX (220 l.).
On a recensé, enfin, en 2021 un nouveau chargement de plomb, *SM52*, très ensablé dans le noir absolu, à l'est des Saintes-Maries, par 12,5 m de fond. Le lingot prélevé (type D2), de producteur inconnu jusque-là : C. CL. PRIMI (Ier s. ap. J.-C .), provient probablement de la Sierra Morena, en Espagne (Base : 49 x 14 cm ; dos : 41 x 4,3 cm, profil : 14 x 4,3 cm ; haut.12,5 cm : poids 49 kg). (fig. 141).

Un chargement de plomb au nom de Flavius Verucla

On doit la toute première épave romaine de Camargue, baptisée *SM1*, à Daniel Hermier, pêcheur saintois amateur de plongée sous-marine, qui la découvre en mai 1989, à 1,2 milles nautiques face à Port-gardian, par 13,6 m de fond. Lors de notre intervention, la même année, dans une eau très opaque, le bois de la coque a totalement disparu à cause des tarets et l'épave se signale uniquement par son chargement (fig. 140). Dans la grisaille du fond sous-marin, cent lingots se détachent l'un après l'autre à la surface de la glaise coquillière, sur près de 9 m de long, en huit rangées parallèles, perpendiculaires à la côte. Huit d'entre-eux, une fois nettoyés, présentent sur leur dos aplati une inscription moulée dans la coulée : FLAVI VERVCLA PLVMB GERM, traduite d'abord par « Véritable plomb de *Flavius Verucla* », car on interprète par erreur, avec Claude Domergue, « *germ(anum)* » comme « pur » ou « véritable » (fig. 143).

[179] L'hour 1987.

Fig 141 - Lingots de plomb de l'épave SM52, avec inscription sur le dos au nom de Caius Claudius Primus (photo L. Long)

Fig 141 b - Lingots de plomb de l'épave SM1, avec l'inscription principale sur le dos (photo L. Long)

Fig 142 - Marque fiscale au nom du Prince apposée en dernier sur les lingots (photo L. Long)

L'origine hispanique initialement proposée pour ces lingots, est d'abord contestée à la faveur d'une provenance cévenole, puis germanique[180]. Une marque semblable, connue sur un exemplaire de Rhénanie (Bad-Sassendorf /Heppen), au musée de Soest, dans le Sauerland, renvoie bien, en effet, à un « *plumbum germanicum* », soit un plomb de Germanie produit par Lucius Flavius Verucla »[181]. Sur les flancs des autres lingots de l'épave, en pain allongé à dos arrondi, des marques incisées à froid rappellent la *tria nomina* du même personnage dans une version abrégée mais plus complète puisque le prénom est mentionné : L(*ucius*). FL(*avius*). VERV(*cla*). Une marque complémentaire : EROTIS, désigne vraisemblablement un esclave au nom grec, Eros, qui prend part aussi à la production (fig. 131). A l'instar d'autres marques impériales sur des lingots de plomb de Germanie, la société privée que dirige Verucla sous l'Empire peut coexister dans un district minier où d'autres producteurs sont directement liés au Prince. Mais tous les lingots de l'épave *SM1*, dont le poids varie entre 46 et 68 kg, portent aussi des indications pondérales en livres romaines et des contremarques : IMP CAES (*Imperatoris Caesaris),* estampées après démoulage, postérieurement aux marques de fabricant (fig. 142).

Par conséquent, l'association sur un même lingot du nom des producteurs privés et du label impérial, rattache selon nous ce lot au recouvrement de la redevance, c'est à dire à la part qui revient au fisc. Dans ce cas, le chargement, peut-être destiné à Rome, s'est perdu en quittant l'embouchure du fleuve, contrairement à la plupart des autres épaves recensées dans cet espace. Du coup, comme l'exemplaire isolé trouvé en 1983 à Fos-sur-Mer, estampillé : *IMP(eratoris). Ti(berii)CAESARIS. AVG(ustii).(plumbum) GERM(anicum) TEC(?)*, et celui de Tongres (*Atuatuca Tungrorum*)[182], les lingots de l'épave *SM1*, en Camargue, confirment que le plomb de Germanie qui descend le fleuve au Ier siècle de notre ère, utilise soit l'embouchure des Saintes-Maries, soit celle de Fos. Par ailleurs, parmi les quelques fragments d'amphores retrouvés sur le site, une anse de Dressel 20 à huile, d'époque flavienne situe l'échouage dans la deuxième moitié du Ier s. de notre ère. D'après l'artisanat et les négociants installés à Lyon, les autres denrées susceptibles de descendre le Rhône sont les suivantes : fer, bois, blé, bétail, poteries, outils forgés, étoffes de laine, toiles et broderies d'or, cosmétiques, onguents, parfums, denrées de luxe, argenterie, comestibles, verre, et les marchandises d'Aquitaine[183].

---

[180] Long, Domergue 1995 ; Long, Illouze 2004, 294 ; Trincherini et al. 2001 ; Baron et al. 2011, 90.
[181] Raepsaet-Charlier 2011.
[182] Charlier 2011.
[183] Reynaud, Helly, Leglay 1982.

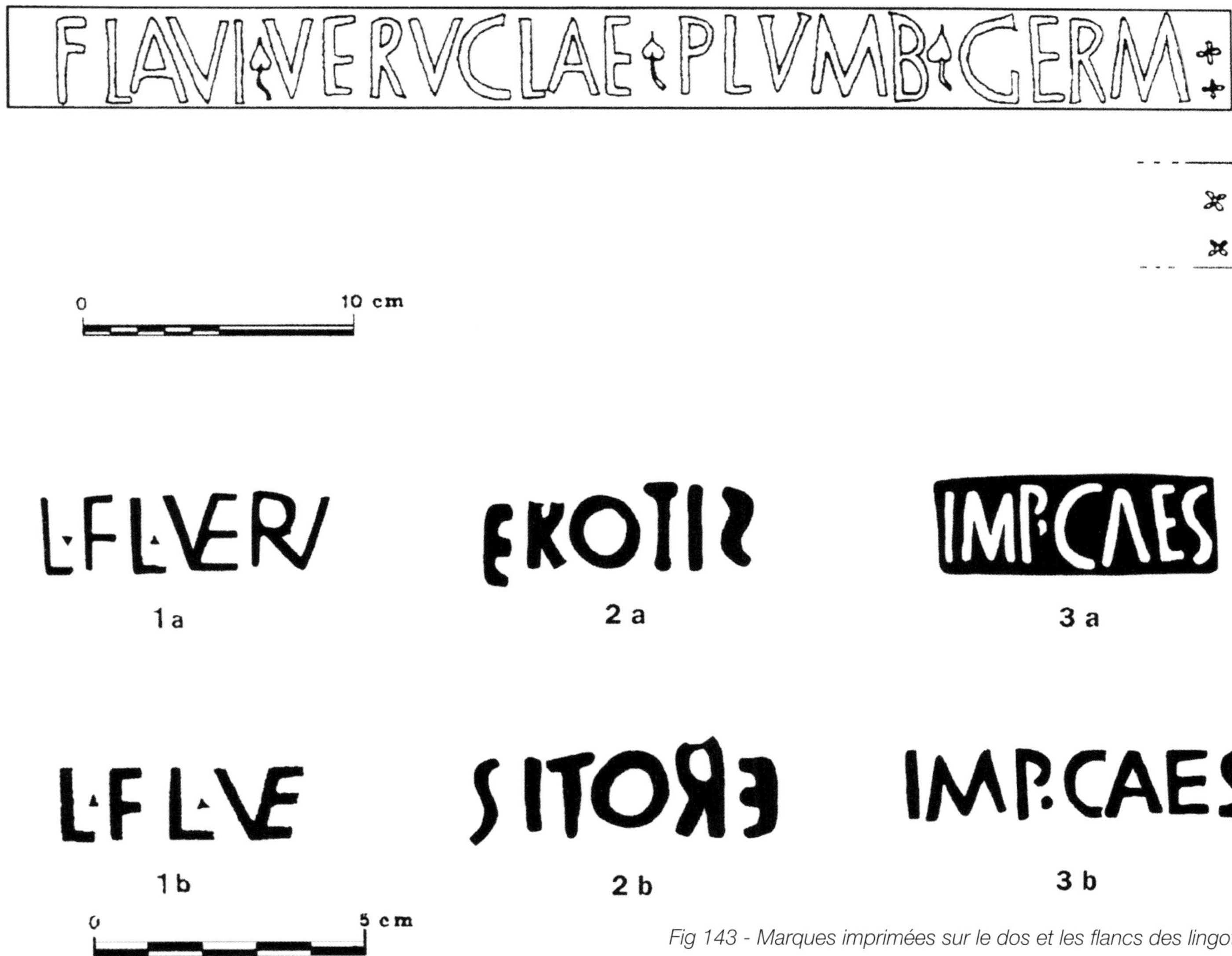

Fig 143 - Marques imprimées sur le dos et les flancs des lingots de plomb de SM1 (dessin G. Frommertz)

Une société de production de plomb ibérique

Une troisième épave de lingots de plomb, *SM35*, déclarée en 2015 par Pascal Chabaud, à 14 m de fond, est expertisée de 2016 à 2018, d'abord avec la goélette *Liberty III*, puis avec le *Triton* (DRASSM). Lors des plongées, le déficit de sable est si important que l'épave est complètement dégagée, à même la vase, sur 10 m de long, avec son jas d'ancre (long. 1,20 m) à l'ouest. Si la cargaison paraît en désordre, on devine encore des alignements parallèles que survolent avec nous quelques sèches aux effets de couleur (fig. 144, 145 a et b).

En nous déplaçant autour du site, on repère, à 62 m au Sud-Est, une grosse concrétion ferro-calcaire, sans doute déplacée par un chalut, relative à l'épave voisine *SM40*, chargée de barres de fer.

Le fret de *SM35,* évalué à près de deux tonnes, comprend au moins une cinquantaine de lingots de plomb tronco-pyramidaux, de 45 cm de long pour une trentaine de kg chacun. Parmi les estampilles commerciales dissimulées sous les serpules, coquilles, concrétions et spirographes, on distingue 3 marques épigraphiques distinctes sur le dos

Fig 144 - Exploration de l'épave SM35, chargée de lingots de plomb (photo G. Spada)

de certains objets. L'une, dans un petit cartouche creux, se lit : SIS, l'autre : SCELT, la troisième plus longue : SOC AE(*li*) CORN(*elli*), avec à gauche un bovidé et à droite un symbole illisible (*taurus* SOC.'AE' (ou A'TE').COR [...]). D'autres cachets imprimés sur les flancs se lisent DEMETRI et [..]Q.L.L.D.S, Q.P.L.Q (ou O) : *Q(uintus) Publii) l(ibertus) O(....)* ou L.F.Q.L.L.D.S : *L(ucius) F(.....) Q(uinti) l(ibertus) L(....) d(...).* (fig. 145 c et d).

A la base d'un des petits côtés, un orifice de préhension rappelle celui des lingots de l'épave *Cabrera 5*[184]. Le terme SOC, développé en *Soc(ietas),* suggère une compagnie anonyme de droit privé, spécialisée dans la production et le commerce du plomb, dirigée par un homme d'affaire, probablement un publicain de l'ordre équestre.

Le bovidé ciselé sur certains lingots peut désigner un secteur d'élevage ou un moyen de transport, à moins que ses cornes ne fassent allusion au nom de la société ?

Fig 145 a - Vue des files de lingots de SM35 parfois en désordre à cause des chaluts (photo L. Masselin)

[184] Domergue 1998, fig. 2, n° 4

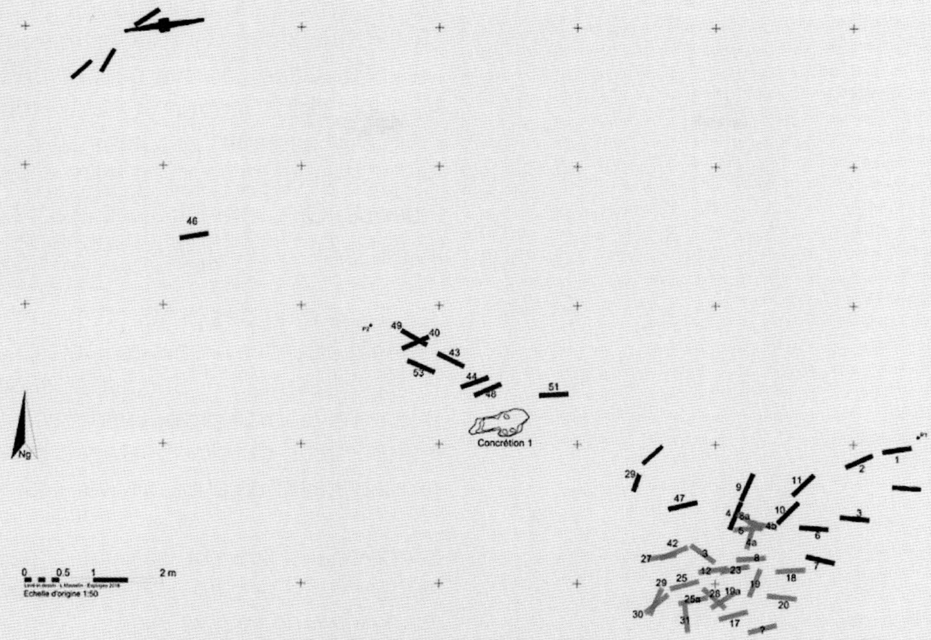

Fig 145 b - Plan de l'épave SM35 avec le déversement des lingots (relevé L. Masselin)

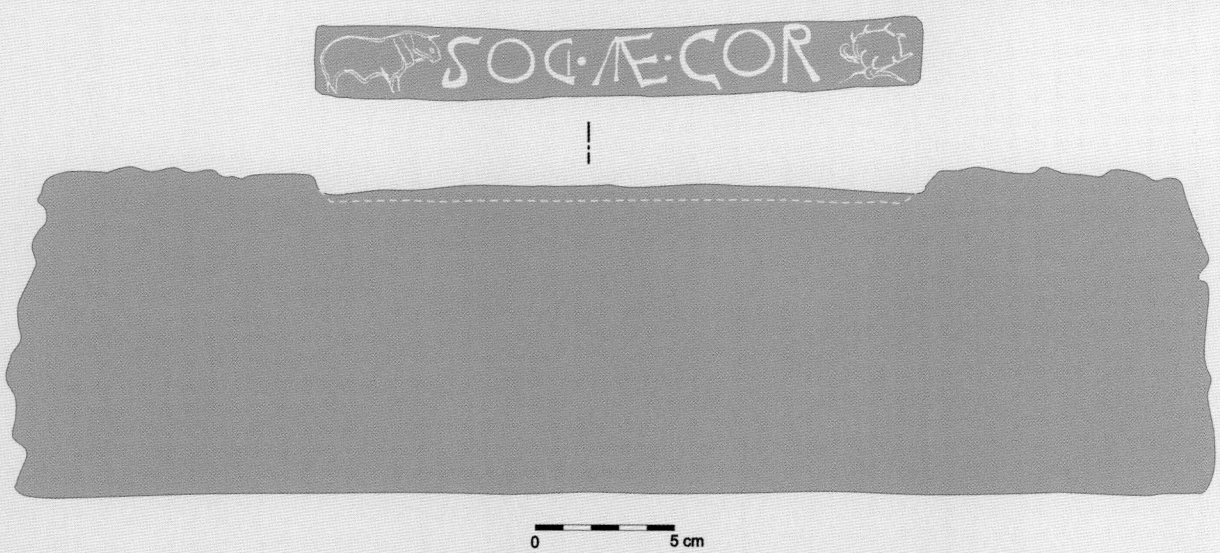

Fig 145 c - Lingot de plomb de l'épave SM35 ; profil et inscription dorsale (relevé L. Long, L. Masselin)

Fig 145 d - Lingot de plomb, épave SM35, inscription dorsale (relevé L. Long, L. Masselin)

Fig 146 - Lingot de plomb de SM35 sorti de l'eau, marque dans un cartouche sur le dos (photo L. Long)

Fig 147 - Sidérurgie expérimentale : loupe de fer juste extraite du bas fourneau (coll. C. Rico)

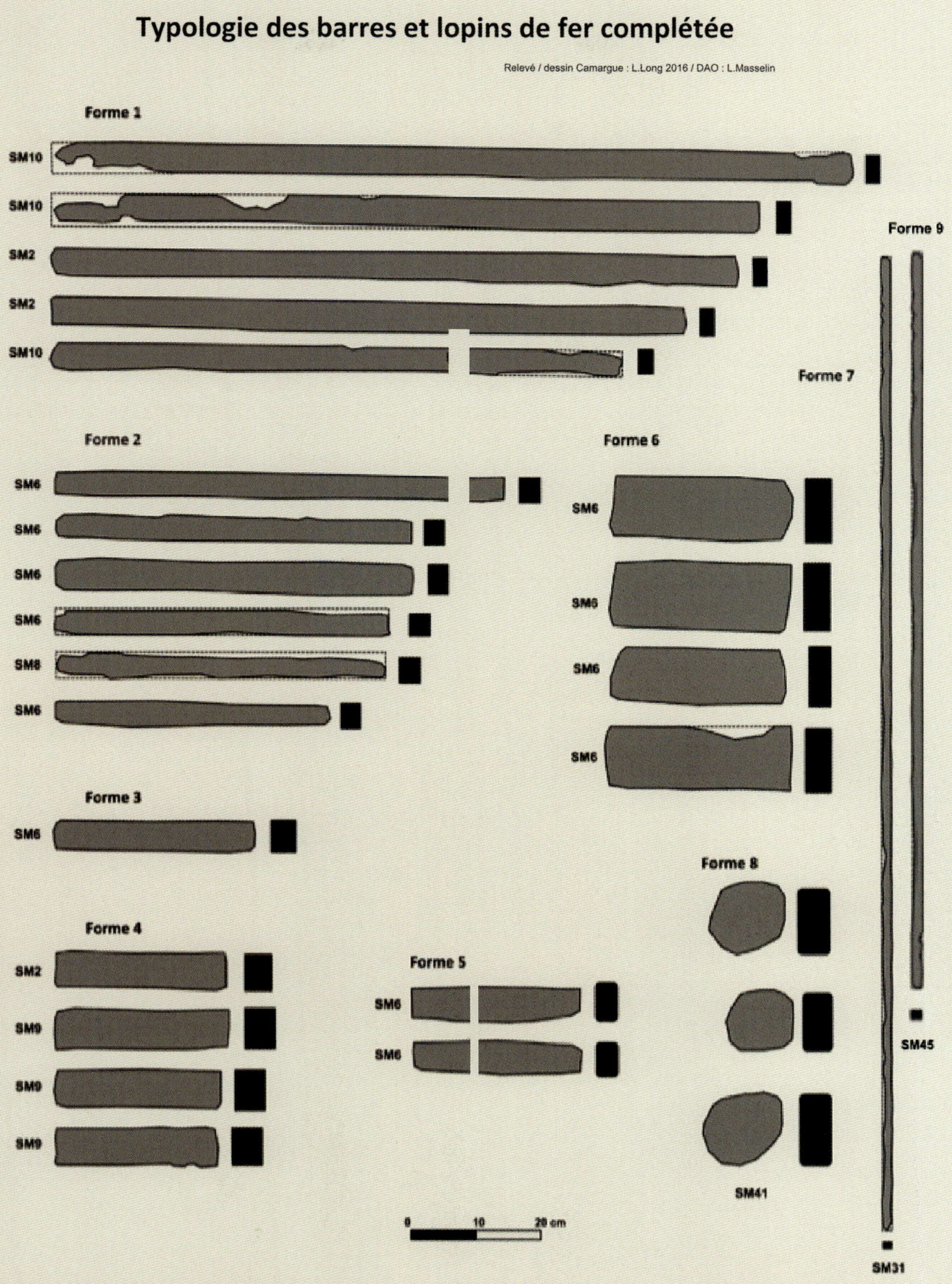

Fig 148 - Typologie des barres et lopins de fer (L. long et L. Masselin)

LE FER

Dans l'Antiquité, le fer semble s'intégrer dans un quotidien indispensable et constitue encore, au IIIe s. (Digeste, XXXIX, 4, 11), un produit de première nécessité, dont les découvertes archéologiques restituent l'omniprésence au sein des différentes activités de la société antique. En outre, la Gaule est certainement dans l'Empire romain d'Occident la région la plus importante pour les gisements de fer du IIe s. av. J.-C. au IIe s. ap. J.-C. D'immenses exploitations y produisent du fer à raison de centaines de tonnes par an. Face aux Saintes-Maries-de-la-Mer, on constate l'émergence depuis ces 15 dernières années de 29 épaves antiques chargées de barres et de lopins de fer variés, souvent bien conservés.

Ces *naves metallariae* constituent une grande nouveauté dans le domaine de la sidérurgie antique qui touche plusieurs secteurs de la recherche. On ne connait nulle part ailleurs une telle concentration de ces chargements qui est ici exceptionnelle. L'étude détaillée de ces gisements a permis de réaliser une première typologie des barres, en 8 formes distinctes, chacune déclinées en trois catégories selon leur longueur : courte, moyenne et longue (fig. 148).

Précisons que le terme générique de lingot ne se justifie pas ici car le métal n'a pas été fondu dans une lingotière mais extrait de la loupe, un produit compacté forgeable, issu du raffinage de l'éponge de fer, dès sa sortie du bas-fourneau. Cette masse pâteuse, obtenue à une température de 1200 degrés, est alors nettoyée de ses impuretés et martelée à la main en demi-produits facilement transportables (fig. 147). En Europe, jusqu'à la fin du Moyen Âge, le fer et l'acier ne sont pas des métaux coulés, la fonte de fer n'étant obtenue qu'à partir du XVIIe s., dans des hauts fourneaux à une température de fusion bien plus élevée. Ainsi, ne pouvant être fondu et donc moulé, le fer antique ne convient pas à tous les objets. Il sert en particulier à la confection des lames de glaives et de couteaux, aux cuirasses, outils, crampons, bandages de roue, ancres, clous. Quant aux demi-produits, ils sont plus facilement transportables, dans des tonnelets comme sur l'épave *SM41*, ou directement en vrac, alignés et empilés dans la cale des navires, puis sans doute une fois arrivés à bon port, dans des charrettes.

PREMIÈRE TYPOLOGIE DES BARRES ET LOPINS DE FER ROMAIN

L'apparition de nombreuses épaves romaines au large de la Camargue, chargées de barres de fer aux formes et dimensions variées, parfois très bien conservées, offre rapidement l'opportunité de classer et d'ordonner pour la première fois ces objets dans une typologie de 9 formes récurrentes, très vraisemblablement contemporaines, au début de l'Empire. Cette typologie, complétée au fur et à mesure des découvertes, précise l'étude raisonnée de ces demi-produits, leur origine, leur fabrication, leur répartition sur les navires et leur destination. Elle permet de constater que ces formes pouvaient, selon les chargements, varier considérablement en longueur et se décliner, selon le cas, en trois formats : court, moyen ou long.

Forme 1 : Cette forme courante est attestée dans sa version longue au moins sur 6 épaves (*SM2, 3, 6, 9, 10 et 24*) et sa forme courte uniquement sur *SM34*. Il s'agit d'une barre rectiligne aplatie dont la largeur est proche de 4 cm (± 1,3 cm), la hauteur de 2 cm (± 0,5 cm). Le rapport largeur/hauteur est toujours supérieur à 1,8 cm. La longueur est comprise entre 78 et 140 cm, sans format court pour l'instant. Une barre de format 1L analysée au niveau métallurgique correspond à un acier doux, hétérogène. C'est sans doute le fer que Pline l'Ancien décrivait comme « *un mélange de fer plus doux que l'acier pur* » (Histoire Naturelle, XXXIV, XLI).

Forme 2 : Découverte sur les épaves *SM3, 6, 8, 9, 24, 25, 29, 32, 33, 40 et 44* en format moyen, cette forme est la mieux représentée. De section pseudo carrée, elle est un peu plus courte que la précédente. Largeur et hauteur, respectivement proches de 3,5 et 2,5 cm, peuvent varier de ± 0,5 cm. Lorsque, par ailleurs, la largeur de ce module, proche de la forme 3, est supérieure à 3,5 cm, la hauteur est toujours inférieure à 3 cm. Sa longueur est comprise entre 40 et 78 cm, sans variante longue à ce jour. Les analyses métallurgiques sur les formes 2M, désignent plutôt une ferrite ou un fer doux, que Pline l'Ancien qualifiait de « *fer mou approchant du plomb* ».

Forme 3 : D'abord en format court, ce barreau parallélépipédique, de section pseudo carrée, est intermédiaire entre les formes 2 et 4. Sa largeur est proche de 4 cm et sa hauteur de 3,5 cm (± 0,5 cm). Lorsque sa largeur égale 4,5 cm, la hauteur est toujours inférieure à 3,5 cm. Attestée sur *SM9* dans le format court, l'épave *SM24* a livré plusieurs exemplaires de très grande longueur. A ce jour, seul le format moyen est inédit, quant au format court, il correspond aussi, comme la forme 2M, à de la ferrite ou du fer doux.

Forme 4 : Elle désigne des pains de fer très courts et massifs, longs de 25 à 30 cm, dont la largeur et la hauteur sont respectivement 6 cm (± 1,8 cm) et 5 cm (± 1,5 cm). Les barreaux de forme 4 sont toujours plus courts que ceux de forme 3. Ils sont attestés dans leur format court sur les épaves *SM2, 6, 9, 10, 34 et 48*, caractérisé comme un fer hétérogène plus doux que l'acier pur. L'épave *SM24* a livré pour la première fois des versions longues de ce type (1,91 m pour 33 kg) constituées d'un fer phosphoré, sans doute le fer cassant et cuivreux de Pline.

Forme 5 : C'est un pain proche de la forme 3, nettement renflé dans sa partie médiane mais ne dépassant pas 1/3 de la largeur de ses extrémités (larg. max. ≤ 4/3 des extrémités). Les seuls exemplaires connus, sur l'épave *SM6*, dans le format 6C. présentent un fer hétérogène (acier et ferrite).

La forme 6 : Attestée sur *SM6*, cette plaque rectangulaire aplatie, de 10 cm de large en moyenne pour une longueur comprise entre 27 et 33 cm, se distingue des barres classiques. Comme pour la forme 2M, la forme 6C correspond à une ferrite ou fer doux.

La forme 7 : Identifiée en 2015 sur l'épave *SM31*, elle est livrée en faisceaux d'environ 22 barres. Cette forme extrêmement fine, martelée régulièrement des deux côtés, avec des traces régulières de coup en surface, mesure 149 cm de long pour 1,3 et 1,4 cm de section.

La forme 8 : Récemment individualisée sur *SM41*, conditionnée dans des tonnelets en bois, elle a l'aspect de lopins ou de plaques courtes et plates, plus ou moins arrondies. Le diamètre varie entre 11 et 12 cm, pour une épaisseur de 4,2 à 4,4 cm et un poids de 1,7 à 2,8 kg, légèrement altéré par la diffusion du fer dans la concrétion recouvrant le tonnelet. Les analyses désignent font un acier d'excellente qualité.

La forme 9 : Recensée sur *SM45* en 2021, uniquement en format long, celle longue barre soignée de section parfaitement carrée, dans un fer extrêmement dur (ferrite carbonée), se distingue de la forme 2 par son profil étroit (1,6 x 1,6 cm pour 126 cm de long). Plus épaisse que la forme 7, elle s'en distingue aussi par ses parois parfaitement lisses.

Un bateau ligaturé

La première mention d'un chargement de barres de fer au large de la Camargue inaugure dès 1991, avec l'épave *SM2*, une longue liste de cargaisons ferreuses qui va révolutionner notre connaissance de la sidérurgie romaine.
De fait, même si 30 ans après ces premières découvertes face aux Saintes-Maries nous sommes encore au tout début de la recherche, des avancées ont été marquées tant au niveau archéologique que du point de vue archéométrique. On doit cette première découverte à Alain Chabaud, qui localise le site par 11 à 12 m de fond, face au Petit Rhône. Lorsqu'il nous guide sur l'épave, ce très gros ensemble concrétionné et fragmenté, recouvert de filets, qui se détache du fond sur 15 m de long, ressemble plutôt à une énorme masse rocheuse (fig. 149).

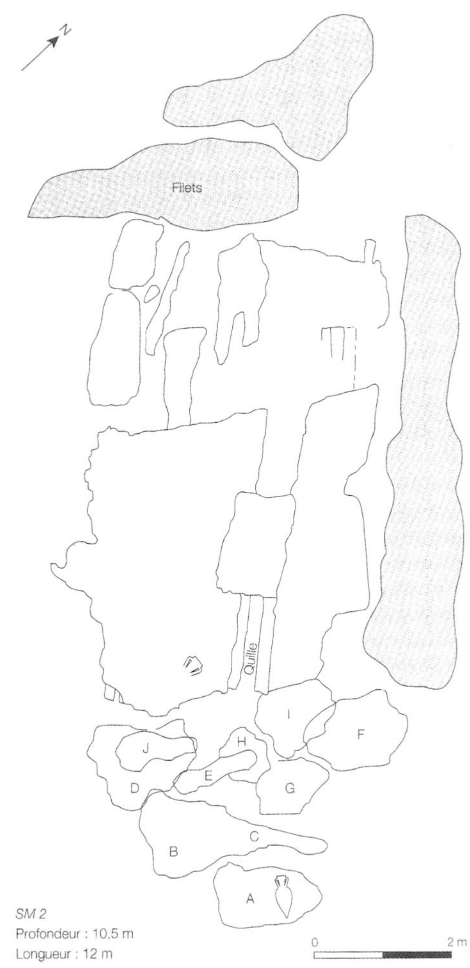

Fig 149 - Épave romaine SM2, chargée de barres de fer (dessin L. Long)

Alors qu'aucun objet archéologique n'est clairement perceptible, chaque faille de ce gigantesque ensemble, chaque anfractuosité grouille d'une faune marine spécifique, où cohabitent poulpes, cigales, moules, étrilles, congres, anémones, spirographes... (fig. 150). Au centre de l'arche de Noé, la partie principale du navire, est métallifiée par les oxydes de fer sur 8 m de long et 4,3 m de large. Parfois la forme des barres à l'intérieur se perçoit à la surface de cette concrétion principale. Soudain, la carlingue fossilisée du navire est reconnaissable tandis qu'un espace est réservé au centre de la cargaison pour le mât principal. Une deuxième concrétion, repérée au nord-ouest, en 2005, laisse entrevoir un chargement bien plus important qu'on le pensait. L'extraction des objets au marteau et au burin livre des barreaux courts et trapus (long. 25 à 26 cm), de forme 4,

Fig 151 - Levage à la grue d'une des grandes concrétions de l'épave SM2 (photo L. Long)

Fig 150 - Dévasage et fouille du site (photo D. Metzger)

Fig 152 - La concrétion de l'épave SM2 à poste sur la plage arrière de L'Archéonaute (photo L. Long)

Fig 153 - L'une des barres courtes de SM2 avec ses inscriptions (photo L. Long)

Fig 154 - *Dégagement des barres au sein de leur concretion (photo L. Long)*

Fig 155 a - *Concrétion de l'épave SM2 avec les amphores du chargement (photo L. Long)*

Fig 156 - *Timbres des producteurs imprimés dans le fer (photo L. Long)*

Fig 155 b - *Amphore Dressel 2/4 du chargement (photo D. Metzger)*

marqués en lettres rétrogrades LEPIDI, avec deux petits poinçons ovales et une ancre stylisée. Des barres allongées, de forme 1 (long. 125 cm), sont fréquemment estampillées : EROTIS, avec deux timbres circulaires aux lettres ligaturées I et VL (fig. 156). Ce nom usuel d'esclave est connu sur les lingots de plomb de *SM1*. Un chargement complémentaire d'une quarantaine d'amphores vinaires se concentre à l'extrémité sud du navire. Engluées dans la concrétion, (fig. 155 a,b et c) il s'agit de Dressel 2-4 utilisées pour le vin de Tarraconaise (Catalogne espagnole), courtes et trapues, à pâte rouge, dont la datation ne dépasse pas le premier quart du Ier s. ap. J.-C., ce que confirment les datations au radiocarbone de 4 barres de fer, comprises entre 23 av. et 60 ap. J.-C[185]. On compte également quelques récipients à huile de Bétique de type Dressel 20, des amphores à saumure Dressel 7-11 et Haltern 70, ces

[185] Delqué-Kolic et al. 2017.

Fig 155 c - Amphore Dressel 2/4 du chargement (photo D. Metzger)

dernières réservées au vin cuit (*defrutum*), ont livré des noyaux d'olive. Etudiée en négatif dans la partie basse des concrétions, la coque, de forte dimension, avec des membrures de 21 à 23 cm de haut pour 12 à 14 cm de large et un bordage simple de 6 cm d'épaisseur, se rattache à une série spécifique de bateaux romains partiellement « cousus ». Elle présente, en effet, un assemblage par tenons et mortaise avec, comme nous le verrons sur l'épave *SM24*, une ligature liant la membrure au bordé dans un rythme régulier de deux gournables accolés, espacés par un gournable seul (fig. 157). Des listons de bois cloués sur un vaigrage de 3,5 cm d'épaisseur, protègent le fond de cale et facilitent la manutention du fer. Là encore, comme sur l'épave *SM24*, un épais tapis végétal composé de sarments de vigne isole le bois des coulées de rouille, tandis qu'une épontille circulaire, retrouvée en fond de cale, désigne un navire ponté.

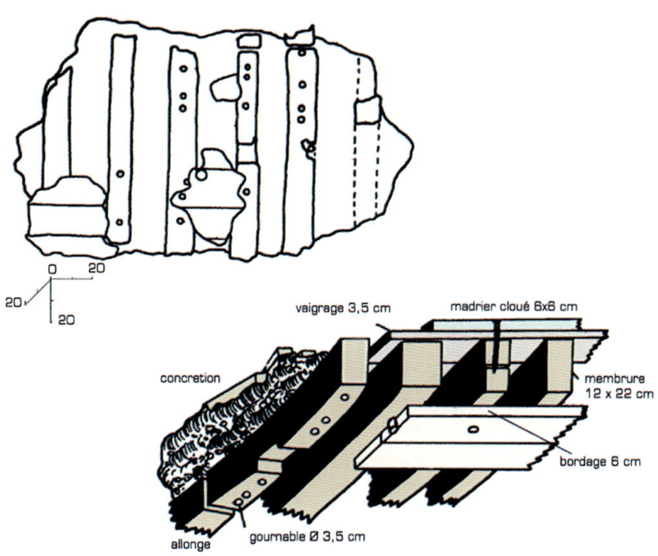

Fig 157 - Vestiges de bois de l'épave SM2 (dessin L. Long)

Si la longueur du bateau est estimée à environ 18 ou 20 m, sa cargaison de fer est de l'ordre d'une centaine de tonnes[186].

Les barres de fer de Sextus Marius ?

Déclarée par Maxime Vedel en 1992, face au Petit Rhône, par 13,5 m de fond, l'épave *SM3* est déjà quasi inaccessible quelques mois après, lors de l'intervention de *L'Archéonaute*. Très ensablée et recouverte de filets, les suspensions, en outre, générées par la houle obscurcissent totalement notre vision. Mais une concrétion prélevée à cette occasion laisse entrevoir en négatif la présence de deux barres de fer (forme 1 ou 2), incomplètes. L'année suivante, lors de conditions guère plus clémentes, une nouvelle masse concrétionnaire donne des barres incomplètes. L'une d'elles, de même forme que les précédentes, présente un cartouche rectangulaire timbré MARI(*us*) et, dans un poinçon circulaire, la lettre S (*societas* ?). La chronologie du naufrage est précisée par un fragment de céramique emprisonné dans la concrétion d'une ancre en fer de 1,34 m d'envergure, repérée sur l'épave. L'objet, qui appartient sans doute au matériel de bord, est une assiette sigillée sud-gauloise (fig. 158) Dragendorf 15a1, une forme précoce fabriquée entre le changement d'ère et les années 60[187]. Une chronologie qui pourrait confirmer l'hypothèse de l'archéologue italien Pierro-Alfredo Gianfrotta qui voit dans l'estampille *Mari/S* déclinée en S(*extus*) Mari(*us*), la marque du richissime Sextus Marius de Tacite (*Annales*, VI, 19), propriétaire sous Tibère de mines en Bétique[188]. Une hypothèse qui impliquerait alors une origine espagnole pour une partie au moins de ce fer, à moins que *Sextus Marius* ait possédé aussi des mines de fer en Gaule méridionale.
Des ossements dans les débris de fer se rattachent à des quartiers de porc, un complément de fret sans doute conditionné dans des emballages périssables.

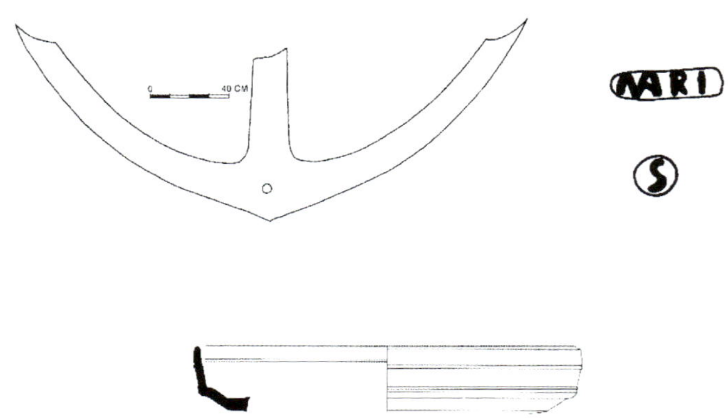

Fig 158 - Épave SM3 : ancre en fer, timbre MARI sur barre de fer, céramique sigillée S-G (dessin L. Long)

[186] Long, Illouze 2004, 298.
[187] Long 1997, 73 (BS 1996) ; Passelac, Vernhet 1993, 571.
[188] Gianfrotta 2004.

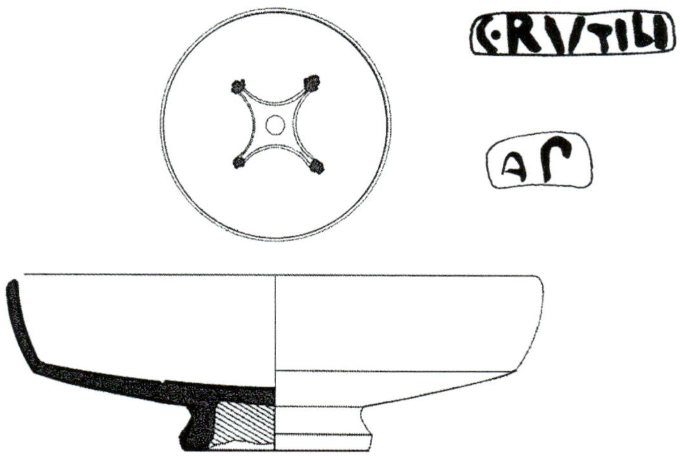

Fig 159 - Épave SM6 : Timbre Rutili sur barre de fer et coupe campanienne tardive (dessin L. Long)

Fig 160 - Épave SM9, premières mesures (photo C. Chary)

L'épave *SM6*, le fer plus ancien ?

Complètement métallifiée et recouverte à son tour de filets, l'épave *SM6* est également déclarée par Max Vedel, à un mille nautique face à Port-gardian, par 14 m de fond. Lors de notre intervention avec *L'Archéonaute* en 1996, alors que notre balise de surface est régulièrement déplacée par la mer, l'inventeur nous montre au centre la partie principale du navire qui revêt désormais l'aspect habituel d'une grande concrétion ferro-calcaire (long. 8,10 m, large 4,70 m, haut. 1,50 m). Sous sa carapace tapissée de petites anémones jaunes et rouges, sont entassées des barres et des barreaux en fer aux formes diverses, qui élargissent le spectre de notre typologie. Le chargement comprend, cette fois, de longues barres de forme 1 et de forme 2, plus courtes, de section carrée, timbrées C. RUTILI et AP (ou AT).

Parmi les barreaux plus courts, apparaissent les formes 3, quadrangulaires, les formes 5, renflées et les formes 6, sortes de plaques aplaties. La chronologie est apportée par un fond de patère à rebord redressé, proche de la forme Morel 2270, (fig.159) emprisonnée dans la concrétion. Ce vase campanien tardif, à vernis noir et décor de palmettes liées entre elles par un losange, date de la seconde moitié du Ier s. av. J.-C., et appartient sans doute au mobilier de bord. Son décor est connu à Ampurias sur des modèles d'imitations locales du Ier s. av. J.-C., une chronologie confirmée par l'analyse au radiocarbone de 2 barres du chargement qui date leur production entre 240 et 51 av. J.-C. Les analyses des scories emprisonnées dans les formes 2M sont compatibles, pour leur part, avec les bassins sidérurgiques du Senonais et de la Puisaye (Yonne)[189]. L'épave *SM6*, qui descend peut-être le Rhône, est pour l'instant, la plus ancienne cargaison de fer de Camargue..

Cargaison sous escorte

Un important gisement de barres de fer, dénommé *SM9,* correspond peut-être finalement à deux épaves distinctes (*SM9A* et *B*). Fracturé par les chalutiers, ce site est en deux parties distinctes, espacées de 150 m, par 12 à 13 m de fond. Le premier ensemble est repéré par Pascal Chabaud en 1989, le deuxième par Pascal Ardois en 1998. Si de nombreuses analogies caractérisent ces deux groupes, on ne peut pas exclure l'existence de deux épaves distinctes.

En 2005, lors d'une nouvelle expertise dans la nouvelle zone, la plus étendue, un ensemble de blocs concrétionnés se discerne, sur 18 m de long et 12 m de large. Colonisée par les congres, la concrétion principale (long. 8 m, large 4m), correspond au corps principal du vaisseau, au centre d'une vingtaine de concrétions satellites qui mesurent parfois plus d'un mètre de long (fig. 160) Une meilleure visibilité, cette année-là, laisse revoir à la hausse le volume du chargement. Evalué initialement à 30 ou 50 tonnes, on l'estime désormais à 100 ou 150 tonnes. Le dégangage de surface à bord de *L'Archéonaute* d'une partie de la concrétion principale donne de grandes barres de forme 1, rangées en paquet, peut-être ligaturées ensemble. Apparaissent aussi des barreaux plus courts (forme 4), trapus et rectangulaires, identiques à ceux du premier groupe de concrétion, examiné en 1989 et 1996.

[189] Delqué-Kolic et al. 2017.

L'étude, menée avec Claude Domergue et Christian Rico, met en relief 7 timbres inédits : I (....) CI ; FAL (?) ; CAECI – H ; COR ; T (?) AFRAN ; MI (?) et V (?), même si on ignore encore ce que signifie l'association du cognomen CAECI à la lettre H. L'étude détaillée, d'une part, de la concrétion F (long. 2,20 m), vraisemblablement l'une des extrémités du navire, et les prélèvements de bois, d'autre part, sous la grande concrétion, permettent d'appréhender certains détails de la construction navale et de l'organisation du chargement. Les vaigres du plancher de cale sont recouvertes, non pas de sarments de vigne, comme sur *SM2* et *SM24*, mais d'un tapis de canisses destiné à protéger le bois de la rouille (fig. 161). Ces vaigres (large 21 cm, ép. 4 cm), reposent sur des membrures détériorées. De fait,

Fig 161 - Tapis de canisses pour protéger de la rouille le fond du navire (photo C. Chary)

au-dessous de cette masse épigénisée, apparaissent plusieurs membrures, dont l'une est prélevée. La membrure M100, d'un gabarit moyen (large 11 cm, haut. 9 à 10 cm de) est assemblée au bordage par des gournables de 1,4 cm de diamètre. Conservée sur 115 cm de long, elle n'est visiblement pas ligaturée comme les épaves *SM2* et *SM24*. En 1998, l'une des concrétions livre un glaive de type de Mayence (Mainz), conservé dans son fourreau (long. 56 cm, large 6 cm), cette arme incomplète au niveau de la pointe est très effilée. Elle porte encore des traces d'étamage ou de placage d'argent, tandis que les parties en bois du fourreau, en figuier, sont rattachées par trois frettes en métal cuivreux (fig. 162 a, b, c). Extrêmement rare en dehors des zones frontalières, la présence de ce glaive sur une cargaison de barres de fer, implique une présence militaire à bord.

De bonne facture, cette arme, datée des règnes de Tibère ou Claude, appartient peut-être à un officier ou sous-officier chargé d'escorter le convoi depuis l'extraction du métal jusqu'à sa destination finale, un camp fortifié du Rhin[190].

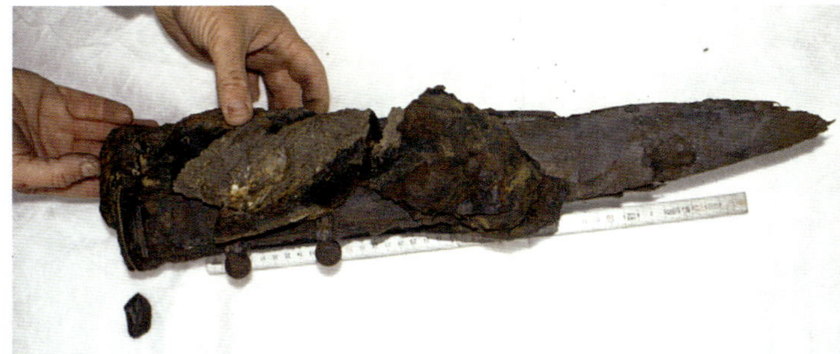

Fig 162 a - Épave SM9, glaive dans son fourreau (photo C. Chary)

Fig 162 b - Glaive après traitement (photo J.-L. Maby)

Fig 162 c - Fourreau du glaive, détail (photo J.-L. Maby)

[190] Teyssier 2009, 348-351 ; Teyssier 2016.

Un chargement modeste

Découverte en 1996, par Alain Chabaud, l'épave *SM10* est à moins de 700 m de *SM2*, face à l'étang d'Icard, à l'ouest des Saintes-Maries-de-la-Mer, par 11,8 à 12,5 m de fond. Cette grosse concrétion (long. 5 m, large 2,8 m), correspond au centre du chargement de fer, aujourd'hui amalgamé en une seule masse (fig. 163 a). Les extrémités en bois du navire qui n'ont pas été saisies par la concrétion, ont disparu, sans doute dévorées par les tarets ou arrachées par les chaluts. Lors de nos expertises successives, en 1997, 1998 et 2005, de part et d'autre de l'axe du navire, de grandes barres de fer aplaties, de section triangulaire (forme 1), sont alignées en long sur 4 ou 5 couches. Des barreaux courts et trapus (forme 4), reposent en long et en travers, au-dessus des barres précédentes. Toutes ces objets, aux noms de producteurs au génitif, ont livré une combinaison intéressante de timbres disposés en forme de « U » et de « U pointé », avec trois cartouches rectangulaires et parfois un timbre circulaire au sommet. Les gentilices sont abrégés : MAXIMI (*Maximus*), Q. CATO, TERENT (*Terentii*), MANI (?), et FULVIOR (*Fulviorum*), associé à une marque circulaire illisible. Le fond de carène du navire a disparu, mais on distingue très distinctement au centre du chargement une pièce de bois métallifiée, la carlingue, avec la cavité d'emplanture du mât (long. 21 cm, larg. 13 cm, haut. 9 cm) (fig. 163 b et c). Il est difficile de se faire une idée de la forme du navire, mais nos premières évaluations, basées sur l'épaisseur des lingots, les dimensions et le volume apparent de la coque, situent le

Fig 163 b - Barres de fer en place de l'épave SM10 (photo D. Metzger)

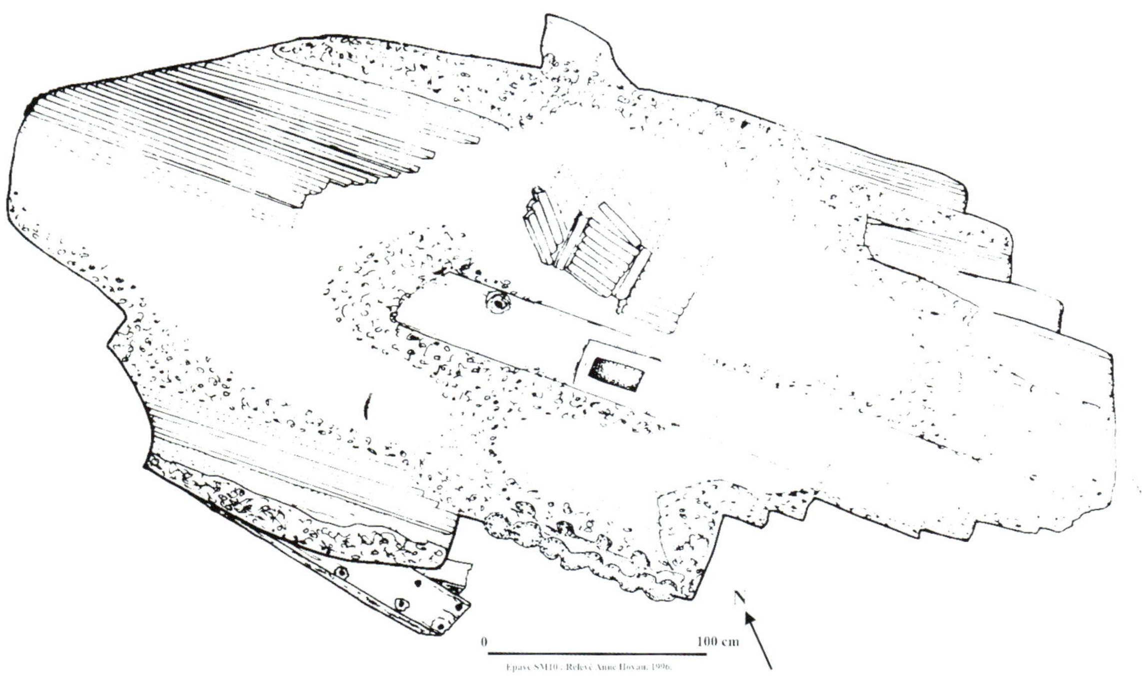

Fig 163 a - Plan de l'épave SM10 (A. Hoyau, L. Long)

Fig 163 c - La cavité d'emplanture du mât recouverte de concretion (Photo D. Metzger)

poids de ce modeste chargement à moins de 10 tonnes, ce qui ne tient pas compte d'éventuelles récupérations après le naufrage. Au vu de la partie conservée, au centre, la longueur du navire est estimée à 10 ou 12 m, soit une embarcation d'assez petite taille qui pouvait franchir les graus et la barre alluviale à la sortie du Rhône de Saint-Ferréol, vers Arles. Petite embarcation maritime ou barque fluviomaritime, le mystère reste entier, tandis que la datation par radiocarbone des barres de fer se situe entre 5 et 163 de notre ère[191].

Une épave perdue

Expertisée avec *L'Archéonaute* en octobre 998, l'épave *SM13,* que les plongeurs locaux avaient curieusement surnommé *« le Russe »*, a été déclarée par Maxime Vedel par 12,5 à 13,7 m de fond, à proximité des gisements *SM3* et *SM11*. Lors de nos plongées, par mauvaise mer, quelques éléments de bois métallifiés sont visibles sur des concrétions dont les stries en surface rappellent la forme de barres de fer sous-jacentes. À environ 20 m du site, parmi des lauzes et d'autres concrétions disparates, apparaît une ancre en fer qui devait appartenir au navire. Mais depuis cette date le gisement s'est ensablé si bien qu'il n'a plus été possible de le relocaliser.

Des clous pour les sandales des légionnaires du *Limes* rhénan

Deux navires romains chargés de barres de fer contenaient également des tonnelets emplis de cous. Le premier est l'épave *SM23*, déclarée en 2001 par Sabine Chizelle face à l'étang des Launes, par 15,5 m de fond, et expertisée avec *L'Archéonaute* en septembre 2003.

La très faible clarté sous-marine et les particules nous obligent lors de cette expertise à avancer comme à l'habitude en collant le masque aux vestiges transformés en une grande masse concrétionnaire (long. 3 m, larg. 2 m, haut. 1 m). Sur l'une des extrémités, jaillit alors de la vase un grand filet de pêche enroulé et son cortège de congres. Les barres, d'un module moyen, sont de forme 2, avec une marque illisible sur l'une d'entre-elles. Le dégangage de la concrétion A, une fois à bord, libère de la masse un récipient en forme de seau ou de tonnelet (haut. 50 cm, diam. 30 cm), confié au musée d'Arles. L'enveloppe de cette *cupula,* emplie de clous, sans doute pour les semelles de *caligae* romaines (fig. 164 a, b, c), est constituée d'écorce ou d'éclisses de bois tandis que le fond ovalaire est fait de petites planchettes. Une équipe de géomorphologues dirigée par Claude Vella (Univ. Saint-Charles, Marseille), carotte à cette occasion avec nous le sédiment aux abords de l'épave. Les vestiges reposent hélas directement sur la vase du quaternaire, le sédiment romain ayant été chassé.

Localisée à 1/2 mille nautique face aux Saintes-Maries, par 10 m de fond, à l'ouest de *SM25,* la deuxième épave de fer chargée également de clous s'appelle *SM27a*. En 2005, plusieurs chalutiers la ratissent à quatre reprises et lui arrachent au moins deux seaux en bois, déplaçant en même temps de quelques mètres une masse concrétionnée emplie de barres de fer. L'un de ces deux seaux, abandonné par les pêcheurs sur le quai du Grau-du-Roi, est récupéré par Pascal Ardois. Associé à une concrétion de barres de fer rectangulaires, conservées en creux, il contient une semence de petits clous de fer assez semblables à ceux de l'épave *SM23*[192]. Examiné par le Centre archéologique du Var (CAV), ce seau (haut. 32,5 cm, diam. base 25 cm, ouv. 28 cm), est constitué de douelles en orme, recouvertes et étanchéifiées par de fines lamelles de tilleul, tandis que l'anse est faite d'une corde. Sa datation radiocarbone est comprise entre 27 et 130 après J.-C. Sans doute destinés aux semelles des chaussures de légionnaires (*caligae*), ces chargements complémentaires de petits clous soulignent l'importance des produits manufacturés à côté des cargaisons de fer. L'utilité quotidienne des chaussures dans l'Antiquité a même justifié un contrôle strict du prix des clous[193]. Cette découverte confirme aussi, selon nous, la destination militaire de ces cargaisons vers les camps légionnaires du *limes* germanique.

[191] Delqué-Kolic et al. 2017.
[192] Long 2003, 65 BS.
[193] Domergue 1994, 102.

Fig 164 a - Épave SM23, petit tonnelet empli de clous (photo L. Long)

Fig 164 c - Petits clous à sandales de l'épave SM23 (photo L. Long)

Fig 164 b - Le petit tonnelet désormais au musée d'Arles (photo J.-L. Maby)

Un transport d'esclaves dans un bateau cousu à fond plat ?

D'abord considérée comme moderne *(C23)*, cette épave, baptisée *SM24*, se trouve à l'ouest du petit Rhône et correspond aussi à un chargement de fer antique, par 10 à 11 m de fond. La première expertise, conduite en octobre 1998 avec le découvreur, Pascal Ardois, livre à notre curiosité une coque de bois très ensablée, couverte de spirographes et peuplée de poulpes, qui se signale en surface par un groupe de rondins de bois blancs dépassant du sable. Le sondage mené à tâtons, en juillet 2002, avec les puissantes pompes de *L'Archéonaute*, laisse deviner enfin une partie bien conservée de la coque du navire, notamment 7 membrures alignées sous les barres de fer. L'année suivante, en 2003, le courant a dégagé naturellement les vestiges de bois et éclairci la visibilité. On discerne très bien cette fois les membrures rectilignes du vaisseau, encore en place, qui ne sont pas métallifiées par la cargaison. L'étude du système architectural peut commencer (fig. 165). Il se définit par une charpente axiale composée d'une quille plus large que haute, prolongée sur une extrémité par la pièce d'étrave ou d'étambot. Taillée dans du chêne caducifolié, cette quille, conservée sur 8,60 m de long (large 26 cm, haut. 22 cm), est fracturée sur l'extrémité Est (fig. 166). Sur l'autre côté, se discerne une enture en « trait de Jupiter », un galbord épais (7 cm), étant encore assemblé sur ses joues latérales planes. Cette construction forme un angle de carène horizontal, soit un fond totalement plat au centre du navire. Les autres virures

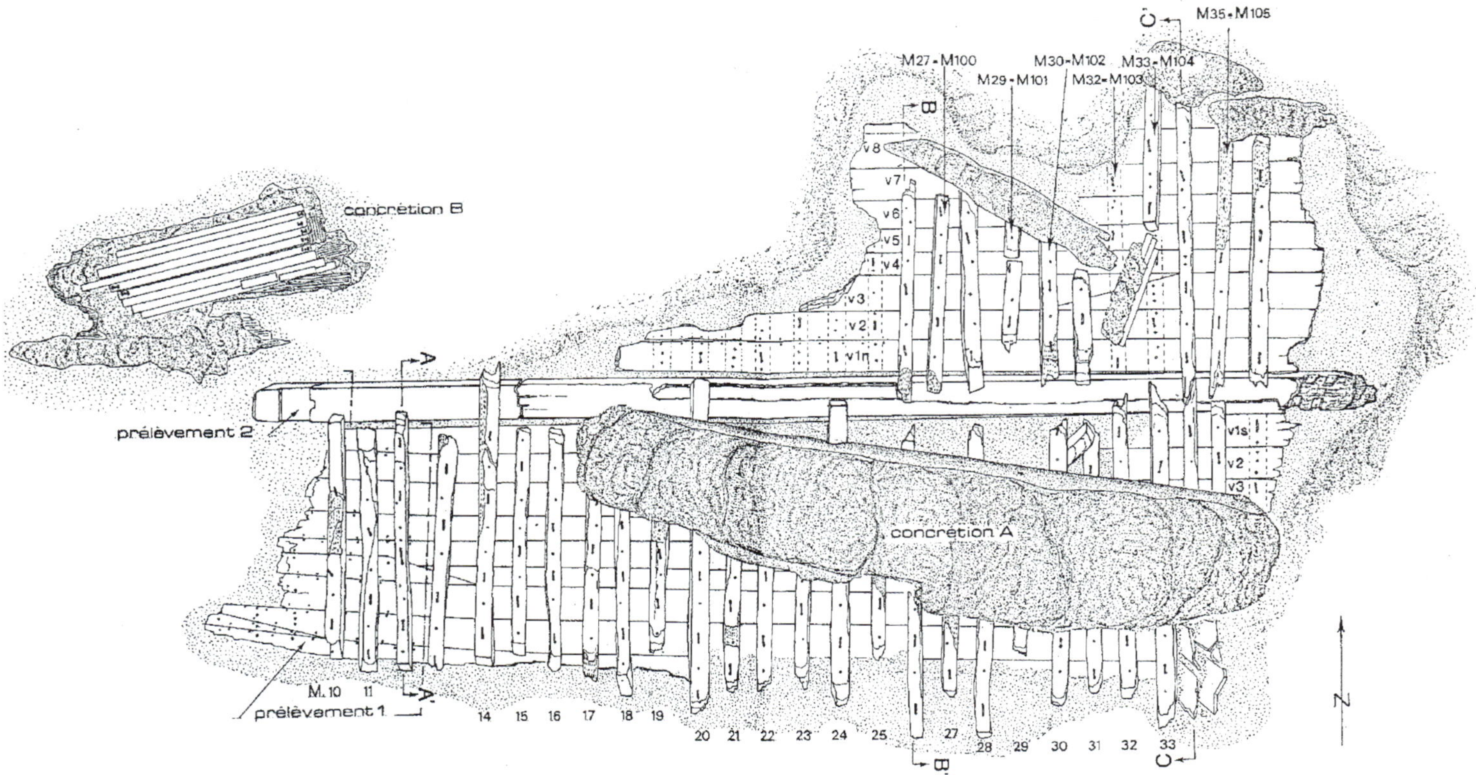

Fig 165 - Plan de l'épave romaine SM24 (dessin M. Rival)

Fig 166 - Prélèvement pour étude de l'enture de quille, épave SM24 (photo C. Durand)

de bordé, sont également assemblées à franc bord par tenons et mortaises tandis que la membrure irrégulière, au façonnage grossier (larg. 9 à 16 cm), est taillée dans une grande diversité de bois : chêne caducifolié, orme, sapin, pin de Bosnie. La coque présente une alternance de varangues et de demi-couples, excepté dans la zone du massif d'emplanture du mât où 5 varangues se succèdent. Mais comme sur l'épave *SM2,* une surprise nous attend : les membrures sont ligaturées au bordé. On distingue ainsi sur le dos des membrures, et au niveau de chaque virure, une alternance entre un passage de ligatures bloqué par 2 gournables, suivi d'une gournable simple, puis à nouveau 2 gournables ligaturées (fig. 167 a et b). Ce schéma en quinconce est alterné transversalement et longitudinalement, tandis que de nombreux clous en fer encadrent presque systématiquement les points d'assemblage, renforçant la membrure au bordé. Un prélèvement de deux membrures (*M11/12*) et du bordé attenant a été effectué pour étude (fig. 169 a).

Dégagés sur une surface de 10 x 5 m, nous sommes en présence de la partie centrale du bâtiment, avec 26 membrures en place, sans pouvoir déterminer l'avant de l'arrière. Toutefois, les modules de bois importants et l'implantation horizontale du galbord sur la quille suggèrent un assez gros navire à fond plat, de l'ordre de 20 à 25 m de long.
Avec ce fond plat, son espace de navigation est vraisemblablement fluviomaritime, délimité par la zone maritime côtière entre Narbonne et l'embouchure du Rhône, et la section inférieure du Rhône de Saint-Ferréol jusqu'en Arles. L'assemblage particulier de la membrure au bordé, par des ligatures internes, range par ailleurs ce navire, avec *SM2*, dans une série d'épaves à « membrures cousues », connues du IIIe s. av. J.-C. au Ier s. ap. J.-C., dans la zone nord-occidentale du bassin méditerranéen[194]. Ce type de construction particulier, lié à un contexte économique précis et à un espace de navigation spécifique, nous interroge sur la pertinence possible d'une telle famille architecturale. À une époque plus récente, les besoins spécifiques de la navigation et du commerce dans le secteur du bas Rhône ont également contribué à développer, du Moyen Age au XIXe s., de nouveaux principes et de nouvelles méthodes de constructions, illustrées par les emblématiques allèges d'Arles à fond plat, conçues pour la navigation fluviomaritime entre Arles et Toulon.

Fig 167 a - Ligature bloquée par deux gournables (photo S. Marlier)

Fig 167 b - Dissection de la membrure, des gournables et ligatures (photo S. Marlier)

[194] Pomey 2002 ; Long, Rival, Marlier 2009.

Quant à la cargaison de *SM24*, elle a peut-être été en partie récupérée après l'échouage, à moins qu'il s'agisse de périssables ? Il ne reste aujourd'hui, en effet, qu'une seule concrétion allongée, de 5 m de long, au centre du navire, emplie de barres de fer aux formes variées (1L aplatie, puis 2L, 3L, 4C et 4L) (fig. 167 c). Les barres longues sont souvent timbrées de cartouches rectangulaires associées à des estampilles rondes, illisibles, tandis que les pains très courts, de forme 4C, sont imprimés à chaque extrémité, sur une seule face, d'une petite estampille ronde. Ce fer repose visiblement à l'origine sur d'épaisses vaigres en fond de cale, recouvertes d'un matelas de protection, en sarments de vigne. La cargaison était complétée par un lot de rondins de bois blancs (diam. 8 à 14 cm), dont des modèles un peu plus gros sont connus sur l'épave de Valle Ponti (Comacchio), dans la plaine du Pô (fig. 167 d)[195]. Une autre surprise, totalement inattendue, amalgamée à la concrétion B et conservée sur une planche de vaigre, est une mâchoire humaine associée à un petit fragment de vertèbre (fig. 167 e). Les analyses de la mandibule désignent un jeune adulte de sexe masculin, dont les facettes d'usure importante, sur toutes les cuspides des dents, ont une origine alimentaire, voire pathologique[196]. Si les vestiges d'ossements sont rarissimes sur les épaves antiques, ils ont été fixés ici par la dégénérescence du métal, ce qui confirme que l'individu était en fond de cale lors du naufrage. Les sources d'archives sur les échouages d'époque moderne en Camargue précisent que les naufragés qui ne se réfugient pas dans les mâtures sont emportés par les lames, mais il n'y a pas de mention de décès en cale. Sur *SM24*, il peut donc s'agir d'un passager, d'un marin, d'un prisonnier ou d'un esclave. Cette dernière hypothèse est confortée par la découverte dans la concrétion, à proximité de la mandibule, d'un demi-collier en fer, formé d'un méplat et d'un arrondi. Un système qui rappelle les demi-boucles d'entrave ou les colliers de servitude mis au jour, par exemple, dans les tombes d'esclaves et de gladiateurs de la nécropole des Arènes, à Saintes, en Charente Maritime (*Mediolanum Santonum*), à Rouen et Poses, en Normandie[197]. Tous ces éléments, un lit de sarments, une coque vide, des restes humains entravés et une masse de fer de 5 tonnes disposée au centre pour équilibrer le navire, renforcent l'idée d'un transport d'esclaves, une hypothèse cependant encore fragile.

Le mobilier de bord comprend quelques objets en bronze, notamment un anneau, un hameçon et une cupule hémisphérique à chainette tressée, caractéristique des lanternes romaines à suspension (fig. 167 f). D'un modèle

Fig 167 c - Épave SM24, concrétion centrale et fond de carène (photo C. Durand)

Fig 167 d - Rondins de bois rangés sur les barres de fer (photo L. Long)

Fig 167 e - Mâchoire humaine dans la concretion en fond de cale (photo L. Long)

[195] Berti 1990, 55.

[196] Elles ont été effectuées par Olivier Dutour (UMR6578, laboratoire d'Anthropologie-Biologie, CNRS), que nous remercions ici.

[197] F. Méténier, Actualités de l'INRAP, 03/12/2014 ; Halbout *et al.* 1987, 11, fig. 207.

Fig 167 f - Élément de lanterne romaine (photo J.-L. Maby)

Fig 167 g - Bord de coupe en sigillée sud-gauloise (photo L. Long)

très répandu dans l'Antiquité, notamment à Herculanum et Pompéi, ces lampes portatives à couvercle mobile, fermées non pas par du verre mais grâce à deux cylindres semi-circulaires en corne translucide, préservent le feu contre le vent, notamment sur les navires[198]. Sur le bas-relief de la colonne Trajane, l'un de ces fanaux est suspendu devant la cabine d'un vaisseau. Postée en poupe, elle sert de fanal ou peut éclairer la cale pour surveiller des captifs. On recense ce type de lanterne sur de nombreuses épaves, comme *Grand Bassin B* (Narbonne), *Comacchio* (plaine du Pô) et *Guernsey* (iles anglo-normandes)[199].

La chronologie du naufrage repose, au final, sur un fragment de coupe carénée en sigillée sud-gauloise (Drag. 29b), produite entre 40 et 90 après J.-C., amalgamé à la concrétion (fig. 167 g). Cette datation, au milieu du Ier s. de notre ère, est corroborée par l'analyse radiocarbone d'un échantillon de bois de la membrure M103, effectuée par Archéolabs, qui situe l'abattage de l'arbre entre 120 av. J.-C. et 75 après J.-C.

Sous le fer, une histoire de la viticulture

L'analyse générique des sarments de vignes prélevés en fond de cale sur cette même épave *SM24*, a renouvelé l'histoire du vin antique (fig. 168 a). Le fragment d'ADN tiré de ces vestiges, comme celui des pépins de raisin d'une amphore étrusque de l'épave *Grand Ribaud F* (Var, vers 500 av. J.-C.),

Fig 168 a - Sarments de vigne en place entre les membrures (photo C. Durand)

sont proches d'une seule accession, l'échantillon VI de Manen, qui provient de pépins de raisins du site romain d'Aquincum Kaszăsdülö, en Hongrie (IIème-IVème s. après J.-C.) (Fig 168 b et c). Ce lien surprenant, selon José Vouillamoz, chercheur au laboratoire de génétique moléculaire de l'Istituto Agrario, à San Michele all'Adige (Italie), pourrait signifier que les types de cépages ancestraux sont relativement proches entre eux, peut-être à cause d'un nombre faible d'introductions à partir d'Orient, et que les cépages modernes s'en sont complètement diversifiés avec le développement de la viticulture monastique à grande échelle[200].

[198] Martin 1995, 18.
[199] Beltrame 2002, 99.
[200] Manen, Boulby *et al.* 2003.

Fig 168 b - Amphore étrusque bouchée de l'épave Grand Ribaud F (photo L. Long)

Fig 168 c - Pépins de raisins provenant du filtrage de l'amphore étrusque bouchée (photo L. long)

Fig 169 a - Prélèvement pour étude des membrures M11 et 12 et du bordé de l'épave SM24 (photo C. Durand)

Fig 169 b - Épave romaine SM29 (Plan : L. Masselin)

Datée par un vase en sigillée italique.

Signalée par Alain Chabaud, à 14,5 m de fond dans l'est des Saintes-Maries, nous visitons l'épave *SM29* en 2015 par une habituelle mauvaise visibilité. Fragmentée par les chaluts, plusieurs grosses concrétions sont réparties autour du corps principal du chargement où la vie marine a repris ses droits (fig. 169b et 170). Sur l'ensemble (long. 10 m, larg. 8 m), 5 petites masses concrétionnées sont ramenées à bord du Brézéhan. Elles renferment une cinquantaine de barres de fer anépigraphes et mal conservées (types 2M et 3M, section carrée, 3,2 cm) qui sont confiées au laboratoire arlésien A-Corros, puis étudiées par Gaspard Pagès (CNRS-UMR7041-ArScan), Marie-Pierre Cousture (TRACES-UMR 5608) et Marine Bayle (A-Corros). L'épave renferme par ailleurs une ancre en fer conservée sur 80 cm de haut, et un bol en sigillée italique inclus dans la concrétion. Cette forme, à bord convexe, décoré de guillochure, de type SIG-IT 31.1 (Goudineau 32b), (fig. 171) est produite entre le changement d'ère et les années 30. Elle date donc le naufrage du premier quart du Ier s. de notre ère[201].

Fig 170 - Colonie d'étrilles sur l'épave SM29 (photo G. Spada)

Fig 171 - Bord de bol en sigillée italique dans la concrétion (photo L. Long)

La pompe de cale du navire

Déclaré par 9 m de fond en 2015, face au Petit Rhône, par Pascal Chabaud, à 600 m à l'est de *SM2*, ce nouveau chargement de barres de fer, appelé *SM31*, est expertisé avec le *Brézéhan* en août 2015. Comme d'habitude, les vestiges revêtent l'aspect d'une grande masse ferro-calcaire (concrétion A, long. 6,20 m, larg. 4 m). Au sud, un imposant filet de pêche accroché depuis plusieurs dizaines d'années se referme sur une autre concrétion de grande taille, contiguë à la première (concrétion B) (fig. 172).

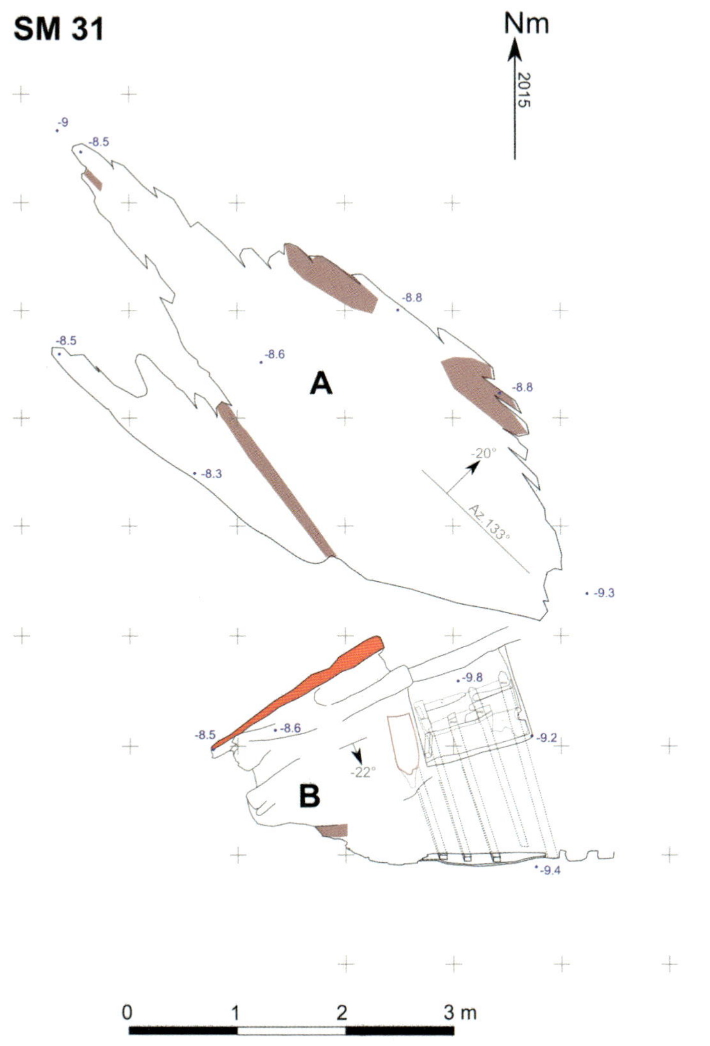

Fig 172 - Plan de l'épave SM31 (dessin L. Masselin)

[201] Passelac 1993, 562.

Le nettoyage de l'ensemble révèle sur un côté, sous la masse, six membrures alignées, pour partie métallifiées, dont l'échantillonnage est relativement faible (haut. 9,7 cm, larg. 8 cm, diam. gournables 1,9 cm, espacés de 3,8 cm) (fig. 173). Ce chargement présente cette fois une nouvelle forme de barre de fer, anépigraphe, conditionnée en fagots d'une vingtaine d'unités chacun, qui rappellent nos fers à béton (fig. 175). Il s'agit de la forme 7L, de section oblongue et très allongée (1,49 m), extrêmement fine (1,2 x 1,5 cm), avec des traces de martelage sur les deux faces qui leur donne un aspect non pas rectiligne mais sinueux. Elles sont vraisemblablement destinées à un usage très différent des autres modèles, jusque-là beaucoup plus épais et rappelle les objets représentés lors d'une scène de déchargement sur une mosaïque découverte à Sousse (Tunisie) au seuil d'une sépulture (fig. 176). Ainsi préformées et sans être reforgées, elles peuvent servir par exemple de goujon de scellement. Mais la concrétion B livre une surprise de taille : les vestiges de bois métallifiés de l'archipompe, notamment le puisard de pompe de cale. Implanté à l'arrière du navire, il est fixé sur les vaigres du plancher de cale et sur les membrures. Comme sur l'épave de la Madrague de Giens (Var, vers 75 av. J.-C.), les parois et les chevrons verticaux du caisson sont conservés sur une cinquantaine de centimètres de haut. Au fond du puits rectangulaire, le corps de pompe a disparu (fig. 174). Percé d'ordinaire de deux orifices, il est relié à une, voire deux cheminées circulaires en bois et permet le passage en circuit fermé des disques en bois espacés le long d'un cordage. Actionnée sur le pont par une manivelle fixée à une roue crantée, cette noria permet d'écouler dans un bac en plomb les eaux de la sentine, vidées ensuite en mer par deux tuyaux en plomb à travers les dalots (fig. 177 a et b). Une panse d'amphore et de nombreux fragments, emprisonnés dans la gangue, désignent des Pascual 1 ou des Dressel 2/4 de Tarraconaise, qui datent l'échouage dans le courant du Ier s. de notre ère.

Fig 174 - Photogrammétrie du puisard de pompe de cale (Photo L. Masselin)

Fig 173 - Prélèvement de l'extrémité de membrure encore bien conservée (photo L. Masselin)

Fig 175 - Fagot de longues et fines barres de fer (photo L. Long)

Fig 176 - Déchargement des barres de fer sur une mosaïque de Sousse (d'après P. Pomey)

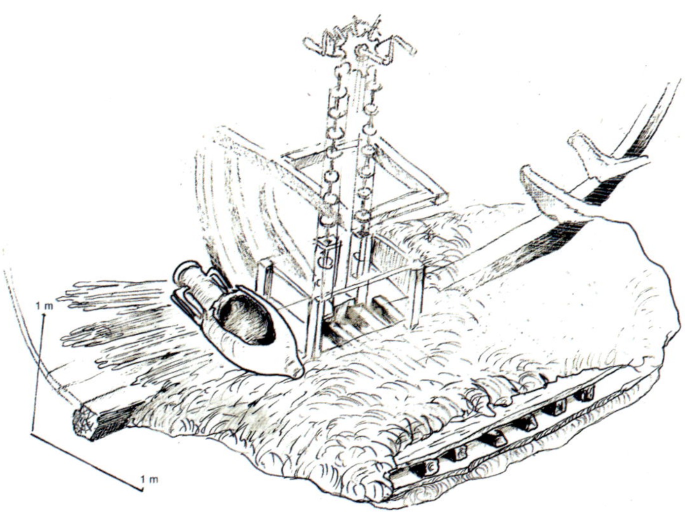

Fig 177 a - Fonctionnement de la pompe de cale (Dessin L. Long)

Fig 177 b - Épave SM31, pompe de cale (Dessin L. Long)

La signature gauloise

Fouillée en 2016 et 2018, l'épave *SM33*, par 14,7 m de fond, gît à 3 km du bord, face à la plage Est et au *Trabas de Jusiou*. Il s'agit de 5 grandes concrétions, les unes à côté des autres, qui dépassent du sable de 50 cm, dont la plus grande mesure 5 m de long pour 2 m de large. A aucun moment, lors de nos plongées, le jas de plomb aperçu par l'inventeur n'a été revu. Lorsque nous débitons en surface quatre concrétions récupérées, des barres de forme 2M apparaissent avec une très belle marque GALLICVM qui paraît désigner ici sans contestation un métal d'origine gauloise et non hispanique (fig. 178 a, b).

Fig 178 a - Épave SM33, estampille sur barres de fer (Photo L. Long)

Fig 178 b - Timbre Gallicum sur le fer de l'épave SM33 (Photo L. Long)

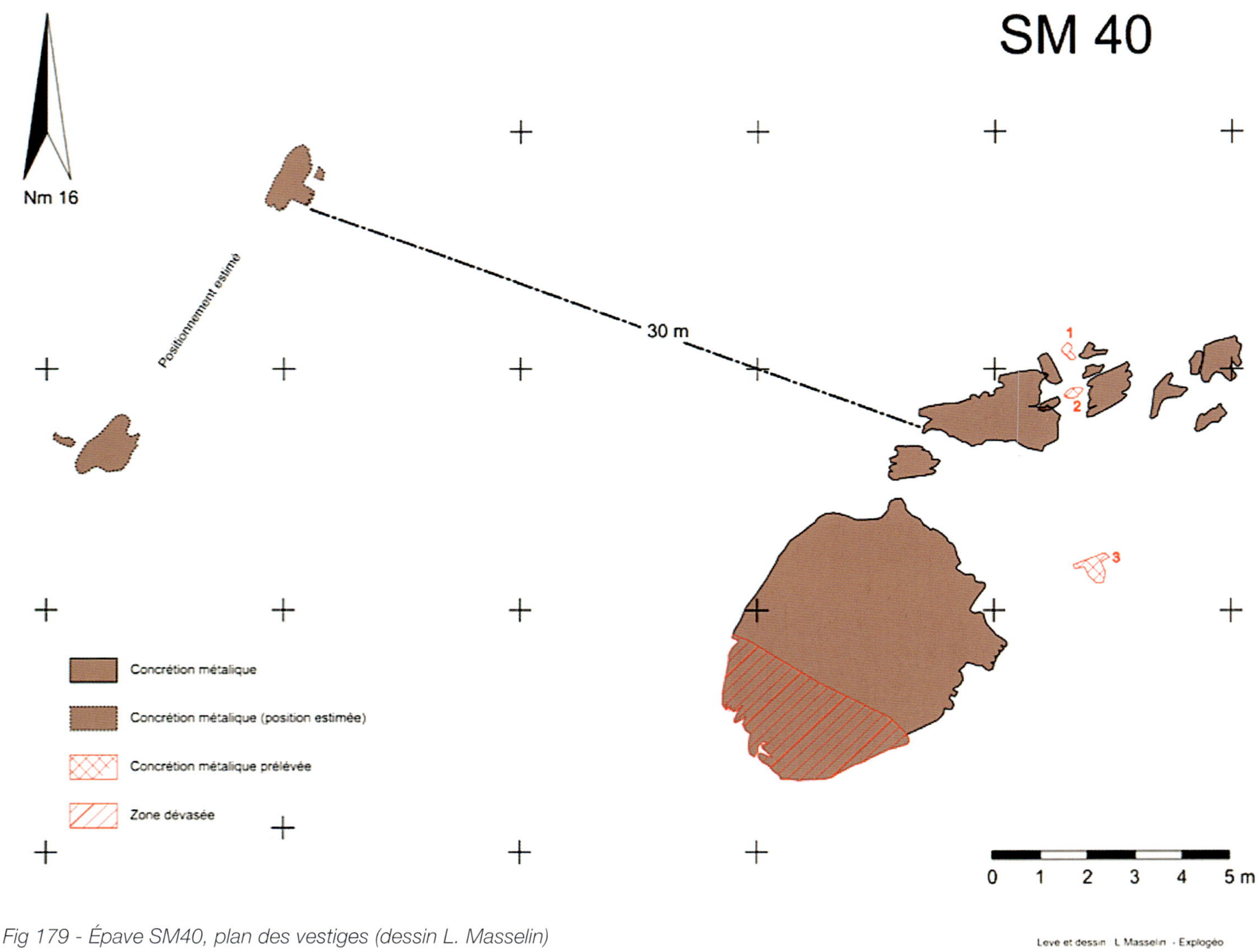

Fig 179 - Épave SM40, plan des vestiges (dessin L. Masselin)

Près de 200 tonnes ?

Toujours déclarée par Pascal Chabaud en 2015 et expertisée l'année suivante avec le *Liberty III*, ce très gros chargement de barres de fer dénommé *SM40* repose par 13,5 m de fond, face aux Saintes-Maries. Il se répartit en une dizaine de concrétions, dont certaines sont à 30 m du noyau central. Celui-ci, étalé sur 18 m de long, présente une masse principale (long. 6,5 m, larg. 5 m, haut. 1,50 m), qui correspond au cœur du chargement. A côté, d'autres concrétions ont été déportées à l'est par les chaluts, notamment l'ensemble B (1,10 x 1,30 m) (fig. 179). Les barres de fer quadrangulaires de forme 2M (3,3 à 3,4 cm de section), sont parfois estampillées d'un timbre de producteur inédit : CINPOR, peut-être [LI]CIN PORC[– -]. Daté sans doute comme les autres du Ier s. de notre ère, ce nouveau chargement, évalué à près de 200 tonnes de fer, dépasse celles considérées jusque-là comme les plus grosses (*SM2* et *SM9*).

Fig 181 - Tonnelet empli de lopins de fer (photo L. Long)

Fig 180 - Giorgio défait le tonnelet de sa sangle (photo L. Long)

Des lopins en tonnelet

Sise à 3,2 km dans le sud de la Fourcade, par 14 m de fond, l'épave *SM41* s'inscrit aussi au nombre de découvertes récentes faites ces dernières années par Pascal Chabaud. Ainsi, en 2015, grâce à un grand déficit de sable qui dégage les vestiges, elle livre au sondeur quelques petits éléments : 7 cylindres alignés sur 5 à 6 m de long, directement posés sur la glaise solide. Lors de l'expertise, en 2016, alors que nous pensons d'abord à une cargaison de fûts de colonne, l'échantillon prélevé révèle qu'il s'agit là encore de fer (fig. 180). Ces fûts (haut. 54 cm, diam. 45 cm), englobés dans une concrétion ferro-calcaire, sont en bois. Préservé dans sa gangue, le premier remonté en surface est fermé hermétiquement par son couvercle, visiblement encore élingué par 4 liens métallifiés, reliés à un anneau (fig. 181). Au total, 7 tonnelets identiques, d'environ 120 kg chacun, composent une partie au moins du chargement (fig. 182). Ignorant s'il s'agit de tonnelets modernes ou plus anciens, on découpe l'objet récupéré qui livre des lopins de fer plus ou moins arrondis (diam. 12 cm, ép. 4 cm). Leur poids, légèrement amaigri par la diffusion de la matière à l'extérieur, oscille entre 1,6 et 2,5 kg. Cette forme, de type 8, qui est antique comme le confirment les inscriptions de lecture incertaine : (A)HI(C), vient enrichir notre typologie et rappelle les loupes martelées de Novy Smokovec et Jasov, en Slovénie[202].

[202] Mohen 1990, 179.

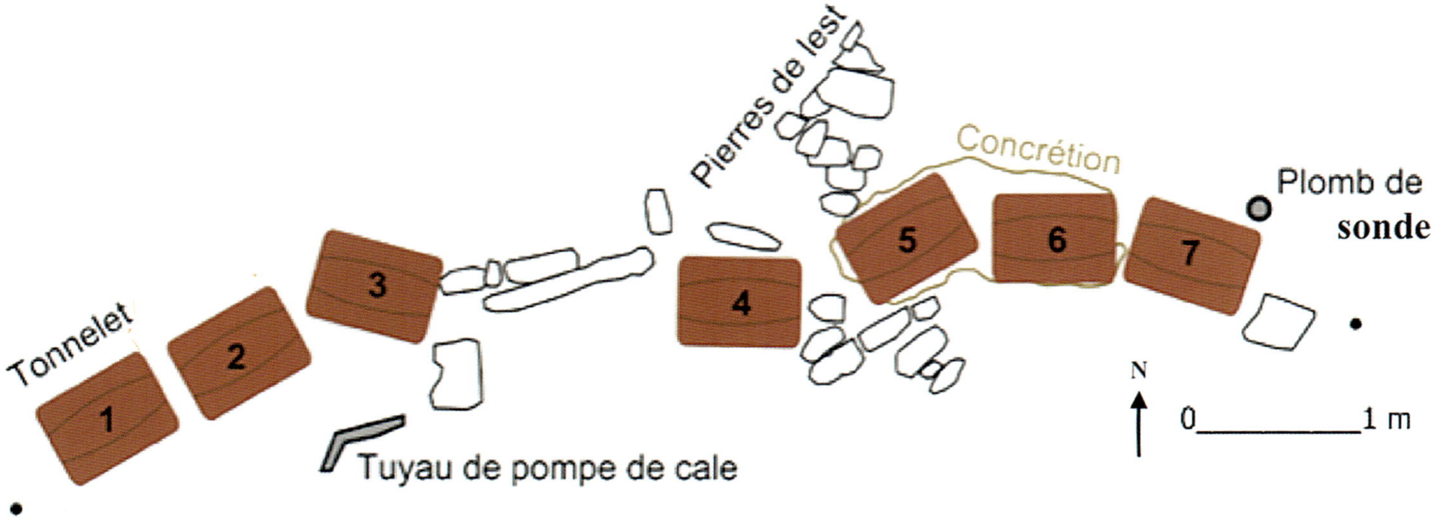

Fig 182 - Plan de l'épave SM41 (Dessin L. Masselin)

Si une partie du chargement a sans doute été récupérée après l'échouage, les autres vestiges apparents du navire se résument à des galets de lest, un plomb de sonde antique, une section de tuyau de plomb de pompe de cale et quelques concrétions (fig. 183 a et b). L'une d'elles, de forme allongée, à 3 m du centre du site, contient peut-être l'une des ancres en fer. Si une partie de cette concrétion livre en 2016 un premier fragment de céramique sigillée, la chronologie du naufrage s'affine en 2018, lors du levage d'un deuxième tonnelet, destiné au musée des Saintes-Maries et d'une deuxième masse ferrugineuse où une lèvre et une anse d'amphore Pascual 1, puis un bord de sigillée arétine, suggère la fourchette 30 av. / 50 ap. J.-C.

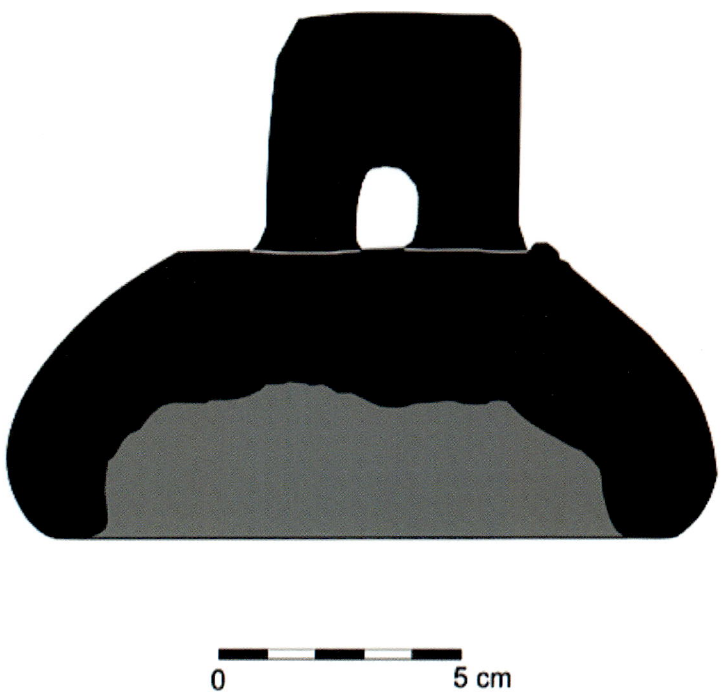

Fig 183 a et b - Plomb de sonde de l'épave SM41 (dessin, photo L. Long)

Fig 184 a - Loupe ferreuse de l'épave SM42 (photo L. Long)

Des transports de loupes ferreuses

Les gisements *SM42* et *SM43*, déclarés à 9 m de fond en 2015, par pascal Chabaud, qui les prenait pour des voies romaines submergées, sont séparés l'un de l'autre de 70 m, à l'est de Port-Gardian, au niveau des passes du Rousty. L'un d'eux, *SM42*, examiné de plus près, est un ensemble de patates concrétionnaires rondes ou oblongues extrêmement lourdes et assez régulières, de 30 à 40 cm de diamètre (fig. 184 a et b). Ces objets, posés sur la glaise, dont certains ont été remontés et analysés, étaient selon nous, à l'origine, des scories, du minerai naturel, ou encore du lest. Mais les analyses menées par Gaspard Pagès désignent d'intéressantes loupes d'acier antiques d'excellente qualité, très acérées et assez compactées. Cet acier est peut-être celui que les poètes antiques (Virgile, Properce, Lucain, Silius,

Fig 184 b - Loupe ferreuse de l'épave SM42 (photo L. Long)

etc.) nommaient *chalybs,* en référence à une peuplade de forgerons légendaires, les Chalybes[203]. L'épave *SM43*, par ailleurs, qui présente la même configuration que la précédente, a visiblement été accrochée par un filet antique, matérialisé par un peson de filet en pierre (*cf. supra*).

Des chargements anonymes

Onze de ces chargements de fer antiques sont assez mal connus et n'ont parfois conservé du bateau que quelques planches métallifiées, le jas d'ancre en plomb et parfois une ancre en fer ou un plomb de sonde.

La première de ces épaves méconnues, *SM8*, a été localisée par Max Vedel à ½ mille nautiques face aux Saintes-Maries, par 14 m de fond. Fragmenté par le passage des chalutiers, son chargement de barres de fer anépigraphes, à moins de 100 m des lingots de plomb de *SM1*, présente sur 13 m de long une vingtaine de concrétions alignées parallèlement à la plage et partiellement ensablées. Lors de notre expertise en juin 1996, la mer est assez agitée et *L'Archéonaute* roule bord sur bord. Le débitage à bord de la plus grosse masse, repérée à l'ouest du site (long. 2,70 m, larg. 1,78 m), livre des barres en faisceaux croisés (forme 2M) sur lesquelles quelques marques de producteur illisibles apparaissent. Si le bois se limite à quelques fragments inexploitables, le chargement complémentaire d'amphores espagnoles à saumure, représenté par quelques tessons, situe le naufrage au Ier s. ap. J.-C.

La seconde est *SM11* dont seule une partie, entrevue à 1,7 milles de la côte par Maxime Vedel, face à l'étang d'Icard, sort du sable lors de notre plongée. Là, à 12,5 m de fond, mais par une visibilité exécrable que la houle renforce, apparaissent furtivement sur 3 m de long les bois métallifiés de la coque. On reconnaît des virures de bordé, des serres et des membrures, espacées d'une maille de 16 cm. À proximité, le chargement de barres de fer émerge du sédiment sous un bouclier ferro-calcaire avec quelques tessons d'amphores amalgamés. On discerne également une broche en cuivre et une feuille de plomb froissée, peut-être pour la protection des œuvres vives. Enfin, à 20 m du gisement, un gros astéride blanc attire notre regard. À côté de cette étoile de mer aux milliers d'épines disposées en peigne, se profile la silhouette d'une ancre en fer concrétionnée, associée à une ancre en pierre à deux trous, qui plaident pour un nouveau navire chargé de fer antique, le moins connu de tous.

[203] Maréchal 2002, 254.

La troisième, *SM25,* déclarée en 2003 par un chasseur montpelliérain, Alain Géniés, gît par 13 m de fond, à l'est des Saintes-Maries, à 1,5 km dans le sud-ouest de *SM9*. Cette année-là, nous explorons avec l'inventeur ce nouvel ensemble de concrétions ferro-calcaires recouvert de filets, typique des cargaisons de fer antique. Une concrétion principale (long. 8,65 m) est associée à plusieurs autres masses plus petites, fractionnées et déplacées par les chaluts dans un rayon de 10 à 15 m autour du tertre central. Après avoir réalisé le plan rapide de l'épave, nous relevons avec la grue de *L'Archéonaute* la concrétion B (1,2 t), qui est débitée sur place afin d'examiner l'ordonnancement des lingots. Disposés en faisceaux croisés, ils sont empilés sur plusieurs couches au-dessus du vaigrage. Le plancher de cale et le calage du chargement rappellent les observations faites sur *SM9*. Un payol amovible entre deux tasseaux, sur les deux vaigres centrales, protège le fond de carène, notamment la quille (fig. 185 a). Mais toutes les pièces d'ossature séparées de la cargaison par ce plancher, qui n'ont pas été ferruginisées, ont disparu.

Fig 185 a - Épave SM11, Concrétion étudiée à bord de L'Archéonaute (photo L. Long)

Fig 185 b - Frédéric Leroy et l'ancre de SM11 (photo L. Long)

Parmi les barres de fer de forme 2M, certaines sont un peu renflées (long 47 et 63 cm, extrémités : 2,3 x 2,4 cm et 2,7 x 2,9 cm). Mais sur les 464 exemplaires issus de la concrétion B, il n'y a aucune inscription. En prospectant à 13 m au sud-est du site, un jas d'ancre en plomb (long. 1,54 m) gît près d'une ancre en fer à jas mobile (haut. 2,65 m, 2,95 avec l'organeau). L'ancre désormais en négatif dans la masse de rouille, était sans doute protégée par une gaine de bois comme celles des épaves du lac de Nemi (fig. 185 b). Si nous n'avons au bilan que très peu d'information sur la forme et le tonnage du navire, les apparaux correspondent à une embarcation de 15 ou 20 m.

La quatrième, *SM32*, comme toutes celles qui suivent, est découverte par l'incontournable Pascal Chabaud. Cet inventeur doué la décèle en 2015 par 15 m de fond, à 1500 m dans l'alignement sud de la jetée de Port-Gardian. Ce nouveau chargement de barres fer antique, totalement déstructuré par les chaluts, se matérialise par une dizaine de concrétions sur 15 m de long. Leur examen a révélé l'existence d'un assortiment de barres anépigraphes s'approchant des formes 2M (3 x 2,9 x 46 cm) et 5LM (incomplètes) (fig. 186). Plusieurs fragments de panses d'amphores, qui n'appartiennent pas tous avec certitude au navire, se rangent parmi les Dressel 1, D 2/4, D 20 et Beltran 2A. La chronologie du naufrage se situe sans doute donc, comme la grande majorité de ces *naves metallariae*, entre le Ier s. av. J.-C. et le Ier s. de notre ère.

Nous intervenons en 2018 sur la cinquième, *SM34*, sise à 2,7 km du bord et 15 m de fond, dans l'alignement du Thalacap. Rassemblées sur 10 m de long, des concrétions, dont certaines sont prélevées par fort mauvaise visibilité, renferment des barres aplaties de forme 1M et des plus courtes de forme 4C, toutes privées de marque.

La sixième, *SM44*, est à 3,5 km face à la plage Est et l'étang de Moro, par une profondeur de 14 m. Aperçu au cours d'une seule immersion en 2018, depuis le *Triton*, il s'agit là encore d'un groupe de concrétions dont l'une renfermait des barres anépigraphes de forme 2M.

Enfin, l'épave *SM45*, septième gisement de barres de fer mal connu, aperçu lors d'une plongée en 2018, s'est recouverte lors de la fouille de 2021. Sise à 1400 m face au Petit Rhône, par 10 m de fond, l'on distingue deux grandes plaques concrétionnaires parallèles, de 6 m de long chacune pour 1,50 m de large, séparées par un étroit couloir de 30 à 50 cm de large, sans doute la ligne de fracture de quille. L'épave a livré une nouvelle forme de barres fines, en fer très dur, anépigraphes, qui inaugure le type 9L (1,6 x 1,6 x 126 cm).

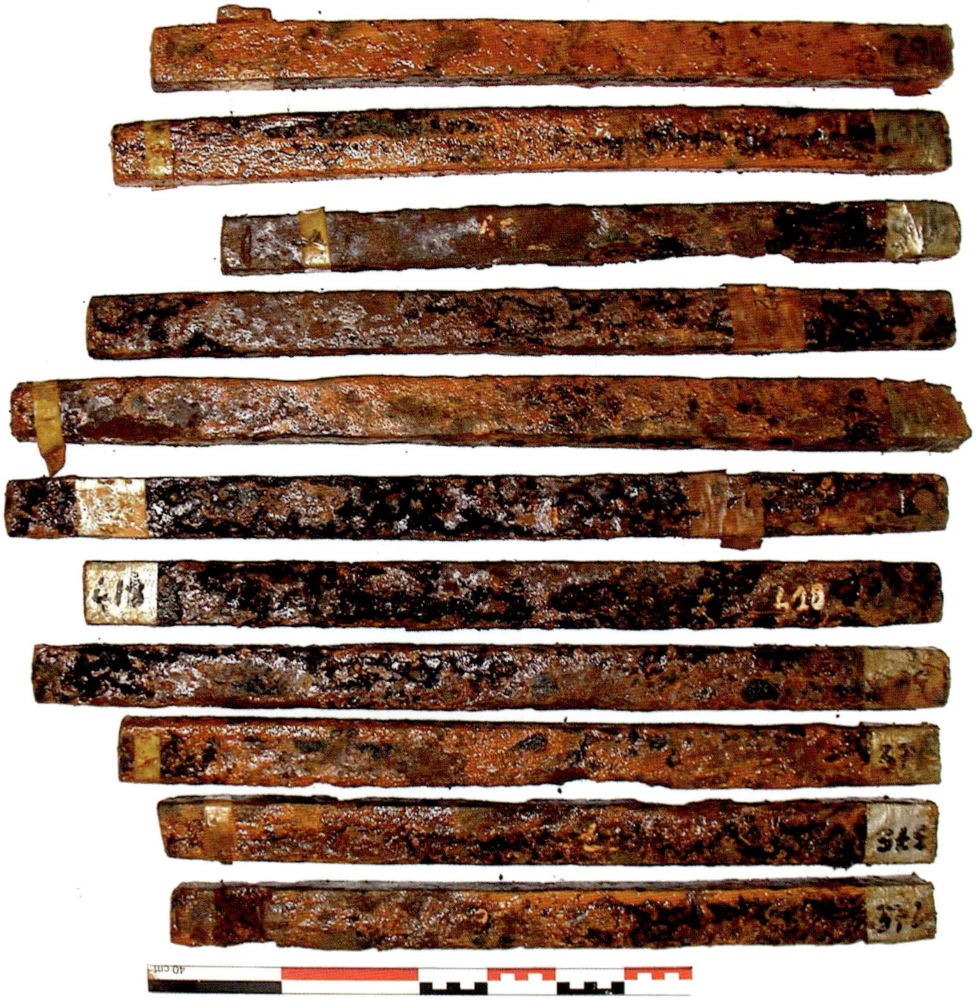

Fig 186 - Barres de fer de l'épave SM32 (photo L. Long)

C'est là qu'apparaissent encore en place des membrures en bois du navire, bien conservées. Si aucune concrétion n'a été prélevée, le chargement s'apparente bien à des barres de fer.

Légèrement à l'est du Pertuis de la Fourcade, *SM48* constitue la huitième de ces épaves mal connues, à 1700 m du bord, par 8,5 à 9 m de fond. Composé de multiples masses ferreuses sur une surface de 6 x 2 m, nous avons prélevé quelques concrétions en 2018, qui ont livré des barres courtes et massives de type C. A côté de l'ancre en fer du navire et d'un élément de tuyau de pompe de cale en plomb, des fragments d'amphores Dressel 20 observés à la surface du site datent du Ier s.

Sœur jumelle de la précédente, l'épave *SM49* se situe à 2,2 km du bord, par 12 m de fond, dans l'alignement du camping La Brise. Elle constitue le neuvième site du groupe, à chargement de fer. Elle est formée par 2 rangées de trois grandes concrétions séparées par un espace axial où se trouvait la quille du navire, qui est occupé par du lest de pierres et une meule. Ces masses renferment *a priori* de grands fagots de longues barres fines.

L'épave *SM50*, la dixième, est de nouveau une très grosse cargaison de barres de fer, par 13,30 m de fond, sur la partie la plus éloignée du lobe oriental, à plus de 4 km face à la plage Est et au parking du chemin de la Gacholle. Examinée en 2021, elle mesure 15 m de long pour 3 m de large et comprend 7 grosses concrétions et près d'une dizaine de grand tonneaux métallifiés qui ont basculé côté nord, lorsque le navire s'est couché sur un flanc.

Enfin, le onzième gisement : *SM51*, presque sur le même alignement que le précédent, git par 12 m de fond, à 2,5 km du bord. Aperçu en 2021, il présente plusieurs concrétions comprenant des colis de 80 cm de long, 40 cm de large et 30 cm d'épaisseur, renfermant des barres de fer carrées.

UN PORT SIDÉRURGIQUE AUX SAINTES-MARIES-DE-LA-MER ?

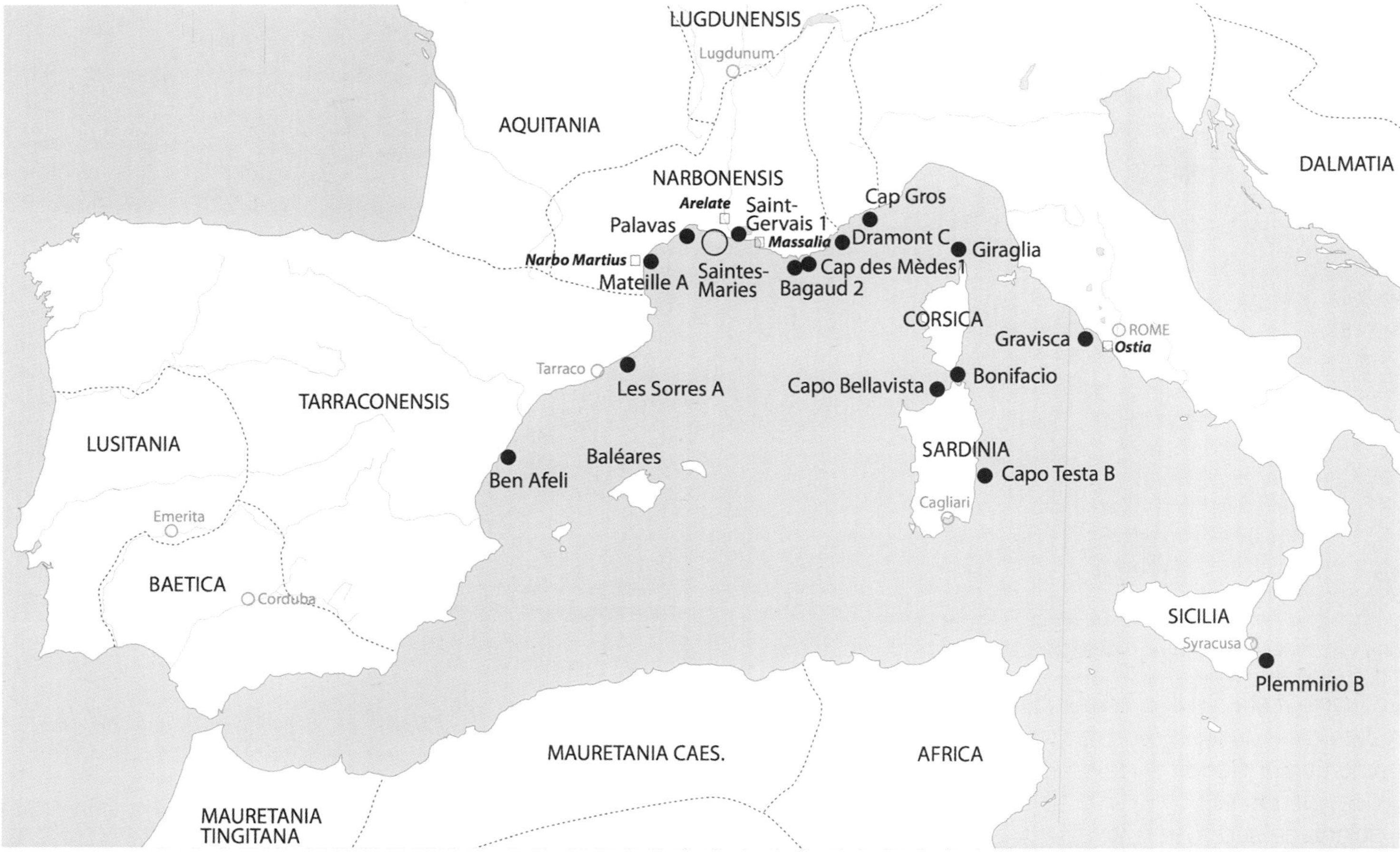

Fig 187 - Épaves charges de fer en Méditerranée occidentale (carte C. Rico)

Le recensement des épaves chargées de fer retient 25 gisements : *SM2, 3, 6, 8, 9, 10, 11, 13, 23, 24, 25, 27a et b, 29, 31, 32, 33, 34, 40, 41, 42, 43, 44, 45 et 48*, ce qui représente la zone la plus riche en cargaisons de ce type (fig. 53). Ce commerce maritime massif, à ce jour le plus important du monde sidérurgique romain, illustre visiblement la volonté soutenue pour ces bateaux, en dépit des risques, de se faufiler entre les bancs de sable, pour accéder à l'embouchure de Saint-Ferréol. On peut supposer que les plus gros navires devaient y être déchargés, tandis que les plus légers, avec une quarantaine de tonnes, pouvaient, selon la saison, poursuivre leur route et remonter le fleuve (fig. 187). Les dernières analyses démontrent cependant que certaines cargaisons descendent le Rhône et doivent donc croiser celles qui montent, la production de métaux, en particulier du fer, étant plus importante dans le nord de l'Empire qu'autour du bassin méditerranéen occidental[204]. Un réseau complexe de distribution et de commercialisation car chaque espace sidérurgique semble enclin à produire une qualité de fer particulière, qui se décline entre ferrite, acier et fer phosphoreux.

L'étude pluridisciplinaire menée sur ces barres depuis une décennie a autorisés de réels progrès dans le domaine de la sidérurgie antique et du conditionnement des demi-produits, même si nous ne sommes encore qu'au tout début de la recherche[205]. Chaque type morphologique est composé d'un alliage fer-carbone-phosphore particulier pour lequel ont été réalisées des opérations métallurgiques spécifiques d'épuration et de compactage[206]. Excepté une possible origine espagnole du minerai suggérée d'un point de vue épigraphique, les analyse chimiques et métallographiques permettent d'avancer, comme l'un des lieux d'origine de ce minerai, la Montagne Noire, les massifs des Corbières et du Canigou[207].

204 Mangin 2004 ; Domergue 2004.

205 Long 1997, 83-87 ; Long et al. 2002 ; Long, Djaoui 2005 ; Djaoui, Long 2005 ; Long et al. 2005 ; Pagès 2010, 198-204 ; Pagès et al. 2011a, b.

206 Pagès 2014, 56.

207 Gianfrotta 2004, Long et al. 2002, 185 ; Coustures et al. 2006, 244 et 259 ; Pagès et al. 2008, 276-277 ; Baron et al. 2011, 82.

Fig 188 - Dégagement de concrétions ferro-calcaire (photo K. Boscolo)

Fig 189 a - Site sidérurgique des Martys, entassement de scories (photo C. Rico)

Fig 189 b - Batterie de bas-fourneaux antiques, site des Martys (photo C. Rico)

La Gaule reste, en effet, dans l'Empire, la plus grande zone d'extraction du fer du IIe s. av. au IIe s. ap. J.-C., avec les gisements de Condroz et Entre-Sambre-et-Meuse en Belgique, Sénonais et Puysaie au centre, Montagne Noire et Canigou au sud. Ces mêmes analyses ont mis en évidence le lien entre cette standardisation et la quantité de métal renfermé dans chaque forme de demi-produit. Une telle normalisation devait ainsi permettre la reconnaissance des qualités du métal à travers une simple observation visuelle. Dans le même temps, elle facilitait les processus d'échange et le choix de barres pour la fabrication de produits finis[208].

La réflexion sur l'agencement des timbres va également dans ce sens et pourrait révéler des données complémentaires[209]. De fait, l'estampillage ordonné avec des agencements différents, depuis un timbre unique, au centre de la barre ou près des extrémités, à diverses autres combinaisons avec plusieurs poinçons, par deux ou par quatre, associant des cartouches rectangulaires à des cartouches ronds, souligne un acte délibéré de la part du producteur, bien que l'interprétation demeure délicate.

L'étude onomastique oriente, par ailleurs, les recherches vers le sud de la Gaule où les gentilices identifiés sur les barres, *Rutilius*, *Terentius*, *fulvius*, sont bien représentés, notamment à Narbonne. Les analyses chimiques de certains éléments traces d'inclusions de scories dans ces barres, renforcent les liens avec le centre sidérurgique des Martys, dans la Montagne Noire (Aude), dont Narbonne est le débouché maritime, comme semble le confirmer, avec ses barres de forme 4, l'épave *Mateille A*, à Gruissan, dans l'un des avant-ports de la ville[210]. Les évaluations minimales faites à partir des quelques 110 000 tonnes de scories lourdes estimées sur le site de Grand Ferrier, aux Martys, pendant toute la durée de son activité, permettent d'avancer une production de 36000 t de fer, soit en moyenne 375 kg par jour pendant 320 ans (fig. 189 a, b, c).

[208] Pagès et al. 2008, 278-280 ; Pages 2011a, 1249-1250 ; Pagès et al. 2011b, 161-163 ; Pagès 2014, 56-57.

[209] Long, Djaoui 2007, 52-54.

[210] Solier 1981, 207.

Fig 189 c - Bas-fourneau expérimental (photo C. Rico)

Une partie de ce commerce est donc sûrement basée dans l'un des principaux ports commerciaux de la Gaule du Sud, *Narbo Martius*, où converge la production des ateliers de la Montagne Noire (fig. 190). Il faudra préciser à l'avenir si d'autres fers, comme ceux produits dans les Corbières et les Pyrénées-Orientales, utilisent aussi les installations de Narbonne pour s'exporter. La question se pose également pour des zones d'extraction de fer plus éloignées, comme celles documentées en Gaule centrale qui auraient pu exporter au moins une partie de leur production en Méditerranée.

Les analyses et l'épigraphie des barres de fer saintoises semblent donc bien privilégier l'hypothèse qu'une partie au moins du minerai est originaire de la Montagne Noire, avec d'autres provenances possibles : les Corbières, le Canigou, et peut-être d'Espagne, mais où les ferriers sont moins importants[211].
Mais à qui était destiné le fer submergé au large des Saintes-Maries ? La localisation des navires naufragés suggère que sinon tous, au moins une partie d'entre eux, a coulé en essayant de s'engager dans le Rhône, ou du moins avant le déchargement de leurs cargaisons de fer sur des bateaux fluviaux. Certes, ce fer aurait normalement atteint des villes importantes de la vallée du Rhône, comme Arles *(Arelate)* et Lyon *(Lugdunum)*, d'où une partie du métal peut ensuite être redistribuée vers d'autres zones gauloises. Mais l'une des destinations la plus évidente semble être le marché militaire des provinces du Nord, soulignant ainsi l'importance de la voie rhodanienne dans l'approvisionnement des armées du *limes* germanique[212]. De nombreux éléments, en effet, comme la présence militaire à bord, matérialisée par le glaive romain retrouvé sur *SM9* - qui pourrait indiquer l'embarquement d'un officier chargé de sélectionner un stock de barres de fer destiné à l'armée - ainsi que les traces de lingots semblables plus au nord dans le Rhône et la Saône, laissent penser que ce fer, ou une partie au moins de ces cargaisons, fournit en matière première les cantonnements du *limes* de Germanie supérieure et de Rhétie. Renforcée sous Tibère, celle ligne matérialise la frontière extérieure de l'Empire entre le Rhin et le Danube, et mobilise huit légions, soit environ 80 000 hommes, légionnaires et auxiliaires, répartis dans 150 fortins et 900 tours de guet. Sur ce point, les découvertes subaquatiques de barres de fer semblables aux nôtres, à Arles (timbrées *Acirina* et *Turonius*), Montbellet (Saône-et-Loire) et Ouroux (Saône), renforcent l'hypothèse d'une diffusion vers le Nord par voie fluviale, sur l'axe Rhône-Rhin, en empruntant la Saône et le Doubs. Mais le fantastique essor économique que connaît la Gaule dès la fin du Ier s. av. J.-C., avec des campagnes de construction monumentale, des remembrements fonciers, des exploitations agricoles intensives, nécessitent largement aussi un formidable apport en matières premières sidérurgiques[213]. Si l'embouchure du Rhône de Saint-Ferréol s'est spécialisée dans le transfert des matières sidérurgiques, depuis de gros bateaux de mer sur des navires plus légers, la variété des vestiges démontre qu'elle constituait une voie naturelle pour tous les types de cargaisons, dans un sens comme dans l'autre. L'étude des épaves chargées de fer, par ailleurs, met en exergue des variations notables de tonnage comme l'épave *SM10*, qui n'excède pas 5 ou 10 tonnes, tandis que les épaves *SM2*, *SM9* et *SM40* sont de l'ordre, au moins, de 100 tonnes chacune[214]. Les plus gros pouvaient stationner un peu plus au large dans l'attente d'un transbordement sur une allège fluviomaritime à fond plat.

Cette configuration de type *salos*, sur un plan d'eau plus ouvert à la houle, semble avoir été chose courante, malgré un coût transactionnel plus conséquent[215].

[211] Long et al. 2002, 185 ; Coustures et al. 2003 ; 2006, 244 ; Pagès et al. 2008 ; Baron et al. 2011, 82 ; Gianfrotta 2005.

[212] Long 2009, 248-251.

[213] Pagès, Fluzin, Long 2011, 108.

[214] Long, Djaoui 2005.

[215] Djaoui 2017, 130 ; Arnaud 2016, 149-150.

Fig 190 - Zones de production du fer desservie par Narbonne (carte C. Rico)

Pour ce qui concerne *SM24*, même si son chargement de fer reste modeste (5 tonnes) et a pu être récupéré partiellement après le naufrage, les vestiges de bois s'apparentent à une assez grosse embarcation à fond plat, d'environ 20 m de long[216]. Du point de vue de son système architectural, comme sur *SM2,* on l'a vu *supra*, un assemblage par ligatures en boucle, lie la membrure au bordé. Même s'il admet des variations, ce système est attesté entre la fin du Ier s. av. J.-C. et le Ier s. ap. J.-C. sur une quinzaine d'épaves en Méditerranée, dans un triangle reliant la côte catalane, Narbonne et les avant-ports d'Arles. La liste comprend d'ouest en est : *Cap del Vol* (Gerona), *Port-Vendres 3*, *Cap Béar 3*[217], *Port-la-Nautique*, *Grand bassin C*, *Mateille B* (Gruissan), *Les Battuts/Baie de l'Amitié* (Agde)[218], *SM2*, *SM24*, aux Saintes-Maries-de-la-Mer, et sans doute *Saint-Gervais 4*, à Fos-sur-Mer. Cette signature architecturale, distincte de celle des épaves romano-padanes dans un autre espace fluvio-maritime lagunaire, l'Adriatique, concerne donc un nombre important de navires, principalement au début de l'époque impériale, et offrait peut-être des gages de solidité et d'élasticité dans des secteurs de navigation où, d'une part, les bateaux risquaient de talonner fréquemment les bancs de sable et pouvaient, d'autres part, s'échouer ou être hissés en plage. L'idée avancée par David Djaoui d'une spécialisation des embouchures faisant de l'*ostium metapinum* un port exclusivement sidérurgique, doit être pondérée car il s'agit avant tout à l'époque d'un couloir naturel, l'axe majeur de circulation entre la mer et Arles[219]. Il est peu crédible de croire qu'on pouvait alors obliger les autres navires à parcourir 30 nautiques de plus pour rallier le canal de Fos, lui-même en cours d'ensablement. De plus, le droit romain sur les cours d'eau interdit d'empêcher quelqu'un de naviguer sur un fleuve public (Digeste XLIII, 13, 1, 7)[220]. En s'échouant à Fos, au II e s. s. ap. J.-C., l'épave *Saint-Gervais 1*, chargée de barres de fer de forme 2M et d'amphores vraisemblablement embarquées à Narbonne, confirme bien qu'aucune règle ne touche les embouchures. Cela prêche en faveur d'aménagements à la sortie du Rhône de Saint-Ferréol, la plus pratiquée, consacrés au déchargement du fer, du marbre et au stockage des amphores, lorsque le régime du fleuve compliquait la remonte. La progradation de cette embouchure commence à stagner au Ier s. ap. J.-C., avec le développement du bras de Peccais, ce qui ne réduit en rien son activité. On rappellera, à titre de comparaison, qu'en 1860, des aménagements sont nécessaires pour créer *ex nihilo* un port arlésien à Port-Saint-Louis où 300 ouvriers vivent dans des cabanons, un espace gagné sur les marais où sévissent pourtant les fièvres paludéennes.

---

216 Long, Rival, Marlier 2009.

217 Colls 1982 ; 1986.

218 Jézégou et al., 2001, 400 ; Jézégou 2007.

219 Djaoui 2020.

220 Cloppet 2001, 346.

LE MARBRE

À l'origine, la grande majorité des épaves relatives au transport du marbre antique sont mises en évidence par des pêcheurs et des chasseurs d'éponges, en Grèce, puis en Sicile et le long de la botte italienne, pour les marbres orientaux qui affluaient vers Rome. Sur les côtes françaises, ce sont principalement les transports depuis les carrières de Luni qui sont attestés, à Porto Novo, au sud-est de la Corse, à Saint-Tropez, puis par les épaves de plus petit tonnage recensées sur le littoral languedocien, entre Sète et Agde et qui devaient viser Narbonne.

Toutefois, depuis ces dernières années, cinq navires lapidaires chargés de tels blocs, face à l'embouchure du Rhône de Saint-Ferréol, confirment le rôle de la voie rhodanienne à l'époque impériale comme axe de diffusion privilégié des marbres méditerranéens méditerranéens et orientaux[221]. À titre d'exemple, à Vienne, les marbres et porphyres de l'Odéon proviennent d'Italie, d'Afrique du Nord et de Méditerranée orientale[222]. Ces blocs, comme cela est attesté par des analyses conduites par Philippe Bromblet (CICRP), au moins pour deux de nos épaves camarguaises, proviennent des carrières de Luni (Carrare), sur la façade nord-est du bassin occidental, pour l'approvisionnement des grands centres urbains en marbre architectural, probablement dès la 2e moitié du Ier s. av. J.-C. Les gisements que nous avons localisés très au large des Saintes-Maries, à l'extrémité du lobe sédimentaire, par 15 à 18 m de fond, sont légèrement plus tardifs et doivent dater du Ier s. ap. J.-C. Ce commerce se développe sous le principat d'Auguste, avec une politique de contrôle et d'acquisition des principales carrières, puis sous Tibère, avec la nationalisation de celles de Luni.

Il s'agit en Camargue de 7 épaves : *SM18*, *21*, *22, 28*, *39, 46* et *47*. Si la plupart sont chargées chacune de 7 à 8 blocs de marbre blanc, anépigraphes, toujours très altérés par le séjour marin, l'une d'elle, *SM28,* ne renferme qu'un seul monolithe de grande taille.

Fig 191 a - Survol du chargement de marbre (photo C. Chary)

Fig 191 b - Blocs de l'épave SM18 (photo C. Chary)

Fig 191 c - L'épave SM18 (photo : C. Chary)

221 Braemer 1982, Christol, Fiches 1999 ; Long, Illouze 2004.

222 Pelletier 1981.

223 Long 2004, 41

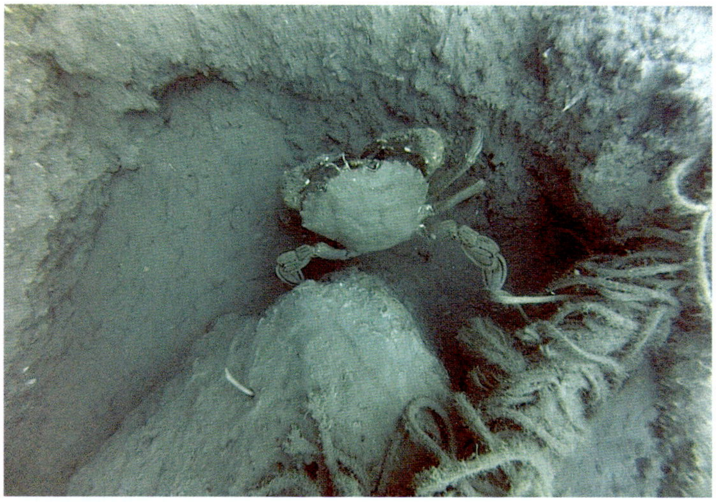

Fig 192 a -Les étrilles prolifèrent à l'abri des filets et des blocs (photo G. Spada)

Fig 192 b - L'espace entre les blocs sont des cachettes idéales (photo G. Spada)

Deux chargements de blocs de marbres quadrangulaires

Expertisé en 1999, l'épave *SM18* constitue le premier gisement de blocs de marbre antique reconnu au large de la Camargue. Pascal Ardois le découvre en 1998, par 17 à 18 m de fond, face au Petit Rhône, parmi des tessons épars, peut-être relâchés par un chalut lorsqu'il s'est déchiré sur les blocs[223].

Le chargement, parallèle à la plage, présente 7 parallélépipèdes en désordre, relativement resserrés, sur 8 m de long (fig. 191 a, b, c). Dans les étroits couloirs qui les séparent, de nombreux congres de 2 m de long ont trouvé refuge et se faufilent entre nos jambes. À environ 5 ou 6 m à l'extrémité sud-est du site, émerge du sédiment un filet de pêche visiblement calé sur une autre partie de l'épave, plus ensablée. Si 2 des blocs à l'ouest sont peu visibles sous le sédiment, le principal, de forme allongée, doté d'un décrochement sur la face supérieure (long. 2,80 m, larg. 1,10 m) est plus important que les autres monolithes, de forme plus carrée (1,40 x 1,70 m, 1,80 x 1,50 m, 1,50 x 0,90 m). On estime la cargaison de marbre de cette épave à 40 ou 50 tonnes.

On doit à nouveau à Pascal Ardois et à Francis Blanc, la découverte en 1999 d'une deuxième épave de ce type : *SM21*, située entre *SM18* et *SM22*. Elle est visiblement chargée de 7 blocs, carrés et rectangulaires, dont deux sont presque totalement ensablés (fig. 192 a et b). Lors de l'expertise, la même année, un axe A-B de 12 m de long, orienté dans le 110°, sert de base à nos triangulations, tandis que des dizaines de cigales de mer paniquées, plaquées contre les parois des blocs, nous sautent au visage. Si ces marbres sont de forme et de dimensions assez proches de ceux vus sur l'épave précédente, l'un d'eux, au centre du gisement, mesure plus de 3 m de long pour environ 1 m de haut et 1 m de large. Les autres blocs sont à peu près standardisés autour de 1,8 ou 2 m de long. Le dévasage ne livre néanmoins aucune trace du bois du navire ni d'objets susceptibles de dater la cargaison, proche de 40 ou 45 tonnes.

Des colonnes épannelées

Ce troisième gisement de marbre, l'épave *SM22*, est lui aussi découvert par Pascal Ardois et expertisé avec *L'Archéonaute* en 1999, par 17,5 m de fond. Il se situe au sud-ouest de *SM21*, à 1,7 mille de la côte, légèrement à l'ouest des Saintes-Maries.

Là encore, l'absence de lumière, les mauvaises conditions de plongée dans une mer toujours agitée et la présence d'un imposant filet de chalut, ralentissent les relevés. Parfois, l'eau est à peu près claire jusqu'à 1 m du fond, mais stagne ensuite une bouillasse indescriptible. Si l'on se perd au cours de l'exploration, il faut remonter de quelques mètres et survoler le nuage pour repérer les bulles de notre plongeur binôme.

Fig 193 a - L'épave SM22 et ses colonnes épannelées (photo G. Spada)

Fig 193 b - Relevage d'un bloc de SM22 avec l'André Malraux (photo L. Long)

On distingue d'abord 3 grands blocs principaux, de forme arrondie, à peine ébauchés, qui ont l'aspect de demi-colonnes de 110 cm de rayon (fig. 193 a). Il s'agit peut-être des colonnes de pilastre engagées, de près de 2 m de diamètre, destinées à l'édification d'un grand édifice. Ces pierres épannelées en carrière étaient ensuite finalisées sur le chantier de construction. Avec son vaste forum, Arles, dans le courant du Ier siècle de notre ère, pouvait très bien être destinataire de cette commande. À ces trois éléments s'ajoutent 7 autres blocs rectangulaires, plus petits pour un poids total à peine supérieur à 20 tonnes. En octobre 2013, nous sanglons l'un d'entre eux, afin qu'il soit remonté un peu plus tard à la grue de l'*André Malraux* (DRASSM). Il s'agit d'un monolithe de marbre de Carrare, mesurant 115 x 95 x 56 cm et pesant 1,7 tonne. Aujourd'hui dessalé, il est présenté tronçonné au musée d'Arles pour montrer l'action du milieu marin sur la pierre (fig. 193 b).

Fig 194 - L'épave SM28 avec un seul bloc de grande taille (photo G. Spada)

Un seul monolithe de grande taille

Découverte par Pascal Chabaud, à l'est des Saintes-Maries, par 15 m de fond, l'épave *SM28* se résume à un seul gros bloc de marbre, qui implique par sa taille l'existence d'une nouvelle épave lapidaire. Lors de notre visite, sous un coin de la pierre, un homard bleu, marbré de blanc, nous surveille depuis son terrier (fig. 194). Sa présence est la preuve que le site n'est pas visité. De forme rectangulaire, avec un angle légèrement tronqué, les dimensions du bloc, 4 x 2,60 x 1,20 m, équivalent à une charge d'environ 35 tonnes, ce qui ne correspond à aucun des modules connus à ce jour sur les épaves du secteur. Ce poids exclue qu'un chalutier l'ait déplacé et confirme l'existence d'une nouvelle épave. Le transport d'un seul monolithe en marbre de grade taille durant l'Antiquité pouvait mobiliser un navire ou le recours de deux bateaux couplés, le bloc étant suspendu dans ce cas entre les coques.[224]

[224] Orlandos 1966-1968, 29.

Les roues de Métagénès

À partir de 2015, Pascal Chabaud, rompu au décryptage des anomalies générées par les échosondeurs dans les eaux camarguaises, déclare un lot important de nouvelles épaves. Parmi elles, deux sont chargées de blocs de marbre, la première, *SM39*, se trouve à 3,48 km en face du Pertuis la Fourcade, par 14,8 m de fond. La visibilité nulle en 2015 nous contraint à reporter la mission l'année suivante. L'épave *SM39* fait alors apparaître, l'un après l'autre dans la pénombre, ses 8 blocs de marbre regroupés sur 7 m de long et 5,5 m de large. Le plus gros d'entre eux, 3,60 x 1,45 m x 0,82 m pèse environ 12 tonnes, tandis que les autres oscillent entre 1,10 m et 1,60 m de long pour des largeurs variant entre 70 cm et 1 ,30 m. Un plomb de sonde, découvert aux abords de l'épave servait vraisemblablement à repérer les passages entre les bancs de sable, tandis que le mobilier erratique entre les blocs a été apporté par le courant ou par les chaluts. Il se limite à deux panses d'amphore Dressel 1 des IIe-Ier s. av. J.-C., un col de Gauloise 4 plus récent d'un siècle, et un col de Dressel 20 du début IIIe s. ap. J.-C. Le plus étrange est la présence sur l'extrémité sud-est du site de 4 grandes roues en fer, concrétionnées, dont 3 sont amalgamées ensemble (diam. 156 cm), tandis que la quatrième est seule (diam. 140 cm). Une fois vérifiées les dimensions de ces roues par rapport aux blocs, une hypothèse très intéressante se fait jour. Nous sommes peut-être en présence des cerclages de jantes d'un véhicule lourd[225] ou plus simplement des outils de Métagénès, évoqués par Vitruve (*De architectura*, X, 11-13), comme le laisse penser le fait qu'ils soient liés ensemble. Vitruve précise qu'ils sont encore utilisés à Rome à son époque, au Ier s. av. J.-C., pour la construction des édifices et des ouvrages publics impliquant le transport et le voiturage de lourdes pierres d'architecture (fig. 195 a et b).

Il nous décrit ainsi les astucieux systèmes de Chersiphon, Métagénès et Peionius, abondamment commentés ensuite par les éditeurs du *De Architectura* et par l'historiographie moderne[226]. Architecte du temple d'Artémis d'Éphèse, en 550 av. J.-C., Métagénès eut en effet l'idée, pour transporter des blocs d'architrave, de fixer aux extrémités de chacun d'eux de grandes roues de bois cerclées de fer (fig. 185 a, b, c, d). Pour cela il fallait forer dans la section du bloc, de part et d'autre, un orifice dans lequel s'enfonçait une cheville métallique, faisant fonction d'essieu (fig. 195 c). On pouvait alors attacher une chaine à chaque cheville et faire rouler ces blocs parallélépipédiques comme des blocs cylindriques, grâce à un attelage de bœufs[227]. On observe ainsi, sur les blocs d'un temple inachevé, à Ségeste, en Sicile, des trous de section carrée qui servirent à leur transport. En 2018, nous levons les 4 roues pour les confier au laboratoire A-Corros, afin qu'elles puissent être traitées et présentées au public.

Fig 195 a - Levage des roues de Métagénès (photo G. Spada)

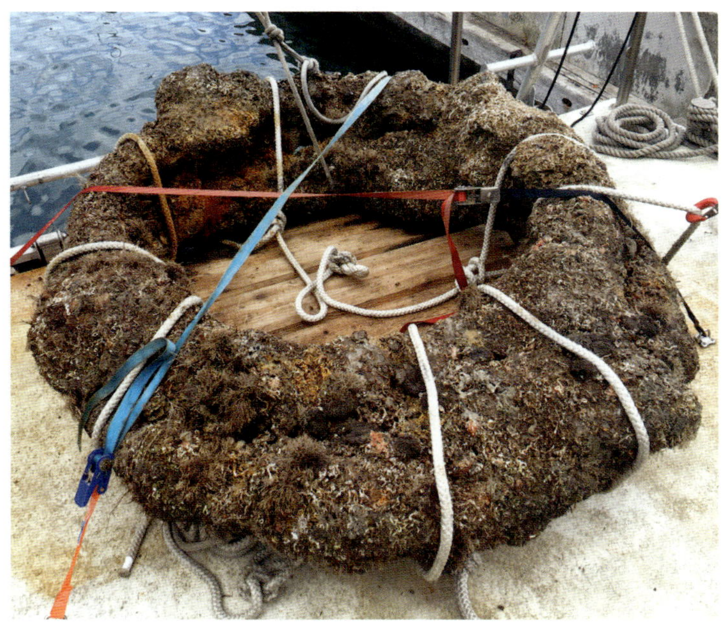

Fig 195 b - Deux des roues à poste sur le Triton (photo L. Long)

[225] Lorimer 1903, 144-149.
[226] Raepsaet 1984, 120.
[227] Choisy 1910.

Fig 195 c - Principe d'utilisation des roues (dessin L. Long)

Fig 195 d - Levage de deux roues de Métagénès (photo L. Masselin)

Deux nouveaux chargements de marbre prometteurs

Deux autres épaves chargées de blocs de marbre, découvertes par ce même prolifique plongeur graulin Pascal Chabaud, ont été expertisées au cours d'une seule plongée en 2018.

La première, *SM46*, positionnée à 3,6 km du bord, face au Petit Rhône, par 18,2 m de fond, est la plus éloignée de ce groupe de chargements de marbre. Lors de notre plongée, 6 gros blocs de marbre ont été individualisés sur 15 m de long. Au vu de la forme prétaillée des éléments en place, l'un d'entre eux pourrait correspondre à un élément d'architrave (long. 3,7 m) et peut-être un fût de colonne d'1 m de diamètre. Aperçu la même année, l'autre gisement, *SM47*, sis entre le Petit Rhône et Port-Gardian, par 18 m de fond, est constitué d'une cargaison assez semblable à la précédente, sur 14 m de long et 6 m de large. Parmi les six blocs individualisés, encore en partie ensablés, certains ressemblent à des chapiteaux à peine équarris (1,4 x 2,8 m), d'autres à des futs de colonne.

Des cargaisons de marbre à la *statio marmorum*

Les chargements de ces *navis lapidarie* désignent visiblement des unités de petit ou moyen tonnage n'excédant pas 40 ou 50 tonnes, dont on retrouve d'autres exemples, avec un tonnage plus faible, au large de Marseillan, dans l'Hérault[228]. Aux blocs quadrangulaires répartis sur 8 à 9 m de long et communs aux épaves *SM18* et *SM21*, l'épave *SM22* présente, en outre, des éléments arrondis, peut-être des pilastres ou des demi-colonnes épannelées, d'environ 9 tonnes chacune (fig. 196). Si l'épave *SM39* entre également dans cette même configuration de 7 ou 8 blocs, elle conserve les traces de 2 grandes roues qui servaient à déplacer les blocs, par rotation sur eux-mêmes (fig. 195c). Enfin, un très gros parallélépipède de marbre isolé, par 15 m de fond, à l'est des Saintes-Maries-de-la-Mer, de 4 m de long pour un poids d'une trentaine de tonnes, désigne une quatrième épave (*SM28*). Une étude plus détaillée de ces chargements permettra peut-être de découvrir au bas des pierres des inscriptions et de saisir l'état transitoire de ces objets de commerce, entre le dégrossissage brut en carrière et l'état final, au pied du monument. Ces navires, d'une relative homogénéité au niveau du tonnage, surclassent en majorité les épaves *Plage de Sète 2* et *Marseillan-Beauséjour*,

[228] Jézégou et al. 2001, 397 ; Long 2004, 41 ; Russel 2013.

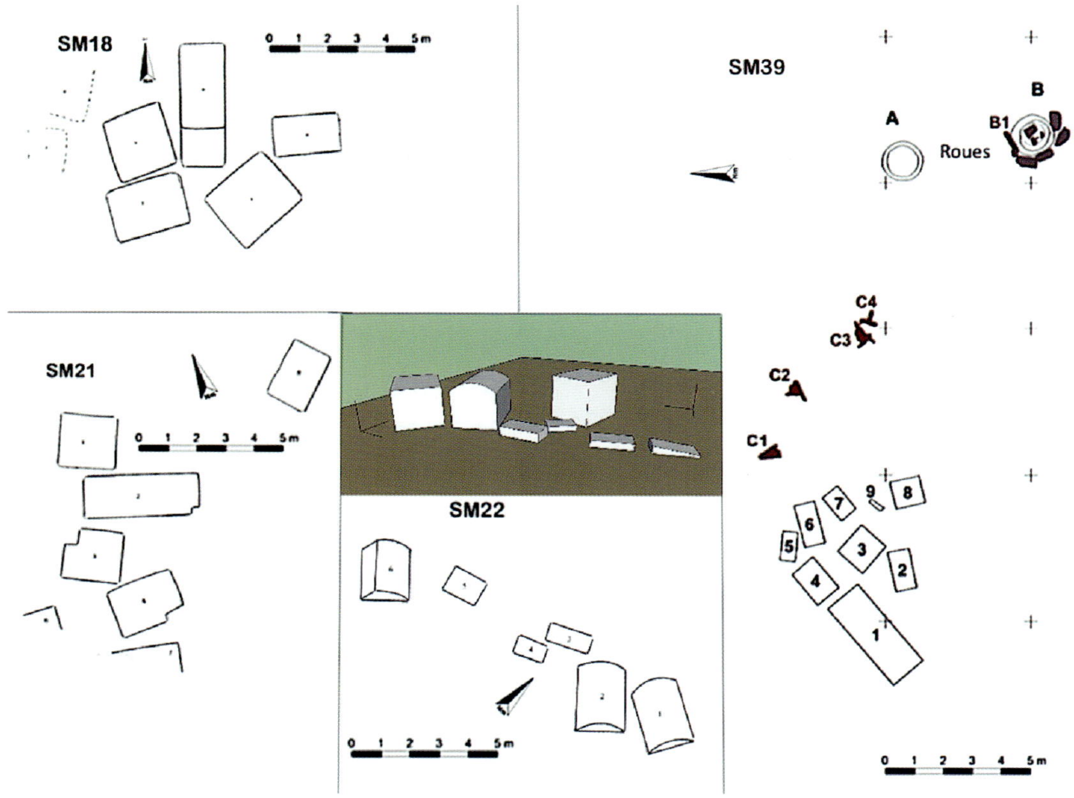

Fig 196 - Relevés d'épaves chargées de marbre (dessin : L. Long, L. Masselin)

respectivement évalués à 15 et 24 tonnes, des chargements plus modestes, sans doute représentatifs du stade ultime de la commercialisation du marbre, qui peuvent correspondre à des commandes privées pour des villae maritimes ou des édifices décoratifs privés[229]. Mais les cargaisons retrouvées en Camargue restent toutefois bien inférieures aux deux plus gros chargement de marbre de la côte française, l'un à Saint-Tropez, avec plus de 150 tonnes, l'autre à Porto Novo, en Corse-du-Sud, autour de 138 tonnes, qui relevaient peut-être d'un programme lié au sanctuaire du culte impérial ? Ils sont très éloignés aussi de l'épave Marzamemi 1 (IIIe s. après J.-C.), chargée de 200 tonnes de marbre, ou celle de l'Isola delle Corenti, avec plus de 350 tonnes.

Nous n'avons encore aucune information sur la forme de ces navires, dont le bois, situé au moment de l'échouage par petit fond, ne s'est pas conservé comme la plupart des autres bateaux romains. Les pondéreux soumettent en effet les bois de la coque à de très fortes tensions. À titre d'exemple, lors de l'échouage d'une épave moderne, le brick-goélette « *Julia* », en février 1868 à Palavas, le compte-rendu d'échouage précise : « *La coque est si fatiguée par son chargement de marbre qu'elle s'est entrouverte sous l'effort des vagues* »[230]. L'absence de jas d'ancre ou d'ancre en fer, attestés par ailleurs sur de nombreuses épaves antiques voisines, peut laisser penser à des embarcations prises en remorque, une idée toutefois contrariée par la récente découverte, sur *SM39*, d'un plomb de sonde et de masses ferreuses qui rappellent peut-être des ancres.

En règle générale, mis à part les opérations de chargement ou de déchargement à quai, qui demandent une main-d'œuvre nombreuse et des outils spécialisés, le transport par mer de monolithes sur des navires de charge ne pose pas de problème particulier, durant l'Antiquité. On ne craint pas de faire venir de très loin des pierres de qualité, comme le prouve la construction de l'Artémision d'Ephèse, avec des marbres de Paros, Thasos et du Proconnèse[231]. Au début de l'ère impériale, lors des grands programmes de construction qui touchent les villes romaines de l'axe rhodanien, certaines compagnies maritimes peuvent utiliser des navires de charge

229 Jézégou, Bernard 2012.

230 Golf, Haesslé 2002, 271.

231 Vitruve, De architectura, X, 2, 15.

Fig 197 - Relevé de position au GPS (photo G. Spada)

spécialisés. On ignore toutefois s'il s'agit de fluviomaritimes qui rallient directement Arles en remontant le Rhône, car avec une charge de l'ordre de 40 à 50 tonnes, un bateau doté d'une forte quille se trouve en limite de passage de la barre fluviale. Mais compte-tenu de leur position, ces 5 épaves lapidaires se sont échouées sur les premières barrières de sable, au niveau des graus qui commandent l'espace portuaire. Leur regroupement face aux Saintes-Maries-de-la-Mer désigne peut-être alors une zone de rupture de charge entre la haute mer et la distribution du marbre par voie fluviale sur des chalands. Leur présence devant le Rhône de Saint-Ferréol implique que l'embouchure orientale, vers Fos, pourtant plus proche, était moins pratique.

On peut imaginer dans ce secteur, par ailleurs, l'aboutissement d'une diffusion maritime des marbres, en droite ligne depuis la zone d'extraction, impliquant des équipements portuaires spécifiques, avec un môle renforcé pour l'accostage des bateaux et des machines élévatoires pour leur déchargement. Ces *ciconiae* étaient utilisées dans d'autres ports lagunaires comme le confirme la mosaïque des Narbonnais, dans le port de Rome, sur le forum des corporations d'Ostie[232]. Dans cette hypothèse, le circuit devait aboutir théoriquement à une petite *Statio marmorum* locale, sorte d'*officina marmoraria* sous le contrôle d'un *curator,* avec son *corpus trajectus* pour la remontée du fleuve. Elle permettait dans ce cas d'entreposer sur place des blocs lorsque le Rhône en crue n'autorisait pas la remonte, et pouvait alimenter la redistribution des marbres blancs traditionnels pour l'architecture[233], vers Narbonne, Barcelone ou Tarragone, comme en témoignent sur cette route de petites unités chargées de monolithes semblables aux nôtres : *Plage de Sète 2* et *Marseillan-Beauséjour*[234]. De telles installations sont également nécessaires pour transférer d'un bateau à l'autre les lourds sarcophages qui empruntent à leur tour la vallée du Rhône. Elles n'impliquaient pas nécessairement des quais en pierre mais des sols préparés et damés ou revêtus d'un plancher. Ainsi, dans le port d'Éphèse, sous Antonin le Pieux, le lieu de stockage des blocs de marbre s'appelle l'ὄχθη, soit « le bord élevé naturel ou artificiel d'une rivière », ce qui est tout à fait imaginable à l'embouchure du Rhône[235].

Par ailleurs, la tête colossale d'Auguste en marbre, de 0,70 m de haut avec le cou, repêchée à proximité, en 1987 (fig. 64), a illustré dans le cadre d'une première hypothèse l'arrivage d'objets en marbre manufacturés, depuis les ateliers de l'*Urbs*, pour une cité rhodanienne. Si cela ne change rien à son transport par bateau, on a vu *supra*, par ses traces de réparation et le contexte de découverte, qu'elle était peut-être érigée sur place, dans une zone portuaire désormais submergée[236].

[232] Heron de Villefosse, 1918.

[233] Mulliez 2014.

[234] Bernard 2006.

[235] Bouras 2009, 498.

[236] Brentchaloff, Salviat 1989 ; Terrer 2009, 110.

LA DISPARITION DES CHARGEMENTS D'AMPHORES ET DES CARGAISONS LÉGÈRES

Parmi les centaines d'amphores recensées devant les Saintes-Maries-de-la-Mer, celles fracturées en milieu de panse ou à la base du col, avec le bouchon encore en place, ont souffert lors du déchargement, ou proviennent directement d'une épave. Au moins deux de ces cargaisons homogènes d'amphores (Dressel 1 et Keay IB), mal localisées, ont été dispersées par les processus d'érosion marine et les chalutiers. Leur disparition totale est un phénomène connu sur d'autres littoraux lagunaires de faible profondeur, à Fos-sur-Mer ou sur le littoral languedocien. Le processus peut se résumer ainsi, une fois le bateau coulé par petit fond, le bois se gorge d'eau et fléchit sous le poids de la cargaison, les murailles du navire ne jouent plus alors le rôle de ceinture autour du chargement. Ce facteur s'accélère sur les épaves échouées dans 2 ou 3 m de fond, soumises aux coups de mer qui détruisent la coque et multiplient les phases d'ensablement et de désensablement, ce qui réactive sans cesse l'action des organismes marins qui dévorent le bois *(taredo navalis)*. La cargaison se disperse un peu plus à chaque tempête, sans aucun ancrage possible dans un sédiment qui se dérobe. Les phénomènes de transgression marine observés au large des Saintes-Maries-de-la-Mer, depuis l'Antiquité, ont ainsi déplacé vers l'ouest des épaisseurs de sédiment de plusieurs mètres. Charles Lenthéric précisait déjà ce phénomène en 1876 : « *Tantôt la mer consomme moins de limons que le fleuve n'en apporte, et alors la côte avance. Mais le plus souvent l'usure de la mer reprend le dessus et l'érosion se produit*[237] ». Au final, la quille et les dernières planches du fond de carène sont arrachées tandis que le chargement d'amphores continue de se dilater sur une très grande superficie. Les récipients qui échappent aux filets de pêche, tombent aux mains de quelques plongeurs où peuvent rouler jusqu'en plage, sous l'action de la houle et des courants. Outre les effets dévastateurs de la mer, ces *tumuli* d'amphores, à l'inverse des robustes chargements de matières premières ou des blocs de marbre, ne résistent pas moins aux chalutiers. Si les cargaisons d'amphores peu profondes se sont déjà dispersées avant l'émergence de ce type de pêche, les lourds panneaux de fonte, le couperet des ralingues d'acier et la large nasse, à plus grande profondeur, décapitent et explosent ces fragiles conteneurs en terre cuite.
Après la dislocation finale des gisements près de la côte, il ne subsiste plus à l'emplacement du navire que quelques rares tessons et de petits objets métalliques. Si nous sommes chanceux, ce sont les clous de charpente, les feuilles de revêtement de plomb, le plomb de sonde, les ancres en fer, les jas et les tubes en plomb de la pompe de cale ou le bac des eaux de la sentine, mais aucun récipient complet du chargement. Ainsi, les recherches sous-marines en Camargue, à travers une faible variété de denrées conservées, ne restituent qu'une image tronquée de la réalité des échanges, où se concentrent pour l'essentiel aujourd'hui les métaux et les pondéreux. Excepté à plusieurs centaines de mètres de fond, l'image d'un tumulus d'amphores encore intact est donc incompatible avec ce littoral.

Un chargement d'amphores dispersées ?

Le premier chargement amphorique, baptisé *Ouest-Saintes-Maries 1* (*OSM1*), dont l'homogénéité est controversée, renferme des récipients vinaires italiques Dressel 1[238]. Situé à l'embouchure du Petit Rhône, près de l'étang des Launes, il n'est connu que par des ramassages en plage signalés entre 1946 et 1952 par Sylvain Gagnère et Fernand Benoit[239]. Certaines de ces amphores fuselées, qu'il faut dater entre la fin du IIe et le début du Ier s. av. J.-C., ont conservé leur bouchon de pouzzolane estampillé. Ce disque en ciment de chaux disposé dans le col au-dessus du bouchon de liège, consolidait la fermeture. L'un de ces bouchons porte l'estampille : L*(uci)*. Pompon*(i)* M*(arci)* l*(iberti)*, ce *Lucius* étant l'affranchi de *Marcus Pomponius Dionysius*, lui-même l'affranchi d'*Atticus*, l'ami de Cicéron (Att, IV, 15, 1). A moins que cet affranchi soit celui d'un marchand de Capoue dont la dédicace dans le théâtre de la ville est datée de 112 av. J.-C. (CIL X, 3773)[240] (fig. 198). Un autre cachet est attesté sur une amphore Dressel 1A recueillie non loin de là, au Grand Radeau, par le Docteur Beaucaire (Musée du Vieil Istres), morphologiquement un peu plus ancienne que la précédente. Il est estampé cette fois au nom des producteurs *Cneius* et *Quintus* Pomp*(eius) (*ou *Pomponiorum)*, sans relation avec les personnages précédents. En conclusion, l'existence et l'homogénéité d'une épave unique, dont Fernand Benoit situe le naufrage dans l'embouchure d'un ancien bras du Rhône, est

---

237 Lenthéric 1910.

238 Long, Duperron 2015.

239 Benoit 1948, 213 ; 1952, 257, 275-276 ; Gagnère 1953.

240 Hesnard, Gianfrotta 1989, 422-423

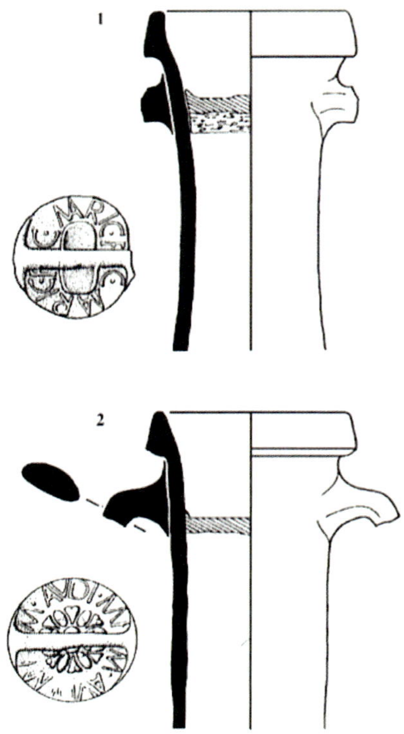

Fig 198 - *Col d'amphores de l'épave OSM1 (dessin A. velleva)*

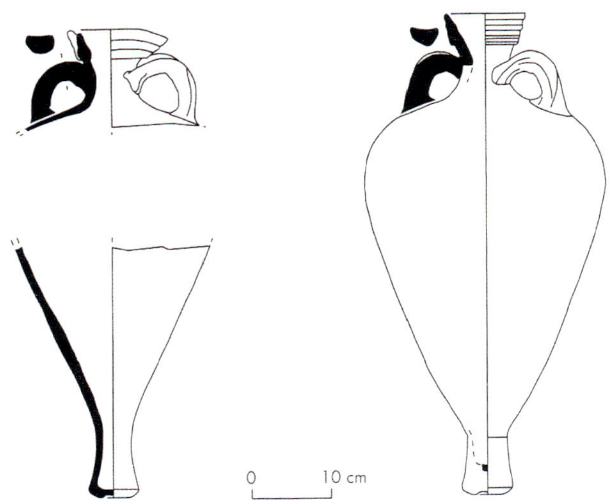

Fig 199 - Amphores Keay 1B de l'épave SM19 (dessin A. Velleva)

incertaine mais n'exclue pas au contraire le naufrage de plusieurs épaves. Très nombreuses en Camargue et parmi les plus diffusées en Gaule, les amphores Dressel 1, aux marques variées, peuvent provenir de chargements échoués et de dépotoirs[241].

Du vin de Maurétanie Césarienne

Pour les raisons que nous venons d'énoncer, le deuxième gisement d'amphores, l'épave *SM19*, n'est pas lui non plus localisé avec précision. Son fragile chargement d'amphores à vin africain, de type Keay 1B, a été touché à plusieurs reprises par les chaluts sans offrir de résistance au filet (fig. 199). Les pêcheurs situent sa position de manière très approximative dans un secteur de lauses, à l'ouest du Petit Rhône, à environ deux milles nautiques du bord, par 8 à 10 m de fond. D'après les exemplaires ou les fragments examinés chez certains pêcheurs, cette cargaison homogène présente des récipients de deux dimensions. Originaires de Maurétanie Césarienne (Algérie), ces amphores à vin du IVe s. ou du début du Ve s. ap. J.-C., que l'on retrouve dans le dépotoir portuaire *SM0*, remontaient le Rhône puisque plusieurs modèles de ce type ont également été recensés dans le fleuve à Arles.

Objets en bronze isolés

Facile à fondre, le bronze, alliage de cuivre et d'étain, se martèle bien et permet d'obtenir des tôles très fines. On en fait des objets manufacturés, comme des statuettes et des vases. Le produit de cet artisanat est très répandu aux Saintes-Maries dans l'Antiquité car de nombreux objets isolés, coulés dans ce métal entre l'époque hellénistique et l'Empire romain, ont été recensés en fouille ou repêchés fortuitement dans deux zones distinctes. C'est ce que confirment, dès la fin des années 1980, les déclarations de pêcheurs et de chasseurs locaux : Daniel Hermier, Daniel Zarratte, Pascal Pombo, Freddy Emery et Fabrice Criado.

[241] Long, Illouze 2004, 292

Le premier secteur riche en mobilier de ce genre correspond aux dépotoirs portuaires *SM0* et *Plage-Est / Fourcade*, situés face au village *(cf. supra),* tandis que le deuxième, plus à l'est, vers le canal de Rousty, est peut-être une épave : *SM4,* dont nous ignorons toujours la localisation précise[242].
De la première zone, au sein du dépotoir *SM0*, l'objet le plus ancien est un bord de situle campaniforme en tôle de bronze, ciselé d'une palmette sous la lèvre et les attaches de l'anse (fig. 200). Si ce vase rappelle des productions

Fig 200 - Situle en bronze décoré (photo C. Léger)

du Ve s. av. J.-C., grecques ou étrusques, un exemplaire assez proche mis au jour en Suède, qui fut offert selon sa dédicace à Apollon Grannus par un certain Ammilius Constans, à la fin de la République, pourrait dater plus tardivement notre exemplaire[243]. Les recherches sur le dépotoir *SM0*, par ailleurs, ont permis d'exhumer plusieurs autres objets, notamment en 2011 une statuette de Mercure très érodée (haut. 8 cm), tenant la bourse dans la main droite. Elle fait partie du corpus statuaire des petites sculptures votives, de type modeste, représentant le dieu nu dans un *contrapposto* caractéristique des grands archétypes grecs (fig. 201)[244]. La même année, émerge d'un autre carré de fouille une anse de vase en bronze (haut. 16 cm), dotée sur l'attache inférieure d'un médaillon (Neptune ?), puis un bracelet-jonc (diam. 10,3 cm) orné de 2 têtes d'oiseaux stylisées et deux anneaux en bronze (diam. 7,8 et 3,6 cm) (cf. *supra*). C'est ensuite en 2012 qu'un pêcheur anonyme nous remet un très beau jambage de meuble antique en bronze, repêché devant les Saintes-Maries (haut. 37,3 cm) (fig. 202). D'une taille inférieure à ceux des épaves de *Mahdia* et *Golfe-Juan*, ce

Fig 201 - Statuette de Mercure (photo L. Long)

pied de lit torsadé rappelle le *lectus triclinaris* assez bas de la maison de *Julis Polybius*, à Pompéi, dont le type est connu aussi sur des peintures murales et des décors de vases grecs à figures rouges[245]. L'objet, en métal plein, n'est pas ici assemblé en plusieurs parties coulées à part mais a été coulé en une seule pièce. On ne peut cependant éliminer un pied de table, de tabouret ou de *bisellium*, ce fauteuil de luxe à deux places dans la *domus*, qui pouvait servir aussi de siège honorifique lors des cérémonies. Enfin, un fourreau de *pugio* ou de glaive découvert par Philippe Ferrando provient du dépotoir de la Fourcade (long. cons. 19 cm). Ce type d'étui, avec son armature en forme de gouttière en U et ses garnitures, est connu de l'époque augustéenne jusqu'au milieu du Ier s. Peut-être lié à une sépulture ou perdu dans l'avant-port, il confirme la présence militaire dans une zone d'échanges névralgique (fig. 203)[246].

[242] Long 1997, 70.

[243] Willers 1901, 119.

[244] Boucher 1973, 1976 ; Santrot 1981.

[245] Baudoin, Liou, Long 1994 ; Fuchs 1963, pl. 45 ; De Carolis 2007, 175-179 ; 2011, 151.

[246] Bishop, Coulston 1993 : 69.

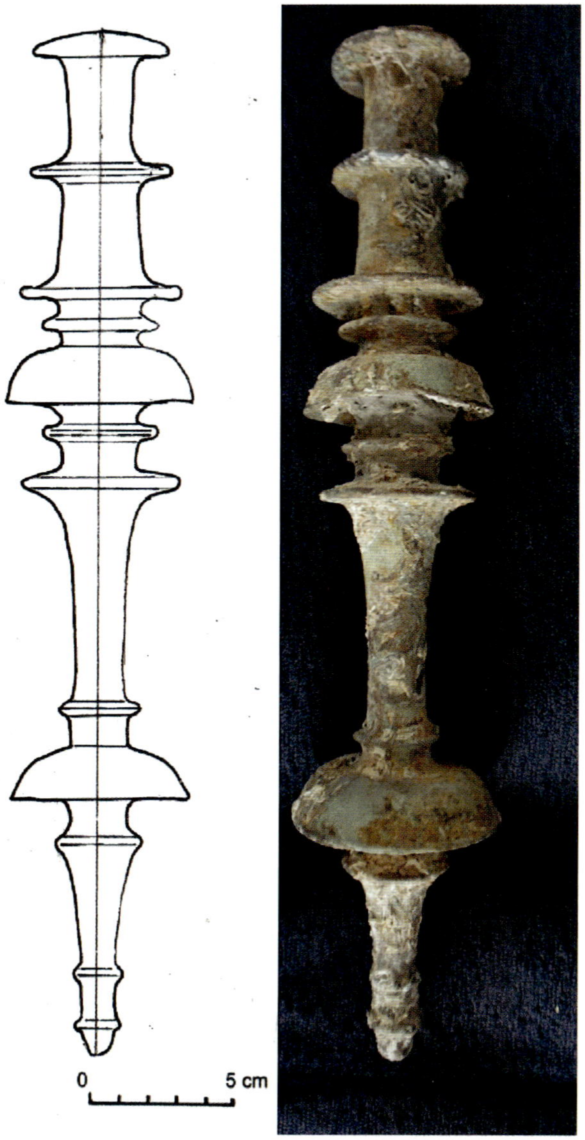

Fig 202 - Jambage de meuble (photo et dessin : L. Long)

Fig 203 - Fourreau de poignard ou de glaive (photo S. Cavillon)

Une épave d'objets en bronze recyclés ?

Le deuxième lot d'objets romains en bronze se regroupe à l'est des Saintes-Maries. D'après les pêcheurs, le cœur du site serait à environ 1 mille nautique à l'est de Port-Gardian, aux environs du canal de Rousty, par 11 à 13 m de fond, à 800 m du bord. Assimilé à l'origine à une épave : *SM4,* le gisement a toutefois toujours échappé à nos investigations. Il livre depuis des années aux petits métiers de pêche, filets dérivants, chasseurs et chalutiers, une grande quantité d'objets figurés, dont la variété et la beauté ne cessent d'étonner[247]. Le premier officiellement déclaré en 1980 dans la zone par un pêcheur saintois, Max Bruneau, est un accoudoir de lit (fig. 204).

Globalement, le cumul des découvertes met en évidence plusieurs catégories d'artéfacts aux fonctions diverses : objets de collection, bronzes de laraires, pièces décoratives, qui répondent vraisemblablement à la demande d'une classe sociale aisée et cultivée, romanisée ou romaine. Ils sont liés à des univers parfois très différents comme la parure, le commerce, la vaisselle métallique, l'armement, la décoration de mobilier et de navires (fig. 207).... Le domaine de la parure comprend des bracelets de tailles diverses, notamment des joncs décorés de têtes de cygnes (fig. 205) ; celui du commerce offre une balance à plateau, au fléau gradué en livres romaines, dont la tête conserve son anneau et l'attache d'où partaient les fixations du plateau de pesée (fig. 206). A la vaisselle et au mobilier de luxe, en relation peut-être à l'origine avec une riche *domus* ou un édifice cultuel, se rattache en particulier le couvercle delphinoïde d'un *focus* ou d'une chaudière, qui rappelle le dauphin de « l'épave aux lampes », près de Camarina (Sicile)[248] (fig. 208 a). On compte également de nombreux vases cuivreux de taille et de forme diverses, notamment des cruches à une anse et des chaudrons (fig. 208 b à e). L'un d'eux, une *œnochoée* italique d'influence grecque, présente sur l'attache haute de l'anse un protomé en forme de tête de Minerve, proche de l'archétype d'une Athéna Parthénos, en armes, comme son casque le désigne, tandis que l'attache basse est affublée d'une tête d'Hercule, la léontée autour du cou[249] (fig. 211) (cf. *supra*). D'autres anses de cruches ou de casseroles, vraisemblablement de production campanienne, présentent des décorations à tête de ménade, ou parfois des décors plus sommaires (fig. 209 a, b, c, d, e)[250].

---

[247] C'est de là que provient aussi le petit satyre des Saintes-Maries, récupéré en 1969 (Tchernia 1969, 492 ; Long 1997).

[248] Castoldi 2012, 358 ; Di Stefano 2007, 149.

[249] Picard 2009, 361.

[250] Tassinari 2012.

Fig 204 - Applique de lit en forme de tête de cheval (photo J.-L. Maby)

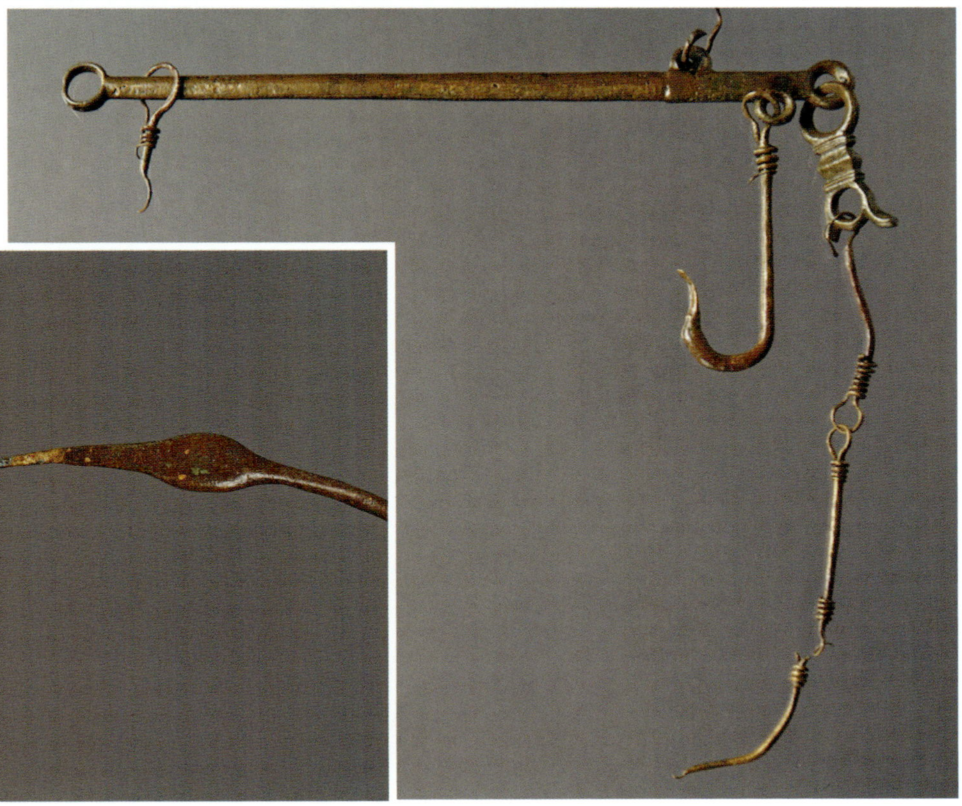

Fig 205 - Bracelet en bronze clair à tête de cygne (photo J.-L. Maby)

Fig 206 - : Balance à plateau, à fléau gradué (photo J.-L. Maby)

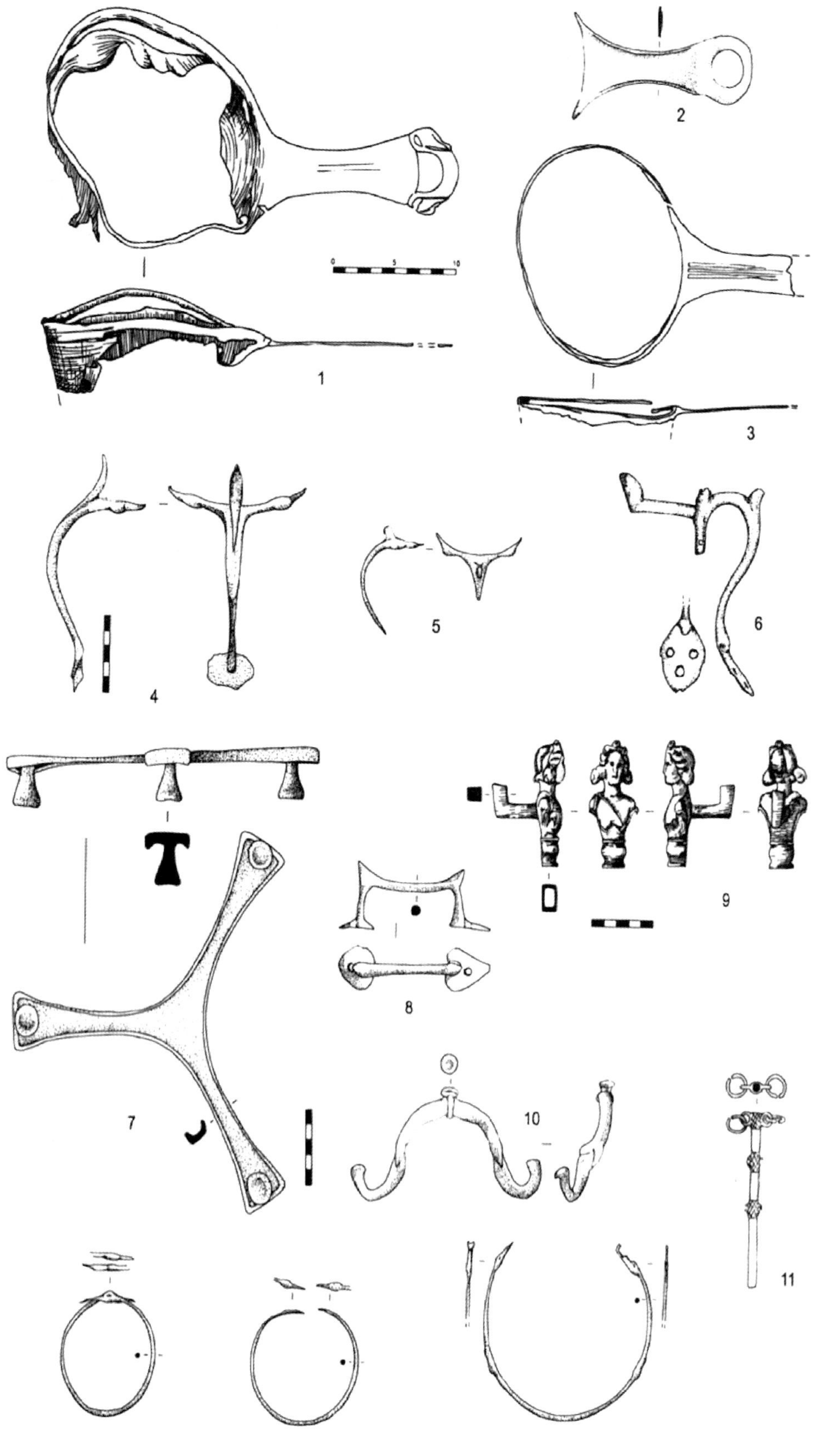

Fig 207 (1 à 14) - Objets divers en bronze (dessin : A. Véléva)

Fig 208 a - Couvercle décoré d'un dauphin (photo J.-L. Maby)

Fig 208 b - Cruche mono-ansée (photo J.-L. Maby)

Fig 208 c - Pot piriforme (photo J.-L. Maby)

Fig 208 d - Chaudron (photo J.-L. Maby)

Fig 208 e - cruche (photo J.-L. Maby)

Fig 209 a - Anse décorée (photo J.-L. Maby)

Fig 209 b - Anse décorée (photo J.-L. Maby)

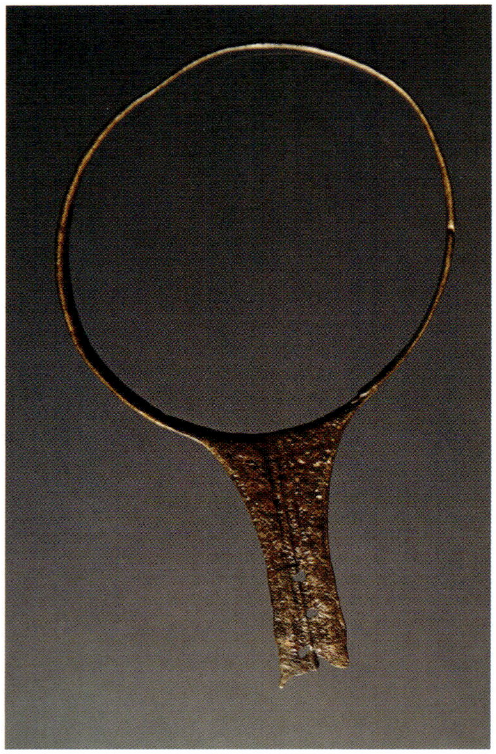

Fig 209 c - manche de casserole (photo J.-L. Maby)

Fig 209d - manche de casserole (photo J.-L. Maby)

Fig 209 e - Casserole (photo J.-L. Maby)

Fig 210 - Plaque d'étrave de navire décorée de dauphins (photo L. Long)

C'est de ce même site que provient l'accoudoir de lit (*fulcra*) (cf. *supra*), à protomé de cheval et peau de félin sur le garrot, qui évoque ici comme bien d'autres objets, l'univers du thiase bachique, la panthère étant liée à Bacchus. D'autres concernent la décoration des navires, comme une très rare plaque d'étrave flanquée de part et d'autre d'un dauphin, en collection privée. Elle rappelle la figure de proue décorée d'une tête d'Hermès et de dauphins, recensée en 1972 au large de l'île Rousse, en Haute Corse[251] (fig. 210). Ce registre compte aussi une plaque d'ornement ou de renfort au décor interne d'entrelacs (long. 58,5 cm), peut-être située sur un navire près des rambardes de bastingage de poupe, ou des porte-haubans[252] (fig. 212 c). Parmi des pièces comparables, on pense au dauphin de l'épave *Mateille A*, à Gruissan, qui repose aussi sur une base en équerre[253] et peut-être à l'applique en bronze repêchée à Palavas-les-Flots, de taille cependant plus réduite[254]. Dans le même domaine, on recense deux appliques à tête de canard ou de cygne, destinées à l'accastillage, au rappel d'écoute ou aux portes-haubans. L'une de ces têtes de canard s'apparentent aux exemplaires recensés sur un vaisseau militaire romain, près du cap Rasocolmo (Messine), daté vers 36 av. J.-C (fig. 212a). L'autre, plus allongée, où tout le corps du volatile est suggéré (fig. 212b), est proche d'un exemplaire trouvé en mer entre Haïfa et Atlit, en Israël[255]. Un autre exemplaire de ce type a été mis au jour en 1988, lors d'une de nos plongées avec la mission française en Libye, dans le port d'Apollonia de Cyrénaïque[256].

La sculpture de ronde bosse est également représentée par trois statuettes qui constituent les pièces les plus luxueuses du groupe. C'est d'abord celle d'un danseur qui décorait peut-être un couvercle de lampe (haut. 20 cm)[257]. Le personnage tient sans doute un instrument de musique, une lyre ou un *tympanum*, sorte d'instrument à

Fig 211 - Attache de l'anse

Fig 212 - Petite applique à tête de canard (photo G. Spada)

Fig 212 b - Longue applique à tête de canard (photo S. cavillon)

Fig 212 c - Rambarde de poupe ? (photo S. Cavillon)

251 Liou 1973, 606-607.

252 Long 2005, 62.

253 Solier 1981, fig. 62

254 Maréchal 2003, 120, fig . 4

255 Long 2009, 240, 2005 ; Galli, Sharvit 1999, fig. 13-14.

256 Laronde 1987.

257 Novoa, 118.

Fig 213 - Danseur jouant de la lyre ou du tambourin (photo S. Cavillon)

percussion proche du tambourin qui renvoie au théâtre populaire romain (fig. 213). Une deuxième statuette de satyre en bronze, aux oreilles de chèvre, mesurant 51 cm de haut, a été repêchée dans cette zone avec un fût de colonne, en 1967, par Jacques Melino, un pêcheur graulin (cf. *supra*). Le personnage, aux yeux incrustés d'argent, tenait sans doute dans la main droite une grappe de raisin, une cruche ou un thyrse. Le traitement de la coiffure, de style hellénistique, proche des modèles grecs, est daté aux alentours du Ier siècle av. J.-C.[258] Enfin, la statue d'Héraklès au sanglier d'Erymanthe, déclarée en 2011, pourrait se rattacher aussi à cet ensemble (cf. *supra*). Dans un autre registre, on note aussi des objets liés au banquet comme c'est le cas de 3 *simpula*. Ces louches en bronze pour puiser le vin lors des libations, semblaient très prisées dans cet espace. La première, décorée de nodosités, rappelle également les supports de lampe (fig. 214a), tandis que nous n'avons que le bord de vasque de la seconde, de même type (fig. 214c). La troisième, plus classique, appartient au type du Pescate et rappelle celui de l'épave de *Spargi*, datée de la fin du IIe s. av. J.-C. (fig. 214b)[259]. Toujours dans le domaine des libations, aussi bien privées que religieuses, il faut ranger deux jambages d'un trépied pliant, décorés au sommet d'un buste féminin, au centre d'un protomé de panthère et au pied d'une patte de félin (fig. 215a). La découverte, par ailleurs, de deux autres appliques de couronnement de trépied en forme de buste féminin et de deux jambages complets laisse penser à l'existence au moins de trois de ces trépieds (fig. 215 b, c et d). De la même zone provient également un grand bassin à deux anses rivetées, avec traces de réparation et d'une inscription, peut-être la *tria nomina* du propriétaire : POP (fig. 216, a et b), un trépied cylindrique bas, à décor végétal, un autre sans doute pour supporter un candélabre ou une lanterne, dont la base est constituée de trois branches en queue d'aronde (fig. 217). Deux autres objets, par ailleurs, sont toujours en collection privée : une muselière de cheval d'apparat pour éviter de recourir au mors (*fiscella* ou *capistrum*)[260] (fig. 218) et une pointe d'enseigne romaine décorée d'un personnage, sans doute une divinité ou une victoire *(vexillum* et *signa militaria)* (fig. 219).[261]

Au total, même si la fouille du dépotoir *SM0* a livré aussi des objets épars de ce type, il est rare de mettre au jour

[258] Valaison 1970.

[259] Lamboglia 1964, 264, fig. 6 ; Pallarès 1983 ; Castoldi, Feugère 1991 ; Feugère1991.

[260] Daremberg et Saglio, 897.

[261] Degen 1981, 246 ; Künzl 1993, 92.

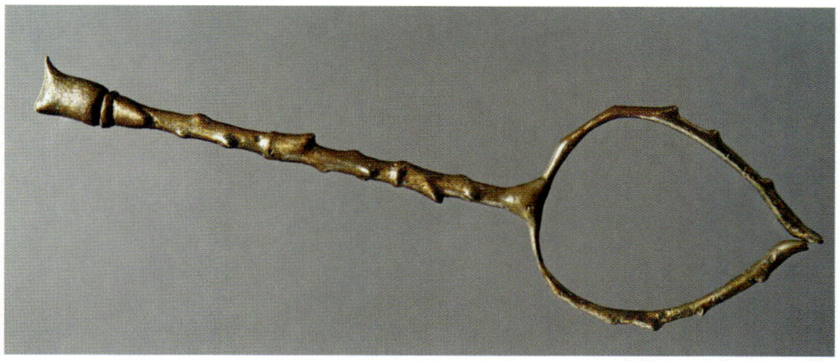

Fig 214 a - Louche à nodosité (photo L. Roux)

Fig 214 b - Louche en bronze du type Pescate (photo J.-L. Maby)

dans une même zone une telle concentration de mobilier en bronze décoré. L'épave *SM4*, si son existence se confirme, transportait peut-être, au début du Ier s. ap. J.-C., des objets de luxe, comme c'est le cas de l'épave *Fourmigue C*, à Golfe-Juan, naufragée vers 80 av. J.-C., au large du Var. Cette dernière commerçait sans doute avec les Eduens, « frères » de Rome, et faisait route dans ce cas vers l'embouchure du Rhône[262]. Ces Celtes, comme les Bituriges Cubes, connus pour leurs productions métallurgiques, aimaient le vin et d'artisanat romains. Aux Saintes-Maries-de-la-Mer, la variété des registres d'objets, dans l'hypothèse d'un chargement homogène, peut s'expliquer aussi par un grand nombre de commanditaires. On ne peut éliminer non plus l'hypothèse d'une collecte d'objets usagés en bronze, destinés au recyclage et à la refonte, car certains éléments présentent des traces d'usure et des différences chronologiques. Si ce n'est pas une épave, à quoi peut donc correspondre une telle quantité d'objets de luxe en bronze : une cache, une riche villa, un dépôt cultuel ?

Fig 2014 c - Louche à nodosité et épines (photo L. Roux)

Fig 215 a - Détail de jambage de lit (photo J.-L. Maby)

[262] Baudoin, Liou, Long 1994, 105.

Fig 215 b - Jambage de lit (photo S. Cavillon)

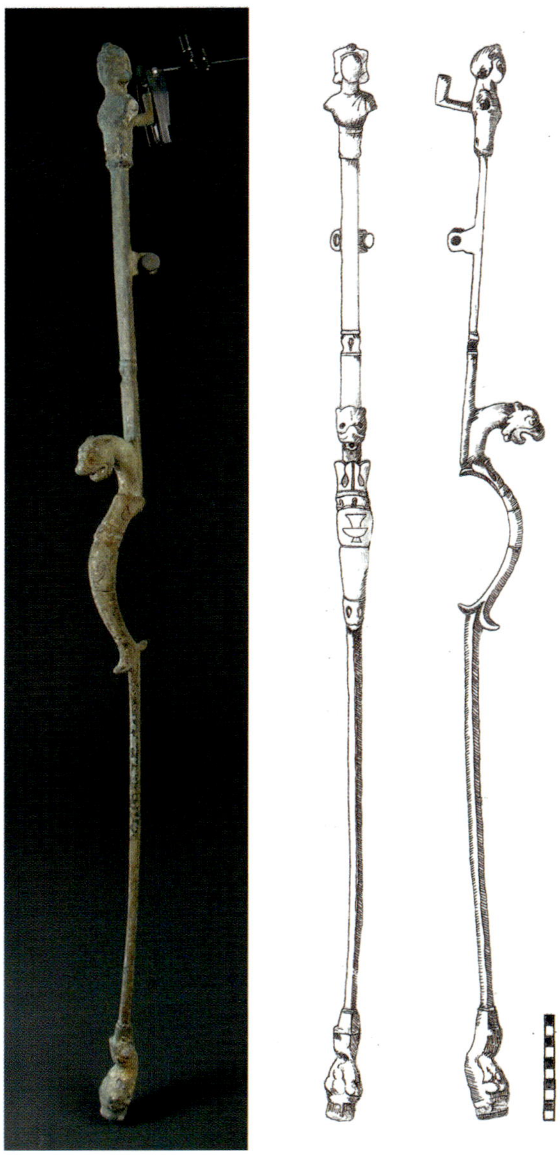

Fig 215 c - Jambage n° 3 (photo S. Cavillon, dessin G. Frommhertz)

Fig 215 d - Détail de jambage (photo J.-L. Maby)

Fig 216 a - Bassin en bronze à deux anses (photo L. Long)

Fig 216 b - Marques POP sur bassin (photo L. Long)

Fig 219 - Enseigne romaine (photo L. Long)

Fig 217 - Trépied en bronze (photo L. Long)

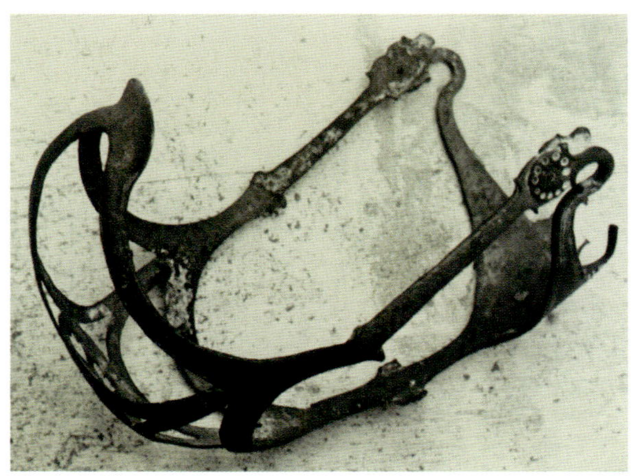

Fig 218 - Muselière à cheval (photo L. Long)

Des denrées périssables ?

Dans ce vaste groupe d'épaves, une coque de navire antique vide de toute cargaison fait figure d'exception, tandis qu'un deuxième site ne rassemble que quelques meules. La première, l'épave *SM5,* est apparemment un bateau effilé et rapide, construit « coque première », qui diffère de la forme arrondie des *corbitae*[263]. Une portion de la coque d'environ 10 m de long, vraisemblablement arrachée au niveau du « retour de galbord », le long de la quille, a été retrouvée en plage par Max Vedel en décembre 1994 (fig. 220a). Lors de l'expertise, dans les jours qui suivent, un morceau est découpé par l'inventeur tandis que la tempête se charge très vite de détruire le reste des vestiges. Si les recherches à partir du bord, à l'automne 1996, ne donnent aucun résultat, la portion de coque récupérée met en relief un assemblage de membrures, de faible échantillonnage (haut. 8 cm, large. 6 cm), à l'aide de gournables, sur un bordage à franc-bord mortaisé et chevillé, caractéristique de la construction navale antique. Deux membrures sont encore en place tandis que se distingue en négatif l'emplacement de trois autres, tracé à la pointe sèche par le charpentier selon le procédé « bordé premier ». Mais le principal intérêt de ces vestiges réside dans la forme même des virures de bordé qui présentent, à l'extérieur, un renflement assez bien marqué sur quatre d'entre elles. Ce système, que l'on peut assimiler à un « faux clin », pose de nombreux problèmes d'interprétation. L'hypothèse de « déflecteurs d'étrave », caractéristiques des bateaux longs, en recherche de vitesse, nous éloigne dans ce cas de la traditionnelle coque en forme de *corbita* des bateaux marchands (fig. 220b). Les comparaisons faites par l'archéologue britannique Honor Frost, avec qui nous examinons ces vestiges en 1996, rapproche ce système de l'épave punique de Marsala (Sicile), probablement un navire de guerre du III e s. av. J.-C.[264]. Jeté en plage par les déferlantes, cet élément de coque s'est détaché, selon nous, d'une épave après une forte tempête. La partie principale du navire, peut-être une galère, doit se situer plus loin en mer, dans la zone des « brisants », à environ 200 m du rivage actuel. Dans tous les cas, *SM5* est la plus orientale des épaves échouées le long du lobe sédimentaire de l'embouchure du Rhône de Saint-Ferréol, sur un rivage en pointillé qui rejoint probablement à l'est celui du Rhône d'Ulmet. Le mobilier en bronze ayant trait à la décoration de navire, on l'a vu, provient peut-être de ce site ?

Fig 220 a - M. Vedel près des vestiges de SM5 (photo L. Long)

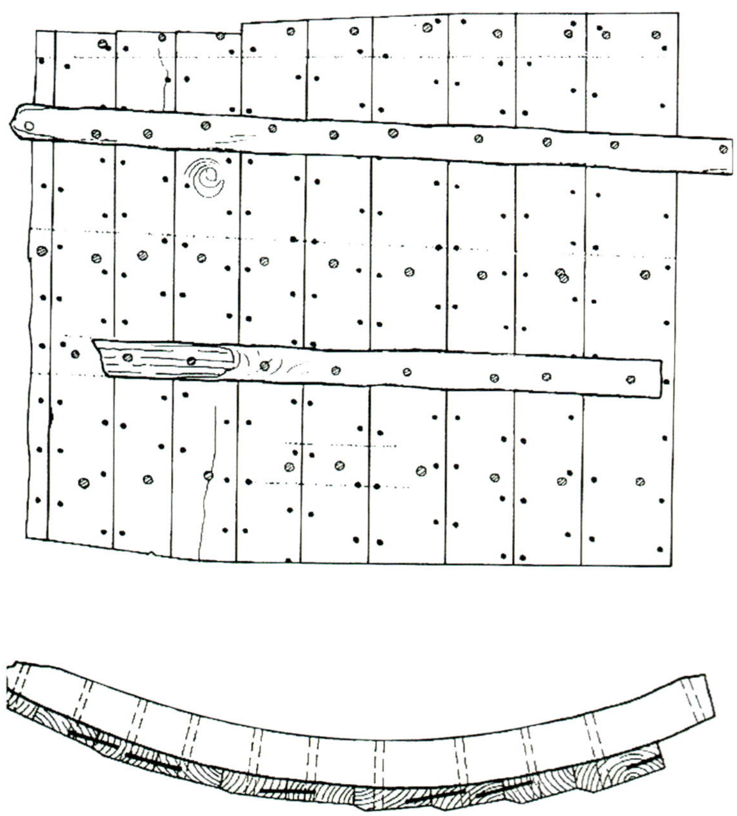

Fig 220 b - Relevés des vestiges prélevés sur SM5 (dessin : H. Frost)

[263] Long 1997, 72 ; Frost 1997, 118.

[264] Frost 1997, 117-119.

Le deuxième site énigmatique, *SM36*, surnommé « l'épave aux meules », par son découvreur, Pascal Chabaud, se situe à près de 3 km du bord, face à la plage Est, par près de 15 m de fond. Lors de notre plongée en 2018, se distingue sur le fond un gros jas d'ancre de 2 m de long, de près de 400 kg, un plomb de sonde, une meule et une pierre de lest. Vide de tout chargement, le navire transportait peut-être du blé ?

Les épaves de la *statio* de *Fossae Marianae*

Si le port antique de Fos-sur-Mer a toujours été rattaché à la colonie d'Arles à la fin de la République et sous le Haut Empire, grâce notamment aux fameuses Fosses Mariennes, il est cependant encore très mal connu. Dès 1948, la pêche aux objets antiques et la découverte des premières épaves par les clubs et les associations de plongeurs, confirment l'énorme potentiel archéologique de la zone. C'est ensuite entre 1975 et 1977 que les prospections du DRASSM avec *L'Archéonaute*, par 4 à 5 m de fond, à 400 m du bord dans l'Anse Saint-Gervais, recensent 35 stèles funéraires et quelques sarcophages liés à une nécropole submergée, démantelée par l'érosion. Le manque d'explication sur ce processus de submersion et l'absence de sépultures sous les pierres ont jeté un moment le doute sur la nature du site. Mais les incertitudes concernent aussi les deux bâtiments en forme de rectangle implantés dans 3 m d'eau à l'ouest de la butte du Moulin, relevés en plongée par l'architecte Jean-Marie Gassend, en 1988. Longtemps considérés comme des hangars à bateaux, (*navalia)*, l'hypothèse d'entrepôts leur a récemment été préférée, mais ne convainc pas à son tour tous les chercheurs en l'absence de cloisons entre les piliers[265]. Alignés entre ces *navalia* et la plage Saint-Gervais, deux ensembles de blocs sont repérés par notre équipe, dès 2013. Ils s'intègrent dans le vaste complexe monumental cartographié les années suivantes par Souen Fontaine (DRASSM), dans le cadre du projet collectif de recherches *Fossae Marianae*[266]. Dans l'un de ces regroupements de blocs, mis en place entre le Ier et le III e s. après J.-C., qui s'articulent ensemble (A et B), un fragment de col de *dolium*, à profil triangulaire rentrant, rappelle la vocation de stockage du port de Fos. Étudiée par Charlotte Carrato, cette lèvre à pâte sableuse correspond aux productions d'un atelier situé dans la région de Marseille, entre le Ier et le début du II e s. après J.-C.[267]

Au demeurant, les épaves sont assez rares devant les *Fossae Marianae*, avec seulement 7 occurrences, pour un secteur longtemps considéré comme le seul et l'unique port maritime d'Arles. En comparaison, les cinquante épaves romaines recensées aux Saintes-Maries-de-la-Mer, nous interrogent sur la place relative de Fos dans le dispositif des embouchures[268] ? Pour les époques archaïque et classique à Fos, l'extrême rareté des produits étrusques ou massaliètes sur un site où ne sont recensées que trois amphores massaliètes dans un corpus arrêté en 1989 à 1393 conteneurs, conforte déjà l'importance du bras de Saint-Ferréol comme principal vecteur du trafic maritime entre Arles et la mer[269]. Moins d'un demi-siècle après la *Fossa regia*, creusée par les armées de Scipion Emilien en Afrique, celles de Marius aménagent le canal de Fos entre 102 et 101 av. J.-C., dont le tracé à l'intérieur des terres a dû s'articuler avec les étangs du Vigueirat. Sa mise en fonction ne freine en rien les arrivages aux Saintes-Maries des amphores vinaires Dressel 1A, contemporaines et peu nombreuses à Fos. La découverte d'un casque en bronze de l'époque de Marius, au seuil de Terrin, à 15 km au sud d'Arles, illustre peut-être la mobilité des détachements de l'armée romaine dans ce secteur, lors de la construction du canal (fig. 221). Les marques tangibles d'une véritable activité portuaire à Fos, à travers les amphores, ne sont guère antérieures au deuxième quart, voire au milieu du Ier s. av. J.-C.

Fig 221 - Casque type Montefortino, trouvé en Camargue (photo L. Long)

[265] Gassend, Maillet 2004 ; 2013.

[266] Fontaine, El-Amouri, Marty 2014 ; Vella 1999, Vella et al. 2016.

[267] Long, Duperron 2016, 76.

[268] Rougé 1987 ; Liou, Sciallano 1989.

[269] Liou, Sciallano 1989, 154.

En outre, comme cela a été précisé, le nombre des épaves antiques y est faible, avec sept cas répartis sur huit siècles, du Ier siècle av. J.-C. au VIIe s. après J.-C. Les plus anciennes, Fos 1 et 2, du milieu ou du 3e quart du Ier s. av. J.-C., sont chargées d'amphores Dressel 1B et de céramiques italiques[270].
Sous le Haut-Empire, certaines similitudes de construction navale se retrouvent semble-t-il à la fois à Fos, aux Saintes-Maries-de-la-Mer et à Narbonne (*cf. infra*). Ainsi, datée du Ier s. ap. J.-C., la portion d'épave *Saint-Gervais 4*, découverte à Fos en 1984, présente sur les relevés la même alternance de gournables doubles et simples que sur les navires ligaturés de Camargue : *SM2* et *SM24*[271]. D'autres similitudes se perçoivent aussi au niveau des chargements, comme les barres de fer de l'épave *Saint-Gervais 1,* de forme 2M, peut-être associées à des lingots de plomb estampillés vers 138 après J.-C. Ce fer désigne donc Fos, au Ier ou au IIe s. après J.-C., comme un axe fluvial alternatif au bras de Saint-Ferréol, pour descendre ou remonter le Rhône. Il peut s'agir cependant d'une étape maritime vers Marseille et l'Italie, depuis Narbonne, complétée sur cette route par le petit port naturel des Laurons (*Dilis positio ?*) où sont recensées 6 épaves, des bâtiments et une villa maritime.
Ainsi, dans l'avant-port polycentrique d'Arles, qui occupe plusieurs embouchures, existe sans doute une collaboration active entre, d'un côté, les *navicularii marini* et *lenunclarii* arlésiens et, de l'autre, les *nauclari* et *negociantes subaediani* attestés sur une stèle de Fos, qui dépendent aussi de la colonie julienne[272]. (fig. 214 b)
C'est, par ailleurs, sur cette même route maritime, que l'épave *Saint-Gervais 3*, à étrave inversée, illustre au milieu du IIe s. le transport massif d'amphores à huile Dressel 20, complétées par d'autres récipients de Bétique, de Lusitanie et de Gaule, vraisemblablement chargés à Narbonne (fig. 223 a b)[273].

Au début du IIIe s., la *Statio* de *Fossae Mariane* semble perdre définitivement son statut de place commerciale majeure mais demeure toutefois un grand port maritime.

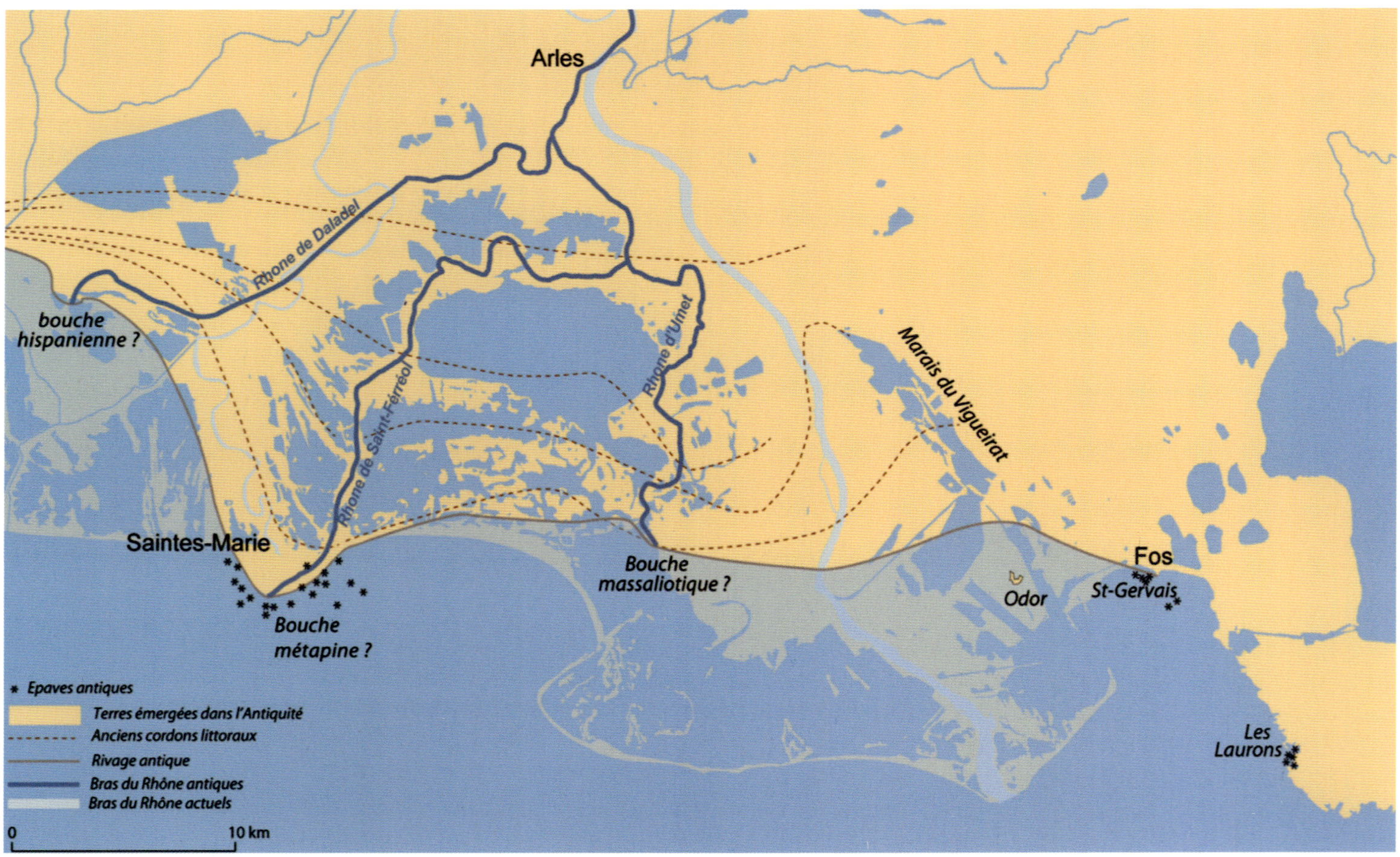

Fig 222 - La Camargue à époque romaine (carte C.Vella, F. Marty, S. Fontaine)

270 Giacobbi-Lequément 1987.

271 S'il n'a pas repéré de ligatures, toujours discrètes, Bertrand Maillet qui a fouillé Saint-Gervais 4 précise que ces doubles gournables, espacés que de 50 à 55 mm, sont très proches l'un de l'autre (rapport 1985).

272 Courrier 2015.

273 Liou, Gassend 1990.

Fig 223 a - L'épave Saint-Gervais 3 (dessin L. Long)

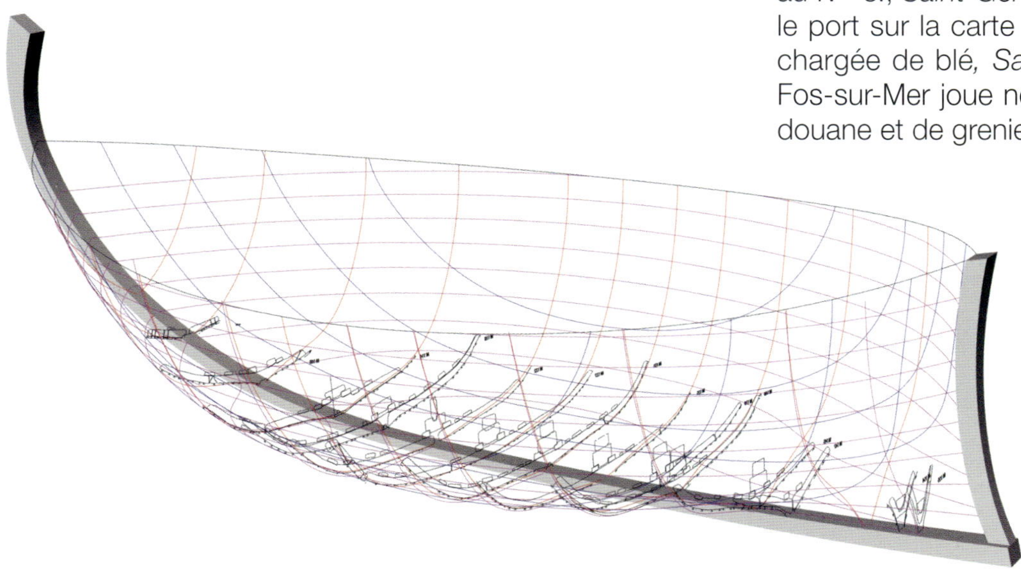

Fig 223 b - Étude des formes de l'épave Saint-Gervais 3 (3D : P. Poveda)

C'est ce que confirme les vestiges d'une nouvelle épave au IVe s., *Saint-Gervais 8,* et le cartouche qui représente le port sur la carte de Peutinger, puis au VIIe s. l'épave chargée de blé*, Saint-Gervais 2*[274]. A partir du VIIIe s., Fos-sur-Mer joue néanmoins encore le rôle de poste de douane et de grenier fiscal.[275]

[274] Long, Duperron 2016, 208, où l'épave est appelée par erreur Saint-Gervais 7.

[275] Lagrue, 1990, 98.

DE NARBONNE À ARLES, LA NAVIGATION ANTIQUE DANS LE DELTA

La duplicité fluviale et maritime

Les épaves romaines échouées en Camargue et dans le fleuve, à Arles, apportent du nouveau sur le trafic maritime et fluvial dans le golfe du Lion et l'embouchure du Rhône. Ce vaste espace nautique lié à la rupture de charge rappelle par certains aspects l'embouchure du Tibre et le système portuaire narbonnais. Desservis tous trois par des allèges, les ports d'Ostie, Narbonne et Arles, présentent la même duplicité fluviale et maritime.

L'analogie est cependant plus forte entre les deux colonies césariennes, proches l'une de l'autre et dont les avant-ports sont jalonnés d'étangs[276]. A Narbonne (*Narbo Martius*), au départ de l'axe Aude-Garonne, de très nombreux produits méditerranéens traversent l'isthme gaulois vers l'Atlantique : vins, huile, métaux, conserves et sauces de poisson, enrichissant la cité par les taxes de passage. Strabon rappelle à son époque que Narbonne est encore le port le plus important des Gaules et que l'Aude est navigable jusqu'en amont de la ville (Strabon, 4, 1. 6, 14). Cela implique une navigation fluviale dans l'arrière-pays, riche en vin, en sigillées sud-gauloises et en ressources minières, notamment le fer. Dès le Ier s. av. J.-C., la ville devient le port de redistribution des productions de la côte catalane, puis à la fin du règne d'Auguste, celui des exportations gauloises vers l'Italie et l'Espagne[277]. Ainsi, comme le Rhône et la Saône, l'axe Aude-Garonne, vers Bordeaux *(Burdigala)*, fait transiter les marchandises d'une mer à l'autre, vers la voie atlantique[278]. Desservies, en outre, par des axes routiers importants et des avant-ports maritimes, Narbonne et Arles, sont les deux principaux centres du commerce fluviomaritime du sud de la Gaule. Confrontées aux incidences d'un littoral instable, d'accès difficile et de faible profondeur, elles partagent des processus communs dans l'organisation de l'activité fluviomaritime et dans les choix architecturaux de certains types de navires. Les similitudes de construction par ligatures observées sur deux épaves romaines à l'embouchure du Rhône : *SM2* et *SM24*, et sur trois épaves devant Narbonne : *Port-la-Nautique*, *Grand bassin C* et *Mateille B* (Gruissan), suggèrent peut-être la pertinence d'un modèle commun de bateaux cousus, à fond plat, particulièrement adapté aux espaces de navigation encombrés de bancs de sable[279]. Il est en effet impossible de définir aujourd'hui l'origine exacte des équipages. A Port-la-Nautique, l'un des ports narbonnais, la profondeur au pied du môle de déchargement en grand appareil, est proche de la passe du Rhône à la saison des pluies. La stratigraphie de fondation du môle, à la base des pieux, livre le sol marin antique parsemé d'éclats de taille, qui datent de la mise en place des blocs[280]. Si l'on déduit les 50 cm liés à la remontée du niveau de la mer depuis l'Antiquité, la hauteur d'eau maximale au pied du quai est de l'ordre de 2,20 m, ce qui, avec la houle, limitait le passage aux navires de taille moyenne. Ces évaluations revoient légèrement à la baisse celles calculées pour ce plan d'eau, durant la période comprise entre le Ier s. av. J.-C. et le Ier s. ap. J.-C., fixées à 2,5 m[281]. Par ailleurs, les carottages menés en 2010 par le géomorphologue Nicolas Carayon, en baie de Sainte-Lucie, l'un des grands ports de Narbonne, ont démontré que le tirant d'eau des navires ne pouvait dépasser 1,5 m, ce qui est insuffisant pour des bateaux de haute mer. A l'entrée du Grand Rhône, pour comparaison, du XVII e au XVIII e s., la profondeur oscille selon les saisons de 1,30 à 2,60 m[282]. Si ces hauteurs d'eau sont assez faibles au regard du tonnage des gros navires romains, il faut rappeler que les épaves *Fiumicino 1*, *2* et *3*, dotées d'une quille, ne dépassent pas 1,57 m de tirant d'eau[283]. Mises au jour dans le port maritime de Rome (port de Claude), on les range parmi les *naves caudicariae* ou fluviomaritimes affectées du IV e au V e s. à la remonte des chargements de blé. La découverte, par ailleurs, dans l'étang de Thau, près de Mèze, d'une grosse barque gallo-romaine d'environ 15 m de long, à quille plate et bouchains vifs, l'épave *Conque des Salins*, illustre la rupture de charge avec des navires de haute mer, mouillés devant le cordon littoral, et le transport des marchandises sur l'étang[284]. Elle sous-tend une navigation parallèle dans un couloir d'étangs, communiquant entre eux, avec un accès possible au grau de Vieille-Nouvelle[285].

---

276 C(olonia) I(ilia) P(aterna) A(relate) et, lors de sa refondation : c(olonia) I(ulia) P(aterna) N(arbo) M(artius), Christol 2004, 105.

277 Sanchez, Jézégou 2011, 270.

278 Reddé 1979 ; Remesal 1986, 79 ; Marimon Ribas 2002.

279 Falguéra, Jézégou 2011.

280 Falguéra, Jézégou 2002, 44.

281 Falguéra et al. 2000.

282 Rambert 1966, 6.

283 Boetto 2010, 141.

284 Rouquette, Jézégou, Wicha 2004.

285 Solier 1990.

Les corporations professionnelles

Comme on a pu le constater aux périodes plus récentes, les risques d'échouage dans l'Antiquité sont liés à la profondeur de la passe et à la configuration du chenal d'entrée, régulièrement modifiée par la mouvance des theys d'embouchure. Ces bancs, en circulant souvent d'un côté à l'autre de la passe, imposent l'usage du plomb de sonde et l'entretien du système de balisage. Les navires romains qui accèdent au fleuve ont donc principalement le choix, durant la période impériale, entre l'embouchure de Saint-Ferréol, qui se trouve en mer aujourd'hui, et le *Gradum massalitanorum* de l'embouchure d'Ulmet, aujourd'hui à une dizaine de km à l'intérieur des terres. Si, pour sa part, le port de Fos reçoit des navires d'assez gros tonnage comme *Saint-Gervais 3*, d'un tirant d'eau évalué à 2,40 m, ces navires ne peuvent plus remonter le fleuve depuis Fos, à cause de l'ensablement du canal de Marius.

Dans tous les cas, après avoir franchi l'embouchure, des haut-fonds de sable gênent la navigation dans les méandres sinueux qui rythment la remonte jusqu'à Arles. Là, le *floruit* commercial de son port fluvial, l'autre grand port de Gaule narbonnaise selon Strabon (4.1.6), est continu entre la période flavienne et le début du Ve s.

Cette activité extrêmement dense du port est contemporaine sous le Haut Empire des deux inscriptions mentionnant les cinq corporations de naviculaires marins arlésiens, liées aux structures institutionnelles du ravitaillement de Rome. La première est gravée sur une base honorifique d'Arles, au tournant des IIe et IIIe s.[286], la seconde est une requête adressée au préfet de l'annone, vers 201, sur une plaque de bronze mise au jour à Beyrouth, en vue d'obtenir de l'administration impériale des garanties pour les armateurs (cf. *infra*) (fig. 224)[287]. Une telle organisation, à la croisée des routes maritimes et fluviales, qui repose sur la prévention des risques d'échouage, la compétence des

Fig 224 - Inscription des naviculaires d'Arles à Beyrouth (photo L. Long)

[286] CIL, XII, 692 : Cn(aeio) Cornelio Cn(aei) fil(io) Ter(etina) Optato, (duo)vir(o), pontific(i), flamini, naviculari marini Arel(atenses) patrono.

[287] Virlouvet 2004.

marins et la compétitivité de navires adaptés à une côte lagunaire, constitue une redoutable machine commerciale et contribue au dynamisme économique de la colonie arlésienne. A Arles comme à Narbonne, l'onomastique des personnes liées aux activités maritimes révèle qu'il s'agit le plus souvent d'affranchis d'origine grecque ou orientale, qui ont réussi dans les affaires car beaucoup sont *severi augustales*. Toutefois, les deux naviculaires arlésiens connus : L. Secundius Eleuther et M. Frontonius Eupor, possèdent des gentilices désignant plutôt les milieux gallo-romains régionaux. Ces corporations d'armateurs locaux, propriétaires ou non d'un ou plusieurs navires, sous la protection de patrons influents, possèdent leur propre collège près du port de Rome, sur le marché portuaire d'Ostie. C'est là que se regroupent les naviculaires et les négociants impliqués dans le commerce au long cours, pour protéger leurs intérêts et agir de concert en vue de bénéfices mutuels[288]. Elles fournissent même un préfet à l'administration annonaire issu de l'élite municipale arlésienne, en la personne de *Pompeius Paulinus,* dont la fille épouse Sénèque et le fils accède à l'ordre sénatorial[289]. D'abord organisés au IIe s. en associations familiales et privées, regroupés ensuite en un seul *corpus*, puis au IIIe s. en *quinque corpora*, ces commerçants arlésiens jouent de leur influence grandissante et honorable auprès de l'État afin d'obtenir des contrats liés à l'annone[290]. Ces cinq corporations désormais unifiées en une organisation plus vaste et plus complexe qu'au IIe s., regroupe à Arles les naviculaires marins et les lénunculaires, comme nous le verrons *supra*. On peut se demander alors qui sont les autres participants de ce consortium quintipartite ? On pense aux *nauclari* et *negociantes subaediani* de Fos-sur-Mer et aux utriculaires d'*Ernaginum,* peut-être aux nautes de la Durance ? Dans une organisation régionale de grande envergure, doublée d'une mémoire militaire collective, qu'elle est alors la place, auprès des Arlésiens, des acteurs et armateurs narbonnais dont nous perdons la trace à la fin du IIe s. ap. J.-C. ?

Sur ce point, le commerce du fer semble impliquer étroitement les deux villes, l'une, au départ, comme port d'embarquement, l'autre comme port de rupture de charge et de redistribution. A Narbonne, l'épitaphe du naviculaire local, Tiberius Iunius Eudoxus, précise qu'il est également un fermier concessionnaire des mines de fer de la rive droite. Si des chercheurs ont placé ces districts sidérurgiques sur la rive droite du Rhône, plus précisément chez les Helviens[291], ces ferrariae ripae dextrae correspondent sans doute à l'Aude et par conséquent aux mines de fer des Corbières et du Canigou, par opposition à celles de la Montagne Noire, en rive gauche.

A Ostie, la mosaïque du pavement d'entrée du bureau d'affrètement de Narbonne projette au sol un grand bateau de mer près d'un phare *(statio 32)*. Celle d'Arles illustre l'emblème de la cité : le pont de bateaux, au caractère proprement fluvial *(cf. supra)*. Deux piles

Fig 225 - Inscription sur la base de la statue de Neptune (photo L. Long)

[288] Tran 2014.

[289] Carcopino 1922, 22 ; Virlouvet 2004, 363.

[290] Garrote Sayo', Marimon Ribas 2011, 237 ; Christol 1982, 11.

[291] Desjardins 1876, 414-415.

(maconnerie, pieux ?) semblent arrimer cet ouvrage près des berges, laissant sans doute aux gros navires mâtés un couloir de circulation commandé par des pont-levis. Ainsi, lorsqu'un marchand ou un voyageur souhaite s'embarquer, acheter ou livrer des produits, il arpente le forum des corporations d'Ostie et visualise au sol l'enseigne qui figure le port ou la destination de chaque affréteur. Selon le code théodosien, ces groupes de naviculaires, qui nolisent des navires au long cours, perçoivent un pourcentage sur la valeur des cargaisons transportées, mais ils prélèvent aussi une quantité variable de chaque produit. Au IVe s., par exemple, les *navicularii* d'Orient reçoivent un *solidus* pour mille *modii* et 4% de la quantité de blé transportée, tandis que ceux d'Afrique du Nord perçoivent seulement 1%[292]. Mais les litiges impliquant ces collèges de négociants ou de navigateurs sont nombreux. Rigoureusement contrôlés par les fonctionnaires affectés à l'approvisionnement en vivres de Rome, ils subissent parfois même des vexations et des injustices. C'est ce que suggère l'inscription de Beyrouth, citée supra, qui dénonce *a priori* un dysfonctionnement dans l'acheminement des denrées annonaires, mettant peut-être en cause les mesureurs (*mensores*), ce qui déclenche de la part des naviculaires d'Arles une menace de « grève »[293]. Si les naviculaires arlésiens sont donc installés dans le comptoir de l'ancienne colonie phénicienne, c'est que leur puissante association de transporteurs disposent de succursales dans de nombreux ports méditerranéens.

L'existence, en outre, d'une corporation de *lenunclarii* à Arles, mentionnée au début du III e s. ap. J.-C. sur la plinthe d'une statue de Neptune et sur un autel découvert à proximité, dans le fleuve, confirme l'existence d'une zone de rupture de charge en aval du Rhône où s'effectue le transbordement des marchandises[294] (fig. 225). Cette association professionnelle est connue à Rome à la même époque (217 ap. J.-C.), où sont regroupés sous l'autorité d'un seul patron, le chevalier C. Veturius Testius Amandus, les bateliers des cinq corporations tibérines. Cette puissante organisation romaine se décline donc à Arles sur le même modèle. A Rome, ces lénunculaires sont justement des marins exerçant une activité essentiellement portuaire, dont les grosses barques, munies de gréements et non pas que de rames, déchargent les bateaux de haute mer qui ne peuvent accéder au port, ni remonter le Tibre. C'est ce que dépeint une scène de transbordement en pleine eau, sans doute grâce à un duc d'Albe, entre un navire de mer et un chaland fluvial, sur la mosaïque de la *statio* 25 du forum des corporations (fig. 226a et b)[295]. Ces corps auxiliaires au service des gros vaisseaux maritimes *(corporati lenuncularii tabularii auxiliarii),* opèrent dans le port impérial d'Ostie dès le II e s. comme le confirment de nombreuses inscriptions vers 140-150, puis 192.

Le schéma semble donc reproduit à l'identique à Arles où ces embarcations fluviomaritimes : des *lenunculae*, *naviculae, naves codicariae, scaphae* ou *navigii*, en référence à l'épigraphie ostienne, se retrouvent à travers quelques épaves de Trinquetaille et assurent des navettes régulières entre la cité et la mer, dans le cadre d'une navigation uniquement fluvio-deltaïque.

Fig 226 a - Fresque de l'Isis Giminiana, Musée du Vatican (photo L. Long)

Fig 226 b - Transbordement d'amphores d'un bateau à l'autre (photo L. Roux)

---

[292] Ciobanu, Barbuta 2001, 267.

[293] Virlouvet 2004, 334.

[294] Long 2008b, 228 ; Christol, Fruyt 2009.

[295] Tran 2014.

Fig 227 - Arles romaine et son port fluviomaritime en rive droite (dessin J.-C. Golvin)

Leur concentration dans le Rhône où furent trouvés l'autel et la statue de Neptune relatifs au collège des lénunculaires, situe dans cette zone, en rive droite (*dextra ripam)* et vraisemblablement *infra pontem*, en aval du pont de la ville, le siège et le débarcadère portuaire du collège (fig. 227)[296]. Certains chercheurs considèrent que ces bateliers n'étaient pas d'un niveau social très élevé puisqu'ils doivent à l'un de leurs bienfaiteurs, *Petronius Asclepiades*, l'offrande en leur nom d'une statue de Neptune en marbre[297]. Mais le profit généré par les échanges entre le fleuve et la mer, peut laisser imaginer au contraire qu'un simple affranchi, membre ordinaire de la communauté, pour se plier aux exigences de l'honorabilité au sein du collège, pouvait se permettre ce don. Un siècle plus tôt, le flamine *C. Iunius Priscus* avait offert à la ville un *podium*, ses portes et une statue de Neptune en argent, qu'il remplaça ensuite par 200 000 sesterces et quatre statues du dieu en bronze[298]. Cet évergétisme augure sans doute mieux des libéralités que pouvait se permettre le patron d'une telle entreprise, placée à Rome sous la protection de 3, voire 5 patrons sénateurs, et à Arles sous celle d'un membre d'une grande famille de notables.

Les embarcations du Rhône que nous rattachons à ces lénunculaires, très ouvertes aux influences maritimes, n'ont pas été fouillées intégralement, mais présentent une constance selon les époques et des caractéristiques qui se résument à un fond plat dépourvu de quille, un assemblage par tenons et mortaises, une coque interne abondamment revêtue de brai de calfatage, parfois lorsqu'il est conservé un avant pincé et un mât de halage en position avancée. Ce sont, dans l'ordre chronologique, les épaves : *Arles-Rhône 8* (Ier siècle ap. J.-C.), *Arles-Rhône 14* (1ère moitié du III e s. ap. J.-C.) et *Arles-Rhône 7* (2e moitié du III e s. ap. J.-C.), dont les traces dans la coque de tarets xylophages, organismes strictement marins, confirment une navigation fluviale et maritime[299]. Contrairement aux navires d'Ostie, l'absence de quille reflète une navigation limitée au lobe d'embouchure et au déchargement de navires mouillés en mer, à l'extérieur immédiat de la passe et des îles, presque toute l'année. Leur rôle est rappelé par exemple dans le Digeste (XIV, 2, 4 pr), qui évoque un navire de mer dans l'impossibilité d'entrer au port et de s'engager dans un fleuve sans dommage, à moins de confier une part de sa cargaison à une *scapha*[300].

---

[296] Une fois arrivé à Arles, le débarquement des marchandises se faisait en rive droite, en aval du pont, un obstacle toujours délicat à franchir.

[297] Christol, Tran 2014, 18.

[298] Constans 1925.

[299] Long 2008a, 710, 711 ; Long, Duperron 2011 a ; Long, Duperron 2013.

[300] Tran 2014.

Fig 228 - Scène de halage, Cabrières-d'Aigues, Musée lapidaire, Avignon (photo L. Long)

Le recours à ces embarcations auxiliaires mieux adaptées n'empêche pas, comme le confirme l'épave *Arles-Rhône 13* (cf. *infra*), au IV e s., l'arrivée dans la ville de bateaux typiquement maritime pouvant porter une cargaison d'une trentaine de tonnes. Ce port-en-lourd est semble-t-il compatible avec la navigation sur le Rhône et dans dans les embouchures successives, y compris, selon les saisons, pour des navires maritimes. Ainsi, au XVIe s., les bateaux génois en partance d'Arles pour Gènes ont une charge similaire.

En tant que principaux utilisateurs et bénéficières du cours d'eau, les *lénunculaires* arlésiens sont peut-être impliqués dans l'entretien des voies, comme cela a déjà été proposé pour les nautes[301]. Il nécessite le défrichage et l'aménagement des berges, l'élimination des obstacles (arbres abattus), le balisage, le bornage et la gestion du remorquage et du halage, qui passe fréquemment d'un bord à l'autre du fleuve[302], impliquant sans doute une vingtaine d'hommes *(homines trahentes)* par bateau, soit tout ce qui touche à l'intérêt public, l'*alueus Rhodanis* et la navigabilité du fleuve entre Arles et la mer (fig. 228). A Rome, au Ier et au II e s., cette curatelle enviée est confiée par l'empereur à des magistrats recrutés chez les sénateurs (*curatores riparum et aluei Tiberis*)[303]. Cette charge n'était pas seulement réservée aux travaux du Tibre puisqu'il existe aussi un *procurator ad ripam Baetis,* connu à Séville par des inscriptions du IIe s[304]. Le chaland *Arles-Rhône 3*, affecté à un circuit économique local et équipé de caissons pour recevoir une masse de pierres brutes provenant d'*Ernaginum* (Saint-Gabriel), a pu approvisionner les chantiers de réparation ou de renforcement des berges du bas Rhône. De tels travaux concernant les chaussées et les levées sont fréquemment attestés en archives, dès le XIIe s., pour lutter contre les inondations[305]. Arles entretient en effet, dès cette époque, un corps de levadiers[306].

Les contraintes du fleuve

Quant à la navigation vers Lyon et au-delà, elle dépendait d'autres relais très organisés, on pense aux nautes, chargés du transport sur les voies d'eau intérieures, dont les mentions sont signalées à Vienne, Lyon et encore plus au nord. Ils sont toutefois connus à Nîmes où l'amphithéâtre leur réserve des places, ainsi que sur la Durance[307]. Les épaves à fond plat de fort tonnage découvertes dans le port fluvial de *Lugdunum* faisaient partie de leurs embarcations[308]. Selon la forme de la coque, et le tonnage, certains bateaux de mer pouvaient peut-être atteindre Lyon par le halage. Un naviculaire marin indépendant installé dans la ville au IIe s. ap. J.-C., *Quintus Capitonius Probatus Senior*, ne dépend visiblement pas d'Arles ni de Narbonne. Il commerce avec Pouzzoles mais rien ne prouve que son navire de mer remontait jusque dans la capitale des Gaules[309]. Les embarcations maritimes, en règle générale, ne dépassaient guère Arles et l'embranchement de la Durance,

301 Grenier 1934, 577.

302 Entre Arles et Lyon, il était nécessaire d'effectuer plus de 20 traversées (Eyrier 1996, 14).

303 Le Gall 1953 ; Cloppet 2001, 347.

304 Cloppet 2001, 348.

305 Stouff 1982.

306 Bravard, Bethemont 2016, 142.

307 Nîmes : CIL XII, 3316, 3317 ; Durance : CIL XII, 721, 731.

308 Ayala 2007.

309 Rougé 1966, 252.

que ce soit à la voile, la rame ou la traction[310]. Aussi, pour toute une série de contraintes techniques, l'hypothèse récemment émise de navires à *dolia* ayant quitté Minturnes, Taragone ou Marseille, pour atteindre Lyon au halage, ne semble guère adaptée à la réalité de terrain[311]. La remonte à la voile depuis la mer jusqu'à Arles était cependant possible, sans recourir au halage, par vent du sud. Les textes modernes précisent sur ce point que les vents dominants, notamment le *marin*, de secteur sud-sud-est, favorisent la propulsion vélique (à la voile latine), jusqu'à Beaucaire. Mais le soir le vent portant s'interrompt fréquemment pour ne reprendre qu'au matin, ce qui peut donc demander plusieurs jours[312]. Le mistral à l'inverse, de secteur nord-nord-ouest, oblige l'équipage des allèges ou des tartanes à tirer le bateau à la force des bras sur les 48 km qui séparent l'embouchure de la ville, soit entre 10 et 40 jours selon la force du vent.

Précisons cependant que le louvoyage d'une rive à l'autre pour des embarcations modernes à voile latine reste possible sur les parties du fleuve les plus larges. Mais naviguer ainsi, à contre-courant, en tirant des bords au gré des courbes, reste une manœuvre compliquée. Le chenal navigable change de rive à chaque courbe et se limite à 10% de la largeur du plan d'eau. En outre, la voile carrée de la plupart des navires antiques fonctionne essentiellement par vent arrière et offre moins l'opportunité de louvoyer. Le dernier voyage de Saint-Paul (Actes des Apôtres), démontre bien que le capitaine est incapable de choisir une autre route que celle imposée par le vent, même si certains témoignages pourraient attester l'utilisation de la voile latine orientale dès la fin de l'Antiquité[313]. Le touage, pour sa part, qui consiste à hisser graduellement le navire aux arbres de la ripisylve, à l'aide d'ancres spécifiques, est également utilisé comme le prouve deux ancres monobranches du Rhône à Arles, du IVe s. Ce système s'est peut-être développé lors de la désorganisation des structures commerciales hiérarchisées et des corporations de bateliers qui assuraient jusque-là la remonte des navires (fig. 229). A l'inverse, le courant et le mistral activent la descente comme l'illustre, au XVIIe s., l'exemple d'une tartane d'Arles qui atteint la mer en deux jours[314].

Fig 229 - Ancre à une seule patte, Rhône, Arles (DAO L. Masselin)

[310] Rougé 1966, 151 ; Long 1994, 46.

[311] Marlier 2008. Le halage concerne des barques plates sans quille, à très faible tirant d'eau. Or, ces navires de mer de plus de 50 tonnes, aux dolia à poste fixe, au tirant d'eau dépassant 1 m, sans mât de halage et tenus de démater à chaque pont, se seraient échoués dans les courbes.

[312] Rigaud 2001, 18 ; Estrangin 1807, 10).

[313]Pomey 2017 ; Huet, Rigaud, Vigne 2004,15.

[314] Sabatier 1772.

Navires de mer

Les navires hauturiers, dotés d'une quille et d'un fort tirant-d'eau, dont le chargement dépasse 40 ou 45 tonnes, sont donc souvent obligés de mouiller dans le lobe d'embouchure ou de s'amarrer près d'un embarcadère *(traiectus)* constitué de ducs d'Albe ou de pontons aménagés (fig. 230). Au pire, lorsque les barres de sable et les basses eaux obstruent le passage, ils stationnent à l'extérieur, à la merci de la houle. Partiellement déchargés par des barques fluviomaritimes, ils peuvent rejoindre Arles une fois allégés, comme c'est le cas à l'époque moderne. Cependant, s'ils sont vidés complètement, leur retour sur lège par mer n'est pas viable économiquement et la navigation peu recommandée, car la forme et la largeur du navire influent sur sa stabilité. Il faut donc lester la coque de pierres, de sacs de sable, de tuiles ou d'une cargaison pour le retour, ce qui implique une structure portuaire aménagée, du personnel et des entrepôts. A Ostie, les *sabuttarii* sont chargés de cette opération délicate dont dépend l'assiette du navire.

Dans cette hypothèse, ces *horrea* servent aussi à entreposer temporairement sur place les marchandises des grosses *navis onarariae* lorsque les allèges sont bloquées à Arles par les crues ou les basses eaux. Il n'y a pas toujours, de fait, une parfaite adéquation entre les navigations maritime et fluviale. A titre d'exemple, à l'époque moderne, on comptabilise les « staries », ces délais de chargement et de déchargement qui immobilisent les bateaux sur place. Le patron reçoit une indemnité par jour d'immobilisation si ces délais dépassent la durée fixée par le contrat, une préoccupation peut être déjà d'actualité à l'époque romaine[315].

Dans les caboteurs maritimes de plus de 20 m de long, dotés d'une quille et d'un chargement proche d'une centaine de tonnes, se rangent les épaves chargées de fer *SM2*, *SM9*, *SM39* et *SM40*, vraisemblablement parties de Narbonne, ainsi que l'épave profonde *Plage d'Arles 4*, qui ralliait l'embouchure du Rhône depuis le sud de l'Espagne, chargée d'amphores et de cuivre. L'épave *SM24* rentre dans ce groupe, car même si son chargement de fer est modeste (5 tonnes), les modules de bois de sa charpente désignent un navire de charge conséquent, à fond plat, de 20 à 25 m de long.

Sa construction, comme sur *SM2,* révèle l'emploi de ligatures entre la membrure et la coque, une signature architecturale attestée à plusieurs reprises entre Narbonne et Arles dans un espace nautique particulier, celui des ports lagunaires que fréquentent les naviculaires marins des deux cités. Par ailleurs, se développent en Méditerranée occidentale, dès le IIe s., des navires à fond plat et quille basse, dont les membrures ne sont pas ligaturées, qui répondent à un nouveau type architectural de construction mixte, associant des membrures actives, brochées à une charpente axiale interne incluant carlingue, emplanture et carlingots. L'un de ces exemples, dont l'étrave est peut-être inversée comme sur le *ponto* de la mosaïque d'Althiburus, est l'épave *Saint-Gervais 3*. Probablement partie de Narbonne, elle s'est échouée à l'entrée du port de Fos-sur-Mer. La *statio* 25 de la place des corporations d'Ostie, illustre un navire de mer de ce type, déchargé dans l'avant-port par une embarcation fluviomaritime. A l'inverse, avec ses petites dimensions et un chargement de barres de fer évalué à 5 tonnes, l'épave *SM10*, qui conserve les traces de l'emplanture du mât, renvoie à un groupe de navires plus modestes.

Fig 230 - Grand navire de charge à taillemer, mosaïque de Thémétra, Tunisie (IIIe s. ap. J.-C;)

[315] Payn-Echalier 2008, 586.

Navires fluviomaritimes

Au niveau de la traversée d'Arles, excepté les navires maritimes et fluviomaritimes évoqués ci-dessus, de nombreuses autres épaves antiques de la rive droite, marquent la vitalité d'une zone de rupture de charge et de redistribution des marchandises et des produits de la pêche. Sur ce tronçon des eaux intérieures, Arles et Lyon, relayées par Valence et Vienne, jouent sous l'Empire un rôle moteur et complémentaire dans l'organisation socio-économique du commerce fluvial. Comme ceux de Lyon, au parc Saint-Georges, des chalands à fond plat de type monoxyle assemblé sont attestés à Arles (épaves *Arles-Rhône 3, 5* et probablement *Arles-Rhône 19*).

Affectés, au Ier s. av. J.-C., à une navigation typiquement fluviale dans le Bas-Rhône, certains de leurs matériaux, notamment la résine, trahissent des influences méditerranéennes. Lié à un commerce régional dans un espace délimité dont il est originaire, le chaland *Arles-Rhône 3,* cloisonné pour le transport des pierres de Saint-Gabriel, faisait peut-être le lien avec les utriculaires d'*Ernaginum.* Le nom de ces radeliers dérive des outres qu'ils utilisaient vraisemblablement comme flotteur, même si l'hypothèse est parfois remise en doute[316]. De faible largeur (3 m), il pouvait emprunter des canaux étroits liés au chenal antique de la Duransole et aux marais d'Ernaginum[317]. Une autre embarcation du Ier s., longue d'environ cinq mètres, l'épave *Arles-Rhône 15*, est une barque ou une chaloupe ayant conservé son tableau arrière. Là, deux orifices quadrangulaires servaient vraisemblablement à positionner les supports d'un gouvernail d'étambot axial, comme sur certaines représentations de navires fluviaux. Enfin, l'épave *Arles-Rhône 10* s'apparente à la brelle centrale d'un « radeau construit », pour la pêche ou le transport de marchandises, entre le Ier et le IIIe s. et illustre ici cette « poussière navale », aux formes variées, qui marque l'activité du port d'Arles[318].

Au IIIe s., la navigation à l'embouchure et sur le Rhône est encore très dynamique comme l'attestent les corporations navigantes et les épaves *Arles-Rhône 7* et *14*. Par ailleurs, quelques très lointains naufrages en mer, avaient peut-être aussi Arles pour destination. On pense notamment à l'épave *Porticcio A,* qui sombre devant Ajaccio sous le règne de Philippe l'Arabe avec une cargaison d'œuvres d'art en marbre, de vitres, et d'amphores variées, notamment des Kapitän 2, très fréquentes sur l'axe Rhône-Rhin[319].

Au Bas-Empire, les autres épaves en contexte fluvial sont *Arles-Rhône 13* (milieu IVe s. ap. J.-C.), *Arles-Rhône 22*, au sud de la ville (milieu III e - fin IV e s.) et *Arles-Rhône 24* (milieu IVe s. ap. J.-C.), en rive gauche. Si les deux dernières sont des chalands à fond plat, *Arles-Rhône 13* confirme, pour sa part, la remonte jusqu'à la ville de navires de mer à fond pincé, quille et retour de galbord. Ses dimensions, comprises entre 15 et 18 m de long, pour une largeur au maître-couple de près de 6,50 m, désignent un port-en-lourd d'environ 30 ou 35 tonnes métriques. En comparant ces données avec l'épave *Dramont E*, (Ve s.), qui présente le même type de forme, son tirant d'eau est évalué à environ 1,70 m (fig. 231 a b). Il reste sans commune mesure avec celui des chalands à fond plat comme *Arles-Rhône 3* qui, pour 21 tonnes de charge, accuse un tirant d'eau de 51,6 cm[320]. En comparaison, au XVIIIe s., les allèges d'Arles ne calent qu'un mètre en pleine charge, alors que la barre alluviale en travers de l'embouchure se limite aux basses eaux à 1,30 m et peut atteindre 2,60 m le reste du temps[321]. En 1847, un rapport de la Chambre de Commerce de Lyon, précise que le haut-fond qui doit être franchi par les bateaux varie de 1,40 m à 2 m de profondeur[322]. Ainsi, dans l'Antiquité, l'ensemble de ces variations joue au quotidien sur la vie des marins et bateliers sans jamais ralentir le commerce fluviomaritime arlésien.

Arles et Trèves à la fin de l'Antiquité

Cette période tardive, marquée par les fastes de l'époque constantinienne, inaugure une nouvelle ère de splendeur pour la cité provençale, devenue résidence impériale en 308 et classée par Ausone, à la fin du siècle, au deuxième rang des agglomérations gallo-romaines, après Trèves. Le dépotoir portuaire des Saintes-Maries, témoigne encore entre le IV e et le VI e s., d'un fort dynamisme commercial par la diversité des produits amphoriques : vins et salaisons de poisson provenant d'Afrique, huile de Bétique, salaisons de Lusitanie, vins orientaux, mais également vaisselle de table africaine et céramiques culinaires d'Orient et d'Afrique[323]. Au demeurant, de grandes quantités de vin en tonneaux échappent à nos comptages comme le confirment, au III e et au IV e s., plusieurs monuments funéraires illustrant le transport de ces conteneurs sur la Moselle, notamment le « bateau à vin de Neumagen (*Noviomagus*) », une galère militaire chargée de barriques et mue à la rame[324]. En dépit de la concurrence que pouvait représenter la voie atlantique, le couloir rhodanien, qui relie Arles et Lyon dans un important réseau de rivières vers l'arrière-pays, demeure au moins jusqu'à l'Antiquité tardive un axe privilégié pour

316 Broekaert 2013, 203-207.
317 Allinne, Verdin 2002, 147.
318 Long 2008a, 139-140.
319 Alfonsi 2014.
320 Poveda 2012, 2014, 230.
321 Rambert 1966, 7 ; Surell 1847, 41.
322 Charrière et al, 2004, 25.
323 Long, Duperron 2016, 207.
324 Basch 1987, 1120.

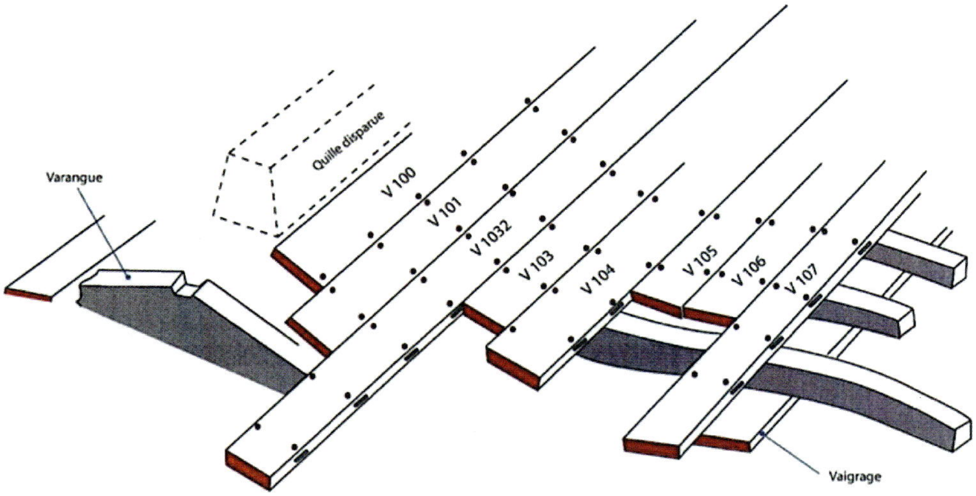

Fig 231 a - Relevé de l'épave de mer retournée Arles-Rhône 13 (dessin M. Chanas, L. Long)

Fig 231 b - Reconstitution de l'épave Dramont E. (DAO P. Poveda)

l'acheminement des denrées, le ravitaillement et le déplacement des troupes de la Méditerranée jusqu'à Trèves, sur la Moselle (*Augusta Treverorum*). Dès 297, cette *Roma Secunda* du Nord, près de la frontière du Rhin, devient durant un siècle, à la place de Lyon, la capitale des Gaules et une très grande métropole marchande. Très exposée au début du Ve s. aux invasions barbares, l'administration impériale déplace probablement en 407 la préfecture du prétoire des Gaules à Arles. C'est là qu'en 418, les empereurs Honorius et Théodose le Jeune, s'adressant au Préfet des Gaules, insistent sur le rôle de plaque tournante que joue la colonie julienne entre la Méditerranée et les bouches du Rhin : « *Ajoutons que le Rhône coule sous ses murs et que la Méditerranée baigne ses rivages, ainsi la mer qui l'avoisine et le fleuve qui la traverse la rapprochent des autres pays et semblent l'unir à eux. Elle reçoit donc le tribut des principales richesses du monde, que lui apportent de toutes parts la voile, la rame, les chariots, la terre, la mer et le fleuve* ».

LE ROCHER DES SAINTES-MARIES

En 1865, un érudit sulpicien, l'abbé Faillon, attribue l'hagiographie : *Vita beatae Mariae Magdalena*, premier document sur l'arrivée des Saintes-Maries en Camargue, près du Rhône, au théologien germanique Raban Maur (*Rabanus Maurus Magnentius*), archevêque de Mayence à l'époque carolingienne, en 847[325]. Après un pèlerinage en Palestine qui éclaire ses commentaires, ce moine bénédictin, théologien réputé et compilateur de sources, qui aime à rappeler *«..ce que les anciennes histoires nous rapportent… »*, rédige le récit de la vie de Marie de Magdala ou Marie de Béthanie. Elle est connue dans la tradition chrétienne sous le nom de Marie-Madeleine, sur la base de documents du Ve s. relatant son voyage avec des disciples chrétiens depuis la Palestine (fig. 232). Le départ du petit groupe a lieu peu après la lapidation du diacre Etienne par les Juifs, à Jérusalem, et les persécutions de la communauté chrétienne par Hérode Agrippa, sous le règne Claude, qui entraînent rapidement la dispersion des disciples. La légende occidentale rapporte que 72 personnes, parmi les proches du Christ, escortées jusqu'au port de Joppé (Jaffa), sont contraintes à l'exil dans une barque dépourvue de voile et de rame. On peut aussi l'interpréter comme une expédition en vue de propager la doctrine chrétienne et prêcher la bonne nouvelle de Pâques dans la logique évangéliste de Jean (XX, 11, 18). S'il existe dès cette époque, pour certains auteurs, des lignes maritimes directes et régulières entre Césarée, Marseille et les Saintes-Maries-de-la-Mer, les routes commerciales du Ier au VIe s. ap. J.-C., fréquemment segmentées via les îles grecques et Rome, ou Malte et Carthage, nécessitent au moins un mois de navigation[326].

Fig 232 - Gravure de l'échouage de la barque des Saintes (photo L. Long)

C'est cependant en 1959, que l'abbé Victor Saxer, grand spécialiste de la légende occidentale de Marie-Madeleine, ravive la vielle controverse magdalénienne qui avait fait rage au milieu du XVIIe s. Elle avait opposé alors les éclésiastes et érudits provençaux à Jean Launay, qui prétendait apporter la preuve de la fausseté de la venue en Provence de la sainte[327]. Pour Saxer, la *Vita*, faussement attribuée à l'origine à Raban Maur par Guillelmus Cave, sur la base d'un manuscrit découvert au Magdalen collège d'Oxford, vers 1740, ne serait pas l'œuvre de l'écrivain carolingien mais d'un obscur homonyme, écolâtre d'Oxford vers 1456[328]. Cette hagiographie révèle, en effet, des thèmes typiquement bernardins qui la rattachent à l'œuvre tardive d'un faussaire du *scriptorium* cistercien de l'abbaye de Clairvaux, au XIIe s.[329] Elle inspire à Arles, vers 1210, Gervais de Tilbury, qui dans son *Otia imperialia*, une encyclopédie compilatoire des « merveilles du monde » en l'honneur de l'empereur Othon IV, fait état de l'arrivée des saintes en Camargue dans une barque sans voile ni gouvernail. Un argument que les défenseurs de l'authenticité du texte, théologiens et spécialistes des diverses doctrines, écartent en rappelant que Raban Maur avait lui-même, le premier, exercé une influence très nette dans l'œuvre et le rayonnement spirituel de Bernard de Clairvaux[330]. Au XVIIIe s., le bénédictin allemand Dom Bernard Pez, avait déjà souligné dans l'œuvre bernardine intitulée « Traité de la Passion de notre Seigneur », des traits manifestement empruntés à Raban Maur.

325 Faillon 1865.

326 Gervais de Tilbury : Otia imperiala ; Jacques de Voragine, La Légende Dorée ; Arnaud 2005, 128.

327 Feuillas 1988.

328 Cave 1745, 38.

329 Saxer 1954 ; 1959.

330 Doumergue 2004.

Fig 234 - « L'oreiller des Saintes », à droite, comparé à l'antérieur droit du taureau mithriaque d'Ostie, à gauche (photo L. Long)

Aujourd'hui, le doute subsiste laissant dos à dos les partisans de l'une et l'autre cause, même si certains auteurs considèrent que le texte de Raban Maur renvoie réellement aux premiers temps du Christianisme. Selon eux, il est encore permis à cette époque qu'une femme annonce l'évangile aux habitants de Marseille et convertisse leur roi et leur reine, une position beaucoup moins envisageable au Moyen Âge dans la doctrine catholique.

Ainsi, contrairement à la mentalité de la pensée chrétienne primitive, Marie-Madeleine a longtemps été oubliée, progressivement mise à l'écart par la misogynie et les choix canoniques des Pères de l'Église qui ont glorifié, au contraire, le culte de Marie. Au demeurant, si la sainte avait réellement pris part à la christianisation de la Provence dès le Ier s. ap. J.-C., on peut penser comme Jean Guyon que les évêques du Ve s., qui se querellent sur l'antériorité de la conversion de leur ville, n'auraient pas manqué de le mentionner[331].

S'appuyant, pour sa part, sur le martyrologue de Sainte-Arménie, conservé à l'abbaye de Flavigny, le chanoine Jean Marilier, spécialiste d'histoire religieuse, rappelle que les témoignages sur l'arrivée des saintes en mer gauloise sont bien antérieurs aux légendes de Vézelay et Montmajour (fig. 233)[332]. Au vrai, le culte de la pécheresse de Béthanie, témoin de la résurrection du Christ, n'apparaît en Occident qu'entre le VIIIe et le Xe s. et deviendra ensuite un modèle de dévotion pour les pénitents et les ermites. Il se développe en France, dans la 1ère moitié du XIe s., sous l'influence des moines de Vézelay qui prétendent avoir récupéré le corps de la Sainte dans un sarcophage provençal, provoquant la multiplication des sanctuaires magdaléniens[333]. On compte, en effet, cent-seize mentions de lieux de culte entre 1100 et 1146, période durant laquelle Vézelay devient le lieu de prédication de la 2ème croisade. Lorsque son influence décroit au XIIIe s., les relais sont pris par l'abbaye de Montmajour qui propage l'épisode de l'arrivée des Saintes en son prieuré maritime des Saintes-Maries, reçu probablement en 1078 ou 1080 de l'archevêque d'Arles, Aicard, au moment de son excommunication. Les moines de Montmajour possèderont l'église appelée alors Sancta-Maria de Ratis, jusqu'à la suppression de l'Abbaye, en 1786. Au début du XIIe s., ils favorisent le détour des pèlerins de Compostelle, sur le chemin de Saint-Gilles, par le bac de Port-Arnaud sur le Petit Rhône, pour honorer le lieu sacré du débarquement désormais baptisé Sancta-Maria de Mari. Ils incluent ensuite, vers 1170-1180, le prieuré primitif au sein d'une imposante église puissamment fortifiée, au carrefour d'architectures carolingienne et romane[334]. Servant de refuge à la population en cas de raid ou d'invasion, c'est là qu'aura lieu lors d'une fouille, sous l'impulsion du roi René, l'invention des reliques en 1448, effectuées dans « une vieille crypte » de structure voutée[335].

Fig 233 - Raban Maure, à gauche, manuscrit (photo bibliothèque nationale, Vienne)

[331] Laurant 2012, 49.

[332] Marilier 1963, 72.

[333] Jansen 2002.

[334] Gautier-Descottes 1879.

[335] Procès verbal d'élévation des reliques (Archives départementales).

Fig 235 - Barques saintoises, au fond les antennes de la télégraphie sans fil (carte postale)

Sur ce point, il est possible que le fragment de marbre retrouvé sous les crânes, baptisé « L'oreiller des Saintes », appartienne à un groupe au Mithra tauroctone, un culte diffusé au Ier s. ap. J.-C. dans la vallée du Rhône jusqu'à Trèves par les soldats romains. Dans ce cas, ce relief a été débarrassé de l'anatomie la plus visible du bovidé : sabot, ergot et paturon, afin d'effacer toute trace de l'ancien culte. Il a ensuite été désépaissi avec régularité et lustré. En dépit de ces amputations, il s'apparente encore à l'antérieur droit replié sur lui-même du taureau sacrifié, comme sur la statue du *mithraeum* d'Ostie (fig. 234).
Il faut noter également la présence d'un autel votif en marbre, peut-être retiré de la maçonnerie de l'église, dédié aux *Iunones Augustae*, la forme plurielle dérivée de la déesse *Juno*, une variante des déesses mères, remplacé localement aujourd'hui par le culte des trois Maries. Dans le même temps, Arles, avec les récents aménagements de la primatiale de Saint-Trophime, se dote au milieu du XIIIe s., comme le confirment les bois de son batardeau, d'un nouveau pont de bateaux au contrefort monumental[336]. Il unit, par le Rhône, la Provence au Languedoc oriental et suscite l'admiration des pèlerins. Puis, c'est en 1315 que la Confrérie des Saintes-Maries voit le jour, avec la mission d'honorer et de protéger ce culte local. L'un des textes originaux, conservé aux archives de Montpellier, qui situe l'arrivée des Saintes : *"ubi mari Gallico Rhodanus recepitur"*, "dans l'endroit où le Rhône se jette dans la mer des Gaules", désigne donc le bras antique de Saint-Ferréol. Débouchant tout près du village des Saintes-Maries, il est encore actif au XIIe s., au moment où se fixe pour Victor Saxer la légende apocryphe.

Les fouilles récentes conduites sur les dépotoirs portuaires d'Arles et des Saintes-Maries-de-la-Mer ont mis en valeur un très riche mobilier daté du règne de Claude, contemporain de l'événement. De Méditerranée orientale proviennent d'abord des amphores grecques (Ier-IIIe s.), puis celles des provinces levantines, notamment les vins d'Ascalon et de Gaza (IVe-VIe s.), tandis que plus généralement les commerçants syriens sont attestés en Gaule par l'épigraphie dès le Haut Empire[337].

336 Long et al. 2016, 69.

337 Lambrechts 1937, 38.

Fig 236 - La station de télégraphie sans fil des Saintes-Maries (carte postale)

Peu courantes mais néanmoins attestées au Ier s. ap. J.-C. sur les sites littoraux et les dépotoirs portuaires du Sud de la Gaule, la vaisselle commune levantine, de Beyrouth et de Galilée, ne correspond pas à des cargaisons mais à des produits d'accompagnement[338]. Ces circuits maritimes au long cours, impliquant aussi le transport de voyageurs, ne sont donc pas antinomiques avec l'épopée transmarine de chrétiens ostracisés[339].

Au demeurant, de nombreux textes, qui commentent ou enjolivent la tradition provençale, mentionnent dans le paysage local une mystérieuse roche ou une terrasse de blocs sur laquelle aurait accosté la barque. Le delta du Rhône étant par nature une terre d'alluvions, la présence d'une roche naturelle y serait très étrange. Ainsi, en 1357, Jean de Venette, chanoine des Carmes à Paris, écrit dans un long poème : *« En la mer sur une roche, souvent la mer a eux approche, mais ne leur fait mal ne grevance, ne point au lieu point ne s'avance, cilz lieux se dist et fait nommer aux Deux Maries de la mer, illec sont près du rivage ».* En 1521, Vincent Philippon, dans son *« Histoire légendaire des Sainctes Marie Jacobé et Marie Salomé »*, évoque cette roche : *« le dit naville arriva environ trois mille de ce présent lieu que a un rochier que la mer couvre a ceste heure ».* En 1647, c'est au tour de Jean-Baptiste Guesnay, Apostolat de Marie-Madeleine, de reprendre ce détail : *« Et devant la chapelle une croix de fer, que les plongeons qui se jettent dans la mer trouvent encore aujourd'huy toute entière et droite à costé du rocher sur lequel estoit bastie la chapelle ».* Enfin, le Chanoine Augustin Mazel, en 1935, pense avoir localisé précisément ce banc de roche et donne même sa superficie : *« De nos jours les pêcheurs affirment qu'à deux milles de la mer, à la pointe d'un triangle équilatéral qui aurait pour base l'église et la Sans-Fil, on trouve à 10 m de profondeur un rocher qui a une surface de 100 m de côté environ »*[340]. On peut donc se demander si cette terrasse, relativement étendue, n'est pas liée au souvenir d'un vieil édifice antique, on pense à l'*artémision*, que la profondeur estimée à 10 m situe aujourd'hui sur un ancien rivage du Haut-Empire. Toutefois, nos plongées de vérification en 2010, sur les indications de l'abbé Mazel,

[338] Pellegrino 2009.

[339] Bigot, Duperron, Long 2016.

[340] Mazel 1935, 125-126.

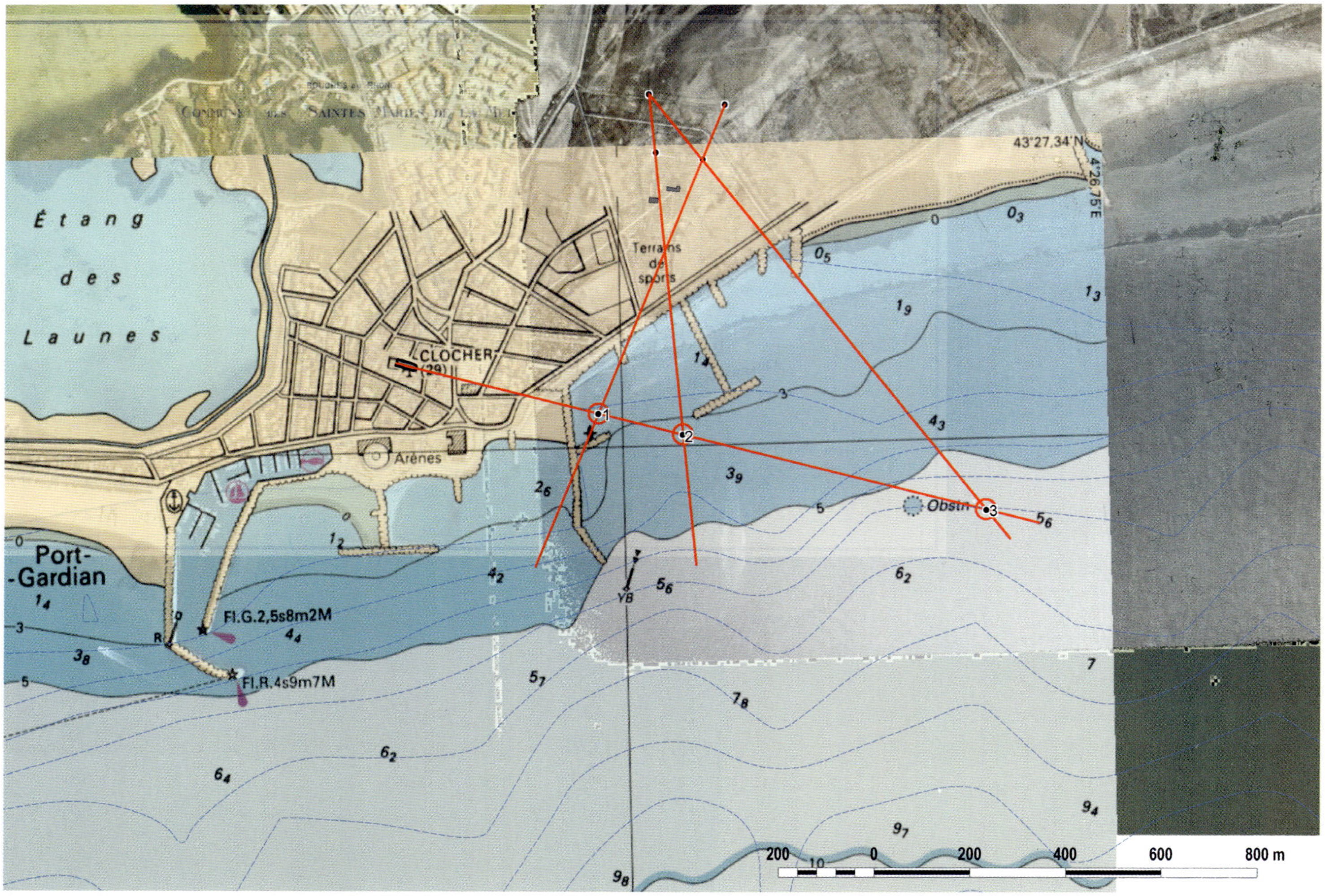

Fig 237 - A la recherche du « rocher des Saintes » (carte L. Masselin)

à la pointe du triangle basé d'un côté sur le clocher de l'église et de l'autre sur les ancrages au sol des antennes de la station télégraphique « sans-fil », détruite en 1944, n'ont donné aucun résultat (fig. 236).

Les repérages menés avec Laurent Masselin (Explogéo), le géomaticien de l'équipe, démontrent que tous les triangles isocèles possibles, depuis les antennes et l'église, se projettent en mer trop près du bord, par 5 à 6 m d'eau maximum. Une anomalie, cependant, considérée comme une obstruction sur la carte marine, près du sommet de l'un de nos triangles, n'a toujours pas pu être vérifiée (fig. 237). Par ailleurs, des plateformes semblables aux abords du grau d'Orgon, à 11 m de fond, correspondent aux vestiges de plusieurs édifices récents : redoute, sémaphore, batterie et poste de douane.

Si le mystère de cette roche reste entier, une nouvelle découverte faite récemment en plongée, par Pascal Chabaud, nous interpelle. Les fondations d'un bâtiment inconnu, constituées de gros blocs et de pierres plus petites, sur 30 m de long et 7 ou 8 m de large, gisent à 300 m plus au sud, dans le prolongement de la redoute du Grau d'Orgon. Sa position au large, très éloignée du bord, à 11,50 m de fond, ne s'articule apparemment pas avec le groupe des bâtisses modernes installées près du Petit Rhône, au XVIIIe s. Si nos plongées de contrôle, en 2021, se sont heurtées à un très fort ensablement du site, une expertise poussée, dès que le banc de sable aura bougé, permettra de lever le voile sur ces vestiges qui sont d'emblée très intéressants.

Partie 3 : **Des croisades au Marquis**

Fig.238 a - Coffret de changeur de l'épave Palud 1 ou l'influence économique de Constantinople (photo P. Foliot CCJ-Cnrs)

DU MOYEN ÂGE À L'ÉPOQUE MODERNE

Au début du Moyen Age

Au Bas-Empire et durant l'Antiquité tardive, Arles, devenue résidence impériale, est une métropole chrétienne dynamique et prestigieuse qui connaît une forte croissance démographique. Les fouilles subaquatiques dans le Rhône mettent en exergue la densité économique des échanges dans le dépotoir portuaire de Trinquetaille, au niveau de la gare maritime, au IVe et au début du Ve s., tandis qu'une aristocratie aisée, qui laisse de très beaux tombeaux de marbre aux Alyscamps et dans la nécropole de Saint-Genest, à Trinquetaille, tire sa richesse de l'exploitation des grands domaines et du trafic fluvial. La période constantinienne constitue surement l'ère la plus faste de l'histoire de la cité et se poursuivra jusqu'à Théodose. Une rupture historique importante est marquée à la mort de ce dernier, en 395, lors du partage définitif de l'Empire entre ses deux fils, Honorius pour l'Occident et Arcadius pour l'Orient. Mais de l'Oural aux Alpes, les grandes plaines russes et celles du nord de l'Europe sont toujours un boulevard pour les hordes de cavaliers germaniques sans aucune barrière naturelle, excepté le Rhin et le Danube. L'empire romain d'Occident, débordé par les vagues migratoires et les invasions, se fractionne en royaumes barbares. Les périodes de troubles affectent bientôt durablement le volume des échanges tandis que la sécurité des routes commerciales n'est plus assurée. Arles, entre 411 et 587, est assiégée ou menacée quatorze fois et envahie à quatre reprises[341]. Ainsi, après la prise de Toulouse et de Narbonne, en 413, si les Wisigoths échouent devant Arles et Marseille, ils occupent tout le sud-ouest de la Gaule. Siège des Sept provinces, sous Honorius, en 418, alors que celle de Narbonnaise disparaît, Arles devient la capitale de la Viennoise, qui regroupe désormais la Narbonnaise et l'Aquitaine, et résiste encore aux Wisigoths en 425, puis en 453 et 458. Si des historiens considèrent que la fin du Ve s., et l'année 476, avec la chute de Romulus Augustule, sonnent le glas de l'empire romain d'Occident et le passage de l'Antiquité au haut Moyen Age, on parle encore en Provence d'Antiquité tardive jusqu'au VIIe s. Il est cependant une erreur de croire que l'Empire a totalement disparu après le dépècement des provinces occidentales par les Barbares car ceux-ci se sont fondus dans la romanité. En outre, l'empereur qui règne à Constantinople exerce encore une autorité théorique sur l'ensemble des royaumes. En maintenant les Arabes et les Turcs à l'écart de la Méditerranée septentrionale, il préserve ainsi les traditions de l'ancien monde et le commerce maritime, en dépit du ralentissement de la navigation[342]. Les voyageurs, les pèlerins sont nombreux, les moines orientaux se déplacent beaucoup aussi et évangélisent la Gaule, comme Saint-Honorat, originaire de Nicomédie, nommé archevêque d'Arles en 427. La vie sociale répond toujours aux lois romaines et reste empreinte des mêmes mœurs, même si la mort de Majorien en 461 annonce déjà à Arles cette rupture. La relation privilégiée entre la ville et le fleuve nourrit néanmoins encore une activité importante, car le Rhône représente toujours un axe commercial majeur. La cité demeure un grand port méditerranéen où l'on trouve de tout, car de nombreux marchands étrangers la fréquentent et font venir des produits d'Europe, d'Orient, d'Inde, d'Asie centrale et d'Extrême-Orient. Soumise, dans le même temps, aux risques d'invasion, de razzia et de piraterie, la Camargue reste un enjeu pour la Chrétienté. En 513, profitant des faveurs du roi goth de Ravenne, Théodoric-le-Grand, et de la *pax ostrogothica*, Césaire, l'évêque d'Arles, représente en Gaule le pape Symmaque. Il évangélise les populations du delta et les campagnes fortement imprégnées de cultes païens, transformant d'anciens lieux de culte en édifices chrétiens. C'est peut-être sur un ancien temple, comme cela a été souvent avancé, qu'il fonde l'église *Sancta-Maria-de-Ratis*, qu'il lègue à sa mort, en 542, à son monastère. Ce qui reste alors des nombreux bâtiments publics romains du Haut Empire et des temples

[341] Teyssier 2016, 337.
[342] Pirenne et al. 1995, 16.

païens, jugés impies par les Chrétiens, est démembré au profit des chantiers épiscopaux et de la consolidation des remparts.
Au niveau économique, si le négoce maritime au VIe s. en Méditerranée occidentale est contrarié par les troubles politiques et la piraterie, les marchands syriens, juifs, africains et grecs, sont encore fortement impliqués dans les échanges avec l'Afrique byzantine et la Méditerranée orientale. C'est notamment le fruit des entreprises de reconquête de l'Occident lancées depuis Constantinople par l'empereur Justinien. Les négociants orientaux sont dans toutes les grandes villes comme Marseille, Narbonne, Bordeaux, Arles, Vienne, Lyon, Orléans. Les produits, qui arrivent toujours à l'embouchure du Rhône de Saint-Ferréol, au débarcadère d'Ulmet et dans le port de Fos-sur-Mer, remontent jusqu'à Arles, au quai de Trinquetaille, comme l'atteste l'étude du dépotoir fluvial. Dans un monde où grandit l'insécurité, le goût du luxe reste très répandu révélant un contraste important entre les fastes de la société aristocratique et la pauvreté des classes inférieures. Les rois barbares recherchent des objets d'art somptuaire et l'église, qui condamne cette mentalité chez les fidèles, adopte au Ve et au VIe s. des reliquaires incrustés de pierreries et des textiles qui décorent les autels et les vêtements liturgiques[343]. Mais le passage de la ville et de la Provence sous l'autorité des Francs, en 536, augure un peu plus encore cette fois la fin de la romanité et la rupture avec l'empire byzantin. Ce tournant politique très important, au moment où l'église des Gaules est désormais sous la coupe des évêques de Paris et de Lyon, marque le déclin d'Arles au profit de Marseille. Ouverte sur la mer, la vieille cité phocéenne fait preuve, sous la domination des Francs, d'une meilleure vitalité en Méditerranée occidentale, comme l'attestent les fouilles du Lacydon. Relativement épargnée des crises qui secouent la Provence, Marseille bénéficie d'une certaine autonomie et profite de l'activité des commerçants orientaux qui jouissent encore de la liberté de culte[344].
La période qui suit n'est guère plus favorable à Arles, ravagée par une nouvelle série de sièges militaires, de saccage des campagnes et de terribles épidémies. Partie d'Égypte en 541, une grande peste touche Constantinople puis pénètre en Gaule par le Rhône, avec les marchandises d'Orient où, selon Grégoire de Tours, elle dépeuple Arles et sa région. La ville est ensuite au centre du conflit qui oppose en 566 le roi mérovingien Sigebert Ier à son frère Gontran, tandis qu'en 571 des bandes lombardes venues d'Italie par les Alpes prennent Avignon et délabrent la région jusqu'en Crau. En 585, les Wisigoths et les Francs se disputent encore la ville soumise quelques années plus tard à une nouvelle épidémie de peste qui frappe toute la Provence, en 597. Outre l'insécurité persistante, les conditions de vie en Camargue sont rendues difficiles par les crues du Rhône. Celle qui touche Arles, en octobre 580, est particulièrement violente. Dans cette période de repli, les habitants se réfugient d'abord derrière l'ancien mur romain restauré par Théodoric en 508, puis au cœur de la vieille cité, dans l'amphithéâtre transformé en citadelle urbaine, qui regroupe désormais deux chapelles et 200 habitations. On parlera encore jusqu'en 1397 de ce « *fortalitum arenarum* ». Mais ces troubles et ces épidémies à répétition, sur fond d'anomalies climatiques, n'empêchent pas à une série de petits habitats, du VIe au VIIIe s., de survivre en Camargue loin de la protection des murailles de la ville et de son *castrum* improvisé. Son territoire est si vaste que ces petites implantations rurales contribuent à alimenter le marché interne de la ville, même si les artisans ne fabriquent que le strict nécessaire. Le *vicus* de Cabassole au nord de l'étang de Vaccarès et ceux du Carrelet et des Combettes, sur la rive gauche du Rhône de Saint-Ferréol, se maintiennent jusqu'au VIIIe s., sans doute grâce à l'exploitation du sel[345]. En 824, on dénombre cinq maisons à Fumières et huit au lieu-dit les Roubines, dont la toponymie désigne visiblement des canaux de drainage pour l'assèchement des terres[346]. Avec le colmatage progressif du paléochenal de Saint-Ferréol et dans un monde de moins en moins peuplé, ces maisons disséminées et ces fragiles habitats ruraux sont définitivement abandonnés au IXe s., sans pouvoir muter en paroisse villageoise. Au demeurant, après les conditions climatiques et hydrologiques défavorables en Camargue, du VIe s. au VIIIe s., les analyses anthracologiques sur les restes de charbon de bois de la station d'Augery, plus près d'Arles, au nord du delta, dans le quartier de la Corrège, concluent à une période d'expansion, de drainage et de défrichement précoce de la zone, aux IXe s. et Xe s.[347]
Si les sources sont muettes sur la navigation dans le bas Rhône à la fin de l'Antiquité et sous le haut Moyen Age, la situation géostratégique d'Arles au niveau du trafic fluviomaritime, permet de maintenir une activité lucrative qui relève la ville de ses ruines. La navigation est cependant bien moins active qu'aux périodes précédentes car la Méditerranée souffre de la désorganisation des structures du grand commerce international et des grands ports, à laquelle celui de Rome ne fait pas exception.

343 Beurdeley, 1985, 90.
344 Pirenne 1937, 57 ; Bonifay, Carre, Rigoir 1998, 378.
345 Landuré, Martin, Pasqualini 2004.
346 Stouff 2000, 17.
347 Durand 1992.

Fig.238 b -Dévasage de l'épave Palud 1 (photo P. Foliot CCJ-Cnrs)

Seule Constantinople, au VIe s., nouvelle capitale administrative de l'Empire, peut rassembler une flotte importante constituée de liburnes à deux rangs de rames, et imposer sur mer l'ancienne puissance liée à Rome. L'épave de commerce *Palud 1*, naufragée dans les eaux de Port-Cros (Var), dans la deuxième moitié du VIe s. véhicule une grosse cargaison d'amphores à huile africaine et de vin oriental. Elle illustre parfaitement l'une de ces « naves transmarines » citées par Grégoire de Tours, qui accostent à Marseille chargées d'huile, de sauces de poisson et de divers autres produits[348]. Le coffret de changeur, miraculeusement conservé à bord, avec sa balance à plateau et ses petits poids monétaires, dont l'un porte l'effigie des empereurs byzantins, servait d'étalon aux échanges[349] (fig. 238 a, b). Dans la Charente, l'épave du caboteur fluviomaritime à fond plat *Port Berteau II*, de 14 m de long pour une dizaine de tonnes de charge, qui chavire au début du VIIe s., illustre peut-être les jalons de la navigation mixte à cette époque. Ce type de « construction à carvel », avec des virures assemblées à franc bord sur un principe membrures premières, n'était attesté jusque-là dans les sources écrites qu'au XVe s.[350] Avec l'extension arabe, au VIIe s., qui tisse entre l'Afrique et le Moyen-Orient un immense réseau de traite d'esclaves, la navigation est devenue plus dangereuse et aléatoire en Méditerranée occidentale, une rétraction indéniable du commerce maritime qui se poursuit au VIIIe s. Seule Byzance et les côtes qu'elle défend autour d'elle entretient une navigation commerciale protégée par la flotte impériale vers une partie des eux grecques, de l'Adriatique, l'Italie et la Sicile. A cette époque, les ateliers de charpenterie navale arlésiens, situés au bord du Rhône, hors des remparts, sont en première ligne lors de raids. En outre, privés de commande, de personnel qualifié et de matière première, ils périclitent et perdent leur savoir-faire, une perte générale de compétence qui va entraîner des mutations dans la construction navale locale.

[348] Historia Francorum, 5, 5.
[349] Long, Volpe 1994.
[350] Rieth et al. 2001.

La chute des échanges en Méditerranée est compensée par le développement économique autour de la mer du Nord et des fleuves comme le Rhin et la Meuse, qui connaît son apogée sous Charlemagne. Un marché qui maintient encore l'activité transversale du Rhône en Gaule, comme le démontre l'étude des monnaies[351]. Dans le même temps, les épaves maritimes laissent moins de traces tangibles et nous privent d'une partie des informations. Jusque-là constituées d'amphores et de vaisselle, ces lourdes cargaisons de terres cuites de masse, imputrescibles, qui jalonnaient les échanges à longue distance, se raréfient. Les amphores sont remplacées par des contenants en matériaux périssables (bois, toile) ou par des produits en vrac. Ainsi, au début du VIIIe s., un élément directeur, la céramique fine africaine, ne persiste plus que sur quelques sites côtiers comme Marseille, Carthagène, Naples ou Rome.

Avec ces bouleversements, l'architecture navale méditerranéenne est marquée par des mutations techniques importantes vraisemblablement liées à une perte de technicité. On observe notamment le passage à un processus de construction « membrure première », qui sous-entend désormais que la forme du navire est définie par son squelette. Les membrures jouent un rôle actif dans la structure de la coque, à la place des virures de bordé. Par ailleurs, lors de l'assemblage du bordage à « franc-bord », les chevilles qui bloquaient habituellement les tenons dans leur mortaise, disparaissent. L'épave *Tantura A*, près de Dor en Israël, qui date du VIe s., confirme ces innovations architecturales[352], comme plus près de nous l'épave *Saint-Gervais 2*, à Fos-sur-Mer, dans la première moitié du VIIe s., avec un chargement de blé, d'amphores africaines et orientales[353]. D'autres innovations voient le jour durant ce siècle avec la généralisation de la voile latine qui remplace en Méditerranée la traditionnelle toile carrée[354].

L'arrivée en Afrique dès le Ve s., depuis le nord de l'Europe, des Vandales, qui se découvrent une vocation maritime et se lancent dans la piraterie et la construction de navires, active peut-être très tôt les transformations techniques que vont connaître à partir de cette époque l'architecture navale et l'art de la navigation.

Au VIIe et au VIIIe s., le port de Fos présente néanmoins encore les traces d'une activité maritime internationale, comme le confirme cette même épave Saint-Gervais 2 et les mentions d'un *cellarium fisc*i, un entrepôt du fisc, tandis qu'une voie terrestre plus sûre se développe déjà entre Marseille et Arles, dans la seconde moitié du VIIe s.[355]

L'épave Saint-Gervais 2, que nous venons de citer, illustre encore à cette période la pérennité des courants commerciaux transméditerranéens attestés aussi dans les fouilles terrestres. Mais, la navigation au long cours décline fortement à partir de cette époque sur toutes les côtes de l'Occident et le *cellarium* de Fos se vide avant d'être probablement incendié. Signe des temps, la chancellerie mérovingienne cesse désormais d'utiliser le papyrus au profit du parchemin, tandis que les épices, qui voyageaient sur les mêmes bateaux, disparaissent aussi de Gaule[356]. Au niveau politique, à partir de 673-675 un patrice dirige la Provence et siège à Marseille ; il disparaît sous les Carolingiens qui divisent la Provence en comtés. Un comte siège alors à Arles qui n'est plus alors qu'une ville parmi d'autres.

Des *gabarres* sarrasines aux allèges d'Arles

La fin de l'Antiquité est marquée, on l'a vu, par une longue période de troubles où Arles est tour à tour la proie des rois wisigothiques, des Ostrogoths, des Francs, des Burgondes et de l'action par mer des Sarrasins. Le VIIIe s., avec la conquête de l'Espagne wisigothique, en 711, par Tariq Ibn Ziyad, et la création de la préfecture arabo-berbère d'Al-Andalus, voit l'émergence de la piraterie musulmane. Ces incursions nourrissent l'insécurité de la côte provençale et menacent dès 714 la basse vallée du Rhône, avec notamment la destruction de l'abbaye de Psalmodie. Précurseurs de la navigation astronomique, ils disposent sur leurs galères d'une chiourme performante mais savent aussi naviguer à la voile contre le vent. Comme le dira bientôt Ibn-Khaldoun, historien arabe du XIVe s. : « Les Chrétiens ne peuvent plus faire flotter une seule planche sur la mer »[357].

Les relations entre l'Occident et l'Orient se poursuivent néanmoins car les Arabes, commerçants expérimentés, n'ont aucun intérêt à nuire au négoce. Mais en 735, selon la tradition littéraire, lors d'un débarquement, le gouverneur arabe de Narbonne, Jussef Ibn Abd-er-Rhaman, parvient à occuper Arles en usant de complicités locales[358]. Le danger est latent, Marseille est pillée par les Sarrasins en 838, puis par des pirates grecs dix ans plus tard. Jadis principale étape entre l'Occident et le Levant, la cité phocéenne ferme ses arsenaux et se limite à des activités de pêche. Comacchio, le grand port de la vallée du Pô, profite de la cessation du trafic oriental avec le golfe du Lion tandis que Venise, qui maîtrise l'art de construire les vaisseaux, détruit cette dernière en 875. La cité vénitienne joue désormais le rôle jadis dévolu à Marseille et contrôle

351 Morrisson 2008.
352 Pomey, Rieth 2005, 1778.
353 Jézégou 1985, 1998.
354 Pomey 2017.
355 Christol, Fiches 1999, 144.
356 Fustel de Coulanges 1892, 106.
357 Com'Nougue 2012, 89.
358 Pirenne 1992.

Fig.239 -Scène de chargement à Venise, manuscrit du XIIIe s. (Bibliothèque Marciana, Venise)

l'Adriatique tout en développant le commerce avec Alexandrie. C'est là que s'embarquent les passagers pour le Levant, qu'arrivent les épices, les reliques, les parfums, la soie et que s'exportent vers l'Égypte les bois de construction (fig. 239).

Quant aux Francs, qui gouvernent la région, ils ne sont pas marins et ne possèdent aucune flotte, ils renoncent donc à la mer et se résignent à la défensive sur terre. Les expéditions et les victoires maritimes de Charlemagne tout au long de son règne sont effectivement assez rares et sans lendemain, comme au début du IXe s. en Corse. Les deux points économiques sensibles de l'empire carolingien demeurent l'Italie du Nord grâce au commerce avec Venise, « la fille privilégiée de Byzance »[359], et les Pays-Bas pour le commerce frison et scandinave. Charlemagne et ses successeurs offrent ainsi aux abbayes et aux églises nombre de tissus précieux importés du Levant, tous imprimés d'oiseaux, de rinceaux et de combats d'animaux. Ces motifs sassanides très répandus chez les musulmans et les Byzantins sous le règne des empereurs iconoclastes qui, entre 730 et 843, proscrivent les images du Christ et des saints, vont fortement influencer le décor des monuments romans et des manuscrits.[360]

En 850, un nouveau raid sarrasin lancé depuis le massif des Maures vise Arles et la Camargue, mais le vent les empêche de reprendre la mer, ils sont alors mis à mort par les habitants. S'ils continuent de semer la terreur et remontent fréquemment le fleuve à la rame, ils ne sont pas les seuls puisqu'en 858 les Normands menacent Arles et Nîmes, poursuivant leur raid jusqu'à Valence. Avec le tirant-d'eau de leurs drakkars limité à 90 cm, ils empruntent à nouveau facilement le Rhône l'année suivante et hivernent en Camargue après avoir dévasté des monastères[361] (fig. 240). Avec le drainage des palus, des églises en terre et en bois sont édifiées le long du petit Rhône, ainsi qu'un château de terre sur sa motte, entouré d'un fossé, avant 869, par Rotland, l'évêque d'Arles, mué en chef de guerre.

Fig.240 -Invasion normande de 1066 (scène de la tapisserie des Bayeux)

[359] Beurdeley 1985, 172.
[360] Beurdeley 1985, 128.
[361] Rigaud 1991.

Fig.240 b -Navire musulman, miniature arabe du XIIIe s. (Bibliothèque nationale de France)

Mais en septembre, cette année-là, alors qu'il supervise la construction des ouvrages de défense, trois-cents de ses hommes sont mis hors de combat par les Sarrasins qui le capturent et établissent un port : *« In insula Camaria, in qua portum Sarraceni habere solebant »* (Annales de Saint-Bertin). Pour Fernand Benoit, les poèmes du Roman d'Arles situent ce port à la Roque d'Odor, à la sortie du Rhône d'Ulmet, près de l'étang du Galéjon, une éminence rocheuse aujourd'hui arasée qui servit encore d'amer pour de nombreux portulans médiévaux : *« Ad Odor ariberon las naus dels Sarasins…, Al port d'Odor vendron aribar, pueis meron si per la Crau, ad Arle anar… »*[362]. Il semble néanmoins, à la période médiévale, que cette éminence soit détachée du rivage, comme le confirment des enquêtes cadastrales en 1269 (*insulam de Odor*), puis en 1355 et 1375 (*insula Odoris*)[363]. Au bilan, si une galère mauresque échouée sur la plage d'Aigues-Mortes, en 1384, est capturée avec tout son équipage, ces « galeas », « azauras », « gabarres » et autres cumbaries sarrasines[364], associées à des caraques (de l'arabe *harraqa*) et des tarides (de l'arabe *taridah*), n'ont pas laissé de trace dans les sables de Camargue (fig. 240 b). Leurs voiles sombres génèrent néanmoins un climat très anxiogène à l'égard de la mer dans le delta comme sur tout le pourtour méditerranéen français. Plus qu'un ralentissement, cette domination navale islamique engendre donc la fin quasi-totale du commerce méditerranéen local et du transport des marchandises. Seules Naples, Gaète, Bénévent, Venise et Amalfi possèdent encore des navires mais se rapprochent souvent des Musulmans pour protéger leur commerce, assurant même le transport d'esclaves chrétiens de la côte dalmate, ce que leur reproche le pape[365]. Excepté l'arrivée à Rome et à la cour des souverains carolingiens de réfugiés orientaux qui parlent grec, notamment des artistes, savants et penseurs, il n'existe plus aucune source sur les marchands grecs et syriens jusque-là si actifs dans nos ports, aux époques précédentes. Une exception demeure au IXe s. pour les juifs radhanites qui parlent plusieurs langues et naviguent d'Aix-la-Chapelle jusqu'en Égypte, traversant ensuite l'isthme de Suez à dos de chameaux. Leur nom pourrait dériver selon certains spécialistes de « *Rhodanum* », le Rhône, qu'ils empruntent pour rallier le Nord de l'Europe.[366]

L'archéologie sous-marine, ce n'est donc pas un hasard, ne recense pour cette époque sur les côtes de Francie que des nefs sarrasines.[367] Au Xe s., quatre de ces navires à fond plat, liés au sud-est d'Al-Andalous et aux petits comptoirs entre les Baléares, Barcelone, la Garde-Freinet (*Fraxinetum*) et Nice, se perdent au large du littoral provençal et sont repérés dans la deuxième moitié du XXe s. grâce à la présence de jarres et de céramiques[368]. Au large de Saint-Raphaël, l'épave d'Agay, un navire de 25 m de long et 7 m de large, repose par 50 m de fond près d'une embarcation plus petite, de 8 à 10 m, sans doute une prise en remorque. Près de l'île Sainte-Marguerite, en rade de Cannes, gît par 60 m de fond l'épave du Bataiguier, tandis qu'un troisième navire a sombré à la Roche Fouras et un quatrième, *Plane 3*, près du rocher de l'*Estéou*, à Marseille, par 20 m de fond. Enfin, hors des eaux françaises, une cinquième épave, *Scoglio della Formica B*, s'est échouée près de Solunto, au nord de la Sicile.[369] Toutes ces embarcations très actives qui fréquentent les côtes d'Espagne, d'Afrique, d'Égypte, commercent avec les marchands juifs, ravitaillent les musulmans entre eux et se livrent à la piraterie. Pour défendre les iles de Méditerranée contre ces pirates musulmans, l'Empire byzantin, entre 1000 et 1057, enrôle même des mercenaires vikings.

---

362 Benoit 1955, 134 ; Haupt 2003.
363 Rigaud 1993, 1994 ; Marty 2017, 118.
364 Jal 1840, 252.
365 Gay 1904, 33.
366 Ibn-Khurdadbeh 1865 ; Lombard 1971.
367 Pour Augustin Jal, cumbaries ou gumbaria, qui désignent les navires sarrasins est la corruption de l'hébreu habarah devenu en grec et en vénitien gabara (Jal 1840, 252).
368 Azuar Ruiz 2009.
369 Richarté, Gutiérez Lloret 2015.

Fig.241 - Abbaye d'Ulmet au XVᵉ s (dessin J.-C. Golvin)

La rupture du trafic maritime n'est cependant pas totale puisque Louis L'Aveugle, en 921, octroie à l'archevêque d'Arles le privilège de percevoir des droits et tonlieux levés sur les « Grecs et autre hommes » (il s'agit en réalité des Amalfitains d'Italie du Sud), débarquant dans le port de la ville. Dès les années 1040, le comte d'Arles et le prévôt du chapitre se partagent la garde du château d'Albaron, droit de péage sur le sel idéalement placé sur les voies fluviales et routières qui mènent à la ville[370]. Plus tard, en 1116, plusieurs aristocrates arlésiens, dont Raymond des Baux, accompagnent avec leur propre nef le nouveau comte de Provence, Raymond-Bérenger III, de la Maison de Barcelone, dans une croisade contre les musulmans de Majorque[371]. Un peu plus tard, en 1154, le privilège de lever des taxes dans le port est renouvelé à l'archevêque d'Arles par l'empereur Frédéric Barberousse sur les navires « Lombards », c'est à dire les Génois et les Pisans qui se disputent le monopole du commerce de Méditerranée occidentale. Mais il faut bien garder à l'esprit que les territoires méditerranéens, jadis les plus vivants, sont devenus les plus pauvres et les plus menacés, l'axe de la civilisation occidentale étant repoussé vers le nord. En outre, le golfe du Lion se trouve désormais à l'écart des grands enjeux économiques et stratégiques de la Méditerranée occidentale, plutôt centrés à partir du XIIᵉ s. sur la Mer Tyrrhénienne et le « bassin hispano-maghrébin »[372]. Le littoral de la France méridionale n'est plus qu'un espace économique secondaire dans une mer intérieure dominée pour l'essentiel par les républiques marchandes liguro-toscanes et le *consortium* catalan.[373]

[370] *Courrier du Parc Naturel Régional de Camargue*, n° 33, Mars 1989 (spécial Mas de Camargue).
[371] Aurell 2008, 287.
[372] Carraz 2015, 645.
[373] Orvietani Busch 2001.

Mais les attaques, même ponctuelles, jouent chaque fois sur le moral des populations et entraînent leur dispersion vers Arles, au point d'imaginer comme Fernand Benoit une Camargue médiévale déserte et mal défendue, vide de toute agglomération. Ce qui, on va le voir, n'est pas tout à fait le cas. Au XIIe s. et au début du XIIIe s., les véritables seigneurs de la Camargue sont la famille des Porcelet qui, outre leurs propriétés et leurs domaines arlésiens, possèdent des vignes, des droits sur les salins et de très vastes étendues de friches et de marécages entre les Saintes-Maries, le Vaccarès et le Petit Rhône, pour l'élevage, la pêche et la chasse. Sur ce point, à Augery, les analyses archéozoologiques et carpologiques confirment l'importance et l'originalité de l'élevage orienté vers les taureaux et les bœufs, et la culture de l'avoine qui entraîne la généralisation de l'élevage du cheval[374]. Sur ce point, en 1210, 1233, 1335, des actes précisent que les habitants de Notre Dame de la Mer élèvent des taureaux et des juments qui paissent dans la pinède de Sylvéréal. En réalité, si l'espace est hostile et l'insécurité grandissante, une relative stabilité apparaît au milieu du XIIe s. et au XIIIe s., avec l'implantation des ordres religieux militarisés qui favorisent le défrichement, l'assainissement, le démarrage de l'agriculture et de l'exploitation du sel. C'est à cette époque que fleurissent les abbayes cisterciennes d'Ulmet (1173) en Camargue, de Franquevaux (1243), au nord de l'étang du Scamandre, et de Sylvéréal (1251), près de la crevasse fluviale des Touradons, en Petite Camargue, ainsi que les commanderies de l'ordre du Temple et des Hospitaliers de Saint-Jean de Jérusalem[375] (fig. 241). Toutefois, les exactions de Bérenger VII, comte de Toulouse, qui mène par le Rhône le siège d'Arles, en juillet 1240, brûlant de nombreuses granges et habitations en Camargue, mettent un frein à son peuplement. Du coup, dès 1247, un accord engage Arles, Avignon et Marseille à fournir 100 cavaliers et plusieurs navires pour défendre la Camargue durant les moissons et les vendanges[376]. De fait, la construction navale arlésienne est de nouveau assez active en ce milieu du XIIIe s., comme l'attestent de nombreux métiers basés sur le port : les marinarii (marins), ribairerii (fluviaux), canabasserii (chanvriers), corderii (cordiers), enfin les catafaterii (calfats), à distinguer des fustiers, simples fabricants de barque. L'activité de ces derniers va de pair avec la multiplication des installations dans les espaces fluviolagunaires et palustres adaptés à la navigation de petites barques à fond plat, durant le haut Moyen Âge[377], puis entre l'an mil et les années 1250-1300, avec le défrichement et l'émergence de nombreux bâtiments isolés : tours, mas, granges, castrum ou villa, fréquemment situés sur les berges du Rhône[378]. C'est avec ces petites embarcations rustiques et légères, dépourvues de quille ou de dérive, que les Saintois, dont l'église est à cette période à plus d'un demi-kilomètre de la plage, pêchent dans les étangs et dans la baie[379]. Mais au-delà de la piraterie, les dangers de la navigation déciment toujours autant les flottes commerciales au point que les statuts de la ville d'Arles, rédigés entre 1150 et 1202, mentionnent expressément la nécessité d'accorder des secours aux navires échoués ou en difficulté aux embouchures. Les *portarii* de l'archevêque d'Arles, au milieu du XIIe s., s'engagent même à mettre à disposition de l'église et du comte trois navires chacun pour conduire les marchandises étrangères entre les graus et la ville[380]. Mais le Rhône et la Camargue restent, à de nombreuses reprises, le théâtre d'escarmouches et de batailles rangées notamment lorsque les rivalités commerciales entre les cités maritimes italiennes déplacent le conflit armé sur les côtes de Provence. Dans la course au commerce occitan, les Génois, vers 1160, utilisent la brassière du Rhône (Petit Rhône) pour chasser et prendre à revers les Pisans jusque dans le fleuve. Par son embouchure du « Grau de la Chèvre » *(Portus de Capra)*[381], le Petit Rhône qui termine la baie d'Aigues-Mortes, mène les Pisans et les Génois jusqu'à Saint-Gilles, grâce à de petites embarcations. En 1263, dans un contexte de peur latente du pirate musulman, une nouvelle incursion sarrasine est signalée en Camargue où des farots, listés en 1302, communiquent entre eux pour prévenir la menace[382]. Lors de combats en mer, en 1291, on peut mesurer que les galères sarrasines sont beaucoup plus rapides que celles de Gênes. Vers 1300, Nostra Dona de la Mar, l'actuelle Saintes-Maries-de-la-Mer subit toute une nuit un raid de Sarrasins venus de Majorque. Si pour Raimond Feraud, moine de Lérins, qui rapporte le témoignage, ce sont bien des Sarrasins, il pourrait s'agir plutôt de pirates catalans. De fait, si la Castille se consacre essentiellement à la libération de la péninsule du joug musulman, l'Aragon, tourné vers la mer après l'annexion de la Catalogne, s'empare des Baléares, de la Sicile, et domine la Méditerranée occidentale. Ainsi, en 1334, un convoi organisé par des marchands de Narbonne, Montpellier et Béziers, provenant de Constantinople pour Aigues-Mortes, avec des cargaisons de cuirs, alun, cire et blé, est pillé par des équipages aragonais et majorquins[383]. La voie terrestre entre Marseille, Fos et Avignon, est désormais plus sûre que les routes maritime et fluviale, c'est ainsi que Salon, par Saint-Chamas et l'étang de Berre, jusqu'à la plage de

374 Durand 2003.
375 Beaucage 1982.
376 Borel 2011, 339.
377 Benoit 1932, 306 ; M. Charlet, 2004, 277.
378 Stouff 1986.
379 Morize 1914,314.
380 *Rossiaud* 2004, 18.
381 Pour Ph. Rigaud, Capra viendrait de cap de Ra, en référence au ratis des Saintes-Maries, ou de ras, le courant du Rhône de Saint-Ferréol.
382 Carraz 2015 ; Rigaud 2004, 285.

Fig.242 - Gisant de combattant catalan, XIVe s., détail, Musée Rigaud, Perpignan (photo L. Long)

Bouc, capte au détriment d'Arles une partie du trafic qui empruntait jadis le Rhône[384]. En 1398, après que le roi d'Aragon ait envoyé par le fleuve en Avignon une armée de galères et de gens d'armes pour soutenir le pape, les Catalans remontent à nouveau le Rhône, en 1423, après la prise de Marseille, et rompent la traille du bac d'Arles. Ils sont suivis peu après par les armées comtales, puis royales, qui recrutent de force des rameurs pour leur chiourme, en Crau et en Camargue. Les exactions des pirates catalans sont très fréquentes et la situation au bas Moyen Age ne s'améliore guère.

L'insécurité, les évènements politiques et militaires, cumulés aux difficiles conditions de navigation, réduisent le commerce arlésien à longue distance, confié aux marchands génois qui viennent charger le grain sur leurs navires à Arles même ou à Port-de-Bouc, pour les acheminer ensuite en Catalogne et en Toscane, par Gênes et la Ligurie. Dans ce commerce passif, les Juifs d'Arles jouent le rôle de courtiers et d'intermédiaires entre les marchands italiens, les patrons de navires et l'archevêque qui écoule la production de ses domaines camarguais. Refermée sur elle-même, la ville, grâce à son immense territoire, ne manque pas de blé, de laine, de peaux ou même du vermillon de la Crau, utilisé pour teinter les draps, mais elle emprunte beaucoup aux marchands italiens d'Avignon et ses boutiques, comme ses ateliers, attirent peu la clientèle extérieure. Avec ses terres basses et ses cultures brûlées par le sel, la Camargue, aux marais infestés de moustiques qui donnent le paludisme, n'est pas fertile. Elle représente avec le « champ de pierres » de la Crau, sa voisine, un grave handicap qui explique en partie le déclin d'Arles depuis le bas Moyen-Âge. Isolée au milieu de ses « déserts », l'*Urbs* romaine a perdu peu à peu toutes ses fonctions prestigieuses pour devenir une « capitale paysanne », une agro-ville, peuplée en grande partie de paysans et d'éleveurs[385]. A titre d'exemple, en 1445, le sieur Nicolas de Saint-Martin possède en Camargue 320 bœufs et 130 bêtes rossatines, des chevaux pour le tri et le trait[386]. En plein Occident chrétien, on note cependant à Arles, entre 1360 et 1472, un trafic d'esclaves vendus comme marchandises, aux mains de Florentins, Génois, quelques provençaux et des notables saintois. Si, au IVe et au début du Ve s., la cité romaine redistribuait encore les richesses à toute la Gaule, mille ans plus tard, le Rhône est déconnecté du grand trafic international. Les marchands d'Arles ne se déplacent plus sur mer et l'horizon géographique de son commerce et de son artisanat se limite à la Camargue, la Crau, la Montagnette, Fourques et Tarascon.[387] Concurrencées par celles des Saintes-Maries et du Peccaïs, ses salines surtaxées sont ruinées, si bien que le péage fiscal et le grenier à sel se déplacent à Tarascon. Outre les dangers liés à la piraterie endémique, notamment les raids des pirates basés au fort de Brégançon, Arles et la Camargue sont sur le passage des grandes compagnies signalées dans la vallée du Rhône dès 1356 (fig. 242). Il s'agit notamment des « routiers » de du Guesclin et du duc d'Anjou, aux ordres du roi de France, Charles V le Sage, qui ont pour mission de déstabiliser le comté de Provence. Ils marchent sur l'Espagne et profitent du départ du pape, lors du transfert du siège apostolique à Rome, pour ravager la région et assiéger la ville d'Arles, en 1368, détruisant nombre de bâtiments hors des remparts.[388] La marine marseillaise expédie dix-huit galères pour soutenir Arles et Tarascon, mais du Guesclin a coupé le Rhône entre les deux villes par un pont de bateaux garni de troupes qui repousse les Marseillais. La flotte marseillaise qui contrôle toujours la côte provençale enverra néanmoins de nombreuses patrouilles aux embouchures du Rhône. Ces méfaits récurents, souvent liés à l'arrivée par le fleuve de navires ennemis, pirates ou souverainistes, entraînent au XIVe s. la fortification des mas, dotés d'une tour et bâtis au centre du domaine agricole, où s'abritent désormais le propriétaire, ses domestiques et les ouvriers agricoles. Ce qui n'empêche pas, en 1396, un navire catalan de capturer une cinquantaine d'Arlésiens[389].

383 Jehel 1984, 175.
384 Février 1964, 201.
385 Stouf 1986.
386 Naudot 1948, 9.
387 Stouff 1986, I, 317 ; 2014, 302 ; Braudel 1966, 77.
388 Stouff 2000.
389 Stouff 2008, 132.

Le risque perdure au XVe s., puisque deux galiotes florentines remontent en 1431 une brassière du Rhône et enlèvent à leur tour des Arlésiens. A cette période, les épidémies de peste successives qui suivent l'itinéraire des navires génois et du grand commerce eurasiatique, sillonné de route terrestre, fluviales et maritimes, font perdre à la ville d'Arles, entre 1340 et 1440, plus de la moitié de sa population. Dix ans après la première épidémie, le nombre de personnes préposées au tirage du sel sur le Rhône est évalué aux deux-tiers de ce qu'il était avant le fléau. Mais il faut continuer à défendre la Camargue et bloquer l'accès aux bateaux ennemis, ce qui oblige le viguier d'Arles, en 1442, à noliser des navires armés, à Martigues. Cela n'empêche pas, en 1452, l'incursion par Ulmet de six navires catalans fortement armés, qui pillent et rançonnent les habitants[390]. A ces exactions, s'ajoutent les risques climatiques annonciateurs du Petit âge glaciaire, comme en février 1462, lorsqu'une sapine de Lyon est prise par les glaces à Tarascon. Les

Fig.243 - Tour du Baloard, carte du Rhône de P. Véran, 1799 (médiathèque Arles)

années qui suivent ne sont guère plus calmes. En 1467, le corsaire galicien Alonso Pinzon bloque la sortie du Rhône et empêche les barques génoises chargées de blé de regagner la mer.[391] Deux ans plus tard, deux navires catalans de Mallorca, en quête d'un mauvais coup, s'échouent en plage, sur le territoire d'Arles[392]. Pour lutter contre ces incursions, entre 1469 et 1472, la ville fait édifier près des embouchures le fort du Manusclat, puis une tour de défense et de contrôle, celle du Lion, dite du Baloard ou dels Grases (fig. 243)[393]. Ces édifices militaires, qui servent également de refuge aux travailleurs et aux baliseurs, émettent des signaux visibles de la côte en fonction des incursions de pirates et prélèvent les droits à l'entrée et à la sortie du territoire d'Arles. Dépêchées par un cavalier, les *letras de la costiera*, rédigées en occitan, émanent des villes et des villages provençaux qui sont témoins ou victimes de ces exactions et préviennent les autres localités littorales de l'éminence de ces raids[394]. A l'inverse, en 1473, une fuste catalane est arraisonnée par une *sagetia* appartenant à Percival Vento de Marseille. De fait, les villes côtières comme Marseille et Toulon n'hésitent pas à capturer des navires chargés de blé pour assurer leur propre ravitaillement. Durant cette période trouble, la plupart des petits habitats groupés de Camargue disparaissent et seule subsiste la ville fortifiée des Saintes-Maries-de-la-Mer, devenue un centre de pèlerinage. Le château d'Albaron occupe aussi depuis 1064 une position stratégique, au croisement du petit Rhône et de plusieurs routes.

Les conditions de sécurité s'améliorent ensuite et Arles devient grâce à son arrière-pays le grenier à blé des capitales méditerranéennes. Ainsi, en 1501, un commerçant génois qui s'y est installé peut expédier sans risque au départ de la ville une « *sagitiera* », sorte de galère mixte, chargée de 45 tonnes de blé pour Gènes. C'est peu par rapport aux capacités des grandes galéasses vénitiennes qui embarquent à la même époque jusqu'à 170 tonnes de fret, mais cela permet de descendre le Rhône et de franchir la barre sans encombre, Arles demeurant principalement un port de rivière. Les risques de perte et d'échouage sont tels, cependant, que les assureurs prélèvent une prime onéreuse de 5% sur la valeur transportée.[395]

En 1526, les installations portuaires de la ville s'agrandissent pour faciliter le chargement des navires arlésiens et étrangers tandis qu'en 1554 le creusement du canal de Craponne relie en aval d'Arles la Durance au Rhône et permet d'arroser la Crau. Pour améliorer les

[390] Bonnet 2000.
[391] Rigaud, Comte 1989.
[392] Rigaud 1984.
[393] Rigaud 1990 b.
[394] Rigaud 2006.
[395] Rigaud 2003, 2006 ; Balleto 1973.

conditions de passage à l'embouchure, une lettre-patente de Charles IX confirme en 1570 la pratique du pilotage et du balisage, tandis que l'édit de 1577 conforte Arles dans son rôle de « ville maritime », zone de transit et de rupture de charge entre la mer et le fleuve. Mais la cité s'implique aussi dans le cabotage fluvial vers le nord, entre les marchés beaucairois et lyonnais, tandis que vers le sud elle renoue des liens maritimes avec de nombreux ports de Méditerranée, tels Montpellier, Marseille, Toulon, Valence, Gênes, Livourne et Rome[396]. Mais au cours de la deuxième moitié du XVIe s., les épidémies, l'insécurité, les inondations, la rudesse des hivers, le déclin général des foires, les crises sociales et religieuses, font à nouveau entrer le monde méditerranéen dans une voie d'appauvrissement continu. Alors que les terres à blé de Sicile et de Provence assuraient un ravitaillement assez abondant et constant, il faut maintenant faire appel de plus en plus aux pays du Nord, jusqu'au monde baltique, pour remédier aux mauvaises récoltes et au déficit permanent. Arles n'échappe pas à un très fort endettement qui pousse la cité à vendre une partie de ses biens communaux. En 1587, le *gros Rhône* en crue provoque le détournement du fleuve vers l'ouest dans les terres de *Fumemorte* formant ainsi un nouveau chenal, le Bras de Fer, qui débouche au Gras (Grau) du Midy. Dans l'intervalle, pour que la navigation ne soit pas interrompue, sont creusés à mi-parcours du nouveau lit une vidange et un canal qui assurent le trafic fluvial jusqu'à son transfert sur le Bras de Fer.[397] En 1614, la tour du Tampan (Tourvieille), puis celle de Saint-Genest, complètent le système de défense sur le Bras de Fer qui sera fermé en 1711, son ancienne brassière étant occupée alors par le canal du Japon (fig. 244 a, b). Dans le même temps, avec la montée de l'intolérance religieuse, la basse vallée du Rhône devient le théâtre d'escarmouches entre protestants et catholiques et les premières cartographies des places fortes du delta voient le jour. Concentrés à Aigues-Mortes et Vauvert, les protestants, occupent des villages et des mas de Petite Camargue où ils plantent un pin parasol pour se reconnaître. Ils sont ravitaillés en armes par des flutes hollandaises, telle « *L'Espérance* », qui s'échoue au Grau de la Dent, en 1621. De l'autre côté du Petit Rhône, les catholiques arlésiens se sont dotés au moins depuis 1562 de frégates rapides, inspirées des *fargates* génoises et mues à la rame, pour contrôler les voies d'eau. En 1633, à la veille de l'entrée de la France dans la Guerre de Trente Ans, le bilan dressé par Henri de Séguiran donne quelques indications sur les forces navales

Fig.244 a -Carte des embouchures du Rhône, 1692 (Médiathèque d'Arles)

locales. Il précise par exempe que les habitants des Saintes-Maries n'arment qu'une dizaine de tartanes de 300 à 1000 quintaux, qu'ils sont contraints de mouiller au Grau d'Orgon, leur plage étant trop dangereuse. Durant cette période, les crues sont toujours aussi dévastatrices, emportant en 1647 le pont de bateaux d'Arles jusqu'à la mer où l'embouchure reste difficilement praticable. En 1651, une barque chargée de savon se perd au gras du levant, à l'aulne d'un nouveau courant commercial qui se développe depuis Marseille vers la foire de Beaucaire et la vallée du Rhône[398]. En février 1657, au cours d'un procès de quatre ans qui verra leur acquittement, les habitants et les pêcheurs des Saintes-Maries sont accusés du pillage d'une tartane génoise, échouée au Tampan avec son chargement d'or et d'argent[399]. Peu de temps plus tard, en 1664, les baliseurs sont accusés d'un manquement à leur travail lorsqu'une barque française à destination d'Arles s'échoue au « *Gras du Rhône* », entraînant la perte de l'équipage. A partir de 1666, les pilotes doivent désormais codifier les entrées du fleuve par

[396] Echalier 2003.
[397] Delattre, Navetat 2010, 13.
[398] Boulanger 1984.
[399] Illouze 1988, 33.

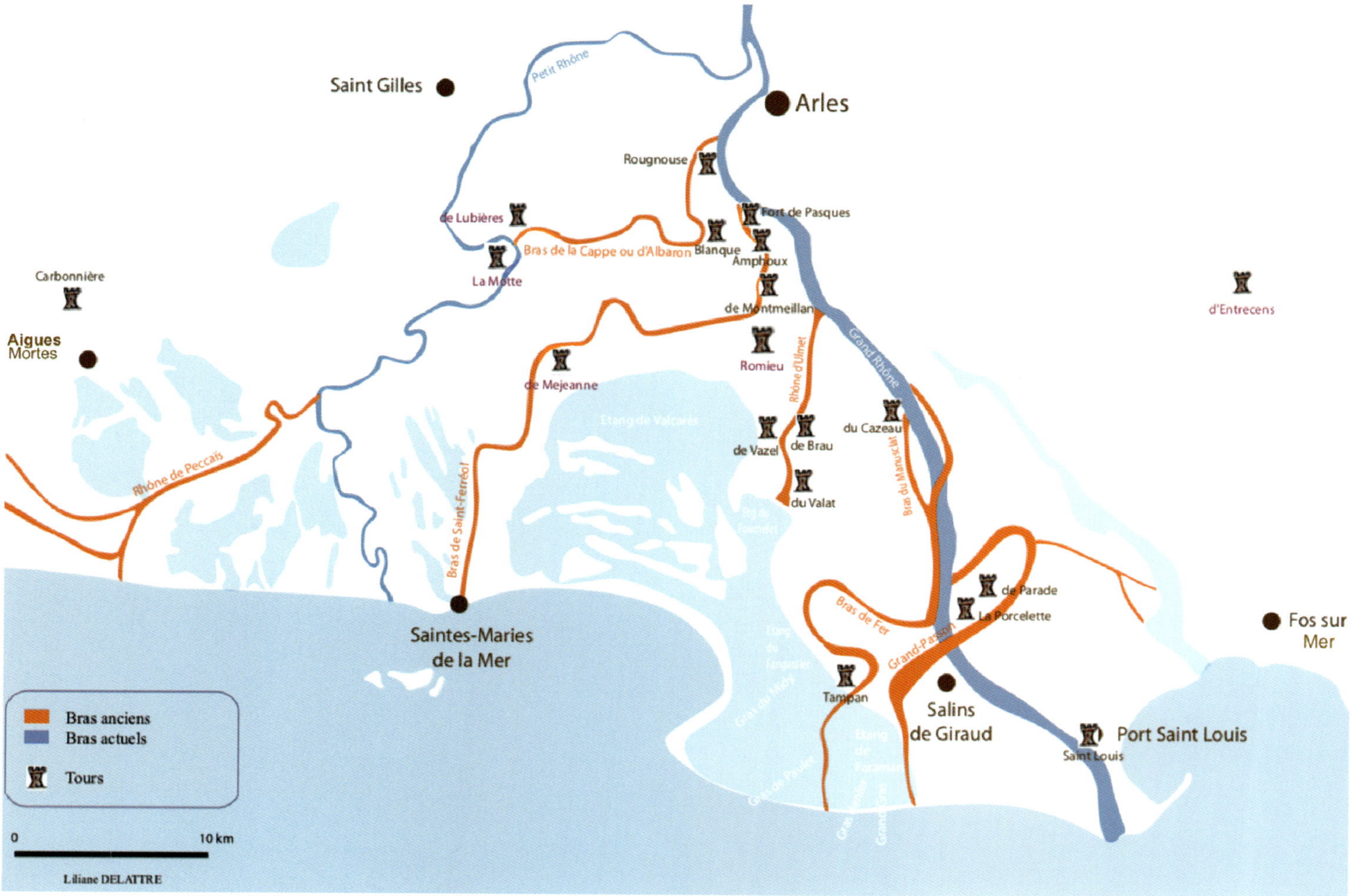

Fig.244 b - Carte des tours et des bras du Rhône (carte L. Delattre)

des signaux visibles sur des bigues depuis les navires, avec autant de fagots de joncs, paniers d'osier ou pièces de liège hissés, qu'il y a de pans d'eau. Le balisage ordinaire en prévision d'un banc de sable utilise des barriques en guise de bouées. L'entretien annuel de ces barils est confié par acte notarié à un pilote baliseur-signaleur tandis qu'on peut également louer les services d'un pilote pour descendre ou monter le fleuve. Toutefois, les incursions étrangères et la menace mauresque ne tarissent pas devant l'embouchure du Rhône, au point qu'un combat naval, en octobre 1671, engage quatre vaisseaux français, le *Dauphin*, la *Reyne*, le *Lys* et le *Juste*, contre douze fustes barbaresques, dont huit sont coulées.

Mais la situation géographique d'Arles et son rôle prépondérant dans la navigation deltaïque impose très tôt, en dépit des risques, de disposer d'un modèle spécifique de navire, à grandes capacités de charge et faible tirant d'eau, adapté à la fois aux navigations fluviale et maritime. A l'origine, les « maîtres de hache » arlésiens importent des coques de rivières conçues en amont, par les charpentiers de Condrieu, près de Vienne (Isère), qui sont achevées sur place. Elles sont ensuite entièrement fabriquées à Arles et adaptées à la navigation locale. Ce transfert technologique voit la naissance d'un voilier hybride, à fond plat et suffisamment toilé, qui va progressivement s'émanciper, d'abord dans les embouchures puis en prenant la mer, car il est habilement adapté aux eaux intérieures comme à la navigation côtière, même si par la forme de ses fonds il roule beaucoup par grosse mer. Dès 1337, lors d'une interdiction à l'encontre des pêcheurs de Beaucaire, Henri Bresc notait l'apparition dans l'espace provençal de la tartane et de la pêche dont elle est souvent éponyme. A l'origine, en effet, la tartane est un filet de pêche dont le nom a glissé au bateau qui le traîne. Mais l'allège d'Arles, liée à l'étymologie latine du verbe *alleviare*, « alléger », ne tarde pas à émerger à son tour. Selon les recherches de Philippe Rigaud, on trouve en 1377 sa première occurrence sous le terme *carata alegiatore*, dans un compte du sel du marchand italien Datini, aux salins de Peccais, suivie en 1420 par une *aleugadora*, dans un registre de péage arlésien[400]. Les mentions apparaissent en 1446, puis en 1526, où il est question de barques *aleuges* chargées de blé tandis que l'essentiel de la flotte arlésienne répond encore, jusqu'au début du XVIIe s., à l'appellation de barques et lahuts pour la mer, bette, coupe, beaussane, guindelle, courte ou ponchude, pour le fleuve. Conçue à l'origine comme son nom l'indique pour décharger, donc alléger les navires plus lourds qui ne peuvent remonter le Rhône, son usage et son nom se développent à partir de 1650[401]. Du point de vue technique, excepté leur fond totalement plat, ce qui est primordial pour passer la barre d'embouchure, les allèges se distinguent assez peu des tartanes, si ce n'est par la faible hauteur de la carène, qui est un peu plus large, et leurs antennes sous-dimensionnées (fig. 245a). Devenue très vite emblématique de la flotte arlésienne, sa première représentation, en 1617, montre une coque à fond plat, sans quille, gréée de deux mâts, l'arbre de mestre et celui de misaine (ou trinquet), munis d'antennes portant deux grandes voiles latines (fig. 233b).

Fig.245 b - Tartane à 2 mâts, gravure (J. Jouve, 1679)

Fig.245 a - Allège d'Arles, Gravure (J.-J. Beaugean, 1826)

[400] Faget 2017, 117.

[401] Collectif : Entre Rhône et Méditerranée : la marine d'Arles au service d'un petit cabotage polyvalent (XVIe-XVIIIe siècles), *Rives nord méditerranéennes*, 13-2003, 59-73.

Manœuvrée par un équipage de 5 ou 6 hommes, elle est pontée grâce à des panneaux de cale et dispose d'un cabestan pour l'ancre avant et d'une pompe pour les eaux de sentine. Avec une longueur moyenne de 16 à 18 m, une largeur de 5 à 7 m, pour un creux de 1,3 à 1,6 m, l'allège est un peu plus grande que la tartane, également très employée à Arles, qui mesure entre 11 et 14 m de long et qui est plus profonde, avec un creux d'environ 2,5 m. Cette dernière possède ainsi une cale profonde et se charge par beau temps avec l'eau à mi pont. Pour les historiens de l'espace maritime méditerranéen, à l'époque moderne, la tartane et l'allège sont la clef de voûte du cabotage et des échanges. A la fin du XVIIIe s., pour des raisons économiques, l'allège perd son mât de trinquet et s'apparente désormais de plus en plus à la tartane dont elle adopte les dimensions[402]. La capacité de charge maximale des plus grosses allèges, qui atteignent 22 m de long pour 7,40 m de large, en référence au poids en quintaux des marchandises, comme c'est l'usage du XVIe au XVIIIe s., est d'environ 65 tonnes[403]. Comme le souligne Michel Mollat, les aptitudes naturelles des ports, sur les rivages montagneux de la Méditerranée, demeurent inexploitables en l'absence d'ouverture vers l'arrière-pays[404]. Ainsi, Marseille et Toulon, au cours des nombreux conflits qui jalonnent les trois derniers siècles, se sont imposés comme deux grands ports militaires, mais sont coupés d'un territoire susceptible de leur fournir l'approvisionnement nécessaire. C'est donc Arles, avec son riche hinterland, ses allèges et ses tartanes, qui collecte pour ces deux villes de garnison le nécessaire à la construction navale et à l'approvisionnement en denrées de consommation[405]. Ces besoins particuliers, notamment en bois de construction, se sont fait sentir dès 1635, durant la guerre contre l'Espagne, qui occasionne la mise en chantier de nombreux vaisseaux pour la marine royale. Le transport des étoffes entre la foire de Beaucaire et Marseille, au XVIIIe s., va également profiter aux patrons arlésiens, mais la quantité de péages rencontrés sur le cours du Rhône conduisent parfois les marchands à privilégier le transport par route pour les marchandises de prix (fig. 246). Si l'on tente une comparaison avec la période antique, les qualités nautiques et le tirant d'eau des allèges d'Arles, et dans une moindre mesure des tartanes, constituent un compromis intéressant face aux problématiques de franchissement des graus et des barres alluviales. Avec des choix architecturaux différents et sans tenir compte du gréement, les épaves romaines *Arles-Rhône 7*, *8* et *14* sont quelque part un peu les ancêtres de l'allège, tandis que *SM2* et *SM24*, avec leur quille basse, s'apparentent davantage à des tartanes. Au demeurant, si l'allège moderne paraît répondre aux contraintes de la navigation dans le bas Rhône, elle est moins efficace en mer. Si sa portée double en un siècle : 49 tonneaux en 1689, 58 en 1708, 95 en 1788, une fois sortie de la zone deltaïque, elle affiche une très mauvaise tenue à la mer et, avec un si faible tirant-d'eau, manque cruellement de stabilité. Privée de quille, elle dérive fortement et ne peut naviguer de nuit, ni au moindre coup de vent, si bien qu'entre Arles et Toulon, où elle livre du bois flotté pour la construction navale, de la pierre et bientôt du charbon, elle doit relâcher au moins dans 4 ou 5 endroits différents, surtout en hiver. Pour Philippe Rigaud, qui a examiné le livre de comptes de l'allège *Sainte-Anne* (1784-1802), le temps de rotation entre Arles et Toulon, Marseille, Fréjus et Nice, peut prendre un mois ou plus. Sans cargaison pour le retour, elle regagne Arles sur lest, le délestage des pierres servant au renforcement des berges et le sable à la construction. En outre, l'extrême sinuosité du Bras de Fer (fermé en 1711), demande aux allèges qui descendent le fleuve beaucoup de temps, la remontée s'avérant encore plus pénible. Au Grau du Midi, la barre alluviale réduit parfois la profondeur à 3 pieds (1 m), voire à 2 (65 cm), ce qui pose aussi des problèmes aux coques les plus plates. Lorsque l'allège disparaît au XIXe s., avec l'avènement des bateaux à vapeur et la création, en 1848, du chemin de fer Paris-Lyon-Marseille, elle a déjà payé un lourd tribut aux embouchures, comme l'attestent les *ex voto* et les registres de naufrages (fig. 247). Ainsi, la marine arlésienne, placée sous la protection de Saint-Nicolas, de notre Dame-de-Bon-Voyage et de Sainte-Isabelet, perd dix de ses navires durant la seule année 1846. On recense par ailleurs la perte de six allèges dont la première s'échoue en 1699 sur un banc de sable du Rhône, avec un chargement de pierres. Elle est suivie par *L'Egyptienne*, en 1823, sur la passe orientale du Grand Rhône, puis *L'Auguste* (161 tonneaux) au they de Roustan en 1831, avec du blé pour Arles, mais qui sera remise à flot. La liste se poursuit avec le *Fortuné-Joseph* en 1833, dans le golfe de Fos, au lieu-dit "les Tignes" ; *L'Annibal* en 1845, au they de la Gracieuse ; enfin la *Belle Poule* (91 tonneaux), en 1867, à l'embouchure du Grand Rhône, avec son chargement de blé. C'est en 1851, face aux progrès de la vapeur, que Frédéric Billot, avocat et journaliste, écrit « La marine arlésienne ne se meurt pas, elle est morte »[406].

---

[402] Payn Echalier, Rigaud 2016.
[403] Rigaud 2001, 2008.
[404] Molla 1967, 356.
[405] Payn-Echalier 2008, 581.
[406] Allard 1982, 119.

Fig.246 - Vue d'Arles et du Rhône, 1690 (carte de J. Pommet, Archives Arles)

Les autres embarcations locales qui survivent à l'allège ne sont finalement taillées que pour les canaux, les roubines, les marais ou la petite pêche en mer et dans les étangs, qui sont des réserves naturelles de poissons. Avatars des petites fustes médiévales, ce sont les penelles et tirades du sel ainsi que les bettes et les petites barques de forme pointue, à quille d'échouage, introduites à Marseille en 1721 par les pêcheurs catalans. De construction rustique, les bettes sont mues en mer à la voile latine mais sont également manœuvrées à la partègue ou à l'aviron. Au retour de pêche on les tire en plage ou sur la berge de l'étang grâce à leur fond plat dépourvu de quille (fig. 248). Colorées de vif, elles sont immortalisées par Van Gogh lors de son court séjour aux Saintes-Maries-de-la-Mer en 1888, une étape néanmoins décisive dans l'œuvre du peintre (fig. 249).

Fig.247 - Ex-voto de l'échouage de l'allège Annibal, en 1845 devant l'embouchure du Rhône (dessin, museon arlaten)

Le vide des Croisades

Si les vestiges sous-marins antiques sont nombreux aujourd'hui près de l'Espiguette et le long du littoral gardois, les traces de l'occupation romaine dans la plaine deltaïque de Petite Camargue sont plus ténues. Seuls quelques fragments d'amphores d'époque républicaine tardive (Dressel 1), recensés dans les marais entre les Costières et le cordon littoral, font exception. Elles se trouvaient peut-être sur un ancien chenal rhodanien (Daladel ?) ou dans un plan d'eau[407] et démontrent à l'évidence que l'embouchure espagnole, l'*Ostium Hispanense* de Pline, était fréquentée par les navires, en complément du Rhône de Saint-Ferréol, ouvrant, en outre, une navigation par les étangs. C'est ce qu'atteste le riche mobilier antique, du IVe s. av. J.-C. au IIIe s. ap. J.-C., prélevé en plage à toute époque, inventorié au Grau-du-Roi dans les années 1990 par Georges Gimard, ainsi que le brion de quille clouté de bronze, arraché à une épave romaine devant la plage du camping du Boucanet, en 2015.

Fig.248 - Barque sur le Rhône vers 1400 (traité de B. Boisset)

Fig.249- Barques à voiles latines selon les modèles de bettes traditionnelles peints par V. van Gogh en 1888 (photo G. Roussel)

[407] Rey 2008, 77.

C'est ensuite au VIIIe s. qu'apparaît la mention d'*Aquae Mortuae* avec la création d'une abbaye bénédictine, *l'Insula Psalmodiana*, sur les vestiges d'une villa gallo-romaine, dont le toponyme *Saumosi* rappelle l'activité saunière. Connue des navigateurs au Moyen Age, cette embouchure, appelée pendant un temps Grau de la Chèvre (*gradum capre*), au débouché du Rhône de Peccais, est relayée plus à l'ouest par le grau de Melgueil (*gradus melgoris,* Mauguio). C'est ce que confirme l'épisode d'un combat, en 1144, contre une galère génoise engagée dans l'étang, au cours duquel Béranger-Raymond Ier, comte de Provence, est tué d'un trait d'arbalète[408]. Le tirant d'eau très réduit de ces navires effilés et maniables s'affranchit aisément des bancs de sable et des barres alluviales. Dépourvus d'entrepont mais dotés d'une chiourme nombreuse, ces navires se développent essentiellement en Méditerranée où les conditions atmosphériques permettent de survivre entassés sur le pont et les bancs de nage. En 1165, le secteur devient le théâtre d'un autre combat naval entre Génois et Pisans pour le contrôle de Saint-Gilles, lorsque 31 galères pisanes qui remontent le grand Rhône par le Gras de Passon et passent devant Arles sans aucun salut, finissent par s'échouer la nuit entre Fourques et Saint-Gilles. L'année suivante, les mêmes protagonistes se livrent le feu cette fois, aux quartiers des Etrangers, à Saint-Gilles. Là, 5 grandes nefs génoises (*naves magnas*) sur une flotte de 50 navires, aux prises avec 31 galères pisanes, sont incendiées et coulées. Il est clair que la zone connaît une activité maritime importante avant même la fondation d'un port capétien (fig. 250 a et b). Ainsi, en 1226, dans une donation du comte de Savoie aux Marseillais il est fait mention du port : « *...mare et ripam maris et portus et insulas a Portu Aquarum Mortuarum...* », ce que confirme, le 11 mai 1233, l'arrivée dans le port d'Aigues-Mortes d'une *nave ultramarine* chargée d'une grande quantité d'étoffes pour le marchand génois Andrea de Burgaro[409]. C'est par ailleurs à cette époque, entre le XIIe et le XIVe s., que se développe un nouveau procédé, le gouvernail d'étambot, appelé un temps « timon à la navaresque ». Fixé à la poupe suivant le plan diamétral du navire, il remplace les avirons de queue latéraux et améliore les performances et la taille des nefs, dont les châteaux arrière peuvent enfin se relever considérablement[410]. Cette innovation est à la base du grand renouveau maritime de la Renaissance, à la fin du XIVe s., qui voit l'apparition de nouveaux types de bateaux, comme la caraque et la caravelle.[411]

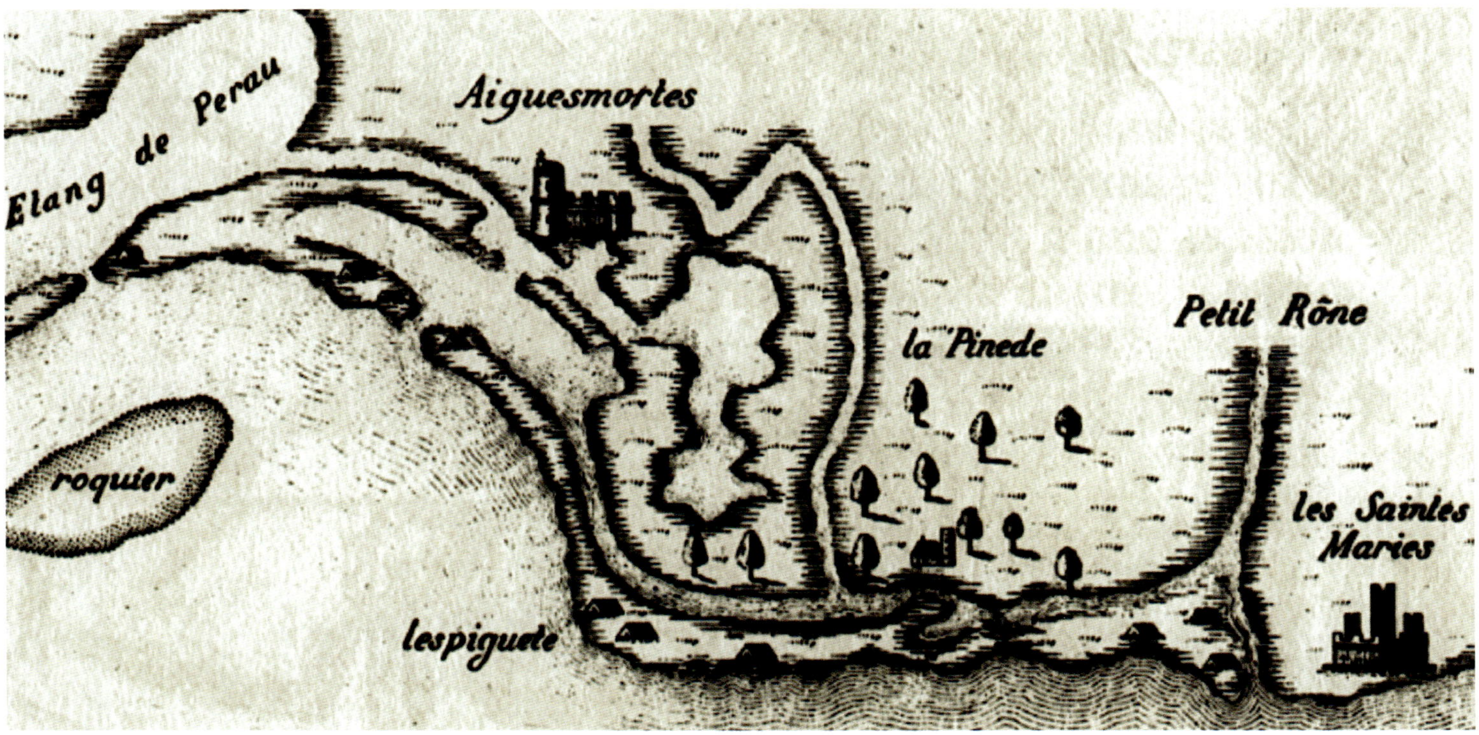

Fig.250 a - Aigues-Mortes, l'étang, l'abri du Roquier et les Saintes-Maries (carte antérieure à 1838)

[408] Papon, 1778, 228.
[409] Jehel 1984, 116.
[410] Ferreira David 1966, 151.
[411] Villain-Gandossi 1978.

Fig.250 b - Nef sous voile devant Collioure, Retable de la Trinité, Musée Hyacinthe Rigaud, Perpignan (photo L. Long)

Dans la deuxième moitié du XIIIe s., après l'acquisition par le roi de France Louis IX d'un accès à la mer auprès des moines de l'abbaye de Psalmodie, la création à Aigues-Mortes d'une base d'opérations pour les croisades va développer une importante activité portuaire. Cette phase marque aussi l'intérêt de la royauté capétienne pour les affaires méridionales et les nouvelles donnes de la politique et de l'économie. Le rivage lagunaire se situe alors à une vingtaine de mètres des fortifications et le port proprement dit, qui connaît des aménagements importants à partir de 1240, suivis de réparations incessantes, occupe l'étang de la Marette. Plusieurs canaux le relient à la mer : le Canal Vieil, l'étang du Ponant (ancien Marais des Tombes) et vraisemblablement le grau Louis, ou grau des Abîmes, à l'emplacement de l'actuelle Grande Motte, un ancien exutoire fluvo-rhodanien désormais recouvert par les crues du Vidourle. On trouve là des galères de combat, des bâtiments de commerce, de pêche, de toutes les espèces et toutes dimensions : naves, busses, buzzo-naves, salandres, galées, tarides, sagettes, lins, huissiers du levant, nefs, cogues, galées du Ponant, sans compter les barques légères aux noms locaux[412]. Au demeurant, au milieu du XIIIe s., les génois possèdent le monopole du commerce avec Aigues-mortes, la seule concurrence à craindre étant les marchands montpelliérains qui, devenus français en 1349, entendent bien exporter pour leur propre compte les draps du Languedoc et ramener les épices d'Orient[413].

[412] Bastar de Péré 1972 ; Gouron 1939.
[413] Chobaut 1925, 131.

Cependant, malgré le faible tirant d'eau des navires médiévaux, qui accusent un enfoncement limité, il ne peut accueillir que des bâtiments de faible tonnage, les gros navires étant obligés de mouiller dans la rade foraine de la baie du Grau, aux abords de l'étang du Ponant, face au Boucannet, à l'abri du Roquier (fig. 250a). D'un tirant d'eau de trente palmes, soit 7,30 m, qui fait passer leur ligne d'eau un peu au-dessous du milieu de l'entrepont, ces hauts vaisseaux ne peuvent accoster. Tous les mouvements se font à l'aide d'embarcations plus légères, qui hissent les chevaux à bord ou les débarquent avec des palans. L'ensemble de la flotte comprend plus d'une centaine de navires et seuls les plus petits empruntent les canaux[414]. Lors de la septième croisade, les contrats d'affrètement des nefs marseillaises, génoises et vénitiennes qui, en août 1248, quittent Aigues-Mortes avec Saint-Louis (Louis IX), précisent qu'elles mesurent entre 25 et 30 m de long et sont gréées de deux mâts portant chacun une voile triangulaire enverguée sur une longue antenne[415]. Les statuts de Marseille, où le plan d'eau est plus commode, évoque en 1255 des bateaux à voile de 40 m de long (125 pieds), 10 m de large (32 pieds) et un creux de 9 m (28 pieds), pouvant transporter plus d'un millier de passagers, la limite étant fixée à 1500 personnes. A partir de 1234, chaque année deux bâtiments chargés cette fois de 3000 pèlerins appareillent du port que possède dans la ville l'Ordre des Hospitaliers, basé au fort Saint-Jean. Entièrement pontés, ces navires disposent d'un entrepont au-dessus de la cale, un château avant (gaillard) et un château arrière (dunette). En juillet 1270, sept de ces grandes nefs huissières, nolisées auprès d'armateurs génois pour la huitième croisade, quittent Aigues-Mortes. Les flancs sertis de portes, avec deux timons de gouverne et deux ponts de bout en bout, elles transportent en Orient plusieurs milliers d'hommes en armes et de chevaux, avec l'équipement et les vivres pour huit mois. Imprévisible, la traversée jusqu'au Proche-Orient dépend des vents et de l'état de la mer. Elle nécessite trois ou quatre semaines durant « la belle saison », soit entre fin mars et début octobre, mais peut demander parfois jusqu'à trois mois depuis Saint-Jean-d'Acre, le principal port de Palestine, jusqu'à Hyères. Le pont aux écuries peut recevoir sur ces navires 50 à 100 chevaux, suspendus par des sangles, dont les sabots touchent à peine le sol pour assurer leur stabilité et leur épargner le mal de mer[416]. Les frères militaires de la basse vallée du Rhône et de Camargue sont chargés du ravitaillement et de la remonte des cavaliers lors de ces expéditions, ce qui favorise l'élevage des chevaux dans la région, compte-tenu du besoin permanent en montures des armées croisées[417]. En outre, le terrain agricole s'y prête car l'on compte près de 3000 éleveurs de gros bétail en 1296. Il en est de même un peu plus tard, à l'époque de la papauté en Avignon (1305-1377), lorsque les écuries pontificales recrutent leur cavalerie en Camargue[418].

Si, par ailleurs, plusieurs navires sombrèrent au mouillage devant Trapani, il n'y a pas de mention de naufrage de ces nefs sur les côtes camarguaises. Le sénéchal de Joinville rapporte toutefois une anecdote qui aurait pu mal tourner, lorsqu'au retour de la 7ème croisade, avec son époux Saint-Louis, la reine Marguerite de Provence faillit déclencher un incendie à bord à cause d'une chandelle[419].

A partir de 1289, les galères à leur tour ne peuvent plus accéder à l'ancien port à cause de l'encombrement de vase et de sable. La fortune de la ville, dont les habitants sont dispensés par Louis IX de péages, tailles et autres gabelles, se développe au début du XIVe s., lorsque son enceinte fortifiée est terminée et que la rade, prolongée par les bancs de sable, offrent aux marins un bon mouillage. Désormais, la taxe du « denier pour livre » est exigée pour toutes les marchandises qu'on y apporte. La navigation intérieure amplifie le mouvement commercial et relie la ville à la vallée du Rhône par le canal de Bourgidou[420] (fig. 251). Il est néanmoins question, en 1335, de curer journellement le canal pour le passage des galères, de fermer le bras du Rhône qui va au grau de la Chèvre afin qu'il se jette au grau du Boucanet.

D'abord sentinelle du royaume de France, Aigues-Mortes devient également au XIVe s., le port d'Avignon et de la papauté. En 1514, Préjan de Bidos, célèbre marin, commandeur du prieuré de Saint-Gilles, combat la flotte d'Andrea Doria devant Aigues-Mortes, mais là encore l'archéologie sous-marine ne livre aucun vestige[421].

L'avancée considérable du littoral sur la mer, dans ce secteur, occulte l'essentiel des épaves qui se situent plutôt en terre, tandis que les vestiges des embarcations militaires, entièrement corrodés, ne représentent jamais un gros volume sous le sable. La seule épave connue, si l'on excepte les penelles et carrates affectées au transport du sel, abandonnées dans le canal du Bourgidou, fut signalée en 1848 en bordure du Canal Vieil, entre l'étang du Repausset et celui de la Marette, sur le terrain des Bourdres (fig. 252).

Par ailleurs, les plongées menées en 2019 par le GRAN sur le grau de Melgueil, à la recherche des navires génois de 1165, n'ont livré que des ancres antiques.

---

[414] Lot 1946, 159.
[415] Mollat 1967, 353.
[416] Berengier 1955, 137.
[417] Raynaud 2015.
[418] Borel 2011, 350 ; Naudot 1948, 175.
[419] Carolus-Barré 1974.
[420] Pagezy 1879, 166.
[421] Beaucage 1982.

Fig.251 - Carte du terroir d'Arles citant le canal du Bourgidou, 1700 (Médiathèque d'Arles)

Le bac de Port-Arnaud sur le Petit Rhône, à Saint-Gilles-du-Gard

Durant les nombreuses missions consacrées annuellement au Rhône et à la Camargue, l'occasion est rare pour nous d'explorer le Petit Rhône. Elle se présente en août 1995, lors de plongées de reconnaissance à hauteur de Saint-Gilles- du-Gard, au PK 293.115, en prévision des travaux de dragage du Service de Navigation Rhône-Saône (subdivision d'Arles). Ces recherches en rive droite, par 2 m de fond, permettent de mettre au jour un gisement important au débouché de l'ancien chemin de Saint-Gilles, au lieu-dit Port-Arnaud. A l'évidence, ce qui frappe lors des premières immersions, est l'absence de tout tesson antique, alors que le Grand Rhône en transporte de grandes quantités jusqu'au seuil de Terrin, à 15 km en aval d'Arles. Cela confirme l'idée que le Petit Rhône est bien postérieur à l'époque romaine, ou que sa défluviation en amont d'Arles est survenue entre la fin de l'Antiquité et le haut Moyen Âge, vraisemblablement au cours d'une grande crue, même si aucune archive ne rapporte cet événement. Du coup, le débit du Rhône au niveau d'Arles, avant cet évènement, devait être un peu plus important. C'est au niveau de l'île de la Cappe, au sud de Trinquetaille, que le Rhône se sépare encore en trois bras au Moyen Âge. Le Rhône d'Albaron court ainsi sur le tracé du Petit Rhône et de celui de Peccais. Le Rhône de Saint-Ferréol, dont le nom correspond à celui d'une bastide en 1200, contourne l'étang de Vaccarès par l'ouest et débouche aux Saintes-Maries, celui d'Ulmet oblique à

[422] Landuré, Vella, Charlet 2015, 57.

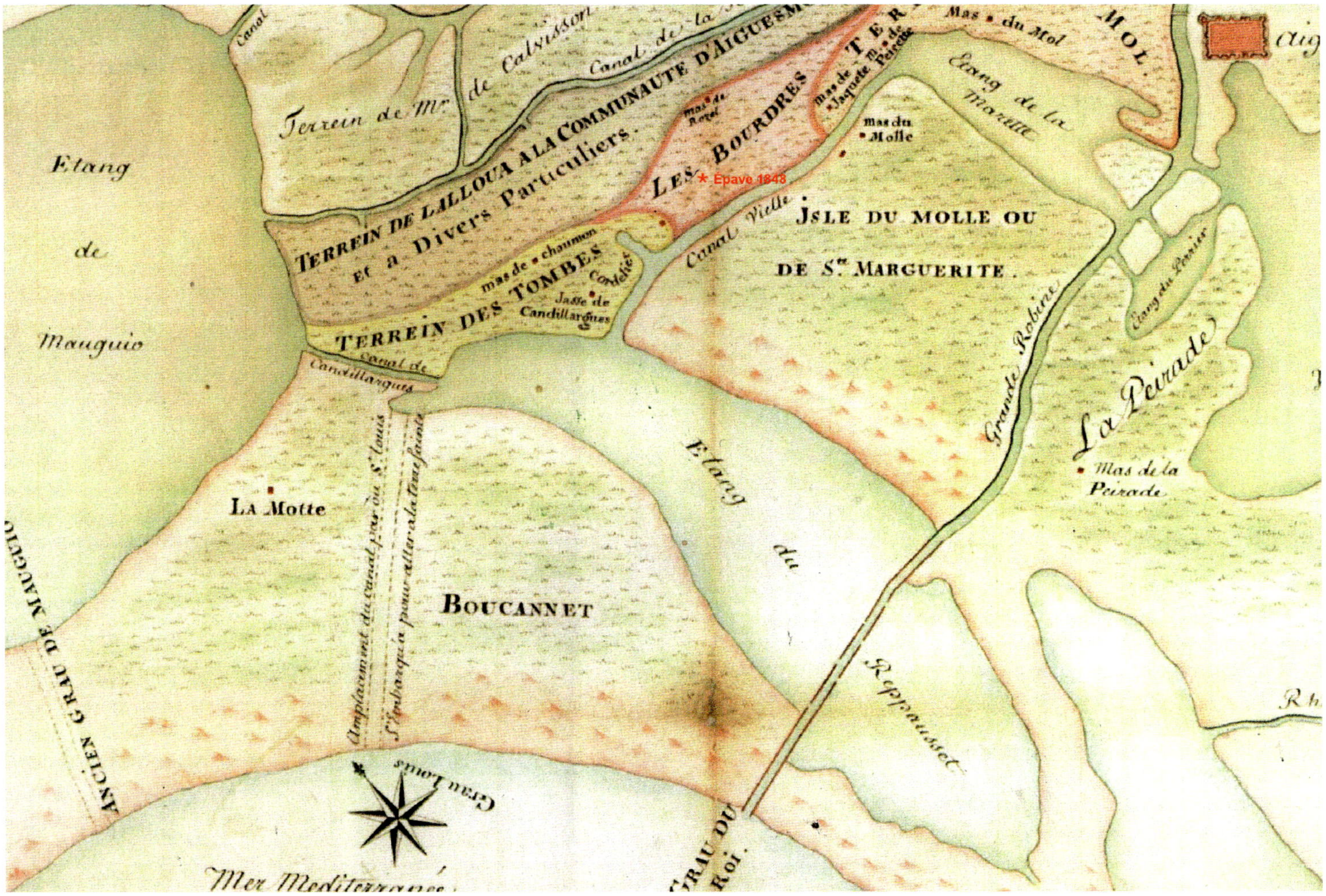

Fig.252 - Plan de l'île du môle de Ste-Marguerite (1761) avec l'épave du Canal Vieil en 1848 (archives Aigues-Mortes)

hauteur de la motte castrale de Villeneuve, vers le sud[422]. On estime aujourd'hui que l'abandon du bras de Peccaïs, qui assurait la desserte fluviale vers Saint-Gilles et Beaucaire, et celui de son exutoire terminal, le Rhône Vif, se produit vers 1552, au profit du bras qui bifurque vers l'est et se jette au grau d'Orgon, à l'ouest des Saintes-Maries. Ainsi, le Grand et le Petit Rhône deviennent les chenaux majeurs à la fin du XVIe s.

Le site découvert en plongée à hauteur de Saint-Gilles est un ensemble homogène composé de deux piles bâties et d'une épave à fond plat, au pied du dispositif, qui avait été prise tout d'abord pour un platelage de bois disposé entre ces piles. Les deux massifs bâtis sont constitués de blocs en gros appareil régulier qui atteignent 25 à 30 cm de large. Le mieux conservé des deux, de forme quadrangulaire, mesure 2,1 et 2,6 m de côté. L'autre, situé à 2,65 m en aval du premier, est en partie démonté ; certaines pierres portent des marques de tâcherons.

Un fragment de céramiques à couverte vernissée brune, de type Albisola, constitue un élément de chronologie relatif à une occupation tardive, au XVIIIe s.
Le sondage mené en 1996, sur l'épave coulée entre les piles, a révélé que la sole du navire a été remplie intentionnellement de fagots serrés, bien ordonnés, puis d'un ciment blanchâtre (chaux), pulvérulent, mêlé de brins de paille et d'éclats de pierre. Ce remplissage occupait tout le fond du navire, y compris les espaces situés entre les membrures de fond, sous les vaigres. L'ossature de l'embarcation à fond plat et bouchain vif, qui a pu être observée, est constituée de traverses entre lesquelles s'intercalent les courbes formant les flancs (fig. 253 a et b). Une forte pièce axiale (penon ?), légèrement excentrée, joue le rôle de carlingue (larg. 40 cm, ép. 15 cm). Fortement chevillée et brochée (écrou en fer d'un pan de 4,5 cm), son assise est renforcée par deux serres qui se prolongent sous la berge. Deux orifices quadrangulaires ont été aménagés sur la carlingue sans doute pour recevoir un pied de mât de halage ou un mât de traillon tandis qu'un plancher intérieur est conservé au moins sur la partie aval. Les planches du bordé de fond et celles des flancs présentent un calfatage typique des constructions fluviales. On discerne en effet le maintien d'une couche de mousse, grâce à des lattes de bois verrouillées par des appes métalliques en forme d'as de pique, dont les extrémités sont rabattues dans le can chanfreiné du bordage. Affaissé vers l'aval, tout un flanc du bateau s'est conservé, renforcé de courbes en forme de L qui le relient à la sole, en forment un angle assez ouvert. Entre ces courbes prennent naissance des allonges (estamenaires) elles-mêmes coudées en L, qui incurvent le plat-bord vers l'intérieur. Un double renfort interne est matérialisé longitudinalement par deux serres, chevillées et brochées. L'utilisation d'écrous en fer à pan carré apparaît au XVIIe s. et va se développer au XIXe s. Dans le cas de cette épave, le système, qui n'apparaît que deux fois, ne semble pas encore complètement généralisé ou pourrait constituer une réparation. En outre, plusieurs marques de bois de flottage poinçonnées sur l'extrémité de la carlingue (LF dans un cartouche ovale), côté berge, ont également été reconnues sur la poutraison effondrée d'une bâtisse en ruine, sise à proximité, connue sous le nom de vieux mas de Port-Arnaud.

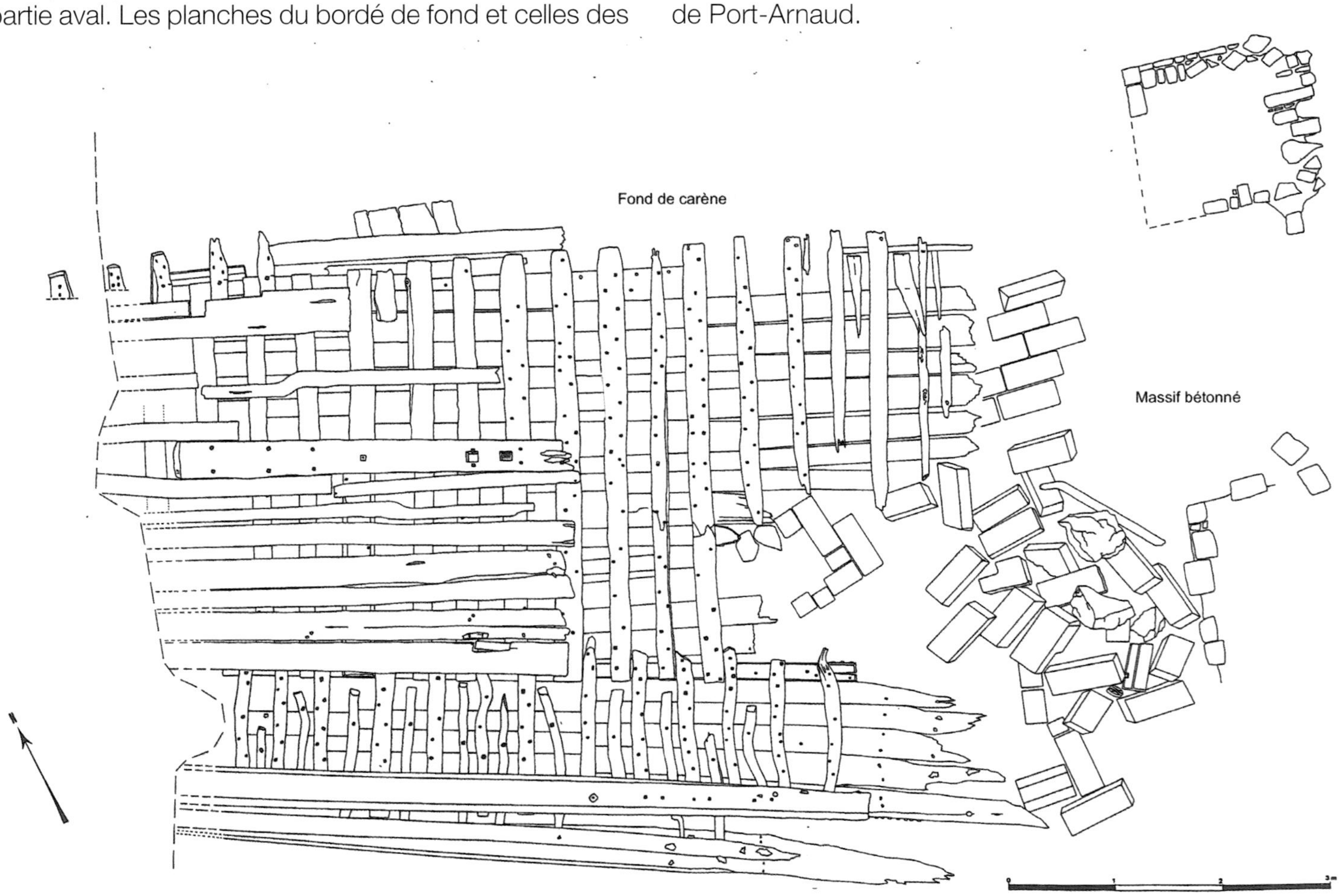

Fig.253 a - Épave de Port Arnaud et massifs bâtis, Petit Rhône (relevé : C. Lonchambon, F. Leroy, A. Hoyau, L. Long)

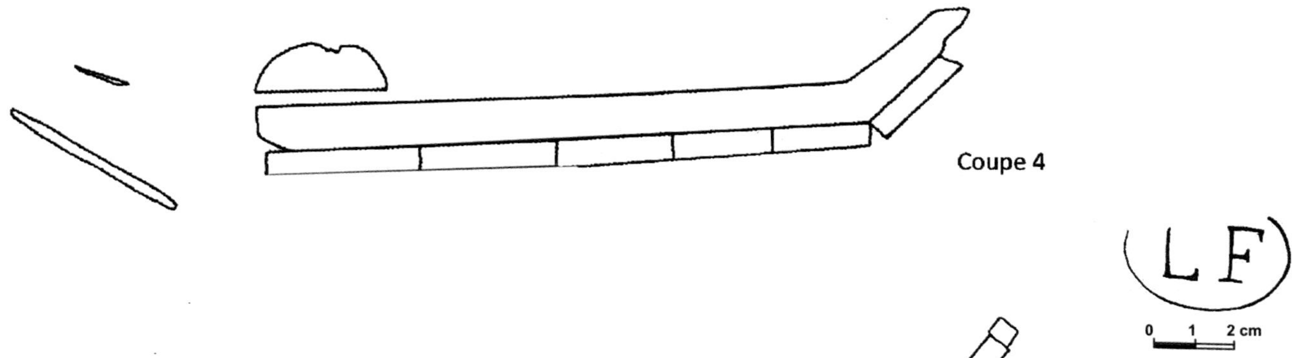

Fig.253 b - Épave de Port-Arnaud, coupes et marque (relevé : C. Lonchabon, F. Leroy, L. Long)

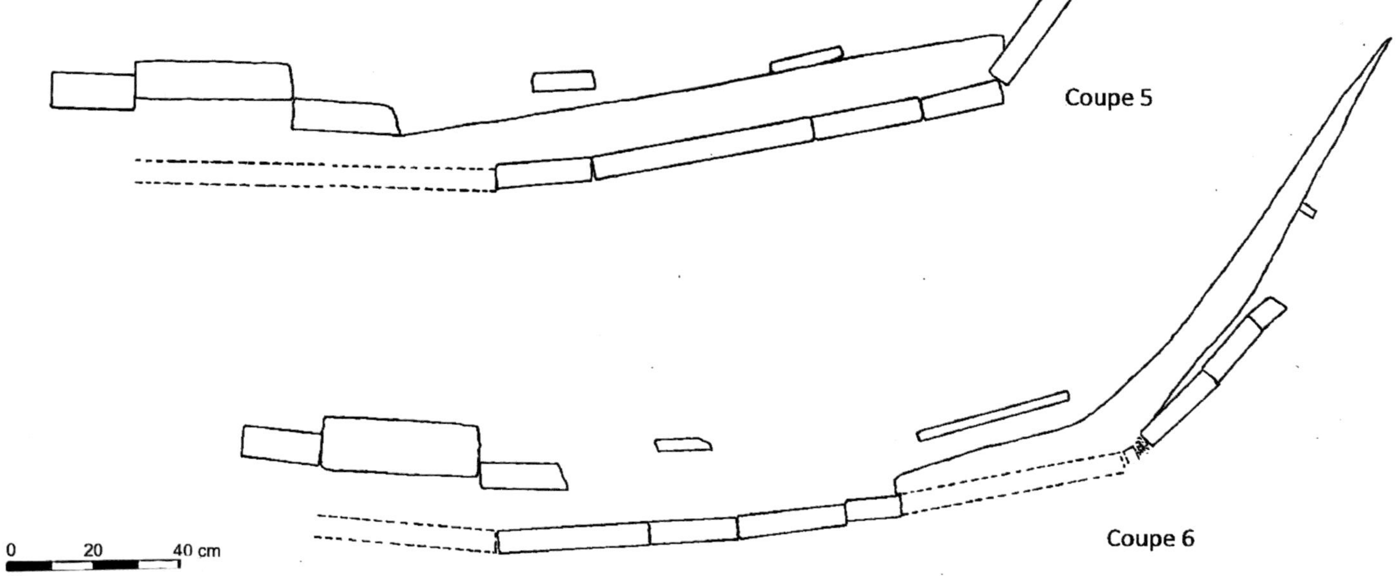

Par ailleurs, une marque de tâcheron (I majuscule) repérée sur le massif bâti partiellement recouvert par l'épave, se retrouve aussi sur le parement de cette même demeure[423]. En conséquence, un lien étroit et synchronique existe visiblement entre l'épave, le massif submergé et la bastide toute proche, dont le toponyme est connu depuis le XIIe s. Sur ce point, les recherches en archives révèlent les nombreux vocables associés à ce lieu, *Portum Arnaldum*, *Portum Arnaldi*, *Porti Arnaldi*, ou encore *Porto Arnaudo*. Le site, bien connu des textes est mentionné à plusieurs reprises, notamment dès le 13 août 1131, dans le Cartulaire de Trinquetaille, établi de 1114 à 1212, lors du legs d'une maison et d'un clos de vigne, puis de la vente en 1193 de la seigneurie des Saliers, qui s'étend de Port-Arnaud jusqu'à Port-Albaron, et depuis le Rhône jusqu'au milieu des paluds[424]. Propriétés de la maison du Temple de Saint-Gilles, les terres de Port-Arnaud, au nord de la Camargue, sont donc gérées par la commanderie de Saliers. En 1338, les Hospitaliers exploitent encore la grande grange de Port-Arnaud, à la lisière du Rhône, où ils pratiquent la jachère et labourent avec le bœuf noir de Camargue [425].

Par sa position en bordure des lagunes du Scamandre et du petit Rhône, le port de Saint-Gilles est en 1109, lorsque Raymond de Saint-Gilles y embarque 1000 guerriers pour la croisade, le plus utilisé pour se rendre à Jérusalem. En réalité, Saint-Gilles disposait de plusieurs ports, il y avait des ports de canaux au pied des murailles et sur le bras de Beaucaire joignant le Rhône à l'étang de Mauguio par l'étang de Scamandre et par le Vistre, ainsi qu'un port fluvial et maritime à 2 km, sur le Petit-Rhône. Ce n'est donc pas un hasard si trois ans plus tard les hospitaliers y fondent leur premier établissement hors de Terre Sainte[426]. Avec ses ports maritimes et fluviaux, Saint-Gilles devient durant tout le XIIe s. une très grande place commerciale dont le marché, la foire et le pèlerinage attirent de nombreux marchands, pèlerins et soldats croisés[427]. On y échange les marchandises du Levant et les produits de l'industrie du nord de la France et des Flandres, notamment

[423] Long 1996, 44 ; Long et al. 1997.
[424] Amargier 1972 ; Maguelone 1983 ; 1993.
[425] Durbec 1959, 27 ; Stouff 2014, 156. .
[426] Borel 2011, 25.
[427] Chobaut 1925, 122.

les draps et les épices. La navigation par les roubines amnénagées et les étangs longeant la Costière offre aux barques plates une liaison transversale entre Montpellier et Beaucaire tandis que le lien direct avec la Méditerranée se fait par le Petit Rhône. Une troisième voie pour les navires plus importants utilise toutefois le Grand Rhône comme le confirme l'itinéraire du chroniqueur R. de Howeden, utilisé en 1190 par la flotte anglaise venue attendre le roi Richard, alors en Palestine. Cette route maritime évoque d'abord l'île d'*Odur* (Roque d'Odor), à l'entrée du Rhône par le grau de Passon et le Galéjon (fermé en 1559), puis en remontant le fleuve la « bonne ville archiépiscopale d'Arles la blanche », suivie de *Sanctum Aegidium* (Saint-Gilles)[428]. Il était donc possible de rejoindre Saint-Gilles par la route d'Arles, ou d'emprunter le Rhône de Fourques, en tête de Camargue comme le font les galères pisanes et génoises en 1165[429].

Mais au siècle suivant, entre 1200 et 1230, la cité de Saint-Gilles est frappée d'une décadence rapide et irrémédiable après la croisade albigeoise et l'essor rapide du port d'Aigues-Mortes qui devient la nouvelle capitale économique du Languedoc oriental.

Les vestiges examinés dans le fleuve à Port-Arnaud correspondent donc vraisemblablement à cette zone portuaire et à ce péage du Rhône et servait de passage et de desserte fluviale aux domaines agricoles de l'ordre de Saint-Jean de Jérusalem (Prieuré de Saint-Gilles), fondé en 1050[430]. Il permettait l'afflux, dans le même temps, de pèlerins ou *roumieux* qui souhaitaient faire escale à Arles et aux Saintes-Maries-de-la-Mer[431]. Les vestiges les plus récents de ce site subaquatique doivent se rapporter à un bac à traille tardif, l'épave étant sans doute celle du bac lui-même, du XVIIe s. ou du XVIIIe s. Le remplissage intentionnel de la coque au moyen de fagots de branchages, de pierres et de sédiment, a eu peut-être pour but de consolider la berge.

Les épaves du sel, en milieu lagunaire

Les épaves modernes et contemporaines sont régulièrement alignées en mer, entre la pointe de l'Espiguette, à l'ouest, et celle de la Gracieuse, à l'est. Toutefois 24 d'entre elles sont localisées dans le domaine infralittoral, parcouru d'étangs, de marais salants, de canaux ou d'anciens bras du Rhône.

C'est notamment le cas de l'épave *Aigues-Mortes 1*, expertisée en 1997, à demi-submergée dans le canal du Bourguidou, un ancien bras du Rhône appelé aux XIIe et XIIIe s. *Roanal* ou *Rosanal*. Il reliait Aigues-Mortes et les marais de Psalmodie au Petit Rhône, par l'intermédiaire du canal de Peccais et d'une écluse[432]. Après avoir traversé les marais jusqu'à la mer, la partie inférieure de son cours, nommée plus tard *Canal Viel*, se terminait au Boucanet.

Prise d'abord pour une grande sapine, l'épave *Aigues-Mortes 1,* partiellement coulée en rive gauche, dans le canal du Rhône à Sète, près de la pile du pont de la ville, est en réalité une péniche bordelaise de 30 m de long, baptisée *Le Gaulois*, construite au XIXe s. D'une charge de 160 tonnes, pour une largeur au maître-couple de 5,35 m et une longueur de 29,35 m, avec son gouvernail et un tirant-d'eau de 1,50 m, ce chaland était destiné au transport du vin.

Mais, les épaves les plus nombreuses dans ce secteur sont les carcasses de sapines, gabarrats, tirades, penelles et carrates à fond plat qui assuraient aux siècles précédents, par les canaux, le transport du sel depuis les salins jusqu'aux bateaux de mer, dans les ports d'embarquement. La vitalité de ces salines va croître avec la fondation d'Aigues-Mortes par Saint-Louis en 1241-1246, et l'achat en 1290 par son fils, Philippe-le-Bel, des salins de Peccais. La production du sel dans l'immense territoire des salines a toujours convergé, au nord de Sylvéréal, par les ports de Nègue Roumieu et de Consoude, vers le grand et le petit Rhône[433]. Ce produit pauvre est une marchandise volumineuse et pondéreuse, dont le problème du transport, très onéreux, conditionne toute son économie. Aux XIIe et XIIIe s., le sel arrive à Beaucaire et Tarascon par les étangs, sur des embarcations appelées *caupols*, qui donnent leur nom à une unité de mesure, la *caupolada*[434]. Dès la fin du Moyen Age, les navires qui font des allers retours pour le tirage du sel, entre Aigues-Mortes et Arles, sont appelés *londre*, *quarata* ou *carrata*, tirada, *caupol*, *barcha*, *navigium*. Ceux qui empruntent les roubines pour transporter le sel des camelles des Salins de Badon sont appelés *courtillons* ou *gabouillons*. Sous ces vocables se cachent déjà une large famille d'embarcations à fond plat munies de rames ou tractées comme les *tirada* par des hommes, puis par des bêtes. Il s'agit quelques fois des bœufs, mais ce sont plus généralement des mules et des mulets (on trouve dans la toponymie locale plusieurs enclos de muletier), également utilisés pour faire tourner les puits à roue. Ces navires saulniers qui peuvent facilement circuler dans les roubines

---

428 Rigaud 1990, 36.
429 Di Pietro 1849, 31.
430 Bondurand 1883 ; 1901.
431 Combes 1983, 52.
432 Cabot 1991 ; 1994.
433 Consoude devrait se situer vers le mas du Juge, au sud-ouest de l'actuel château d'Astoin.
434 Bondurand 1891, Venturini 2006.

sont issus d'une très longue tradition, car leur nom est attesté depuis le Moyen-Âge. Au XIIIe s., lorsque les Génois possèdent le monopole du commerce à Aigues-Mortes, les marchandises débarquées en plage sont transportées vers l'intérieur soit par voie terrestre, soit beaucoup plus commodément au moyen de ces barques de faible tonnage par les canaux qui mènent à Beaucaire et au Petit Rhône. L'eau, en effet, dans le pays d'Arles, est un obstacle constant à la circulation terrestre, au point qu'au milieu du XVe s., lorsque le roi, la reine, les princes ou le sénéchal se déplacent depuis Tarascon, ils arrivent par voie d'eau. C'est aussi avec des barques à fond plat, louées à des *ripayres*, appelés aussi *carratoniers*, que les syndics d'Arles vont à leur rencontre[435]. Déjà, un siècle plus tôt, vers 1360, dans les ateliers de construction arlésienne, deux types l'emportent : la *barcha* et la *carrata*, qui servent à transporter localement aussi bien les pierres de Beaucaire pour la construction des mas, que le produit des récoltes, le sel, le blé, le raisin, le bois coupé dans les îles du Rhône, jusqu'aux pèlerins qui se rendent au Pardon de Montmajour. Le sel rapporte ainsi à la ville d'Arles, à lui tout seul, 43% de la recette perçue sur les marchandises se dirigeant vers l'amont. Si, au XIIe s., les chevaliers arlésiens monopolisent encore la « *Montatio salis* »[436], une enquête de 1449 indique que les marchands de sel affluent et chargent beaucoup plus désormais dans les salins de Peccais que dans ceux de Vernède (Plan-du-Bourg) et des Saintes-Maries. Les salines arlésiennes de Camargue voient leur déclin au XIVe s., puis leur disparition, tandis que le péage fiscal et le grenier à sel sont fixés à Tarascon, en amont des fleuves. Les chantiers navals installés à Aigues-Mortes par Jacques Cœur, au milieu du XVe s., activent la concurrence et seront opérationnels jusqu'au début du XXe s.[437] A la fin du XVe s., une plainte déposée par des riverains aux consuls d'Arles dénonce l'arrivée de chevaux venus remplacer les hommes pour tirer les carrates de sel qui remontent depuis les salines de Peccais, près d'Aigues-Mortes, par la *Brassiera* du Petit Rhône[438]. Il s'agit des petits chevaux de Camargue indifféremment attelés à une barque, une charrette ou à la charrue. Sur ce point, comme le démontrent sous Louis XIII les expériences de croisement avec des élevages de Normandie ou du Limousin pour donner des animaux de plus grande taille mais aptes à survivre à la vie sauvage des marais, ils furent si inadaptés qu'ils y dépérirent. Ainsi, lors de son passage à Arles, en 1474, le pèlerin Hans von Waltheym loge à l'auberge « Au Cheval Blanc », peu de temps avant la naissance de la confrérie des gardians, en 1512, qui utilise la race qui grandit autour d'Arles[439].

En 1526-1527, le tirage du sel sur le grand Rhône, nécessite encore 182 individus, avec le recours, en outre, à une cinquantaine de personnes liées à des corps de métiers spécialisés, les mariniers, fustiers, pontonniers, maîtres-charretiers et notamment deux maréchaux-ferrants, qui font aussi fonction de vétérinaires[440]. Durant le transport, une partie du sel, entre 3 et 5%, est dissous par le manque d'étanchéité des barques dont l'étoffe de calfat est une simple peau de chèvre.

Carrates et sapines empruntent très tôt les rivières aménagées ou les canaux creusés dans le lit abandonné des bras du Rhône. Parmi les canaux empruntés, celui du Bourgidou reste l'unique voie d'eau pour le transport du sel jusqu'à la construction du canal d'Aigues-Mortes, à Beaucaire. Le transport par mer est également compliqué et périlleux. Le souvenir est toujours vivace de ces pirates-corsaires ancrés en 1435 au large des salins du Peccais et des Saintes-Maries-de-la-Mer, qui guettaient les marchands venus s'approvisionner directement en bateau. Le danger est persistant, au point que le roi édifie en 1560 le fort de Peccais pour assurer le revenu de l'impôt de la gabelle et veiller à la sécurité des marchands contre les pilleurs, pirates et contrebandiers[441].

Au début du XVIIe s., des vaisseaux chargés de sel repartent de Marseille à destination de l'Angleterre et de toute l'Europe du Nord. Au milieu du siècle, ce sel est redistribué depuis Marseille à Saint-Malo, car il est nécessaire aux malouins pour le salage des morues de Terre-Neuve[442]. Au XVIIIe s., les royaumes scandinaves se procurent également le sel de Camargue, à côté du vin, de l'huile et des produits de luxe. Avec l'abolition de la gabelle, en 1791, les salins de Camargue connaissent un nouvel élan, comme c'est le cas de celui de Badon et la création de ceux de la Vignolle, de la tour du Valat, de la Quarantaine, qui livrent leur production à Arles dans des barques empruntant le canal du Japon (fig. 254).

Dans ce contexte, nous nous sommes intéressés très tôt, dans les canaux, aux épaves du sel, dignes représentantes d'une lignée historique de bateaux à fond plat, méconnus et oubliés. Si elles rappellent par certains aspects les lourds chalands romano-celtiques, elles témoignent d'un savoir-faire régional qui s'est développé au Moyen Âge et qui représente un riche patrimoine ethnographique et culturel, dont les derniers exemples sont en train de disparaître lentement aujourd'hui.

---

435 Stouff 1986, 1, 215.
436 Stouff 2000.
437 Albaric 1995, 77.
438 Rigaud 2001.
439 Stouff 2000, 29.
440 Boudet 1995, 21.
441 Boudet 1995, 22.
442 Rambert1954, IV, 178.

Fig.254 - Carte des étangs d'Aigues-Mortes, 1750 (carte P.-L. Charpentier, extrait, BnF)

Fig.255 a - Sapines et carrates d'un bras mort du canal de Peccais (photo L. Roux)

Certaines des sapines et carrates examinées, conservées en assez bon état par le sel, étaient encore en activité au XIXe s., tandis que d'autres sont sans doute plus anciennes. Elles se répartissent en deux groupes, deux d'entre elles, aujourd'hui presque à sec, sont accessibles au niveau du Rhône vif et du Mas du Commun, tandis que 6 sapines et 2 carrates gisent dans 1,5 m d'eau, à 3 km plus à l'est, au lieu-dit la Fangouse, non loin du fort de Peccais (fig. 255 a et b).
Notre étude concerne l'une des deux carrates affectées au transport du sel à l'intérieur des salines, abandonnées dans un canal près du Mas du Commun. Si l'une est très enlisée, l'autre est encore accessible lorsque nous intervenons, en 1997. Dénommée conventionnellement *Salins d'Aigues-Mortes 1*, cette épave fut abandonnée vers 1878, puis réactivée pendant quelques années en

Fig.255 b - Vue du gouvernail d'une sapine (photo L. Roux)

1940 pour le transport dans les salins d'un appareil de reprise. Longue de 15,70 m pour 4,10 m de large au maître-couple, la hauteur de ses flancs est 1,10 m. Construite en pin, elle porte sur un contrefort du tableau arrière un gouvernail axial haut de 1,60 m et large de 2,07 m. Les traverses mesurent 11 cm x 24 cm ; les virures de la sole 38 cm de large, celles de la muraille 6,5 x 36 cm. Sur cet exemplaire, deux câblettes servent de tirant transversal pour éviter l'avachissement et l'ouverture des bordés (fig. 256 a, b).

Mais le groupe le plus important se situe à 3 km plus à l'est, près du mas de la Goujouze, dans un bras mort du canal de Peccais, long de 150 m. Là, six grandes sapines et vraisemblablement deux carrates mutilées dépassent à peine de l'eau richement chargée en sel, au point que notre plongée devient très vite une torture. Si nous avons très peu d'information sur les deux carrates enlisées, les sapines sont toutes de très grands modèles, de 30 m de long pour 5,5 m de large. Leur construction est faite en pin, dont elles tirent leur nom, et en chêne pour les pièces maîtresses, le tout assemblé au moyen de broches en fer, parfois boulonnées, et de gournables en bois, qui attestent une tradition plus ancienne. Une des particularités réside dans les deux grands gouvernails de 1,90 m de long, disposés latéralement, sur chaque embarcation, de part et d'autre du tableau arrière. Ce système, connu sur certains chalands fluviomaritimes, est peut-être emprunté aux penelles du Bas-Rhône. Construites au milieu du XIXe s. et abandonnées avant la première guerre mondiale, ces grandes sapines pouvaient acheminer jusqu'à Arles 360 tonnes de sel en sac. On rappellera que pour les périodes plus anciennes, notamment au XVIe s., lorsque le sel de Peccais vient à manquer, c'est celui de Berre que les fermiers du grand tirage du Rhône chargeaient pour alimenter les Bernois, alors alliés de la France[443].

En 1998, Gérard Boudet, Directeur de la Compagnie des Salins du Midi, nous autorise à effectuer des relevés sur l'une des carrates réutilisée en 1911 après un long sommeil et hissée aujourd'hui en terre devant le siège de la compagnie (fig. 257 b). La sole, composée de 10 planches en sapin, est maintenue par 23 traverses rivetées. A l'origine, 5 grandes vaigres renforçaient le fond. La longueur totale de ce carraton amphidrome, soit aux deux extrémités relevées, symétriques et similaires, qui pouvait donc être tracté dans un sens comme dans l'autre, est de 12,50 m pour 2,95 m de large, au maître-couple. Tiré dans les canaux par des mulets ou par des ânes, comme pourrait l'indiquer ici la toponymie locale (nous sommes proches du lieu-dit Clos des Ânes), il n'a pas de gouvernail.

Fig.256 a - Relevés de l'épave Salins d'Aigues-Mortes 1 (photo L. Roux)

Trois autres embarcations de même type, encore en service au XVIIIe s., ont été observées à demi enlisées dans un bras mort du canal de la Vidange, en direction du Grau de la Dent, près du transformateur d'alimentation des pompes du Grau d'Enfer, à 3 km à l'ouest vers les pompes de la machine du Vieux Rhône.

Le halage du sel sur le grand Rhône utilisera une quarantaine de chevaux ou de bœufs, parfois le double, pour tirer en même temps quatre à six bateaux chargées chacun d'une centaine de tonnes, ce qui demande, aux meilleures eaux d'avril, environ un mois pour remonter environ 500 tonnes de sel entre Arles et Lyon (fig. 258).

Fig.258 - Chargement d'un bateau aux salins de Frontignan en 1830 (F. Vivares, Musée de Frontignan)

---

[443] Hauser 1927.

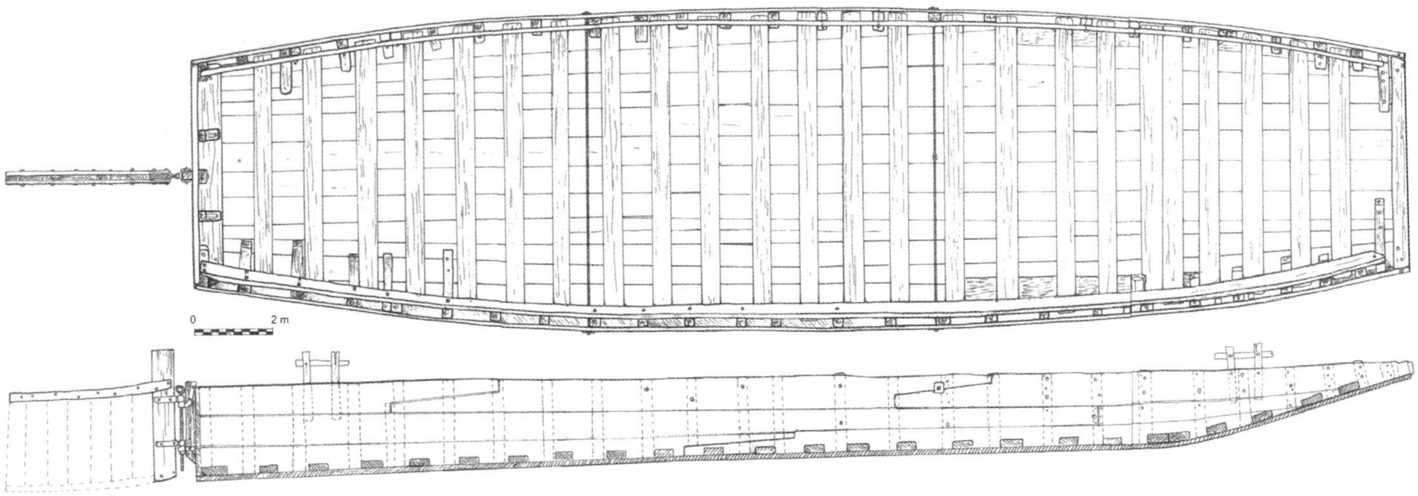

Fig.256 b - Plan de l'épave Salins d'Aigues-Mortes 1 (dessin L. Long, A. Illouze)

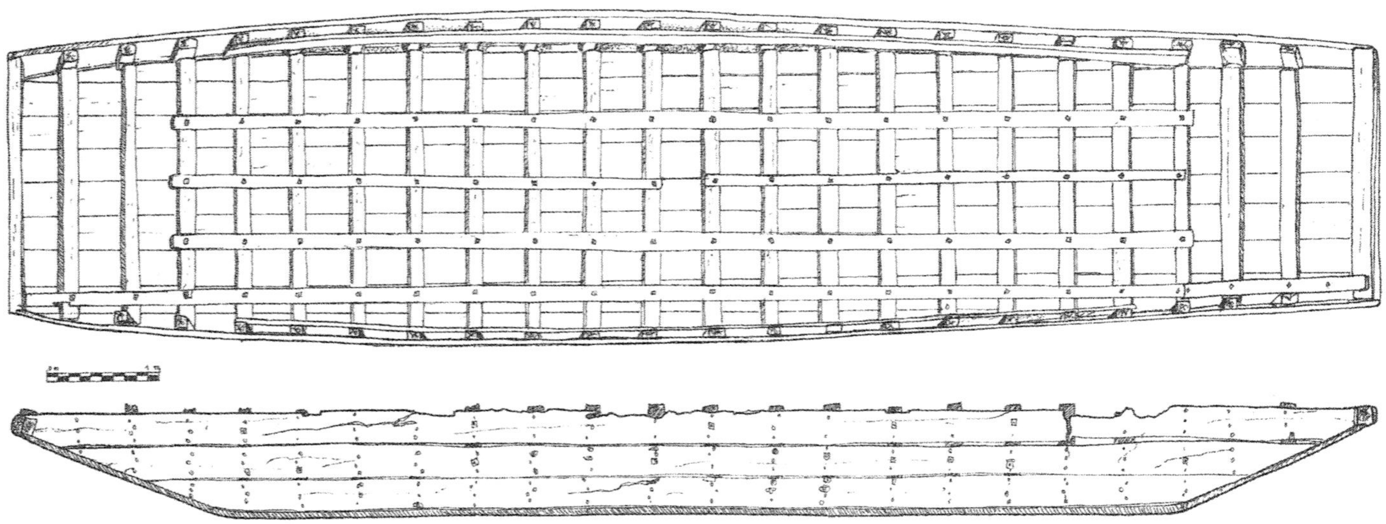

Fig.257 b - Plan d'une carrate réutilisée en 1911 (dessin L. Long, A. Illouze)

Mais en 1829, *Le Pionnier*, premier vapeur en service régulier sur le fleuve, atteint Lyon en 48 h avec 115 tonnes, ce qui va remplacer les convois halés[444]. Un siècle plus tard, entre 1918 et 1921, de très nombreux grecs sont embauchés dans les salines de la compagnie Pechiney et fondent des familles à Salin-de-Giraud où ils s'installent définitivement[445]. Ainsi, 2500 ans plus tard, la basse Camargue entend à nouveau résonner des chants grecs, ceux des pêcheurs d'éponges de Kalymnos qui, fuyant la misère et l'oppression turque, sont venus cultiver la mer avec laquelle ils ont forgé un lien indéfectible.

[444] Desaunais 1939, 228.
[445] Maïllis 2014

ÉMERGENCE DES ÉPAVES POSTMÉDIÉVALES ET MODERNES

Dès la fin du XIVe s., un renouveau maritime s'amorce sous la Renaissance avec l'apparition de nouveaux types de bateaux, comme la caraque et la caravelle, l'adoption généralisée du gouvernail à charnière, dit d'étambot, et le retour aux voiles carrées[446]. A la fin du XVe s., l'ère des grandes découvertes modifie aussi profondément les conditions de navigation et les trajets traditionnels, entraînant une évolution importante des navires existants. Les progrès techniques touchent à la construction des coques et au gréement mixte, carré et latin, favorable à la manœuvre et à la vitesse du navire. En outre, son tonnage assez faible et son bordage important le rendent très maniable en haute mer. Le combat naval oppose d'abord les citadelles élevées des bâtiments, que sont les châteaux avant et arrière, puis l'artillerie embarquée s'accroit rapidement à bord, utilisant d'abord des pièces terrestres marinisées. Une véritable artillerie de marine se développe ensuite avec une meilleure disposition des pièces grâce à l'invention et au découpage du sabord. On assiste, dans le même temps, à un développement précoce de la cartographie.
Philippe Rigaud, chercheur et académicien arlésien, a démontré que les illustrations du traité de Bertrand Boysset, au début du XVe s., comme les travaux de protection, les règlements de litiges ou de droits d'usages, à la fin du XVIe s., marquent le point de départ de la cartographie camarguaise moderne. Mais ce sont les épaves qui restituent le mieux aujourd'hui la forme et les avancées du littoral. Contrairement aux navires antiques concentrés à l'embouchure du Rhône de Saint-Ferréol, les épaves postmédiévales et modernes sont désormais équitablement réparties tout au long des côtes camarguaises. Ce phénomène plus général concerne depuis le Moyen Age le succès et le développement du cabotage, qui sous-entend de naviguer de cap en cap (capotage ?) et tient à la configuration même de la Méditerranée et à la pratique des petits commerces régionaux[447]. Dans le même temps, au XIVe et au XVe s., Arles est en grande partie privée de ses fonctions portuaires, le fleuve ne servant plus de voie de communication mais de frontière entre le royaume de France et le Saint-Empire Romain germanique.
Passées au crible par Albert Illouze, les premières mentions d'archives concernent, au XVe s., des galiotes majorquines, des nefs catalanes et des polacres marseillaises. La plus ancienne, une galiote de Mallorca armée de couleuvrines et d'arbalètes, s'échoue en 1469 à l'étang de l'Auffac (aujourd'hui l'étang de Giraud), par tempête de vent marin. Son équipage est fait prisonnier et la coque, une fois remise à flot, est ramenée à Arles pour être offerte au Roi René, à Tarascon. Cette prise répond au raid mené en 1452 à Ulmet par un pirate catalan avec sa galiote et cinq autres fustes. Ayant réussi à tromper la vigilance des gardes postés aux embouchures, il profite de piller la campagne jusqu'à Fielouse et capture une dizaine de paysans[448]. La même année, un brigantin catalan s'éventre dans ce secteur sur les bancs de sable, mais le bateau n'est pas récupéré. En janvier 1486, une nef catalane, *« Notre Dame d'Esperanza »*, originaire de Valence, s'échoue proue en terre au gras de Pauprezat, à l'est du Grau de la Dent (Faraman). En février 1539, une autre nef espagnole fait route vers Livourne, l'un des plus grands ports de Méditerranée sous Cosme Ier de Médicis, avant de s'échouer devant les Saintes-Maries. Un pierrier à boîte en bronze clair pêché par un chalut, en 1989, dans le golfe de la Gacholle, à l'est des Saintes-Maries, appartient peut-être à cette nef ou à la polacre marseillaise de Jehan Allemany, échouée au Tampan en 1613. Ce fauconneau à fourche, à chargement à boîte par la culasse et tube octogonal (long. 120 cm, âme : 3,6 cm) est proche des pièces de l'épave *Chrétienne E* (Var). Il projetait des boulets de ¾ de livre ou d'une livre de balle, et de la mitraille de clous pour balayer le pont ennemi (fig. 259). Il s'apparente aux *petriere da braga* italiens du XVI e s., dont certains ont été frappés au nom du pape Adrien VI (1522-1523), précepteur de Charles-Quint[449].
Comme la pinque, la polacre dont l'étrave est renflée et l'arrière relevé, est un trois-mâts provençal reliant Marseille aux Échelles du Levant, qui mesure en moyenne 25 m de long pour 8,50 m de large. Armé généralement de deux canons et de quatre pierriers, avec un équipage d'une vingtaine hommes, il peut porter 400 tonnes de fret en tirant peu d'eau. Les consuls d'Arles versèrent 22 livres et 10 sols au patron marseillais pour qu'il laisse en place les

[446] Desaunais 1939, 228.
[447] Murat 2003, 30.
[448] Rigaud 1984 ; 2015, 93.
[449] Guérout et al. 2012 ; López Martín 2012.

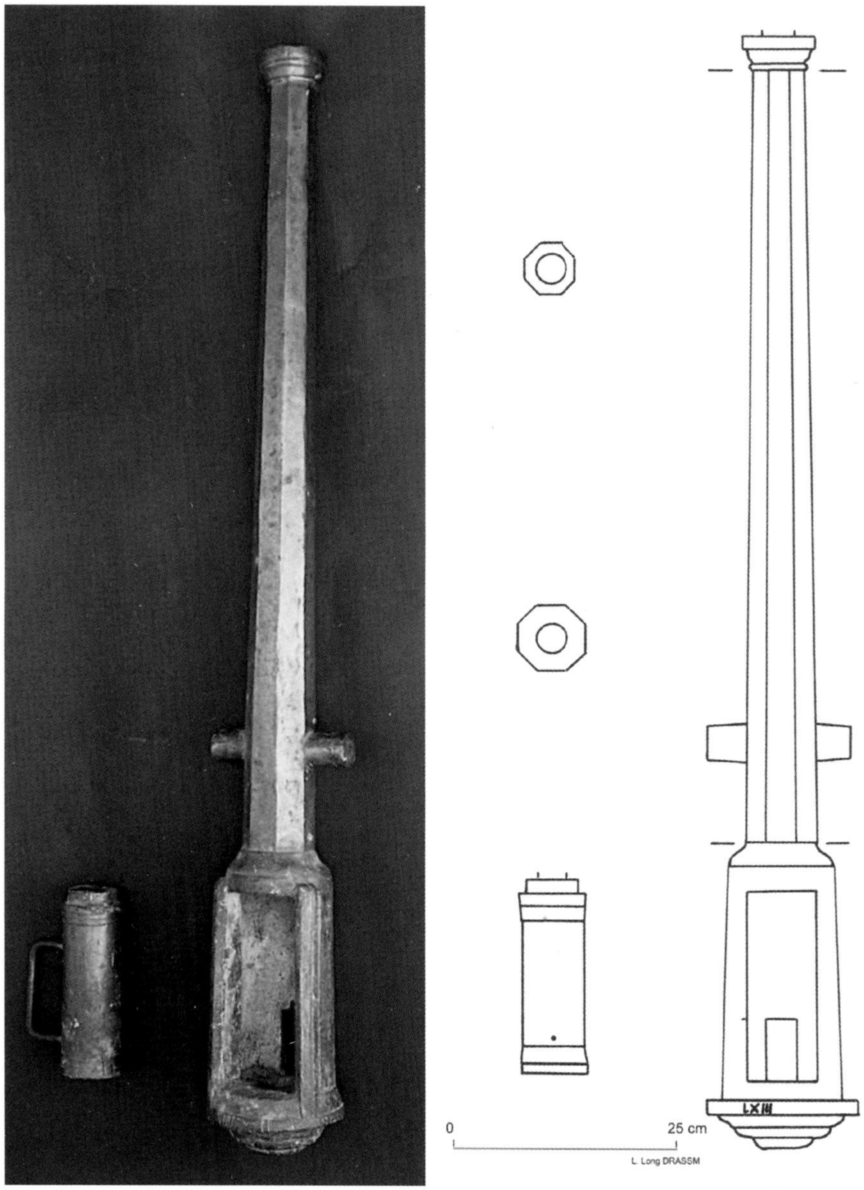

Fig.259 - Fauconneau à fourche du XVIIè s. (photo et dessin L. Long)

mâts du navire, afin de signaler le danger. Entretemps, en 1588, une tartane arlésienne, la « *Marie-Salomée* » coule sans faire de victime sur le they du Brûle-tabac, à l'ouest de Fos-sur-Mer et donne lieu au dépôt d'un ex-voto à l'église Saint-Honorat d'Arles, pour perpétuer ce miracle. Selon les périodes, le risque imprévisible lié aux bancs de sable se renforce dans un même secteur, ainsi, 25 ans après la polacre marseillaise, une barque française, le « *Saint-Crucifix* », disparaît à son tour au Tampan. En décembre 1641, cinq galères espagnoles de l'escadre de Naples, dont la « *Gironna* », « la *Saint-Agueza* » et la « *San-Antonio* », s'échouent sur les plages des Saintes-Maries. Les équipages et les officiers sont capturés et emprisonnés à Arles, dont 200 galériens, des esclaves maures et turcs, tous remis aux galères de France, à Marseille.

Le développement des relevés cartographiques, souvent très colorés et illustrés, se poursuit au milieu du XVIIe et au début du XVIIIe s. pour favoriser la connaissance des embouchures, notamment celle du grand Rhône et du Bras de fer, emprunté de 1587 à 1711[450]. Curieusement, les premières épaves examinées au début des années 1980, reflètent l'irruption du commerce hollandais sur

[450] Rigaud, 2004, 117.

cette côte, dont on ne soupçonnait pas encore l'importance. Si les épaves de la célèbre V.O.C[451]. émaillent d'ordinaire une route commerciale vers l'Afrique, l'Amérique, l'Inde et la Chine, les recherches en archives confirment l'implication des Provinces-Unies en Camargue. Dès 1981, nous identifions l'épave *Plage d'Arles 1* ou « *Galère de Livourne* », une flûte néerlandaise perdue en 1714. Trois ans plus tard, l'exploration de l'épave « *Plage d'Arles 3* », nous confronte à « *L'Espérance* », perdue en 1620, puis en 1996 c'est l'épave « *Pointe de Beauduc 3* », originaire de Rotterdam, échouée peu après 1771. Si un important trafic international longe les côtes de Camargue au XVIIIe s., le pays d'Arles et le reste du midi se dépeuplent rapidement après l'arrivée à Marseille du « *Grand Saint-Antoine* », en 1720. Le vaisseau, infecté par la peste bubonique, répand cette année-là une épidémie qui emporte entre 7000 et 10 000 personnes à Arles, soit près de la moitié de la population[452].

Des marchands venus du Nord

« Les Provençaux et les Marseillais trouvent aujourd'hui un profit assuré à vendre leurs denrées aux Hollandais et à d'autres étrangers qui viennent les leur enlever dans le port. Ils ne courront après des profits incertains, à la suite d'une longue et périlleuse navigation, tant qu'ils trouveront un avantage réel au-dessus de celui que leur offre la vente qu'ils ont faite jusqu'à présent de leurs denrées à ces mêmes étrangers ». Cette réflexion de la Chambre de Commerce de Marseille, en 1769, montre que les Provençaux abandonnent une part du commerce international aux navires marchands étrangers qui accostent à Marseille et qui ont souvent besoin d'affréter le retour[453]. Elle s'accorde avec la multiplicité des pavillons que l'on trouve à cette époque dans le port du Lacydon, comme l'illustrent les nombreuses épaves répertoriées au large de la Camargue. Ainsi, aux XVIIe et XVIIIe s., les Marseillais rechignent à naviguer jusqu'en Baltique et se contentent d'un commerce passif et du bénéfice que procure la vente sur place de leurs produits, des articles bon marché liés à l'agriculture provençale (huile, amandes, raisins secs, etc...) et des fabriques locales, le savon principalement. L'arrivée des Hollandais en Méditerranée, est due à l'origine à une forte demande en céréales, celle des Anglais, et aux besoins en étain. Ainsi, les villes d'Amsterdam et Rotterdam, puissantes places financières, sont les relais classiques du blé du Nord et des grands fournisseurs pour Marseille, au milieu du XVIIIe s. La redoutable machine commerciale hollandaise, qui bénéficie de l'excellente compétitivité de ses manufactures et d'un faible coût de fonctionnement des navires, importe les produits méridionaux en Europe du Nord, à des prix défiants toute concurrence (fig. 260). D'une forte capacité de charge, les flutes hollandaises sont des navires stables, à fond plat de construction peu couteuse, et disposent d'un équipage réduit, fortement discipliné, qui utilise un système d'information sur la navigation très développé. Les Espagnols surnomment ainsi la V.O.C. et son réseau d'influence et de traités « l'araignée des mers ». A la fin du XVIIe s., des colonies de marchands hollandais établies à Livourne, Smyrne et Alep, dominent le marché méditerranéen[454]. Les marchands anglais s'engouffrent dans la percée hollandaise et 190 navires anglais arrivent à Marseille pour la seule année 1749. Hollandais et Anglais, suivis par leurs homologues hanséates et scandinaves, diffusent les métaux, notamment le fer et divers produits, munitions navales, textiles, bois, brai, goudron, cuirs, poissons, blé, poivre, cannelle et autres épices, etc., ainsi que les marchandises espagnoles, comme les anchois, chargés en cours de route, contre l'acheminement en retour de produits provençaux et levantins. Le marché du hareng atlantique échappe ainsi aux armateurs français, l'origine des barils qui entrent à Marseille dans la première moitié du XVIII ^e^ s. étant principalement liés aux négociants anglais ou hollandais. Les différents conflits qui éclatent à cette période n'altèrent pas totalement le volume et la vigueur des échanges maritimes et leur cortège de naufrages liés aux problèmes de navigation. Ils génèrent, au demeurant, des pertes supplémentaires occasionnées par les combats navals ou l'échouement volontaire de vaisseaux pris en chasse, comme c'est le cas en 1812, sous le feu des Anglais, à l'est des Saintes-Maries. Dans le même temps, les navires du Ponant français importent sur les côtes provençales des produits coloniaux tandis que les tenaces morutiers malouins se jouent de la menace anglaise et alimentent Marseille en droiture depuis Terre Neuve. Enfin, les polacres, bricks et balancelles montés par des équipages méridionaux aux accoutrements bigarrés, comme la flottille de tartanes et d'allèges régionales, notamment arlésienne, qui ravitaillent Marseille et Toulon, ne s'affranchit pas complètement des pièges que recèlent ces parages. Au total, baignées d'une même écume, ces nombreux bâtiments perdus sur le littoral camarguais dévoilent un nouveau pan des échanges internationaux. Leur étude amplifie le choc des cultures au large de ces

[451] *Vereenichte Neederlandtshe Geoctroijeerde Ost Indishe Companie.*
[452] Bertrand 2008, 472.
[453] Rambert 1966, 740-741.
[454] Andersen, Pourchase, 2011, 25.

Fig.260 - Flûte à la voile, XVIIIè s (gravure de Randon)

étendues désertes et sauvages, de la carrate des saliniers de Giraud au brick scandinave, du cruchon provençal à la pipe de Gouda, de la lampe du Ville-de-Mèze à la cloche fondue à Rotterdam par Gerrit Bakker. La vision de ces objets, sortis de leur contexte, et l'évocation de ces vaisseaux, véritables machines de guerre et de commerce, a de quoi dérouter. On oublie, de fait, trop facilement aujourd'hui l'importance matérielle et politique que revêtaient les navires et les couloirs de navigation pour les républiques maritimes et les pays d'Europe, durant ces cinq derniers siècles. Mais si les grandes nations ont conquis des empires à la pointe de l'épée pour y exporter l'Évangile et en importer la gloire et parfois la fortune, les Hollandais eux, n'exploraient les ports du vaste monde que pour l'amour du gain[455]. Presque toutes rattachées à ce commerce, au XVIIe et au XVIIIe s., les épaves qui suivent se déclinent d'ouest en est, à partir des Saintes-Maries.

[455] Stenuit 1977, 25

Des bandits rançonnent le capitaine (1739)

Une épave tout récemment signalée par Pascal Chabaud, à 1 km du bord, face à l'étang d'Icard, sur la limite occidentale du petit Rhône, correspond peut-être aux vestiges du vaisseau hollandais *Jeune Catherine*, parti d'Amsterdam pour Marseille et échoué en novembre 1739. Conservé sur 25 m de long, par 7 m de fond, à 1 km du bord, les membrures apparentes, chevillées fer et bois, mesurent 20 x 20 cm et le bordage au moins 5 cm d'épaisseur. Un jas d'ancre en fer entouré de mostelles sort du sable à l'arrière, où est visible une pièce de manœuvre, près de l'étambot. Le gisement correspond assez bien aux données d'archives qui situent l'épave près des Saintes-Maries. Lors du naufrage, les vagues ayant poussé des effets à la plage, une troupe de bandits enlève de force le capitaine, Ronge Gull-Gerrest, tandis que le pilote et un jeune homme ont péri noyés[456].

Des armes en fond de cale pour les religionnaires d'Aigues-Mortes (1621)

En 1972, lorsque Gérald Savon, patron-pêcheur de Port-de-Bouc et plongeur professionnel, repère au sud-ouest du grau de la Dent, par 9 m de fond, l'épave « *Plage d'Arles 3* », le site est partiellement dégagé par les tempêtes, à 1 mille nautique de la côte. Quatre pierriers à boîte, en bronze, dont l'un est planté droit, émergent du sable. Dotés d'un blason armorié et d'un numéro de série sur la plate-bande de culasse, ils sont disposés de part et d'autre d'une dizaine de canons en fer alignés en quinconce, en fond de cale, simple lest ou transport d'artillerie (fig. 261). Lorsqu'en mai 1985 l'inventeur guide *L'Archéonaute* sur l'épave, le gisement est presque complètement réensablé et les pièces de bronze ont disparu. Le petit mobilier erratique, embouchoirs de fusil, pipes en terre, poulies, évoque les vestiges d'un navire de guerre du XVIIe qu'Albert Illouze identifie dans les archives. La position et les caractéristiques de l'épave s'accordent assez bien avec le navire hollandais de 5000 quintaux : « *Espérance* », d'Amsterdam, perdu en février 1621 et « *qui s'est engravé en mer au quartier dit la Pointe de la Dent, proche le Tampan* », alors qu'il transportait des armes (mousquets, canons) pour les religionnaires d'Aigues-Mortes, en lutte contre Louis XIII. Si les Arlésiens envoyèrent des charrettes pour récupérer le chargement d'armes, les autorités royales s'octroyèrent d'autorité le chargement intégral. L'épave *Agde J*, mentionnée dans les rapports de fouille d'André Bouscaras (1962-1963), qui correspond vraisemblablement à un vaisseau hollandais du XVIIIe s. transportait également dans ses flancs un chargement de pièces d'artillerie de petit calibre.
Dans ce conflit, la ville d'Arles, qui choisit par légitimisme le camp catholique, tente de contrôler le trafic des armes et des marchandises prohibées, aux embouchures du Rhône, et de contrecarrer les incursions des Huguenots d'Aigues-Mortes. Elle dispose pour cela de galères de guerre d'environ 10 m de long, appelées « frégates » ou « fargates », construites selon les modèles génois et dotées d'une artillerie légère et d'une chiourme d'une vingtaine d'hommes[457].

Fig.261 - Pierrier en bronze de l'épave Plage d'Arles 3 (coll. privée)

[456] Illouze 1988, 45.
[457] Rigaud 1994.

Lingots de plomb et vaisselle en étain sur un anglo-hollandais de la fin du XVII e s.

Des objets de qualité provenant d'un nouveau vaisseau hollandais, l'épave *Plage d'Arles 9*, sont saisis en 1997 par les gendarmes d'Arles au domicile de deux plongeurs clandestins. Si ces derniers sont peu loquaces sur la position du site, ils évoquent un *tumulus* de lingots de plomb entouré d'une dizaine de gros canons de fer et de quelques ancres à jas de grande taille. Ils ont récupéré deux lourds saumons de plomb constellés d'estampilles : MH, B et S superposés, SD, ID, et de très nombreux plats en étain dits « à venaison », à large marli, de 51,5 cm de diamètre, poinçonnés au revers du label du fabricant. On distingue notamment deux marques répétitives : rose couronnée et main à la rose, flanquée des initiales NK, tandis qu'un troisième poinçon quadrangulaire, à lettre H, est dentelé comme un timbre-poste. Des grands plats de ce type sont connus sur le bateau marchand naufragé au milieu du XVII e s. près de Mullion Cowe, en Cornouailles[458] (fig. 262 a, b).

Par ailleurs la saisie judiciaire livre aussi quelques plombs aux armes de Leyden, aux Pays-Bas, et de Londres, qui devaient sceller des textiles, peut-être des ballots de soie ? Sur les premiers on distingue une clef couronnée et la légende « *Laidenences*», avec un lion rampant à l'épée et aux foudres, au revers, sur les autres, l'écusson « *De Londino* » avec l'archange et la légende « *Gloria in Elxcelsis* », au revers (fig. 262b). Un plomb anglais identique est attesté sur l'épave du galion « *Sacramento* », naufragé au brésil en 1668[459]. Deux tubes de mousquets en bronze, à tulipe évasée (long. 71,2 et 72,1 cm), récupérés dans le même lot, sont semblables à ceux conservés à la Tour de Londres, qui datent respectivement de la fin du XVII e s. siècle et de 1721. Enfin, la cloche en bronze du navire, récupérée par les plongeurs, est marquée 1672 WO, ce qui désigne un bâtiment anglo-hollandais perdu à la fin du XVII e s. (Fig. 262c). On se situe peut-être après le traité de Westminster (1674), qui fait suite à trois guerres anglo-néerlandaises et permet à l'Angleterre de s'unir officiellement aux Provinces Unies dès janvier 1678. Par déduction, on finit par localiser le site au Grau de la Dent, par 11 à 12,5 m de fond, lors d'une courte plongée en mars 2000, avec le support du chalutier « L'Aventure » et son capitaine, Gérald Savon. Le chargement de lingots, de 90 kg chacun, est entassé au centre d'une excavation de 20 m de long, générée par le pillage et le courant. Au nord-est du site se trouvent deux grosses ancres de 5 m de long et une dizaine de pièces d'artillerie. A l'ouest, un gros chaudron en bronze apparaît à demi ensablé, au voisinage de barrettes de métal (plomb ?) et de fragments d'assiettes en étain de grand diamètre. La visibilité et les conditions météorologiques ne sont pas bonnes, les photos impossibles à réaliser à cause du thermoclean tandis que le froid nous paralyse. Espérant revenir sur site dans de meilleures conditions, nous laissons le mobilier en place.

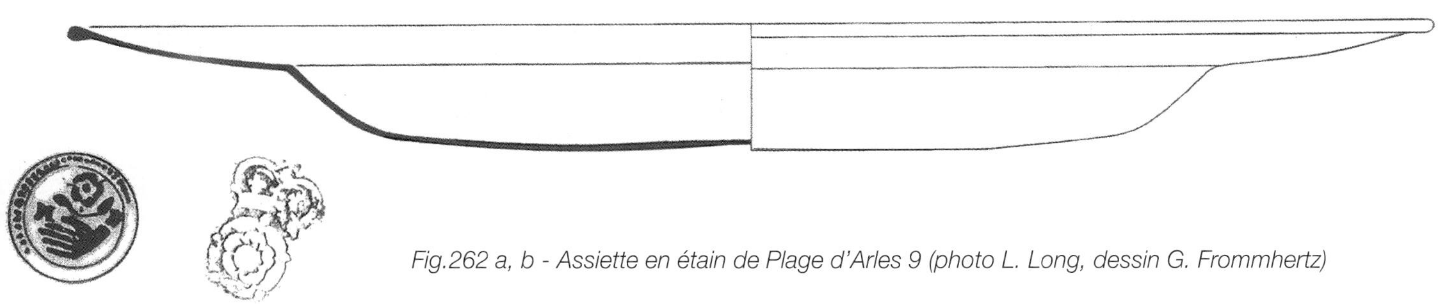

Fig.262 a, b - Assiette en étain de Plage d'Arles 9 (photo L. Long, dessin G. Frommhertz)

[458] Mc Bride, Larn, Davis 1972.
[459] Pernambucano de Mele 1979.

Fig.262 b - Scellés en plomb des ballots de textiles aux armes de Leiden et de Londres (photo L. Long)

Fig.262 c - Cloche de Plage d'Arles 9, marquée WO, 1672 (photo L. Long)

La « *Galère de Livourne* », une flûte hollandaise sous Louis XIV (1714)

C'est au début du XVIIIe s., par une violente tempête, qu'un vaisseau hollandais de 30 m de long se perd au large de la Plage d'Arles, à Piémanson, face au vieux sémaphore[460]. L'épave, parallèle à la plage, gît par 10 m de fond, à 1500 m du bord, la poupe à l'ouest (fig. 263). Baptisée « Plage d'Arles 1 », elle est déclarée en 1980 par Alain Capelli, Albert Illouze et Gérard Testagnère, ce qui déclenche aussitôt une mission organisée avec les inventeurs, en collaboration avec le DRASSM, Jean-Maurice Rouquette et la ville d'Arles, qui missionnent à nos côtés, Jean Piton, archéologue plongeur du Musée municipal. Ainsi, pour la première fois, en Méditerranée, des archéologues professionnels interviennent sur une épave postmédiévale. Au même moment, un autre pionnier sur le Ponant, Bernard de Maisonneuve, archéologue amateur, entreprend la fouille du *Maidstone*, vaisseau anglais de 50 canons perdu en 1747, à Noirmoutier[461].
Un premier sondage est conduit avec un zodiac en juin et juillet 1981, puis avec *L'Archéonaute* en 1983 et 1984, mais la visibilité est souvent très mauvaise, de l'ordre de 10 cm. Lors d'une plongée les eaux sont très claires mais

[460] Long 1983, 1984.
[461] De Maisonneuve, 1991.

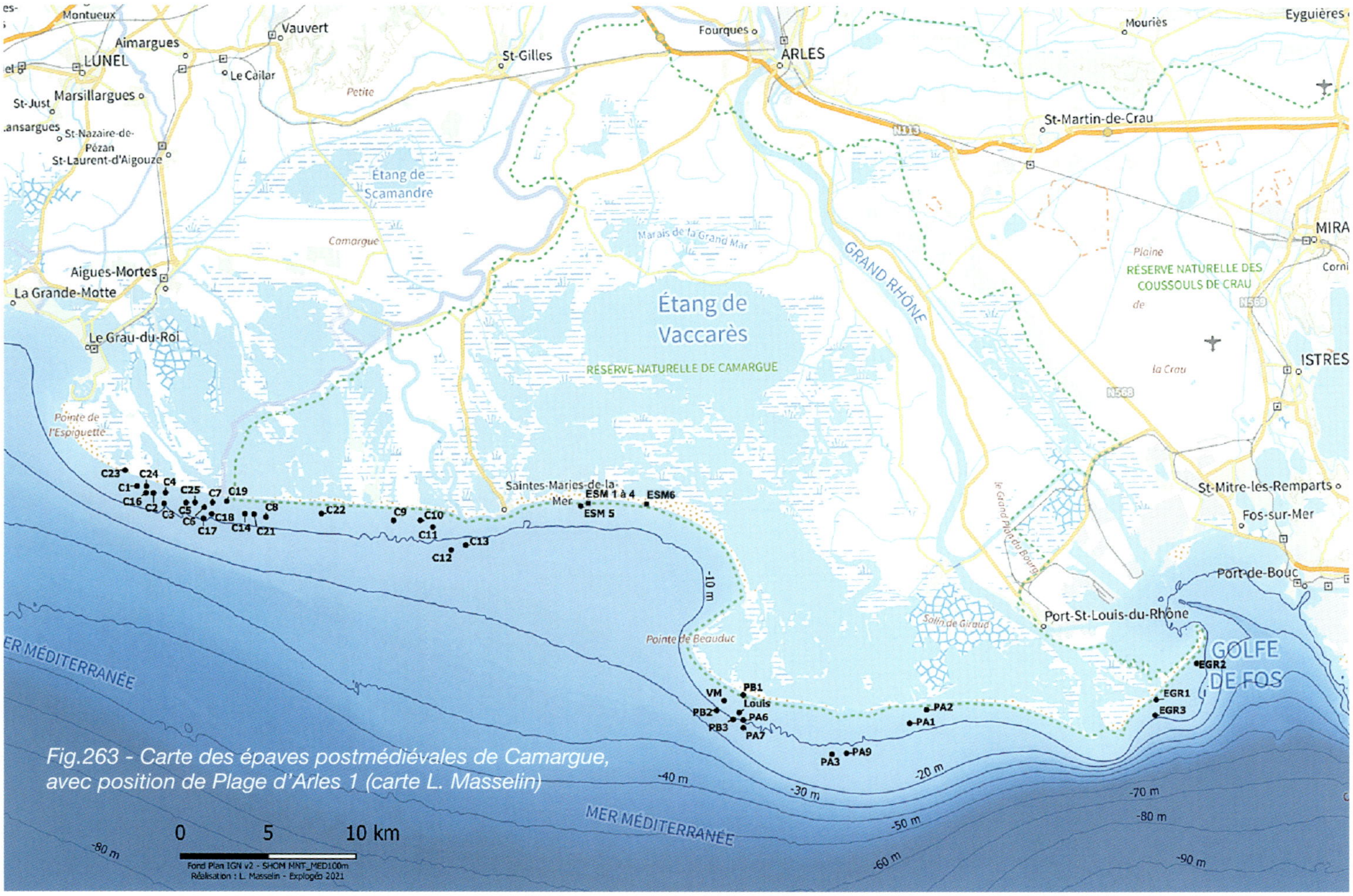

Fig.263 - Carte des épaves postmédiévales de Camargue, avec position de Plage d'Arles 1 (carte L. Masselin)

Fig.264 - Dessin de l'épave au milieu d'un banc d'anchois (photo D. Metzger)

Fig.265 - Épave PA1 : lingots de plomb in situ (photo P. Mouton)

le courant, activé par le vent d'est, se renforce jusqu'à 2 nœuds. Chargés de matériel nous palmons à contrecourant vers la bouée qui matérialise le site, ce qui nous essouffle en surface avant même d'atteindre le fond. Une fois l'inconvénient passé, sous une constellation d'anchois argentés (fig. 264), les vestiges de l'épave se reflètent sur la vitre de nos masques.

Dans les parties hautes du vaisseau, sur l'arrière, où apparaît la pompe de cale, un large entrepont métallifié par les concrétions supporte un alignement de tonnelets garnis d'un tapis d'anémones jaunes que survolent quelques castagnoles. Plus à l'Est encore, de part et d'autre de la pompe, des lingots de plomb en tronc de pyramide sont empilés tête-bêche sur plusieurs rangs,

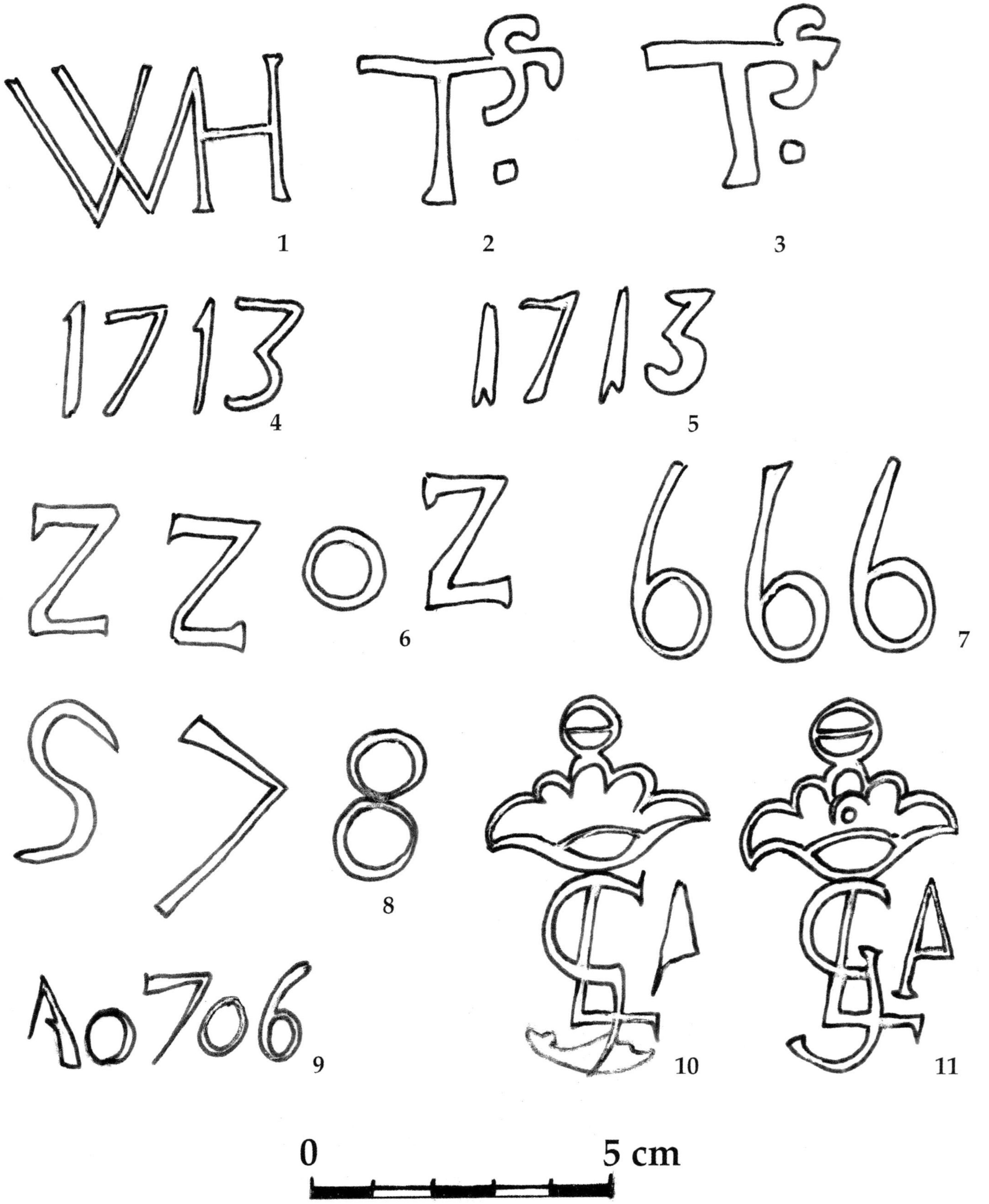

Fig.266 - Marques sur lingots de plomb, épave PA1 (dessins : L. Long)

Fig.267 - Marques sur lingots de plomb (photo : L. Long)

Fig.268 a - Tonnelets in situ, près d'un filet (photo : P. Mouton)

Fig.268 b - Tonnelet empli de barrettes d'acier (photo L. Long, J. Piton)

séparés par des planches de bois, tandis que d'autres lingots identiques dépassent de la vase, au pied du navire, parmi des boulets (fig. 265). D'un poids compris entre 69 et 83 kg chacun, ces lingots (long. 47 cm, larg. 38,5 cm, haut. 12,5 à 13,5 cm), dont il est difficile de préciser le poids total à l'origine, présentent tous de nombreuses marques : initiales ligaturées (TS, WH, GL avec couronne), numéros déclinés selon des ordres différents (AO706, 540, 551, 645, 666, 3350, 33Z…) et date de fabrique : 1713. Détail intéressant, la marque TS est également connue sur des saumons de plomb du vaisseau *VOC – Kennemerland*, naufragé en 1664[462] (Fig. 266 et 267).
Si les analyses métallographiques sont peu développées au début des années 1980, ce plomb pourrait toutefois provenir des mines de Rammelsberg, près de Goslar, en Basse-Saxe (Allemagne), comme celui que les navires hollandais apportent à Bordeaux, depuis Hambourg, en 1682[463]. Néanmoins, à cette époque, le port de Marseille est également ravitaillé en plomb par l'Angleterre, qui se fournit à Bristol, Plymouth et Londres[464].
Partiellement recouverts de filets de chalut, au centre du vaisseau, des tonnelets en bois (diam. 32 cm, haut. 30 cm), sont empilés sur trois ou quatre rangées et occupent une plateforme de 4 m de large, pour 2,5 m de long (Fig. 268 a, b). Pesant 54 à 60 kg chacun, soit 100 ou 120 livres hollandaises équivalant à un quintal, leur chargement global approche une quinzaine de tonnes.

462 Price et al. 1980, 13.
463 Fayard 1967, 224
464 Bergasse 1954, 172.

Ces fûts contiennent chacun 180 à 200 barrettes parallélépipédiques d'environ 300 g pièce (long. : 28 à 30 cm, section : 0,9 à 1,2 cm, poids : 210 à 298 g). D'après les analyses du laboratoire de l'Institut de la soudure (Port de Bouc), il s'agit d'un acier très pur, à forte teneur en carbone, sans doute destiné à l'outillage ou la coutellerie, dont il faut peut-être chercher l'origine en Styrie ou en Suède. Enfin, sur l'avant, à l'ouest, se distingue un ensemble important de longues barres de fer plat, de 2 à 4 m de long, déformées par la concrétion, qui mesurent 5 cm de large pour 2 m de long. Ces barres plates qui occupent la moitié de la cale, représentent un chargement de 50 à 100 tonnes. Selon les arrivages habituels, à cette époque, elles peuvent provenir des ports de redistribution d'Amsterdam, Hambourg ou Lübeck, qui les ont reçues au préalable de Styrie, de Suède ou de Saxe[465].

À même le fond de cale, le dévasage à la suceuse à eau alimentée par une motopompe arrimée sur un petit ponton de fortune, lève le voile sur l'armement du navire et sur la vie à bord. On recense ainsi des boulets en fer de 4 et 6 livres, des munitions de calibres divers, des balles de mousquets et de mitraille en plomb, ainsi que des fragments de céramique, une écuelle en bois, des pipes estampillées, des craies de sanguine, des restes de poissons fumés ou salés qui constituaient un complément de fret, dont on discerne encore les squelettes. L'une des pipes en terre blanche présente un fourneau en entonnoir typiquement hollandais, de type « tretcher », l'une des formes basiques des pipes de Gouda, connue pour ses productions mondialement célèbres et son argile fine et blanche, idéale pour la cuisson des pipes[466]. Le talon est frappé d'une marque circulaire décorée en bas d'une croix à branche cassée, au-dessous d'une mitre surmontée d'une rose-croix, avec deux étoiles de part et d'autre. On rappellera ici que les étoiles font partie des armes de la ville de Gouda et la rose vient de celle des Tudor, la pipe en terre ayant été introduite au Pays-Bas par les soldats anglais (fig. 269 a et b). En juin 1984, lors d'une nouvelle intervention avec *L'Archéonaute*, en s'écartant du site d'un mètre, nous dégageons une pièce d'artillerie encroutée dans sa gangue. Disposée à l'avant du navire, sur bâbord, elle est rapidement relevée à la grue, puis remise en place après étude. Sous la concrétion, le métal du canon, aux couleurs d'argent, est totalement ramolli par la corrosion. Il s'agit d'un Finbanker en fonte de fer, coulé avec son habituelle décoration de filets concentriques, dans les fonderies suédoises de Finspang, avant d'être commercialisé à Amsterdam où ces pièces

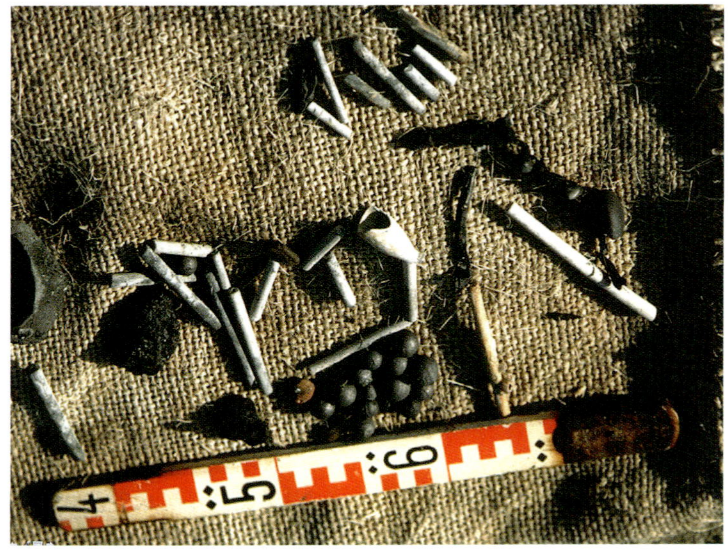

Fig.269 a - Pipes en terre hollandaises de l'épave PA1 (photo P. Mouton)

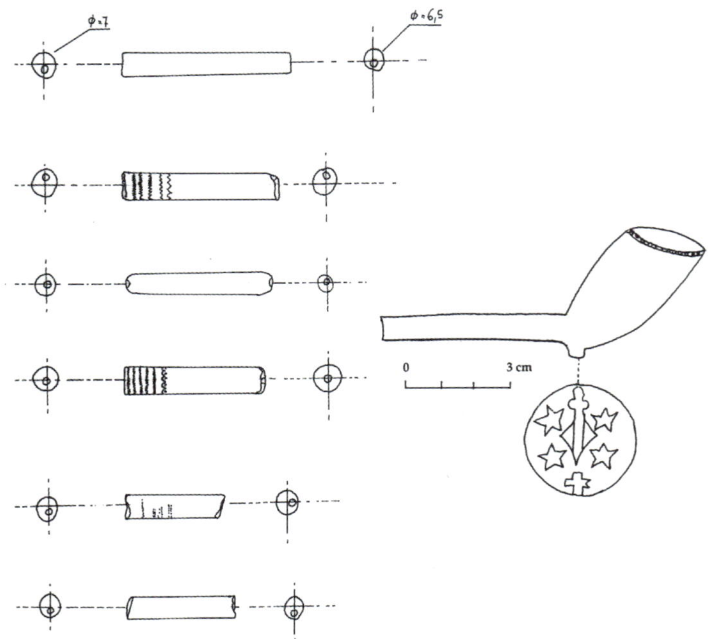

Fig.269 b - Marques sur les pipes en terre de l'épave (dessins J. Piton)

étaient généralement pesées et éprouvées. Le canon mesure 2,38 m de long, 47,5 cm entre les tourillons, pour un orifice de lumière de 0,9 cm et une longueur d'âme de 202,5 cm. L'ouverture de bouche, de 10,5 cm, réduite après la gorge interne à 10,1 cm de diamètre, désigne une demi-couleuvrine de 8 livres de balle. La décoration de nombreux filets concentriques entre les renforts, en

[465] Rambert 1966, 171.
[466] Gosse 2007, 28.

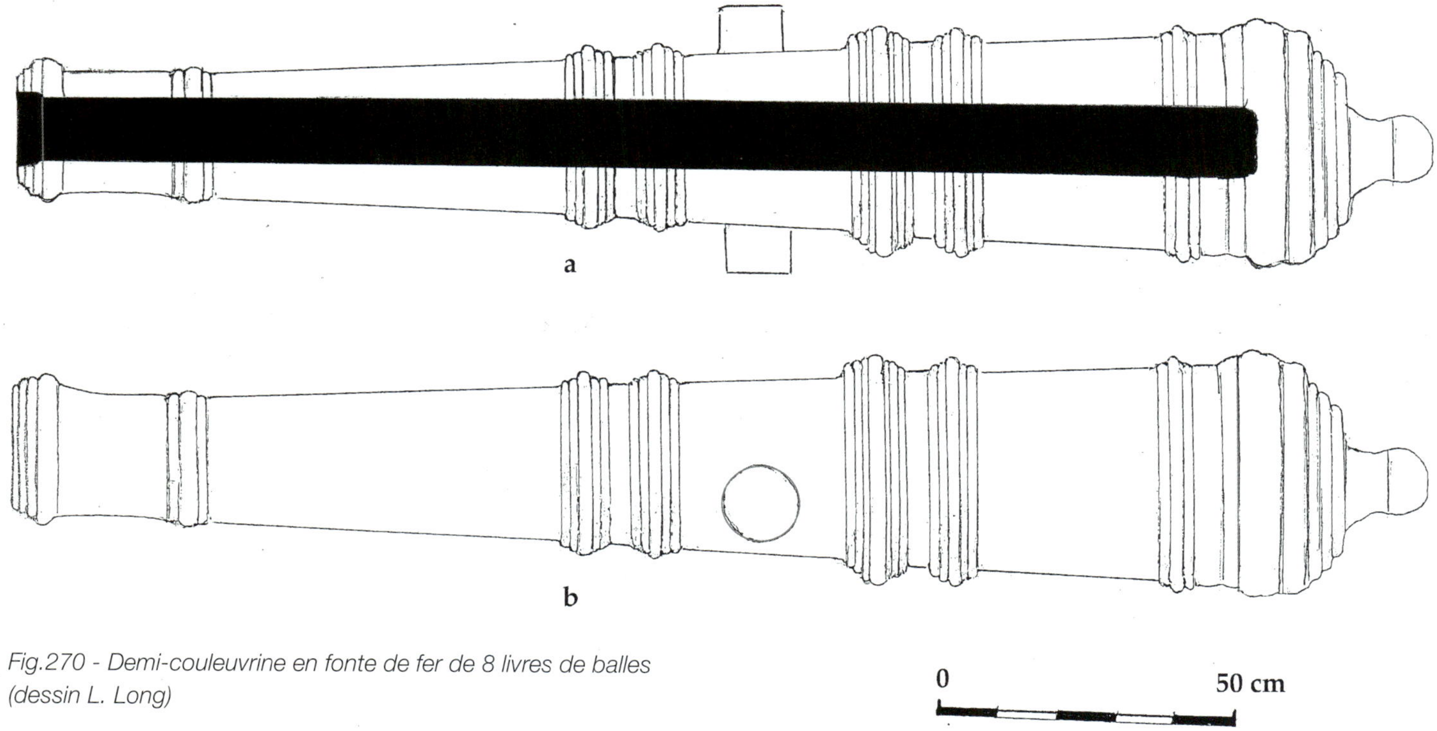

Fig.270 - Demi-couleuvrine en fonte de fer de 8 livres de balles (dessin L. Long)

particulier de part et d'autre des tourillons, renvoie au type A du « *SØtØjhusbogen* », manuscrit danois du XVIIIe s. conservé au Royal Danish Arsenal Museum de Copenhague, mais la pièce, trop concrétionnée, ne livrera aucune inscription[467] (fig. 270).

Typique de la construction d'Europe du Nord, l'architecture du vaisseau a pu être observée dans quelques détails, sur l'arrière, où la carlingue chevauche un rythme serré de couples et demi-couples, dont la maille étroite est parfois colmatée par du brai. Liée au bordé par des gournables en bois de 2,8 cm de diamètre, la membrure est parfois fixée à la quille par une broche métallique, au centre des fourcats. La dendrochronologie n'étant pas développée, à l'époque, il ne fut pas prélevé d'échantillon de bois. Lors du relevé de l'épave, le système de la pompe de cale d'artimon, dans le tiers arrière du navire, logée entre les flasques d'un puisard d'archipompe à même les varangues de fond (100 x 67 cm), apparaît très bien conservé, lui aussi. Le corps de pompe en bois (long. 100 cm, larg. 42 cm, haut. 25 cm) (fig. 271 a, b et c), soigneusement revêtu de brai et broché au centre, est percé de deux larges lumières (diam. 21 cm), espacées longitudinalement entre les axes de 40 cm. Détail surprenant, ces orifices de pompe semblent directement taillés dans la carlingue, au risque de l'affaiblir (fig. 271 a). Au-dessous, les membrures ont été sculptées, elles aussi, en demi-cercle, pour s'adapter à l'ouverture des puits d'aspiration, tandis qu'une broche métallique passe entre les deux orifices et la varangue centrale. Entre la quille et le corps de pompe, la sentine, où circulent les eaux d'infiltration, accuse 28 cm de haut, soit la hauteur des pieds de varangues. Sur d'autres épaves, en comparaison, la carlingue est seulement entaillée pour faciliter le passage des puits de pompe, comme sur le vaisseau américain *Defence*[468] (1779).

Fig.271 a - Puits de la pompe de cale avec les orifices taillés dans la carlingue (photo P. Folliot)

[467] Frantzen, Olle 2001 ; Valentini 2015, 169.
[468] Boyer 2008.

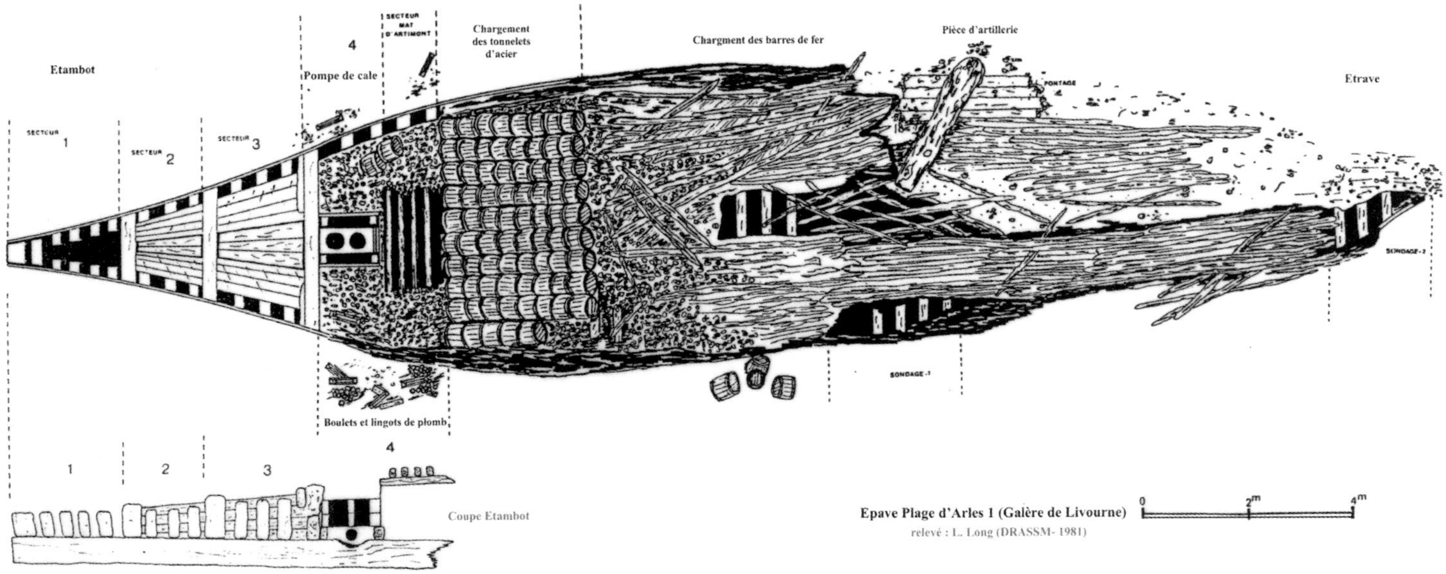

Fig.271 b - Plan de l'épave Plage d'Arles 1 (Dessin L. Long)

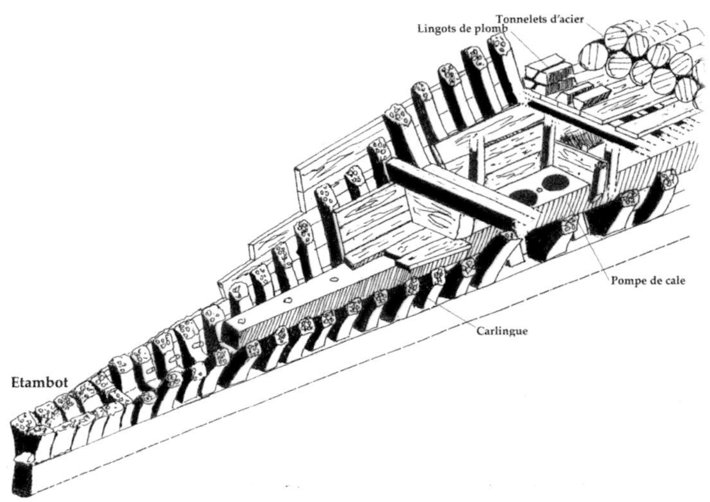

Fig.271 c - Vue axonométrique de l'arrière du vaisseau (dessin L. Long)

En examinant de plus près le système de pompe, en 1984, nous réalisons que les lumières, de 21 cm de diamètre, comme sur l'épave du « *Juste* », correspondent sans doute à l'insertion d'un tube de pompe en bois et à sa chopine. En conséquence, il ne s'agit pas d'une pompe à chapelet comme on l'a d'abord cru, mais de deux pompes en ligne, à bringuebale, dotées d'un tube et d'une heuse. Verticale au centre de l'un des deux orifices, une petite tige métallique en place, appartenait peut-être donc à la chopine ?

Le mystère de l'épave ne résiste pas longtemps à la sagacité d'Albert Illouze, qui retrouve dans les archives arlésiennes l'identité du navire : la « *Galère de Livourne* », perdue en 1714 près de l'embouchure du Rhône, sur la route vers Marseille et Toulon. Alors que l'Italie est sous domination espagnole, le nom du navire désigne le port franc mis à disposition des Hollandais par Ferdinand I er, grand-duc de Toscane, qui leur accorde de nombreux privilèges et veut faire de Livourne l'une des places centrales de Méditerranée. Le rapport de perte révèle que son chargement périssable comprenait des harengs noirs, merluches, morues, fromages, épiceries, draperies, plomb, fer et étain. A l'époque, la perte est évaluée à un million de livres Tournois, incluant le corps du vaisseau. Seuls quelques effets et une petite partie de la cargaison sont récupérés par Jean Clastrier, de Martigues, à bord de sa tartane, puis ramenés au lazaret de Marseille. La cargaison était adressée aux négociants protestants marseillais d'expression allemande, Gaspard et Nicolas Sollicoffre. Il s'agit sans doute des descendants de la riche et puissante famille de négociants suisses Zollikoffer, originaire de Constance, puis fixée à Saint-Gall (Suisse), dont des membres s'installent à Marseille entre 1550 et 1789, dès que le culte protestant est autorisé[469]. Certaines notes du registre de la Santé indiquent que la « Galère de Livourne » est déjà venue décharger à Marseille lors de deux précédents voyages. Commandée par le capitaine Nicolas Anans, de Toulon, elle arrive du port de Carthagène le 12 avril 1712, avec un chargement d'huile,

[469] Lopez 1987.

de laine, de vanille, pour plusieurs négociants locaux. L'année suivante, en octobre 1713, pilotée cette fois par le capitaine hambourgeois Firs Boon, elle livre depuis Hambourg diverses marchandises pour les frères Nicolas et Gaspard Sollicoffre. Ces passages fréquents du navire dans la cité phocéenne, entre 1712 et 1714, et les liens étroits avec une famille de négociants locaux qui disposent de capitaux importants, pourraient laisser penser que les Sollicoffre possédaient des « participes » sur le vaisseau ou qu'ils en étaient les armateurs et propriétaires. Ceci expliquerait que les capitaines ne soient pas originaires exclusivement d'Europe du Nord mais pouvaient, comme en 1712, être recrutés localement et venir de Toulon, une destination habituelle du navire, après Marseille, où les Sollicoffre ont des attaches depuis 1680. Au demeurant, le capitaine du navire pouvait être aussi partie prenante dans les actions de la société, un choix souvent dicté par l'entreprise afin que ce dernier, une fois en mer, soit le plus efficace possible[470].
Ce naufrage marque le déclin des réseaux hollandais, menacés par les pressions françaises et anglaises. Un an plus tard, en 1715, les colonies commerciales hollandaises de Livourne et de Smyrne sont réduites tandis que celle d'Alep disparaît.

Fig.272 a - Carreaux émaillés, épave Pointe de Beauduc 3 (photo G. Savon)

Une cloche signée par Gerrit Bakker, à Rotterdam, 1771

En octobre 1996, en inspectant avec Albert Illouze l'entonnoir creusé par le courant, à une trentaine de mètres à l'est de la poupe du navire à vapeur « *Louis* », par 12 à 13 m de fond, nous distinguons les vestiges d'une épave plus ancienne, baptisée *Pointe de Beauduc 3*.
Elle se signale à la surface par quelques pièces métalliques de gréement, deux grandes ancres à jas de bois, une grosse meule au centre, des piles de carreaux émaillés et quatre pièces d'artillerie en fer, disposées de part et d'autre de la carlingue axiale du vaisseau).
Lors de la plongée, en remuant simplement le sable à la main en compagnie de quelques girelles élégantes, un chaudron en bronze émerge à peine. Quelques temps avant notre intervention, le 21 septembre 1996, une saisie judiciaire organisée par les gendarmes chez deux plongeurs clandestins, avait permis de récupérer du mobilier similaire, notamment une pile de sept carreaux polychromes, décorés d'une corbeille de fleurs et de cornes d'abondance (fig. 272 a), des meules circulaires, une pièce d'artillerie en fer, de 1,40 m de long, marquée W sur les tourillons, ainsi que la cloche en bronze du navire. Ornée d'une frise de feuilles d'acanthe, elle est signée du nom de son fondeur : Gerrit Bakker – Rotterdam – 1771. Le naufrage a dû survenir en conséquence vers la fin du XVIIIe s. (fig. 272 b).

Fig.272 b - Cloche de l'épave marquée : Gerrit Bakker, Rotterdam, 1771 (photo L. Long)

[470] Roblin 1991, 207.

Fig.273 - Vue de la coque avec bordé, membrures, vaigrage (photo G. Spada)

Un vaisseau à canons au Grau de la Dent

Déclarée en 2010 par Stéphane Epsilenti, au sud-ouest du Grau de la Dent, par 7 à 8 m de fond, cette nouvelle épave, baptisée *Grau-de-la-dent 2*, a été selon nos sources pillée durant plusieurs mois par des pêcheurs professionnels. Plusieurs canons en fer ont été ainsi récupérés clandestinement, avec de petits pierriers en fer et un mortier en bronze. Nos plongées effectuées discrètement avec l'inventeur durant le mois d'août, pour éviter d'attirer l'attention des pirates, permettent d'explorer rapidement une coque de bois hélas déjà vidée de tous ses effets, sur 25 m de long et 5 m de large. L'extrémité nord est recouverte de pierres de lest et de filets de pêche qui masquent en partie la coque tandis que le fond de carène apparaît plus clairement de l'autre côté (fig. 273).

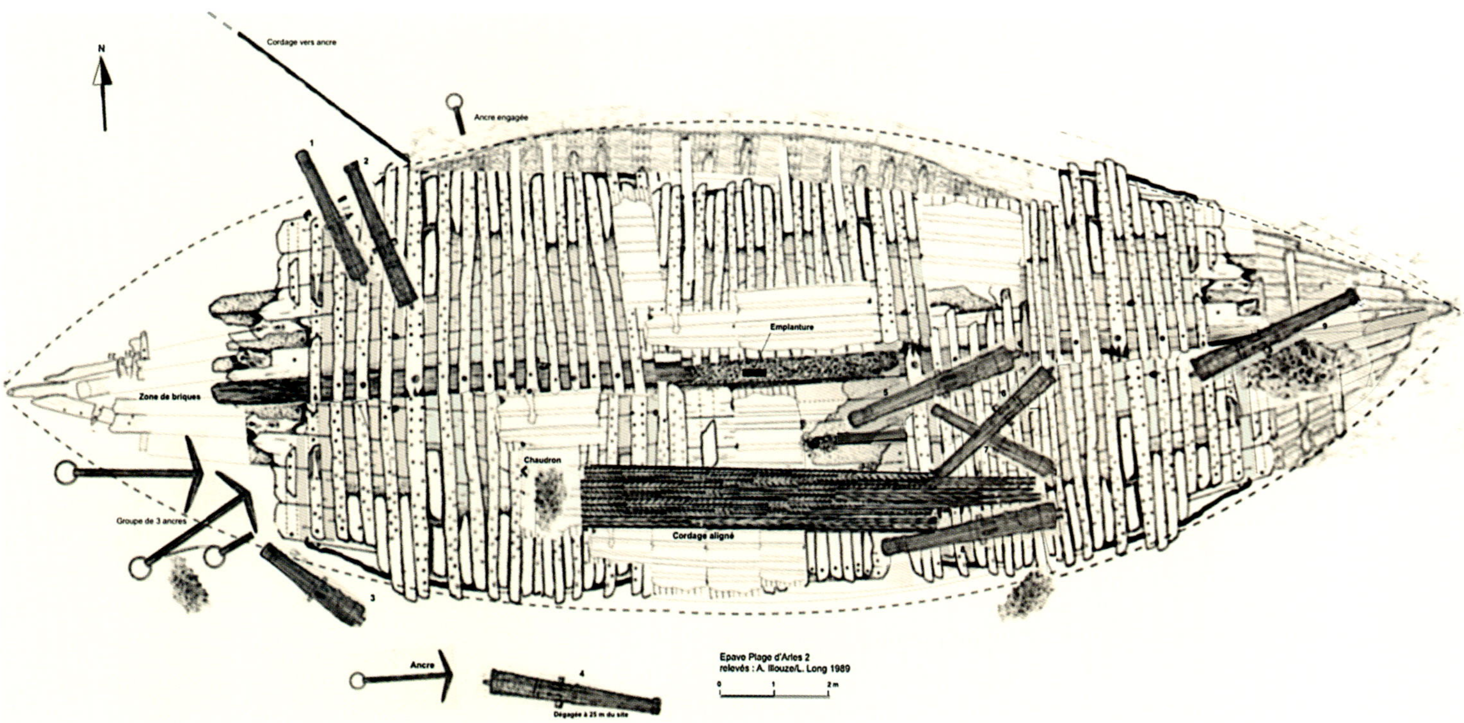

Fig.274 a - Relevé schématique de l'épave Plage d'Arles 2 (dessin L. Long)

Là, les varangues et les fourcats, quelque peu lisibles, sont colonisés par un banc d'huitres couvertes de végétation et d'une fine pellicule de boue. Sur les bords de l'épave, les membrures et allonges sont encore serrées entre le bordage et les vaigres. Il ne reste plus au total que 2 canons concrétionnés sur le fond (long. 2,80 m) et 3 petits pierriers frettés, en fer, également très corrodés, sur lesquels dansent sous la houle des anémones rouges. L'épave, qui livre aussi un réa de poulie en bois et 4 fragments de tuyaux de pipes blanches, doit correspondre aussi à un vaisseau hollandais du XVIIe s.

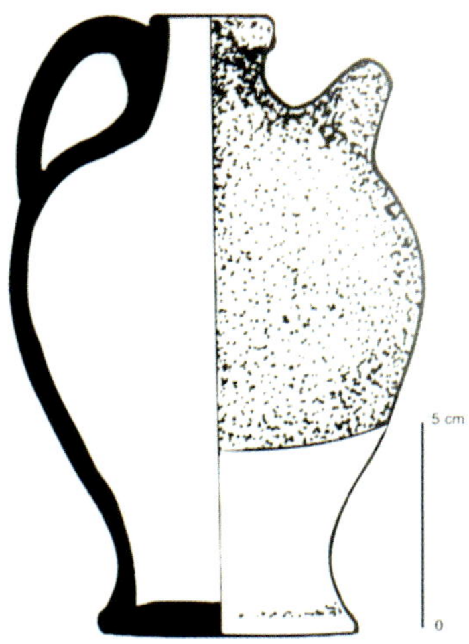

Fig.274 b- Cruche provençale de Plage d'Arles 2 (dessin P. Rubini)

Le corsaire Hérisson-Bonaventure (1689)

Découverte par Albert Illouze et Alain Capelli en octobre 1983, cette épave se trouve à l'est de l'ancien sémaphore, face aux Salins-de-Giraud, au lieu-dit : étang de Giraud et Paulet. Baptisée *Plage d'Arles 2*, nous l'expertisons à plusieurs reprises avec *L'Archéonaute*, en juin 1984 et en mai 1985, pour en dresser le plan. Il s'agit d'un fond de carène de fort échantillonnage, de 35 m de long, abimé sur les brisants par 5 m de fond, à 300 m du bord (fig. 274a). Une dizaine de canons et six ancres en fer émergent du sable lors de nos visites. L'une d'elles conserve encore sa corde de chanvre indurée par le long séjour marin, qui court sous la vase à l'extérieur de l'épave, trahie par un alignement de spirographes. En poursuivant la visite en compagnie d'un tacaud à taches noires, nous repérons plusieurs tessons de porterie et de jarre coincés sous un canon. Sur l'arrière du vaisseau, près des briques réfractaires du four, parmi des centaines de coquilles vides, surgissent une meule, un pichet vernissé à bec verseur et un chaudron tripode en bronze, aux pieds arasés (fig. 274 b à d). Il contient encore un boulet de 6 livres et de la filasse de calfat saisis dans un dépôt résineux[471]. Le maître-calfat l'utilisait pour liquéfier le goudron en chauffant au rouge le boulet en fonte manipulé avec un tire-balle. Les calfats appliquaient ensuite directement le brai liquide sur les coutures de la coque ou l'utilisait à divers mélanges voués à la protection et à l'étanchéité des bois du navire. Ces quelques éléments et la position du navire rapprochent l'épave du navire malouin

Fig.274 c - Chaudron tripode du maître calfat (photo S. Cavillon)

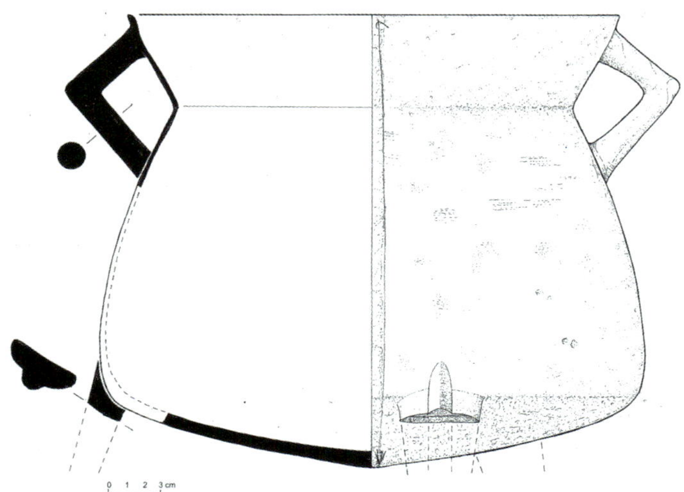

Fig.274 d - Chaudron tripode en bronze (dessin J. Piton)

[471] Baudriot 1977, II, 154, fig. 189.

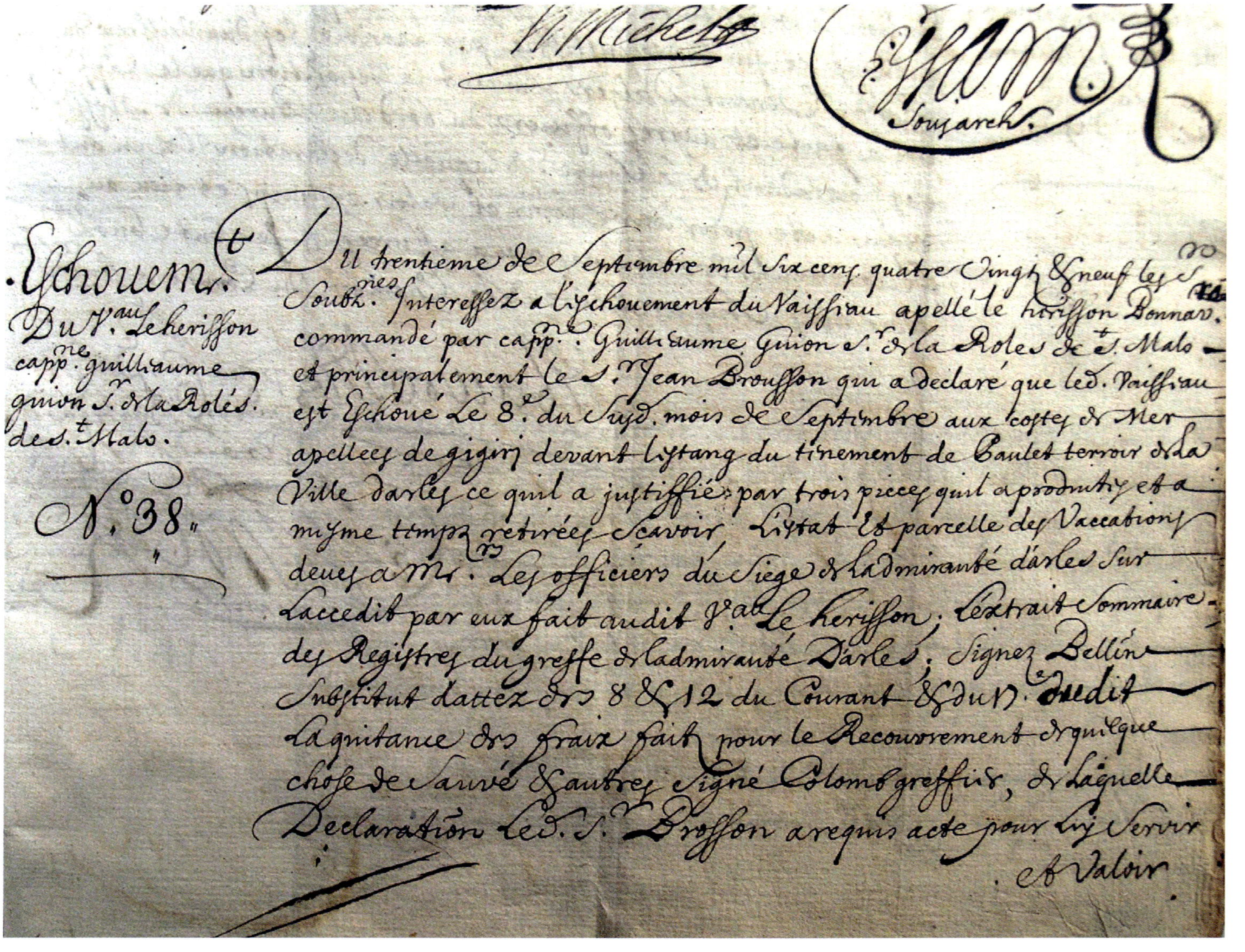
Eschouem.t
Du V.au Leherisson
capp.ne guillaume
guion S.r de la Rolés
de S.t Malo.
N.° 38

Du trentieme de Septembre mil six cens quatre vingt & neuf les S.rs
Soubz.nes Interessez a l'eschouement du Vaisseau apellé le herisson Bonnav.
commandé par capp.ne Guillaume Guion S.r de la Roles de S.t Malo —
et principalement le S.r Jean Brousson qui a declaré que led. Vaisseau
est Eschoué Le 8.e du susd. mois de Septembre aux costes de Mer
apellees de gigiry devant lestang du tenement de Paulet terroir de la
Ville darles ce quil a justiffié par trois pieces quil a produit et a
mesme temps retirées Scavoir, Lestat et parcelle des Vaccations
deues a M.rs Les officiers du Siege de ladmirauté darles sur
Laccedit par eux fait audit V.au Le herisson, Lextrait sommaire
des Registres du greffe de ladmirauté Darles, Signez Bellin
Substitut dattez des 8 & 12 du Courant & du 17.e dudit
La quitance des fraix fait pour le Recouvrement de quelque
chose de sauvé & autres, Signé Colomb greffier, de laquelle
Declaration Led. S.r Brosson a requis acte pour luy servir
et valoir

Fig.275 - Texte d'archives signalant la perte de l'Hérisson-Bonaventure en 1689 (photo M. Goury)

armé en course, « *Hérisson-Bonaventure* », de 280 tonneaux, commandé par le capitaine Guillaume Guyon, sieur de la Roulais (ou de la Roles), qui s'est perdu sur les côtes d'Arles, devant l'étang du tènement de Paulet, le 8 septembre 1689 (fig. 275 et 277). En provenance de Terre-neuve avec un chargement de morue, il faisait route vers Marseille. Les archives précisent que 15 pièces d'artillerie et 4 ancres furent récupérées après le naufrage sur ce bâtiment lourd qui, compte-tenu de l'époque, pourrait s'apparenter à une flute, une galiote, une pinasse ou une frégate[472] (fig. 276). Cette épave confirme le rôle de premier plan joué par les corsaires malouins à la fin du XVIIe s. et au XVIIIe s., dans les échanges entre les ports de l'Atlantique et Marseille, notamment pour le ravitaillement de la cité provençale en poissons, blé et produits coloniaux. Dans les vingt dernières années du XVIIe s., on compte en moyenne 15 retours en droiture de terre-neuviens malouins par an, vers Marseille. En 1750, le malouin « *Bien Aimé Saint-François* », de retour de Terre-Neuve, s'abîme à son tour à l'embouchure du Rhône avec sa pêche[473].

Les Terre-neuvas, en s'approvisionnant en sel à Aigues-Mortes, qu'ils échangeaient sur place contre des morues pour la conservation de leur prochaine saison de pêche, sont à l'origine de la brandade de Nîmes, recette locale à base de morues séchées, une espèce exogène.

[472] Hersart de la Villemarqué 1995, 40.
[473] Lizé 1977, 139.

Fig. 276 - Terre-neuvas français en pêche à la morue, 1710 (d'après P.-J. Gueroult du Pas)

Fig. 277 - Carte des embouchures du Rhône, XVIIe-XVIIIe s. (d'après copie et adaptation de la carte de Bompar)

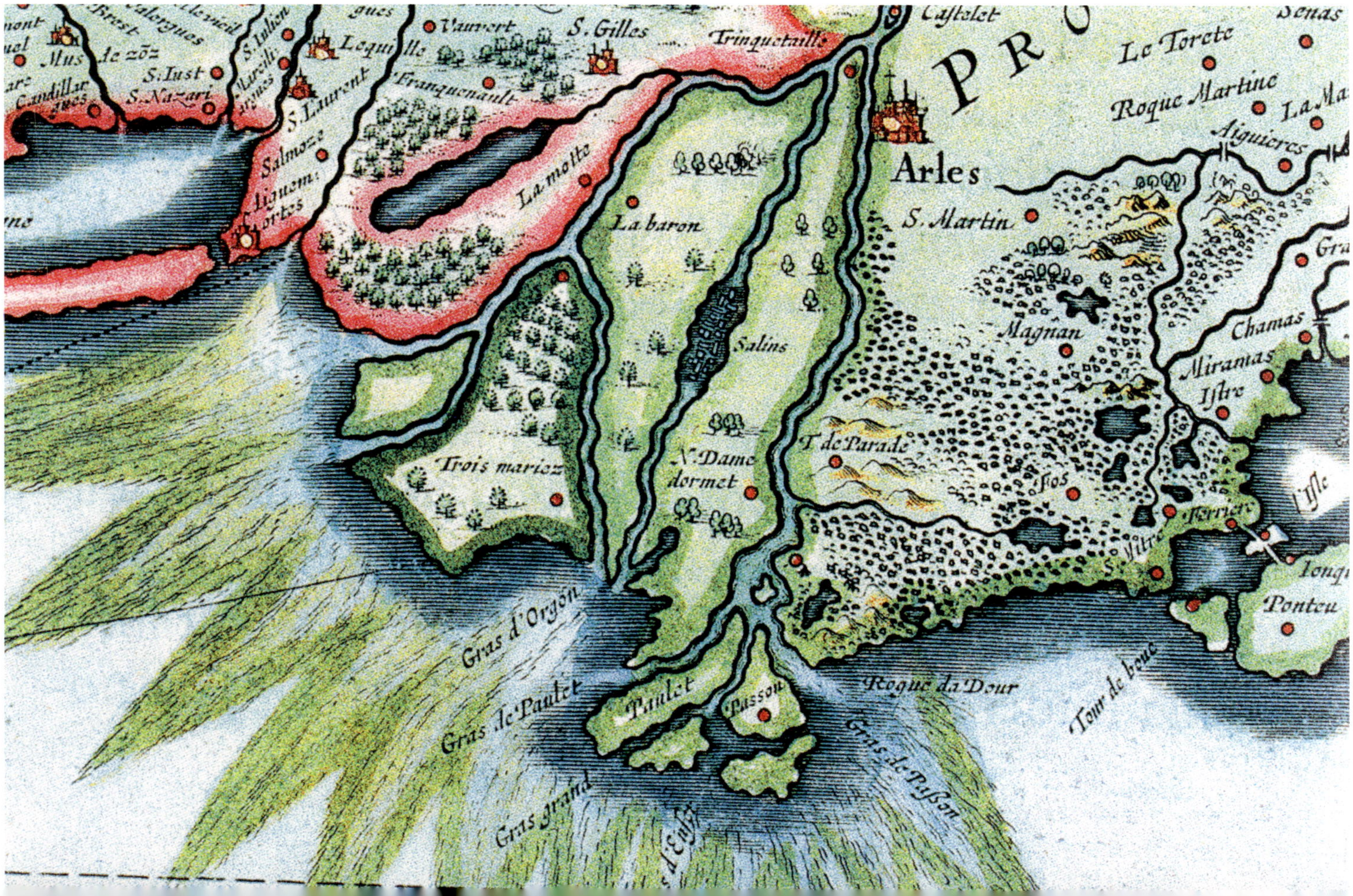

Vingt-trois épaves des XVIIIe et XIXe s. en Petite Camargue, du Rhône Vif à l'Espiguette

Au début des années 1990, nos pérégrinations sous-marines sur la côte gardoise, entre l'Espiguette et le Petit Rhône, nous confrontent à de nouvelles épaves modernes. Elles sont nombreuses dans ce secteur depuis que deux plongeurs du Grau-du-Roi, Pascal Ardois et Alain Chabaud, habitués à décrocher les filets des pêcheurs, multiplient les déclarations. Nous procédons ainsi, avec eux, à l'expertise d'une quinzaine d'épaves nouvelles, échouées aux XVIIIe et XIXe s., entre le Grau-du-Roi et les Saintes-Maries-de-la-Mer. Au-delà de l'intérêt intrinsèque de ces navires, leur distance à la côte est fondamentale dans l'analyse de l'évolution du littoral. Ces missions fructueuses vont se pérenniser et *L'Archéonaute* relâchera le soir à Port-Camargue (Grau-du-Roi), son tirant d'eau ne lui permettant pas d'accéder facilement au port des Saintes[474].
La première de cette longue série d'épaves nouvelles, baptisée *Camargue 1*, se situe à l'est de l'Espiguette, face aux baronnets, par 6 mètres de fond et environ 300 m du bord. Longue de 14 m, elle restitue des fragments d'assiettes en faïence, à vernis jaune clair, des cerclages de tonneaux et une ancre en fer avec son organeau, dont le jas en bois a disparu.
A la même profondeur mais très ensablée, l'épave *Camargue 2*, face à l'étang du Chaumadou, à 550 du rivage, est une coque retournée, qui date du XVIII e ou du XIX e s. Sa longueur apparente est 10 m, ses membrures très épaisses sont à maille resserrée (12 cm), et le bordé large de 8 cm. Un détail est notable, à l'extérieur de la coque, de part et d'autre de la quille, se distingue une quille latérale.

L'épave « Camargue 3 » et le secret du singe.

Conservée sur 20 m de long, cette épave recèle des pains de résine, des douelles de foudre de grande taille, quelques carreaux de verre, des cerclages de près de 3 m et un grappin en fer de 400 kg. Sa coque, recouverte par 80 cm de sable, est doublée de cuivre et date par conséquent du XIXe s., mais le navire a pu s'échouer au début du XXe s. comme le veut la tradition orale qui rattache les effets de son chargement à une balancelle grecque perdue vers 1920. Dans les années qui suivent le naufrage, chaque tempête rejette en plage des douelles de tonneaux et des pains de résine que récupèrent deux citoyens du Grau-du-Roi, dont l'un a pour nom Gargamelle. En 1927, ils en retirent cette fois un tonnelet fermé qui livre alors, par un orifice percé, une excellente eau de vie aromatisée. Elle fait alors le bonheur de tous les Graulins venus puiser à la source de cette barrique mystérieuse. Une fois le fût vidé, les deux compères découvrirent à l'intérieur un singe naturalisé dont l'étiquetteà sa patte indiquait dans une belle écriture : « macaque de Bornéo ».

Face à la partie orientale de l'étang du Chaumadou, par 4 à 6 m de fond, à 300 m du bord, l'épave *Camargue 4,* surnommée elle aussi « le Grec », est totalement ensablée lors de nos plongées et ne laisse dépasser que ses deux ancres à jas en bois, en position croisée, dont l'organeau mesure 50 cm de diamètre. Elle a disparu aujourd'hui sous le sable.

Un autre gisement, face au Mas de Terre Neuve, revêt l'aspect d'un tumulus de pierres de lest d'environ 16 m de long, il s'agit de l'épave *Camargue 5,* qui sort du sable en 1983, après une grosse tempête. Le cabestan fait irruption à son tour du sédiment en 1990. Lors de nos plongées en septembre 1992, le navire présente au centre de puissantes structures axiales, notamment une forte carlingue qui chevauche les membrures. On distingue le bordé au-dessous, le vaigrage interne, puis sur un côté, à l'est, parmi un tumulus de bois, le cabestan. A l'arrière, au milieu des pierres, apparaît le puisard de pompe de cale. En disposant le lest, ont été réservées les crépines de l'archipompe qui plongent dans la sentine, là où aboutissent les ruissellements d'eau de mer et la condensation. Le puits a emprisonné de la vaisselle datant de la première moitié du XIXe s., notamment un fond d'assiette en faïence blanche, signé « *Gien 1835* », l'une des plus renommées d'Europe à l'époque, ainsi que les fragments d'un pichet à glaçures jaunes et d'un bol à ligne de cœurs bleus surlignés d'une bande rouge (fig. 278). On retourne sur le site en juin 1993 pour enregistrer quelques images, mais le courant est fort et le site totalement recouvert par les moules au point que plus aucune forme de l'épave n'est discernable.

Fig.278 - Pichets glaçurés et faïence bleue, épave Camargue 5 (photo L. Long)

[474] L. Long 1992 (1993), 39.

L'horloge de bord reste muette

Toujours à l'ouest du Rhône Vif, non loin de la précédente, à 800 m du bord, longue de 25 m et orientée nord-sud, l'épave *Camargue 6*, doublée de cuivre, est totalement disloquée en son milieu. Au cours d'une première plongée, par 7 m de fond, en septembre 1992, se distingue sur un côté la muraille du bateau, légèrement inclinée, qui émerge de la vase, les extrémités recouvertes de moules (fig. 279). La maille, entre la coque et le vaigrage, forme des compartiments vides, rythmés par les allonges de membrures, où de très nombreux poulpes ont élu domicile. Près de quarante céphalopodes nous surveillent du coin de l'œil, recherchant la couleur la plus improbable pour se soustraire à notre intérêt. A ce moment, dans la vase mise en émulsion qui forme des panaches nébuleux, apparaissent des hardes de vêtements, puis des touffes filasses sur des crânes blanchâtres. C'est la stupeur, on croit reconnaître les mèches de cheveux et les boîtes crâniennes d'infortunés marins perdus avec le navire. Soulagement, ce ne sont que des noix de coco encore velues qui formaient le chargement du navire, avec des sacs de blé et des fagots de vanille. Connue depuis les années 1970, l'épave était encore pontée en 1980. Si le sable recouvrait toujours le pont, elle fut dégagée davantage encore, puis éventrée par un chalut en 1984. C'est là que sous l'action de la mer, une salve de noix de coco fut tirée en plage. A cette époque, selon Alain Chabaud et Francis Blanc, le navire se déterre par les coups de mer et se fait déposséder de ses ancres et de ses pièces d'artillerie par des plongeurs clandestins.

Fig.279 - Epave Camargue 6, recouverte de moules (photo D. Metzger)

La menace provient d'un club de la région de Palavas, qui fait de fréquentes incursions jusqu'ici. Sur ces entrefaites, à 9 h 50, arrivent sur nous le navire vert du club de plongée « La Palanquée », qui demande avec aplomb au commandant de *L'Archéonaute* si on a l'intention de plonger sur la goélette naufragée dans ce coin, car c'est là qu'il veut mouiller son ancre. Personne à son bord ne semble relever notre position, comme si le point de cette épave n'avait plus aucun secret.

L'exploration du gisement permet de comprendre ensuite l'organisation du navire : l'étrave, pointée en terre, renferme les noix de coco, tandis que le centre était occupé jadis au moins par une dizaine de tonnelets, un chargement de sacs de blé et du bois de Campêche, très prisé en Europe pour ses qualités tinctoriales (fig. 280 b). L'arrière, vers le large, livre les tuyaux de la pompe de cale, un écubier en plomb, la citerne d'eau, deux marmites, des cerclages de tonneaux et des pierres de lest. Là, toute une série de petits objets hétéroclites complète le lot prélevé initialement par les inventeurs et désigne un équipage américain ou britannique. Au total, il s'agit d'un peigne en os, de cuillers en argent, un tampon à deux cœurs liés à inscription « For Ever », un mécanisme d'horlogerie en cuivre, un rabot de type guillaume, inscrit : *Vaihieson Edinburgh*, une herminette de charpentier de marine, des souliers et une lampe tempête (fig 280 a à k). On recense aussi des éléments d'armes à feu, un étui et une poignée de sabre-briquet d'infanterie ou de marine, dont la garde en laiton est marquée : DR 1770, une poignée d'épée d'officier, à torsades, de type Louis XV, et quelques objets de navigation qui datent le naufrage de la fin du XVIIIe ou de la première moitié du XIXe s. Détail intéressant, un petit fusil d'abordage à canon court et percussion centrale a été trouvé à l'origine par les inventeurs dans un tonneau empli de suif (fig. 281 a à d). A l'origine, la position de l'épave et son petit mobilier désignait pour nous, à l'évidence, la *« Catherine Cécile »*, vaisseau anglais du capitaine Daniel Sthowan, perdu en côte d'Aigues-Mortes le 28 décembre 1784. Mais le système de percussion du fusil et l'examen détaillé du mécanisme d'horlogerie, proche du type 1.313, avec sa signature : *4 Chauncey Jérôme New Haven Conn(ecticut) Usa*, renvoie aux productions du célèbre horloger américain, Jérôme Chauncey, installé à New Haven entre 1842 et 1856 (fig. 282 a et b). Ce détail préconise donc de privilégier d'autres pistes, peut-être le trois-mats-goélette « *Deutchland* », provenant de Hambourg avec justement 350 tonnes de noix de coco du Brésil, perdu le 11 avril 1889[475].

[475] Illouze 1988, 90.

Fig.280 a - Peigne, épave Camargue 6 (photo N. Huet)

Fig.280 b -Noix de coco, épave Camargue 6 (photo N. Huet)

Fig.280 c - Fourchette, épave Camargue 6 (photo N. Huet)

Fig.280 d - Petite cuillère, épave Camargue 6 (photo N. Huet)

Fig.280 e - Inscription sur couvert, épave Camargue 6 (photo N. Huet)

Fig.280 f - Petite cuillère, épave Camargue 6 (photo N. Huet)

Fig.280 g - Bague marquée GZ (photo L. Long)

Fig.280 h - Rabot de type Guillaume, épave Camargue 6 (photo D. Metzger)

Fig.280 i - Herminette, épave Camargue 6 (photo D. Metzger)

Fig.280 j - Chaussure en caoutchouc (photo D. Metzger)

Fig. 280 k - Lampe à cardan, épave Camargue 6 (photo D. Metzger)

Cette date est confirmée également par une pièce d'artillerie en fonte de fer récupérée par les inventeurs qui l'abritent au musée Seaquarium du Grau-du-Roi. Longue de 117 cm pour une âme de 4,3 cm, cette caronade laisse percevoir sur le tube, de part et d'autre de l'orifice de lumière, la date 1823 et les lettres AB entrelacées qui rappellent la marque Akers et Bruks, de la fonderie suédoise de Finspang (fig. 282 d). Une deuxième pièce est prélevée en même temps, il s'agit cette fois d'un petit canon d'apparat de 6 pouces, à tube en bronze et affût en fonte de fer léontomorphe, de 3,8 cm d'âme pour environ 70 cm de long (fig. 282 c).

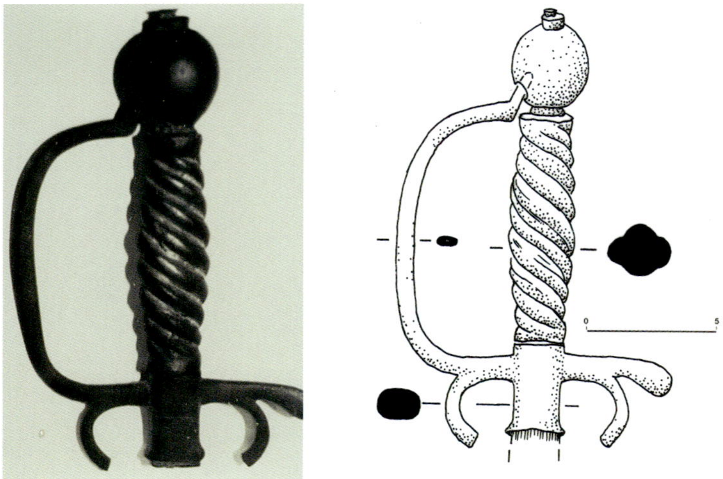

Fig. 281 a - Poignée d'épée (photo D. Metzger, dessin A. véleva)

Fig. 281 b - Fourreau de sabre en bois (photo D. Metzger)

Fig. 281 c - Poignée d'épée d'officier (photo D. Metzger)

Fig. 281 d - Petit fusil d'abordage (photo D. Metzger)

Fig. 282 a - Mécanisme d'horlogerie (photo D. Metzger)

Fig. 282 b - Mécanisme d'horlogerie, inscription (photo D. Metzger)

Moins loquace, l'épave *Camargue 7* est peut-être une partie arrachée à l'épave *Camargue 6*. Localisée à l'ouest du Rhône vif, à 600 m du bord, cette portion de muraille (7 m x 3 m), est désolidarisée du reste du navire qui doit être très ensablé. On reconnaît, par 7 m de fond, le pavois avec deux taquets en place, la lice d'appui, avec un anneau de manœuvre, et le plat bord. La position de cette partie de navire pourrait, en effet, s'être détachée de l'épave *Camargue 6,* qui se trouve à proximité, plus au large.

Fig. 282 c - Petite pièce d'artillerie sur affut en fer (Photo L. Long)

Fig. 282 d - Pièce d'artillerie courte, en fonte de fer (photo L. Long)

Les initiatives du royaume de Suède au XVIII e s.

Découverte par Alain Chabaud en 1991, par 7 m de fond, face à l'étang des deux pins, cette épave d'environ 15 m de long, baptisée *Camargue 8*, concentre tous nos efforts dès le mois de novembre 1992, avec *L'Archéonaute*. L'expertise, au final limitée à une seule journée, reflète bien les mauvaises conditions de travail, habituelles sur ce littoral, alors que le site s'ensable et que notre bâtiment roule sous la houle. Sur 11 plongeurs, le lundi 16 novembre, 8 seulement peuvent s'immerger, la dernière palanquée étant annulée par l'état de la mer. Ces conditions persistent et immobilisent *L'Archéonaute* à Port-Camargue, sans que l'on puisse revenir sur le site. Au total, 5 palanquées d'environ 1 h chacune ont permis de dévaser superficiellement une partie des vestiges et de dresser un plan préliminaire, par 30 cm de visibilité. On distingue un important chargement de cordages en jonc, encore très bien conservé dans les vases argileuses du Rhône, sur un fond de carène à varangues plates (fig. 283 a-d). Sur l'avant du vaisseau, une pièce massive assez rare s'apparente à un bouclier d'étrave, c'est-à-dire une sorte de « fourcat couché » destiné à renforcer la proue. Arrachée par un chalutier, elle repose près de l'extrémité du navire et rappelle la « fourche de Massane » du vaisseau de Colbert. Nous la remontons pour étude grâce à la grue de *L'Archéonaute* (fig. 284 a, b, c). Le seul objet retrouvé à bord est un poids de balance en plomb, recouvert de cuivre (fig. 285). D'après les archives, il s'agit vraisemblablement du brigantin suédois « *Victory* »,

Fig. 283 b - Epave Camargue 8, vue du chargement (photo D. Metzger)

Fig. 283 a - Ballot de cordage de l'épave (photo L. Long)

Fig. 283 c - Détail des brins composant le cordage (photo L. Long)

Fig. 283 d - Vue de la charpente de Camargue 8 (photo D. Metzger)

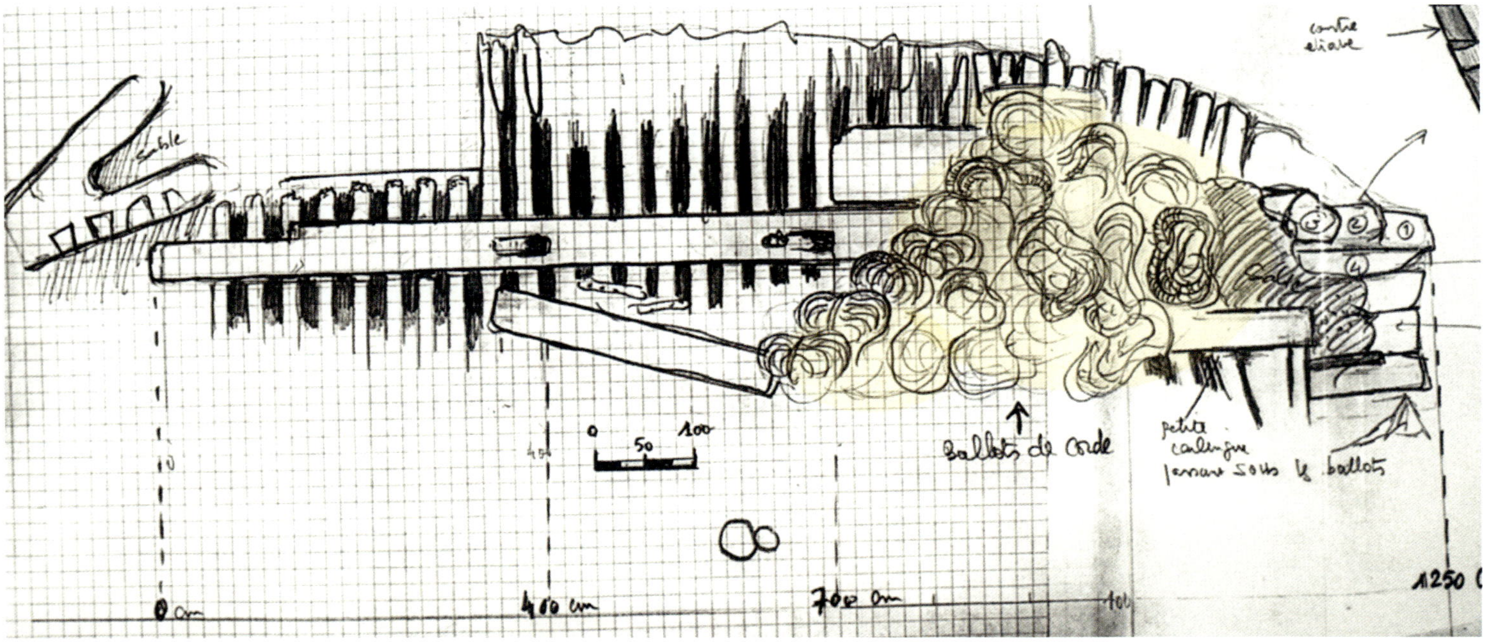

Fig. 284 a - Plan de l'épave, carnet de fouille (dessin L. Long)

Fig.284 b - Levage sur L'Archéonaute de la fourche de Massane (photo L. Long)

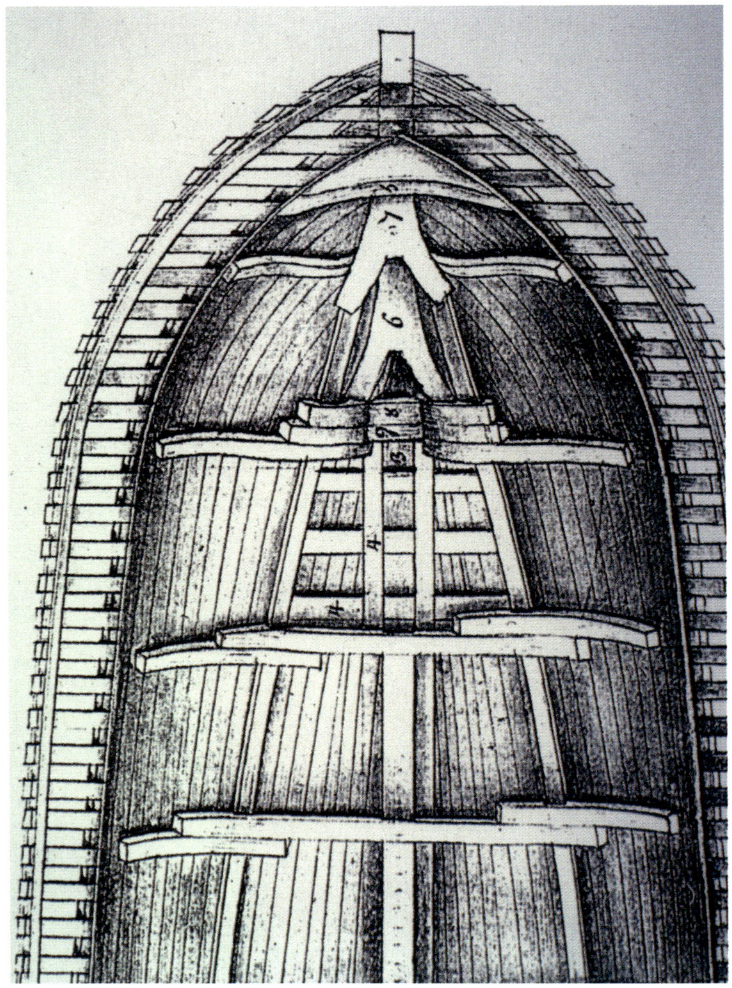

Fig.284 c - Position de la fourche de Massane sur les vaisseaux du roi (Album de Colbert, 1670)

Fig.285 - Poids de balance recouvert de cuivre (photo N. Huet)

échoué vers 1770 au cap de l'Espiguette à cause d'un violent courant. Son capitaine, Henry d'Estlander avait pris commande d'un chargement de joncs pour faire des cordages à Masaron, près de Carthagène, à l'attention du sieur Bresson, négociant à Marseille. Le chargement fut sauvé en partie, ce qui se vérifie sur le site où seule la moitié arrière du navire conserve une cargaison. Au demeurant, Eric Rieth, spécialiste d'architecture navale médiévale et moderne (CNRS, UMR 8589, Musée de la Marine, Paris), se convainc à l'examen de nos relevés que le navire présente des signatures architecturales particulières. L'organisation générale des membrures, la morphologie des écarts entre la varangue et les allonges, les écarts à dent entre les varangues et les allonges, de même que la fourche de Massane, se rattachent plutôt selon lui à une tradition de construction navale méditerranéenne. La plus ancienne attestation de cette tradition est l'épave *Culip VI*, en Espagne, datée de la fin du XIIIe ou début du XIVe s. Il entreprend donc avec Patrick Grandjean (DRASSM), une fouille complémentaire de l'épave, en 2002 avec *L'Archéonaute*, afin de vérifier les spécificités du vaisseau et sa véritable identité. Mais l'ensablement est tel cette année-là, qu'après plus de 70 plongées infructueuses pour retrouver le site, la campagne est interrompue. Le seul élément possible dans cette démarche consiste à vérifier si le renfort d'étrave prélevé en 1992 date de la fin du XVIIIe s. ou s'il est plus ancien. L'objet, parfaitement bien conservé dans un bassin du DRASSM, au Fort Saint-Jean, à Marseille, est examiné et daté par radiocarbone (réf. ARC 2207) sur un échantillon de 74 cernes, en limite d'aubier. Au final, la date d'abattage du chêne à feuilles caduques dans lequel l'objet a été taillé ne peut être antérieure à 1720 (à 95,4 %), une datation qui confirme qu'il s'agit bien du brigantin suédois Victory, perdu en 1770. Échouée selon les archives : « à 20 brasses du rivage », soit environ 35 m, ce qui correspond au premier banc, l'épave *Camargue 8* en est éloignée aujourd'hui d'environ 650 ou 700 m.

Ce naufrage témoigne des initiatives scandinaves, affranchies dès cette époque de leurs intermédiaires dans la liaison commerciale Nord-Méditerranée. Les armateurs suédois dégagent en Méditerranée, où ils possèdent une vingtaine de consulats, des profits substantiels en offrant aux acteurs locaux leurs services de transport, notamment en temps de guerre, lorsqu'ils profitent de la neutralité de leur pavillon.

Ayant passé des conventions onéreuses avec les Barbaresques pour éviter les prises, ils jouissent donc d'une sécurité relative et viennent échanger eux-mêmes leurs marchandises à Marseille, contre des produits provençaux et levantins[476]. Les États barbaresques sont pour les Européens, dès le XVIe s., les peuplades d'Afrique du Nord constituées essentiellement de Berbères : Algérie, Maroc, Tunisie et Tripolitaine, qui n'ont que peu de rapports directs avec le Sultan de la Sublime Porte. Ils sont équipés de galères, dhaus, fustes rapides et de chébecs longs et bas sur l'eau, à voiles et à rames, armés de canons. L'essentiel de leurs activités consiste à développer leurs villes portuaires, à transformer les points stratégiques de la côte en bases de piraterie organisées comme de véritables États et à procéder au commerce d'esclaves[477]. Devant les exigences accrues d'Alger, l'année 1770 voit justement l'arrivée d'une flotte scandinave qui fait le blocus du port maghrébin.

Ce siège, couteux pour le Danemark et la Norvège, va durer deux ans. Le conflit reprendra 20 ans plus tard, lorsque le Danemark et la Russie, alliés contre l'empire ottoman, bombarderont à nouveau Alger.

[476] Rambert 1966, 743.
[477] Neukirchen 1978, 230.

Un brick russe coulé en 1839 ?

Découverte dès 1975 par Alain Chabaud, à 7 m de fond, l'épave *Camargue 9* est à l'ouest du Petit Rhône, près du Mas de Raynaud, entre la Grande Rhée Longue et le Grand Radeau, à 660 m du bord. Lors de notre expertise avec *L'Archéonaute*, en novembre 1992, l'épave, entièrement recouverte de moules et de filets, sert de repère aux congres agglutinés dans les moindres recoins. Elle apparaît sur 15 m de long mais devait en mesurer près du double, à l'origine. L'une de ses extrémités, l'étrave, semble-t-il, se relève nettement et se prolonge, au centre du bâtiment, par une carlingue massive, partiellement dégagée à la suceuse, d'où un mât émerge au bout de 15 m. Le navire, dont nous effectuons un rapide relevé, est visiblement chargé d'agrès et d'apparaux pour la construction ou la réparation navale : chaîne lovée en long, brai, vergues, cerclages de mâts, cabestan et une série d'ancres dont cinq sont superposées les unes aux autres (fig. 286 a). L'une d'elles, de 2,5 m de haut, prélevée avant notre venue sur le site, est exposée devant le musée du Seaquarium, au Grau-du-Roi. Assez rare, le petit mobilier de bord comprend des crochets à morue, une écumoire et un plateau en cuivre, une boucle de chaussure en étain, un poids de balance en plomb recouvert de cuivre, un manche de vrille, un fer de gaffe et un plomb de sonde, qui datent le naufrage de la fin du XVIIIe s. ou de la première moitié du XIXe s. (fig. 286 b, c) Il est possible, par déduction, de rapprocher cette épave du brick russe anonyme, chargé de bois de construction et de goudron, à destination de Sète, dont le naufrage survint en janvier 1839, « à un quart de lieue à l'ouest du Grau d'Orgon ». Le registre précise que, faute d'interprète, le capitaine n'a pu donner sa provenance exacte[478]. L'épave *Camargue 9* se situe aujourd'hui à une demi-lieue du poste de douanes d'Orgon, qui commandait l'entrée du Grau, ce qui ne remet pas en cause l'identification. Ce type de fret pour la construction navale est courant à l'époque puisque, en mars 1785, un vaisseau anglais parti de Yarmouth livre à Marseille un chargement complet de matériel naval[479].

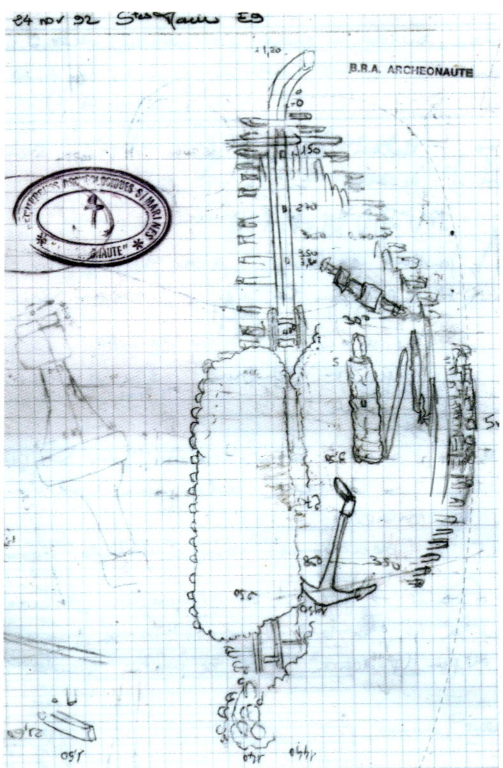

Fig.286 a - Plan de Camargue 9, carnet de fouille (dessin L. Long)

Fig.286 b - Écumoire en cuivre, Camargue 9 (photo C. Vicente)

Fig.286 c - Plomb de sonde, Camargue 9 (photo C. Vicente)

[478] Illouze 1988, 76.
[479] Rambert 1966, 586).

Sur les traces du brick italien « Vicenzino », échoué en 1863

Expertisée avec *L'Archéonaute* en juillet 1996, l'épave *Camargue 10*, dégagée du sable en 1980, est déclarée officiellement par Alain Chabaud en 1991. Localisée face à l'étang d'Icard, par 7 m de fond, à 750 m du bord, elle correspond aux vestiges d'un navire d'assez gros tonnage, conservés sur 24 m de long, pour 10 m de large. L'échantillonnage, de forte dimension, met en œuvre des virures de bordé (29 cm de large, 7 cm d'épaisseur) fixées par des gournables (diam. 3 cm) à des membrures régulières (28 x 24 cm). Au centre du navire et sur l'axe longitudinal de la quille, une fracture et un chevauchement des parties du fond compliquent la compréhension et l'étude de la coque. En outre, de nombreuses pièces de bois, arrachées au vaisseau, sont dispersées en désordre en fond de cale. Côté plage, la pièce d'étambot, avec ses pentures de gouvernail, se relève de 2 m au-dessus du sable. Les dimensions générales du navire et la présence d'un doublage de zinc sur les œuvres vives de la coque, un matériau qui à Marseille remplace le cuivre dans la construction navale à partir de 1845, laissent penser à un brick du milieu ou de la 2e moitié du XIXe s. Au début du XXe s., les pêcheurs des Saintes-Maries-de-la-Mer la surnomment « L'Italien », ce qui la rattache peut-être au brick-goélette « *Vicenzino* », échoué le 14 octobre 1863, à 25 m de la côte et 1 km des Saintes-Maries. Ce navire italien de 142 tonneaux, avec 9 hommes à bord, transportait un chargement de douelles qui a été sauvé en totalité, avec l'équipage, ce qui s'accorde avec la cale de l'épave *Camargue 10*, retrouvée vide. Lors de l'enregistrement du sinistre, le registre précise, sans donner de suite : « On ne désespère pas de renflouer la coque »[480].

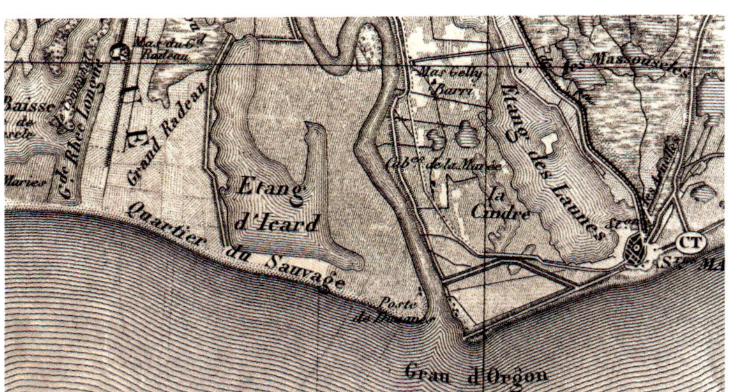

Fig.287 - Zone de l'épave en 1889 (carte : M. de Fabrettis)

FORTIFICATIONS LITTORALES : LA REDOUTE DU GRAU D'ORGON

Les recherches d'un éventuel temple d'Artémis dans les environs des Saintes-Maries-de-la-Mer, nous conduisent en 2011 et 2012 sur un groupe de blocs immergés par 11 à 12 m de fond, face au Grau d'Orgon. Ce secteur, que nous baptisons Zone 7, à 2200 m au S-O de l'entrée de Port-Gardian, constitue le débouché maritime naturel du Petit Rhône. Traditionnellement appelé la Brassière de Fourques durant l'Ancien Régime, cet exutoire apparaît en 1552, lorsqu'un nouveau cours du fleuve remplace, pour la navigation, la sortie d'un chenal située plus à l'ouest qui prendra le nom de Rhône-Mort ou Rhône de Peccais[481]. D'importants amas de blocs calcaire, par 10 à 12 m de fond s'étendent en désordre sur une très grande surface et attirent notre attention, le plus grand de ces groupes mesurant 10 à 12 m de côté. Au centre, certains murs en moellons réguliers assemblés au mortier, sont couchés par l'érosion tandis qu'une ancre en fer, de 3 m de haut, dépourvue de jas, repose contre le mur ouest. L'objectif consiste à circonscrire l'épandage de cette construction et à déterminer sa chronologie, car selon la tradition orale, chez les pêcheurs et les chasseurs locaux, cette zone inédite, renfermerait les vestiges d'une voie romaine et d'une redoute moderne. Le dévasage livre une vingtaine de fragments d'amphores italiques des IIe et Ier s. av. J.-C. On note une épaule d'amphore gréco-italique, deux panses de Dressel 1, une anse d'amphore rhodienne, une panse d'amphore à huile de Bétique Dressel 20, un col d'amphore Africaine IIIA et un fragment de céramique commune italique. En conséquence, si une partie des constructions peut, sans certitude, remonter à l'Antiquité, les recherches en archives menées par Philippe Rigaud, rattachent l'essentiel de ces imposants vestiges submergés à la tour-vigie du Grau-d'Orgon, dernier élément oriental de la longue chaîne de fortifications et de postes d'observation. Elle est établie dans les années 1740 par le directeur des fortifications, Jacques-Philippe Mareschal, chargé par la Chancellerie royale et les États du Languedoc de son édification pour interdire l'entrée du fleuve aux pirates et protéger la côte. Ainsi, en 1757, montent chaque année par le grau d'Orgon, 60 à 80 barques génoises ou catalanes à destination de la foire de Beaucaire, les droits d'amirauté étant à la fois réclamés par les sièges d'Arles et d'Aigues-Mortes[482]. (fig. 288)

[480] Illouze 1988, 85.
[481] Arnaud- Fasseta 2000 : 68 ; Rey 2008, 69.
[482] Blanchard 1998 ; Catarina 1988 ; 2005.

Fig.288 - Carte des côtes de Camargue (détail) "Redoute" (A. C. Arles, 1783)

Construite dans la pierre dure des carrières de Frontignan et de Beaucaire, cette redoute de forme carrée, voûtée à l'intérieur, mesure 25 pieds de long (9 m) sur chacune de ses faces, pour 14 pieds à l'intérieur. On accède à la première pièce, à l'étage, par une porte ouverte au nord, élevée de terre de 9 à 10 pieds. Elle est liée par une chaîne à une tour-sémaphore établie à l'est, sur la rive gauche du petit Rhône, pour en barrer l'entrée. La grande redoute et sa tour sont rapidement détruites par la mer, comme en témoigne Charles Lenthéric en 1876 : « L'ancienne batterie d'Orgon, établie il y a deux cents ans à peine sur le musoir gauche du fleuve est engloutie, c'est aujourd'hui un écueil en mer à une centaine de mètres de la côte »[483]. Totalement effondrée en 1783, elle est submergée sous 3 m d'eau en 1880 et déjà

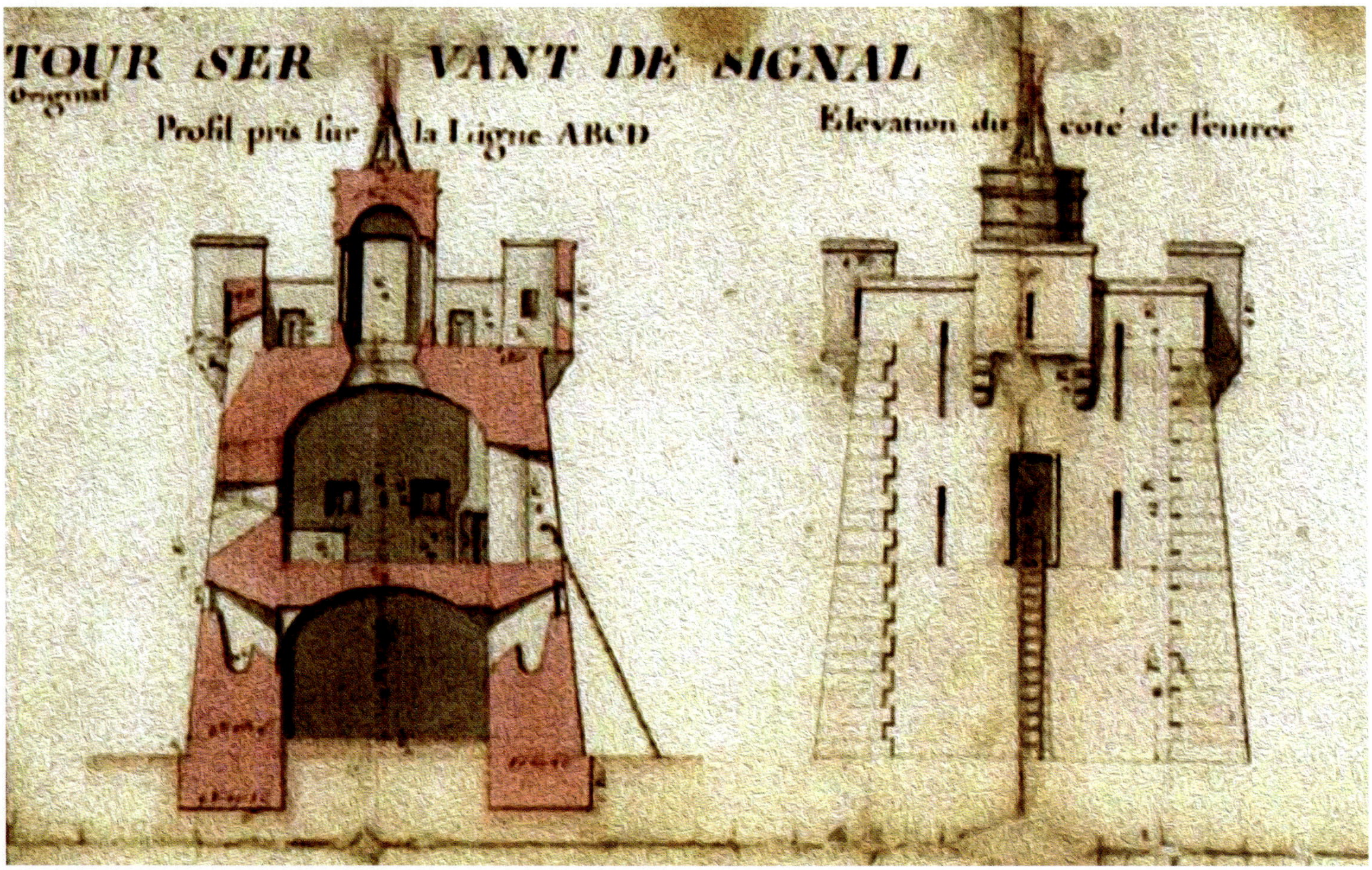

Fig.289 - Élévation et coupe de la tour-signal d'après le plan de Mareschal 1744 (A.D. Hérault C831)

[483] Lenthéric 1876 : 330.

Fig.290-Carte indiquant le signal d'Orgon (carte après 1759, A. N. Paris)

Fig.291 a -Vue du sémaphore de Faraman (carte postale, H. Granier, vers 1948)

Fig.291 b -Sémaphore de Faraman (photo J. Garreta)

distante du rivage d'environ 500 m. (fig. 289). La redoute repose aujourd'hui à 11 m de fond tandis que la tour est à 7 m. Souvent appelée pilon sur les cartes, notamment celle de Cassini en 1778, elle était selon les pêcheurs saintois, surmontée d'une sphère émaillée. Mais il existe à 250 m derrière la redoute, une autre tour signal appelée sémaphore, détruite en 1885, qui gît dans 8 m de fond. Pour signaler la côte aux navires et chasser les corsaires, dès qu'apparaît une voile les soldats doivent faire de la fumée avec de la paille, et la nuit des feux avec du bois. Plusieurs cartes non datées de la fin du XIXe s., situent ensuite en rive droite, au nord de la redoute et de son sémaphore : une caserne, une batterie composée d'une terrasse et ses affûts, une poudrière, un poste de douane et son jardin, qui seront occupés jusqu'en 1910 et reposent désormais par 5 m de fond.

Ce phénomène de recul de la côte, rongée par les courants d'est, n'a pas épargné non plus, à l'est, le phare de Faraman. Construit entre 1822 et 1835 à plus de 400 m de la mer, il s'écroule à son tour sous les vagues en 1917, tandis que ses ruines, à la fin des années 1960, sont submergées à environ 100 m au large (fig. 291 a, b). Fréquemment confondu avec les phares du Planier et du Grand Rouveau, par l'éclat faible et vacillant de sa lanterne, le phare de Faraman trompera de nombreux capitaines et sera la cause de plusieurs naufrages. C'est notamment le cas en 1889 du « *Ville de Mèze* » et du « *Deutschland* », en 1892 du « *Caterina* », puis en 1901, du vapeur « *La Russie* ». Les archives font état de trois pièces d'artillerie en fonte de fer, de 4 m de long, retirées de la batterie lors de son abandon et déposées dans le jardin du poste de douanes, où résidaient les préposés à la santé, chargés de l'inspection des navires au mouillage. Un extrait des chroniques de Robert Amiet[484], sur des témoignages de pêcheurs et de douaniers, signale par exemple à plusieurs reprises l'existence de ces canons[485]. Ils sont aperçus par 12 m de fond en 1989 par un plongeur saintois, Edmond Aupy, près de l'embouchure du Petit Rhône. Disposés face à face pour les deux premiers, tandis que le 3e est à 10 m de là, ils sont pris un moment pour une épave distincte (*Camargue 12*). Apercus à nouveau en 2020 par Pascal Chabaud, les deux pièces regroupées, de calibre 30, mesurent 4,20 m de long et s'apparentent au modèle 1840. De fait, après l'abandon de la redoute, on établit un poste de douanes et une batterie côtière en retrait des ruines dont on utilisa vraisemblablement une partie des matériaux restants.

---

484 R. Amiet, « Témoignages de pêcheurs recueillis en 1937 », collection A. Chabaud.
485 Feuillets du 30/12/1937, collection A. Chabaud.

Cette petite garnison sera de peu d'effet face aux incursions des corsaires mahonnais, ainsi en juillet 1800, une trentaine d'hommes armés, débarqués d'une chaloupe, mettent en fuite les douaniers et abattent des vaches camarguaises qui paissaient par là. Cette batterie, qui canonne en 1812 l'une des frégates anglaises venue relâcher les prisonniers français capturés lors de l'attaque d'un convoi, comprend un bâtiment et une citerne, qui seront submergés à leur tour en 1924. Non loin de là, toujours aux abords de l'embouchure du Petit Rhône, une ancre en fer isolée, signalée par un autre plongeur local, José Héro, fait peut-être partie elle aussi du matériel de la redoute. Cette ancre, de 3,47 m de haut pour 2,18 m d'envergure, à jas fixe en bois, cerclé de fer, date du XVIIIe ou du XIXe s. Relevée avec *L'Archéonaute* en 2003, elle fut déposée devant l'entrée de la Capitainerie de Port-Gardian, à la demande de la SEMIS et de la Municipalité des Saintes, qui en assurent la conservation (fig. 292)[486].

Au XIXe s., trois naufrages ont lieu dans ce secteur désormais dangereux. Il s'agit d'abord de deux bombardes anglaises, « *La Minerve* », de 96 tonneaux, en mars 1817, « *L'Esposa Amorosa* », en 1835 (cf. *Camargue 13*), puis d'un brick russe de 160 tonneaux, échoué avec son chargement de bois et de goudron, en janvier 1839[487].

En 2012, les relevés topographiques que nous menons sur les vestiges de la redoute s'appuient sur trois systèmes d'enregistrement : les mesures et dessins en plongée, le pénétrateur à sédiment et la photogrammétrie, conduite par Pierre Drap (CNRS-ESIL). Il est nécessaire au préalable de brosser les pierres pour les nettoyer de la végétation. La cartographie sismique au moyen d'un pénétrateur à sédiment, associée à une carte bathymétrique en WGS 84 et UTM, peut détecter des vestiges sous le sable. Liée à la couverture d'un capteur tracté depuis la surface, cette phase, est alors dirigée par Philippe Plantevin (SOACSY), grâce à un sondeur à sédiment. Faute des crédits nécessaires pour pousser plus loin l'expérience, il ne sera finalement pas possible de déterminer si les constructions de la Zone 7 relèvent entièrement de l'époque moderne ou si elles s'appuient sur une semelle plus ancienne. C'est ce que pouvait laisser croire la tradition littéraire qui fait état d'une grande roche, ou d'une plateforme de roches près des Saintes, ainsi que le mobilier archéologique trouvé alentour. Mais une récente découverte d'éléments bâtis à 300 m au large de la redoute (30 x 7 m), pourrait relancer les recherches (*cf. infra* : Le rocher des Saintes-Maries).

Fig.292- Ancre relevée en 2003 avec L'Archéonaute (photo L. Long)

Parmi les autres épaves modernes échouées au voisinage de la redoute, se trouve l'épave *Camargue 11* sur laquelle on intervient en 1991, après sa déclaration par Alain Chabaud, à 750 m du bord, face à l'étang d'Icard. Si on rencontre à cette occasion de mauvaises conditions de plongée dues à un fort courant et une eau turbide, les vestiges étalés par 7,5 m de fond s'assimilent à un gros chargement de poutres de bois bien alignées. Une telle cargaison et sa position géographique pourrait rappeler, comme l'épave *Camargue 10*, le brick russe de 160 tonneaux perdu en 1839 à l'ouest du grau d'Orgon, mais l'expertise est trop brève pour pousser plus avant l'identification.

[486] Long 2003, 59.
[487] Illouze 1988 : 74-76.

Une bombarde anglaise de Malte, en 1835

Une nouvelle épave moderne, baptisée *Camargue 13*, est déclarée en 1991 par Alain Chabaud, après que deux pièces d'artilleries sont récupérées par un chalut. Ces deux canons de chasse de conception simple et lisse, à tourillons concentriques, disposent de trois ceintures plates à la culasse, au premier renfort et à la bouche. Ils rappellent ainsi les pièces anglaises de marine du premier quart du XIXe s[488]. L'une d'elles tient encore un boulet dans la bouche et présente une inscription en arrière de la plate-bande de culasse, près du bloc plat qui servait à

Fig.293 a , b- Pièces d'artillerie en fonte de fer de l'épave Camargue 13 (photo A. Chabaud)

installer la hausse : N XIV. II. VIII. N. (fig. 293 a, b). Le gisement, qui n'est pas très éloigné de *Camargue 11*, se trouve à 150 m en face de la tour de l'ancienne redoute du Grau d'Orgon, à environ 0,7 mille du bord et 11 m de fond. Lors de notre intervention avec *L'Archéonaute*, en juin 1993, il est visible sur 35 m de long, mais le sol argileux, sous 40 à 50 cm de sable, mis en émulsion, trouble la vision et ralentit l'expertise. L'épave, présente l'aspect d'un tumulus de pierres de lest irrégulières, de 5 à 15 kg pièce, sans doute le ballast du navire, où se signalent plusieurs fragments de briques du four, entre les nids de congres. La suite de l'exploration livre un tas de chaîne à gros maillons, un fragment de bougeoir, des débris de verre et une tubulure en plomb, partiellement aplatie, qui provient de la pompe de cale ou de la citerne d'eau douce[489]. Déclaré à nouveau en 2005 par Francis Blanc, le gisement, appelé pendant un temps et par erreur *Camargue 26*, livre encore lors de notre mission en 2006 deux ancres concrétionnées, des cerclages de mât de 80 cm de diamètre, de la chaîne et un treuil métallique (fig. 294 a, b). Nous sommes peut-être donc en présence de la bombarde anglaise « *Esposa Amorosa* », de Malte pour Marseille, naufragée à l'ouest du Grau d'Orgon, en 1835. Lors de son échouage, le capitaine Jovana Caronamo et ses 11 hommes d'équipage sont secourus par deux pêcheurs saintois, Joseph Manaud et Honoré-Marie Coulomb[490].

Plus à l'ouest, l'épave *Camargue 14*, se situe à un mille à l'ouest du brick suédois « *Victory* » (*Camargue 8*), face à l'étang des Salans, à 0,45 mille du bord et 7 m de fond. Ses vestiges ne sortent du sable que sur une douzaine de mètres de long. La coque revêtue de cuivre se caractérise par des bois de gros échantillonnage. Le lest du navire qui recouvre l'ensemble du site est constitué de pierres noires, dures et cassantes, grossièrement travaillées, entre lesquelles se cachent d'élégantes étrilles palmées, surprises par notre présence. Le navire, qui s'est échoué à l'est du fort de Peccais, a dû être aperçu immédiatement par les sentinelles en faction.

Les hardes d'équipage d'un vaisseau anglo-américain

Déclarée par Alain Chabaud et Alain Géniès, l'épave *Camargue 17*, surnommée « l'épave aux chaussures », gît par 6 à 7 m de fond, à l'ouest de la prise 1 des Salins du Midi (Rhône Vif), à environ 100 m de *Camargue 6*. En 1998, lors de notre expertise, les vestiges dépassant du sable sont visibles sur 6 ou 7 m de long. Ils laissent deviner la partie arrondie de l'arrière, qui rappelle celle d'un brick, où une haute guirlande épouse l'étambot et ses puissantes membrures dévoyées. Dans ce secteur les

[488] Mc Connell 1989.
[489] Long 2007, 57, fig. 40.
[490] Illouze 1988, 74 ; Long 2005, 56 (BS 2005).

Fig.294 a et b - Vestiges de l'épave Camargue 13 en 2006, avec présence d'une ancre (photo C. Chary et F. Blanc)

inventeurs, lors de leur première plongée, collectent des sacs en raphia contenant les effets de l'équipage, notamment des hardes de vêtements rapiécés (mouchoirs, chemises, brailles à lacet, chaussures à lacet en cuir). Parmi ces objets, une trousse de couture en bois, marquée GM sur le couvercle, contenait tout un petit attirail avec des craies rouges, une paire de ciseaux, une boîte à aiguilles en bois pour les voiles ainsi que de nombreux boutons de caban en bois, os, cuir, porcelaine et métal. L'un de ces boutons plats, en laiton embouti, est décoré d'un motif végétal, peut-être un chardon, et d'une inscription en anglais au revers, *Fine Gilt*. Ce type d'objet est connu sur « *l'épave des médailles* » naufragée dans le Var en 1834[491]. Deux autres boutons de taille différente, en laiton embouti, arborent une ancre de marine avec les mentions imprimées au revers : *Extra Feint Uniform* et *Batte Real Navi*. En poursuivant l'exploration vers le centre de l'épave, nous passons les éléments d'une cloison en place dans l'entrepont, pour découvrir un premier mât à facettes, de 60 à 70 cm de diamètre, qui s'enfonce dans le sable. C'est là que les inventeurs, avant l'ensablement généralisé du site, avaient repéré quelques éléments du chargement, notamment du bois de campêche. Les vêtements et les petits objets glanés sur l'épave situent l'échouage dans la première moitié du XIXe s. Il pourrait s'agir du *Cœur de Chêne*, navire anglo-américain en provenance de Boston, échoué en novembre 1804 avec un chargement de bois de Campêche et de cassonade vers Beauduc. Dans ce cas, l'épave, dont l'équipage a été sauvé et le chargement partiellement récupéré, a dérivé bien plus à l'ouest ? Deux autres navires plus anciens, naufragés en 1751, au cap de l'Espiguette, sont originaires du Royaule-Uni, le senau *Prince de Galles*, de Londres, et le senau *L'Elisabeth*, de Dundee, en Ecosse[492].

[491] Malcor 1990.
[492] Illouze 1988, 45, 46.

Ossements et pierres de lest

A environ 50 m à l'est de *Camargue 17*, à l'ouest du Rhône Vif, Alain Chabaud et Alain Géniès découvrent une autre épave surnommée « l'épave aux Meules », que nous baptisons *Camargue 18*[493]. Par 7 m de fond, ils discernent d'abord un grand talus de pierres de lest, d'une trentaine de mètres de long, parmi lesquelles ils relèvent la présence éparse d'une meule à aiguiser circulaire, de 12 cm d'épaisseur et 35 à 40 kg, percée au centre d'un orifice carré. Ils notent la présence aussi de restes de réa de poulie en bois et de quelques ossements, dont un fémur peut être humain ? Peu de temps après, lors de notre expertise, le site commence déjà à s'ensabler. En s'éloignant du gisement, nous suivions les chaînes recouvertes de vase, uniquement matérialisées à la surface du sédiment par une ligne de spirographes espacés, un précieux fil d'Ariane qui nous conduit jusqu'aux ancres du vaisseau, chacun de ces petits vers à panache se rétractant dans son tube à notre passage. Ce monticule de pierres laisse, par ailleurs, apparaître un entrecroisement de robustes planches de bois blanc, cloutées de cuivre et recouvertes de moules, qui abritent désormais une grande quantité de mollusques. Sur l'extrémité nord, les briques réfractaires de la cuisine matérialisent ce qui reste de l'avant du navire, de forme effilée. Le vaisseau s'est vraisemblablement perdu dans la première moitié du XIX e s. et nous ignorons encore son nom ?

Le blé du brick Achille

De nouveaux vestiges de carène en bois se découvrent du sable à la fin des années 1990, déclarés aussitôt par Alain Chabaud par le travers du Rhône Vif, à moins de 100 m de l'épi Est. Lors de notre expertise, le 15 octobre de la même année, sans visibilité, se discernent à peine par 5 m de fond des extrémités de membrures. Baptisée *Camargue 19*, on comprendra plus tard que cette partie de navire a été arrachée à l'épave *Camargue 21*, située non loin de là, par 6 m de fond, à l'est du Rhône Vif. Ce gisement plus important en taille, surnommé par les pêcheurs *Comète 2*, présente encore des grains de blé dans les fonds. Lors de notre plongée, par faible visibilité, la forme du navire perpendiculaire à la côte reste perceptible sur près de 25 m de long, avec de hautes membrures, couvertes de moules, qui marquent la muraille et dépassent d'un mètre du sable. D'autres éléments sont visibles, en particulier de gros vestiges métalliques concrétionnés, sans doute le treuil. Au bilan, les épaves *Camargue 19* et *21* n'en font qu'une, tandis que les restes de céréales en fond de cale rattachent sans doute l'épave au brick grec « *Achille* », perdu au cap de l'Espiguette le 15 janvier 1831, avec un chargement de blé pour Marseille. Les archives précisent bien, en outre, que le navire s'est brisé en plusieurs morceaux.

L'épave du Loup

Ce fond de carène en chêne également déclaré par Alain Chabaud, à 0,25 mille de la Côte, à l'est de la prise 2, se trouve en novembre 1998 à 6 m de fond. Baptisé *Camargue 22*, il est un peu à l'ouest des vestiges du cargo céréalier l'*Angela*, coulé en 1984 face à l'ancien Radeau du Loup, au niveau du Grand Radeau (le terme de radeau désigne ici les ilots au milieu des étangs). Cette épave éponyme, doublée de cuivre, est visible lors de nos plongées sur une quinzaine de mètres de long. Ses vestiges correspondent à un vaisseau du XIXe s., aux membrures de fort échantillonnage, maintenues par des broches rivetées en cuivre et des gournables. L'épave, complètement vidée, ne possède plus ni ancres, ni apparaux.

L'épave des Baronnets

La plus occidentale de cette série d'épaves modernes se situe à l'ouest des Baronnets, au niveau de la bouée de l'Otan, par 2,5 m de fond, à environ 80 m du bord. Il s'agit d'un fond de carène perpendiculaire à la plage, partiellement enfoui dans le sable, découvert par les pêcheurs de tellines et déclaré par S. Brachet en 2002. Une dizaine de membrures, visibles sur 6 à 7 m de long, pourraient se rattacher à la section de quille ou de carlingue de 11 m de long, signalée dans ce secteur par Pascal Ardois. Ces éléments, partiellement disloqués, appartiennent à coup sûr à une même épave, baptisée *Camargue 23*, échouée au cours du XVIIIe ou du XI ^{e} s.

Un épisode du blocus anglais, en 1812

(fig. 295 et 296)

Durant les guerres de l'Empire un convoi composé de 13 navires marchands français placé sous l'escorte de la chaloupe canonnière « *Le Boutefeu* », quitte Marseille pour Agde lorsqu'il est attaqué, le 29 avril 1812, dans le Golfe des Saintes-Maries par trois frégates anglaises. L'escadre ennemie a vraisemblablement passé une partie de l'hiver à l'ancre à la pointe des Tignes, à l'ouest de Beauduc, espalmant ses vaisseaux comme dans une rade fermée[494].

[493] Long 2003, 33 (BS 1998).
[494] Baudin 1840, 239.

Fig.295 - Expertise des épaves de 1812, en plage à l'est des Saintes-Maries (photo L. Long)

Dans l'engagement, cinq navires français sont amarinés tandis que cinq autres se jettent à la côte pour échapper à la prise avant d'être détruits et brûlés. Parmi eux, la canonnière « *Boutefeu* » s'échoue volontairement à l'ouest de la vigie du Tampan, à l'est des Saintes-Maries, à l'aplomb du phare de la Gacholle. Estimant qu'il n'a aucun moyen d'échapper à l'ennemi et voulant éviter la honte de tomber en son pouvoir, son capitaine, Prosper Guillem, fait côte toute voiles dehors. Constatant que le navire est crevé en plusieurs endroits, il y met le feu et le fait sauter, puis rejoint Arles avec son équipage, où il est assisté. A côté de la canonnière, qu'une goélette témoin de la scène décrit comme une corvette, s'échoue la pinque de 121 tonneaux, « *Notre-Dame de Montalègre* », commandée par Jean Rebecco, brulée elle aussi par les Anglais (fig. 297). Huit autres capitaines jettent leur navire en plage, qui sont ensuite brulés : J.-F. Alguier et sa bombarde de 154 tonneaux : « *L'Aimable Clarisse* » ; Pierre Perco et la « *Notre Dame de Miséricorde* » ; Gaétan Olivieri et sa

Fig. 296 - Examen de l'une des épaves ESM avec P. Ardois (photo L. Long)

Fig.297 - Pinque pour le commerce, quelque fois armée en guerre (d'après P.-J. Gueroult du Pas)

pinque génoise : « *Saint-Prosper* », de 120 tonneaux, chargée de sel ; Jacques Robert et « *L'Aimable Marguerite* », une bombarde de 144 tonneaux ; Jean Gherci et sa tartane de 41 tonneaux : « *L'Assomption* », avec ses 20 futailles d'huile d'olive ; Berlingeri et le « *Notre Dame du Rosaire* », de 53 tonneaux ; enfin Dominique Ardisson et son chébeck de 80 tonneaux : « *L'Heureux Joseph* ». Certaines de ces épaves se trouvent aujourd'hui dans 1 m d'eau, au niveau de l'estran ; elles sortent du sable lors de certaines tempêtes et sont à l'évidence très difficiles à étudier. Un autre navire du convoi, la pinque « *Saint-François de Nervi* », commandée par Emmanuel Lucati, à destination d'Aigues-Mortes, sans chargement, se sépare du convoi durant l'attaque pour trouver le salut.

Fig.298 - Vaisseau trois-ponts anglais HMS Caledonia au mouillage (aquarelle, 1808)

Pris en chasse par une chaloupe anglaise qui le force à s'échouer, le capitaine et ses 12 hommes d'équipage font prendre les armes à quelques habitants de la commune des Saintes-Maries. Lorsque l'ennemi met pied à terre, il s'enfuie aussitôt sous un feu nourri, sans avoir le temps d'incendier le navire. En dépit, ensuite, d'une nuit d'effort pour remettre à flot la pinque, l'épave est abandonnée.
En octobre de la même année, les Anglais brûlent dans ce secteur un autre bâtiment français, *Le Zoé*, chargé de blé et ils brûlent ou amarinent l'année suivante trois navires génois et une felouque algérienne. Au final, seules les allèges d'Arles, de faible tirant d'eau, se permettent de serrer au plus près la côte pour échapper ainsi aux Anglais qui ne peuvent prendre un tel risque. Cet épisode permettra à la marine arlésienne de tirer un certain profit du blocus britannique même si, en août 1813, 12 de ces allèges d'Arles sont capturées par l'ennemi. En octobre 1813, l'escadre anglaise, sous le commandement de l'Amiral Pelew, relâche à l'embouchure du grand Rhône pour y faire de l'eau. Un déserteur irlandais de 20 ans, Charles Georges, s'en échappe et signale l'état des forces en présence. Il était embarqué sur le *Caledonia*, un vaisseau de 120 canons, avec 830 hommes d'équipage, 7 m de tirant d'eau, tandis que 17 autres navires complètent l'escadre : 8 vaisseaux à 3 ponts de 110 canons, 3 de 74 canons, 3 frégates de 50 canons et 3 bricks de 18 canons (fig. 298). Face aux moyens mis en place côté français pour protéger les convois, les forces ennemies sont disproportionnées[495].

La canonnière Boutefeu ? (fig. 299 a et b)

C'est en 1997, après une forte tempête, qu'apparaissent à 300 m à l'est des martillères de Rousty, à 10 m de la plage, dans 80 cm d'eau, les membrures d'un fond de carène dont la forme très pincée de l'extrémité est reconnaissable. Sise à 6,5 km à l'est de l'église du village, nous expertisons les vestiges en novembre de la même année, avec Albert Illouze, et les baptisons *Est-Saintes-Maries 2*. L'étude d'une coque dans si peu d'eau, avec une masse de sable en perpétuel mouvement sous la vague, ne se fait pas sans difficulté. Visibles sur 15 m de long, les membrures de chêne de 15 cm d'épaisseur pour une maille de 25 cm, sont fixées par des clous en fer à un bordage de 4 cm d'épaisseur. La quille, également de faible échantillonnage, et l'étambot dépassent encore de l'eau d'environ 50 cm. L'ensemble des bois du navire, totalement calcinés, confirme à n'en pas douter que cette épave prenait part au convoi de 1812. Sa position, non loin de la vigie du Tampan, et sa taille relativement modeste, comme son échantillonnage, désignent selon nous les vestiges de la chaloupe canonnière *Le Boutefeu,* armée d'un canon en tête, vraisemblablement de 24 livres de balle, et de 4 pierriers (fig. 299). Contrairement à ce que peut laisser penser le terme chaloupe, il s'agit en réalité d'un bâtiment de guerre ponté, du type des corvettes. Assez long et peu élevé sur l'eau, armé de quelques pièces de canons tant en batterie qu'à l'avant et à l'arrière, il se meut à l'aviron ou à la voile et peut être gréé dans ce cas en brigantin ou en

Fig.299a, b – Chaloupe canonnière non pontée (d'après les plans de G. Lacroix et l'extrait de 1762 tiré de l'Encyclopédie des voiliers).

[495] Illouze 1988, 60-61.

brick-goélette. La première installation du pont des canonnières de la flottille de Boulogne apparaît entre 1802 et 1804[496]. Dans son rapport de naufrage, le capitaine Prosper Guillem ordonne d'incendier le navire à 16 h 30, persuadé qu'on ne le renflouerait pas car l'embarcation est « crevée » en plusieurs endroits. Le maître-canonnier enflamme donc un baril de goudron dans la cale, près de la cambuse, après avoir éparpillé de la poudre dans tout le navire. Guillem et ses 34 hommes, des canonniers et des rameurs, s'enfuient ensuite dans les dunes sous le feu nourri de l'ennemi, sans rien récupérer du navire. Celui-ci explose à 8 h du soir après avoir brûlé pendant près de 4 heures. Seules les archives de la Marine à Toulon, divergent sensiblement de la version du capitaine et relatent, pour des raisons plus politiques, la destruction du navire au combat et sa prise par l'ennemi.

L'épave Est-Saintes-Maries 3

Également située en bordure de plage, à 120 m à l'ouest du « Boutefeu », l'arrière de cette nouvelle épave a été dévasé avec difficulté compte tenu de sa très faible profondeur, sans qu'il soit possible d'atteindre le fond de carène. Le tracé en pointillé des têtes de membrures qui donnent la forme du vaisseau, se poursuit sur la plage sur 18,50 m de long, avant de disparaître sous plus de 60 cm de sable. Les dimensions de l'épave et l'assemblage de double-membrures de fort échantillonnage (20 à 23 cm de côté), assemblées par des gournables et clous en fer à un bordage et des vaigres de 6 cm d'épaisseur, correspondent à un tonnage important. La datation C14 réalisée par le laboratoire Archeolabs (ARC 1723) sur l'un des échantillons de bois provenant d'une membrure en pin (*Pinus sp.*), se positionne avec une forte probabilité entre 1660 et 1840 AD. Ces éléments d'architecture navale ainsi que la position de l'épave, non loin de la précédente, plaident en faveur de la pinque « Notre Dame de Montalègre », de 150 tonneaux, naviguant sur lest le jour de l'attaque et naufragée à côté du « Boutefeu ». Son capitaine, Joseph Rebecco, précise dans son rapport de naufrage qu'il a volontairement échoué son navire vers 15 h, à côté de la canonnière, et a rejoint la plage à l'aide de la chaloupe du bord. Les deux navires étaient donc vraisemblablement échoués sur le 2 e banc de sable, soit à l'époque à 100 ou 120 m du bord, ce qui justifiait encore l'usage de la chaloupe. Nous n'avons pas retrouvé trace du lest qui doit être enfoui sous le sable, en fond de cale, ni des traces d'incendie dont a souffert le navire, brûlé par les Anglais.
Signalée en 2003 par Marc Monnet, puis par des élus des Saintes-Maries et des membres du parc régional, enfin par André Falconnet, de l'association archéologique Aristide Fabre, l'épave *Est-Saintes-Maries 4* apparaît après une forte tempête, en octobre 2003. Visible en bordure de plage, à environ 6 km à l'est de la ville, face à l'étang de l'Impérial, entre la Baisse de la Blancarde et la Longue Montille, son irruption soudaine met en émoi la population. Elle reste accessible jusqu'en mars 2004, avant de disparaître à nouveau sous le sable. Lorsque nous intervenons, la forme du navire est discernable, inclinée à 30° vers l'ouest et disposée transversalement à la côte, sur environ 12 m de long et 6,5 m de large. Les parties du vaisseau les plus éloignées du bord baignent dans 1,30 m d'eau tandis que seule une moitié longitudinale de la coque est matérialisée en surface par le rythme régulier des têtes de membrures. Ces dernières mesurent 15 et 22 cm en moyenne, et sont assemblées au bordé épais par des gournables en bois. Si ces vestiges ne sont qu'à 500 m de l'épave antique *SM5*, il s'agit sans doute d'un vaisseau moderne que l'on rattache à l'épisode du blocus maritime de 1812. Ainsi, deux lignes de rivage d'époques très éloignées, se télescopent-elles au même endroit par la progradation d'embouchures successives, c'est-à-dire leur avancée en mer.

L'épave Est-Saintes-Maries 5, un grand vaisseau à fond plat

Déclarée par Alain et Pascal Chabaud, cette épave, comme les précédentes, est localisée à l'est des Saintes-Maries-de-la-Mer, au niveau du Canal de Rousty, mais ne fait sans doute pas partie du convoi engravé en 1812. Sa profondeur, 6 m de fond, est plus importante et le navire est bien plus au large que les autres. Lors de notre intervention avec le *Brézéhan*, en 2015, puis avec le *Triton*, en 2017 et 2018, on découvre les restes fraichement sortis du sable d'un navire à fond plat bien conservé, sur 20 m de long et 6 à 7 m de large. Le dédale de poutres de bois de la charpente regorge de vie marine, huitres, moules, congres, loups, jusqu'à une raie-torpille qui envoie une forte décharge électrique dans le bras d'un de nos plongeurs. L'exploration porte essentiellement sur l'arrière du navire, où émerge du sédiment ce que nous pensons être le brion d'étambot, flanqué sur bâbord de six membrures dévoyées (fig. 300 a et b). En survolant cette partie du site par une assez bonne visibilité, ce qui est peu courant, la forme arrondie de la poupe se dessine autour d'une puissante ossature interne, rythmée de traverses de forte dimension, posées sur les vaigres et

[496] Erlande-Brandeburg, Vich 1996, 66.

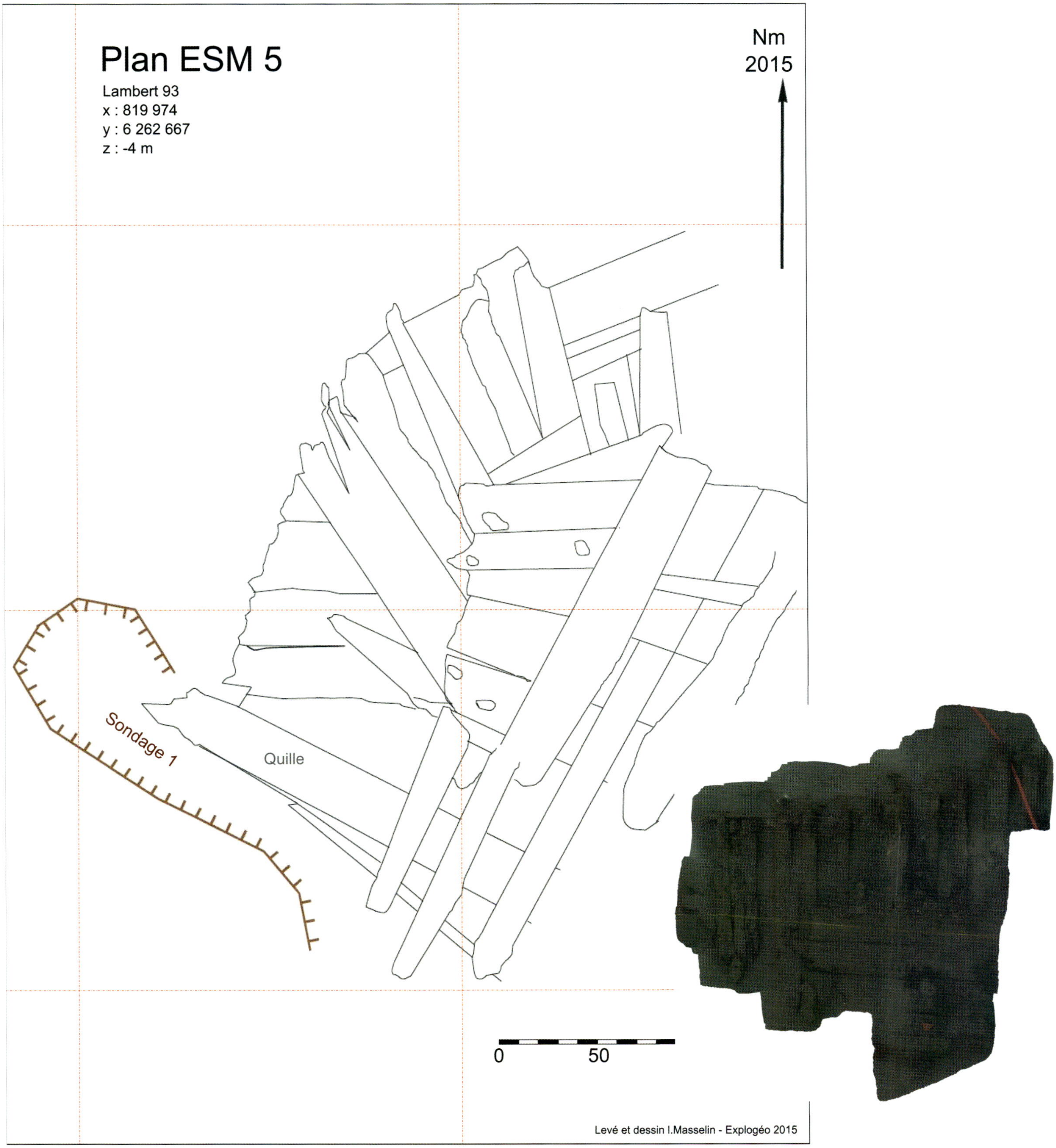

Fig.300 a et b - Plan de l'étambot de ESM5 (dessin et DAO L. Masselin)

maintenues au centre par des broches en fer. Signe d'une datation haute (XVIIIe s. ?), ces broches sont totalement vidées de leur substance par la corrosion tandis que le bois, dont on cherche à prélever un échantillon pour datation, est lui aussi à l'intérieur entièrement dévoré par la vermine. Si le chargement a disparu, une simple botte de matière végétale en place sous une membrure, peut-être de l'alfa, témoigne d'un chargement de plantes à fibres pour faire des cordages, du papier ou des objets de sparterie (fig. 300 c). Découvert à même le bois en 2017, un plomb de douanes à trois fleurs de lys renvoie sans doute là aussi au XVIIIe s., tandis que les formes du fond rappellent un assez grand vaisseau à fond plat, qui reste énigmatique, peut-être une tartane ou une grande allège arlésienne ? Sa position pourrait correspondre néanmoins aussi au chébec sarde « *Mary* » naufragé en 1820 à une lieue et demie à l'est des Saintes-maries, avec son chargement de futailles d'huile ? (fig. 300 d)

Fig.300 c - Vestige possible d'un chargement de sparterie (photo L. Long)

Fig.300 d - Plomb de douane à trois fleurs de lys (photo L. Long)

L'épave Est-Saintes-Maries 6

Expertisée en plage, en 2020, au sud de l'étang des Batayolles, à l'est des Saintes-Maries, près du Rousty, cette épave sort à peine de l'eau. Il s'agit visiblement d'un navire à fond plat, de forme arrondie, qui mesure environ 25 m de long pour 7,5 m de large au maître-couple. Émergeant de l'eau, les allonges de ses membrures resserrées sont régulièrement espacées de 35 cm. L'avant, reconnaissable à son étambot et à sa guirlande, est en plage tandis que l'arrière gît est dans 1 m d'eau (fig. 301). Cette épave qui se situait encore il y a une quarantaine d'années aux abords immédiats de l'étang, a été rattrapée aujourd'hui par la mer sous l'effet de l'érosion marine. Dans cette logique, elle est un peu plus ancienne que la série de navires découverts en plage il y a 22 ans, relatifs au combat de 1812 avec les vaisseaux britanniques.

Fig.301 - Épave ESM6, apparue en plage en 2020 (photo E. Berry)

Le Duc de Gênes

Parmi les premiers bateaux modernes de Camargue, l'épave *Pointe de Beauduc 1* est déclarée dès 1978 par Alain Mille et Albert Illouze, face au phare de Beauduc, par 2 m de fond. Repérés d'abord lors d'un survol aérien, en avril, à l'est de la balise de la chèvre, à 50 m du bord, les vestiges conservés sur 45 m de long sont explorés ensuite en plongée (fig. 302). Enlisée poupe en terre et couchée sur bâbord, à hauteur du premier banc de sable, la coque,

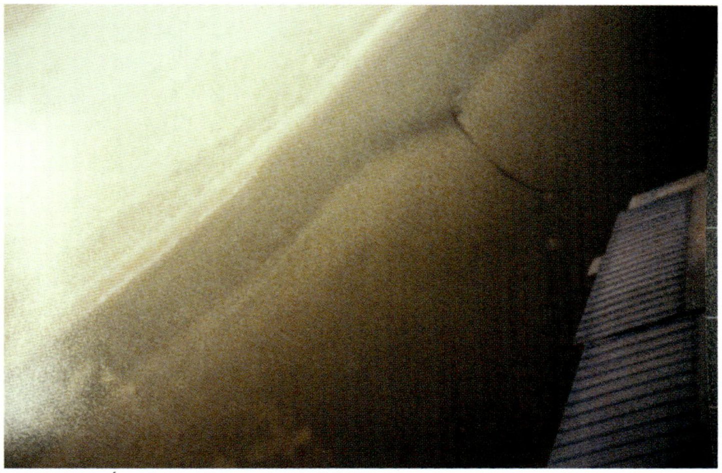

Fig.302 - Épave Pointe de Beauduc 1, vue aérienne (photo A. Illouze)

conservée jusqu'au pont, sur près de 5 m de haut, est recouverte de cuivre. Très épais, le bordage mesure 10 cm d'épaisseur tandis que la forme générale des vestiges désigne sans doute un brigantin ou un trois-mâts-barque du XIXᵉ s. En comparant avec les archives, sa position rappelle le brigantin sarde de 96 tx : « *Duc de Genevese* », échoué en mars 1818 lors d'une tempête de Sud-Est ou vent de Labesh. Son chargement de tableaux, statues en marbre, piano et divers autres présents adressés par le pape au roi d'Espagne, est récupéré après l'échouage grâce à une ouverture pratiquée dans le pont du navire[497]. Lors de notre enquête en plongée, en 1996, l'épave a de nouveau totalement disparu sous le sable.

Une polacre russe ?

L'épave *Pointe de Beauduc 2*, localisée à 0,7 milles du rivage, face au phare de Beauduc, par 8 m de fond, est déclarée en 1991 par Gérald Savon. Il s'agit de la coque d'un trois-mâts de 50 m de long du XIXᵉ s., bien conservé et doublé de cuivre. La structure imposante, de fort échantillonnage, s'appuie sur des membrures de 40 cm d'épaisseur, cloutée de bronze. Lors de notre visite, on aperçoit un cerclage de mât de 60 cm de diamètre et trois caps-de-moutons laissés en place. L'épave est peut-être contemporaine de la balise établie en 1864 qui marquait le mouillage du golfe de Beauduc, grâce à cinq mâts de navires de 20 m de haut[498]. Toutefois, les cerclages de fûts et la position du navire rappellent la polacre russe « *Odessa* » (400 tx), en provenance de Constantinople à la demande d'Auguste Durand à Marseille. Elle naufrage le 18 avril 1818 avec son chargement de seigle, de blé et sept tonneaux de suif. Ses quatre canons de calibre 6, comme la plupart des effets, ont été récupérés après l'échouage.

Un brick malouin ?

Aperçue en 2014 par Pascal Chabaud alors qu'il recherchait les vestiges d'un bombardier B24, l'épave *Pointe de Beauduc 4* est située face au phare, par 8 à 9 m de fond. Il s'agit d'un gros voilier à fond plat, à broches de bronze et revêtement de cuivre, encore équipé de ses deux ancres (4 m) et d'un cabestan (fig. 303). Une partie du chargement au moins est constituée de minerai solide, noir, à éclat submétallique, probablement du graphite (plombagine), connu depuis la fin du XVIIIᵉ s. Compte-tenu de sa position géographique, l'épave pourrait correspondre au brick français « *Industrie* » (141 tx), propriété de l'armateur malouin Fonterny, en provenance de Granville pour Marseille avec de la farine et de l'huile de morue. Il se perd par tempête à une lieue face à la dune de Véran, le 4 mars 1841.

Fig.303 - Épave Pointe de Beauduc 4 (photo P. Chabaud)

[497] Illouze 1988, 63.
[498] Naudot 1948, 41.

Du plomb de Carthagène sur le brick italien « Salvatore »

En mai 1980, Jean-Claude Nourissat et Jean-Paul Chaubet, deux plongeurs qui viennent de déclarer une épave moderne, bénéficient d'une concession d'exploitation délivrée par les Affaires maritimes pour récupérer le minerai de plomb du chargement. Baptisé aujourd'hui *Plage d'Arles 6*, le gisement se trouve en mer, à l'ouest du Vieux-Rhône (Grau de la Dent), par 8 à 9 m de fond. Surnommé par les pêcheurs « l'épave aux rails », il se situe entre l'étang de Beauduc et celui de Sainte-Anne (Grau-de-la-Dent), à environ 200 m du vapeur « *Louis* ». A l'origine, avant sa récupération, le chargement, d'environ 150 tonnes de galène de plomb, s'étale sur 10 m de long, 3 m de large et 1 m de haut. Orientée NO-SE, la coque du navire, recouverte de sulfures de plomb de granulométrie comprise entre 5 et 20 cm, renferme deux très grandes ancres en fer, des tonneaux de clous, des rails et de grandes barres de fer. La position des vestiges et la nature de la cargaison rappellent le brick italien « Salvatore », naufragé avec six hommes d'équipage en juin 1875, aux dunes de Sainte-Anne, avec son minerai de plomb de Carthagène pour Marseille[499]. Sa destination devait être la fonderie de plomb de l'Estaque, créée en 1840 par le marquis Luis Figueroa, première implantation française de l'entreprise Penarroya, ou l'une des sept autres usines marseillaises. A cette époque, la cité phocéenne importe chaque année entre 30 000 et 40 000 tonnes de plomb espagnol, soit 50 à 60% de la production ibérique. Entre 5000 et 10 000 tonnes par an, soit 40 % du plomb traité, est réexporté ensuite vers les États Unis. Comme durant l'Antiquité, on pense à l'épave *SM35*, le plomb de la sierra de Carthagène est argentifère. Luis Figueroa fait donc appel à des techniciens anglais pour mettre en œuvre la méthode de Pattinson pour sa désargentation[500].

A 30 ou 40 m au sud-ouest du « *Salvatore* », par 10 m de fond, une autre coque de bois, l'épave *Plage d'Arles 7* doit être dissociée du tumulus de galène de *Plage d'Arles 6*. Selon la description de Jean-Claude Nourrissat en 1980, une coque matérialisée par quelques pièces de charpente détériorées par les chaluts renfermait un chargement de très longues barres de fer relativement peu concrétionnées. Ces barres plates, dont un échantillon prélevé en 1984 a livré du silicate double de fer et d'aluminium, se distinguent du fer romain et rappellent plutôt par leur morphologie celles de l'épave « Plage d'Arles 1 », datée du début du XVIIIe s.

Les épaves de la Gracieuse

Flèche sableuse en pointe libre, qui s'étend sur près de 5 km en direction du Nord-Est, la Gracieuse, connaît depuis les années 1960 un certain nombre de travaux de génie côtier impliquant l'échouage volontaire de barges pour incurver sa partie la plus distale (fig. 305).

En poursuivant notre enquête vers l'est, entre le they de Roustan et celui de la Gracieuse, la première épave : *Est-Grand-Rhône 1*, déclarée par Gérald Savon en 1994, mesure 50 m de long. Elle repose par 5 m de fond, à 0,20 mille du bord. Lors de notre plongée, qui met en fuite un grand pagre rouge, on reconnaît d'abord au centre de la coque une puissante carlingue de 100 x 800 cm, qui émerge du sable, tandis que sur l'extrémité Est se distingue une ancre à jas en bois, d'environ 500 kg. Surgissent également de la pénombre de petits objets erratiques, un réa de poulie en bois de Gaillac, un fer de calfat, un robinet en bronze à tape conique et trois plombs estampillés par l'Administration des douanes de Bordeaux, dont l'un est daté de 1817. Cette épave évoque en conséquence un trois-mâts-barque naufragé au début du XIXe s., peut-être chargé de vin. Lorsque notre collègue du DRASSM, Marine Jaouen, retourne sur le site, en 2010, il a disparu sous le sable.

Fig.304 - Cloche en bronze, Est-Grand Rhône 2 (photo L. Long)

[499] Illouze 1988, 89.
[500] Chastagnaret 1993, 129.

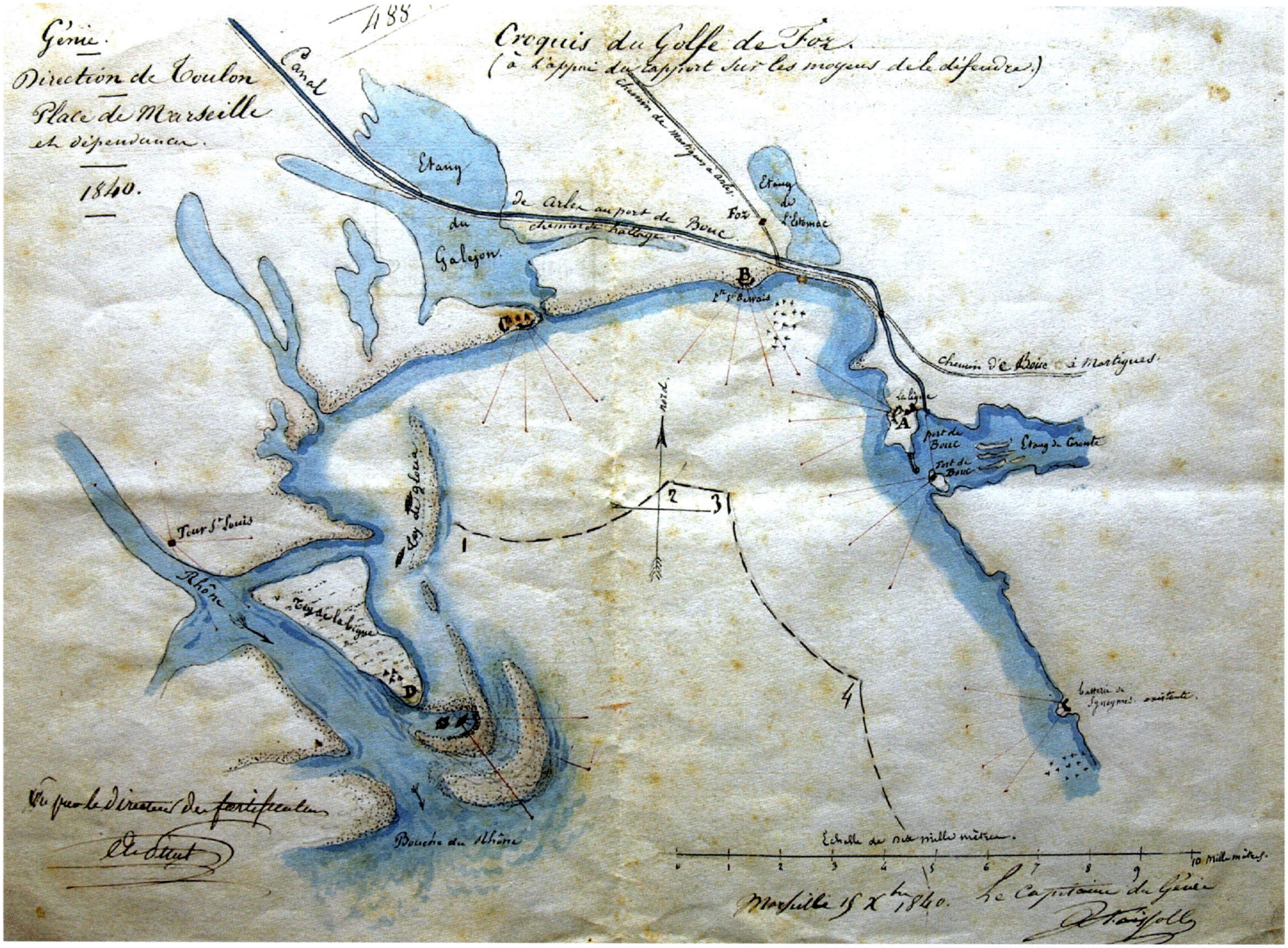

Fig.305 - Croquis du Golfe de Fos et de l'embouchure, 1840 (Médiathèque d'Arles).

Dans ce même secteur, à proximité du they de la Gracieuse, l'épave *Est-Grand-Rhône 2* est découverte en 1989 par Gérald Savon, à 6 m de fond, entre le Grand Rhône et Port-Saint-Louis-du-Rhône, non loin d'un cimentier perdu à la fin du XIX e s. Expertisée en 1990, nous revisitons l'épave avec l'inventeur, en 1999, qui se décline en trois parties sur 50 m de long. La première, à l'est, correspond à une masse métallique incluant des objets informes, chaînes, poulies en fer, et des éléments de bois du navire. C'est là que nous prélevons une cloche anépigraphe en fer, encore équipée de son battant, qui sera traitée à Cannes par le laboratoire Archéolyse International (fig. 304). Dans la partie centrale, se distinguent des éléments de la coque : membrures et bordé revêtu extérieurement de cuivre, tandis qu'au Nord-Ouest, des structures du fond de carène sont de nouveau apparentes, avec une ancre en fer dont le jas en bois mesure 1,30 m, puis une citerne métallique d'environ 1 m de côté. Sur ce point, l'utilisation d'un réservoir en fer étamé pour la réserve d'eau des navires se généralise à la fin du XIX e s.[501] Lors de l'expertise, nous prélevons plusieurs objets, dans la partie centrale du navire, une pièce incomplète en bronze ou en laiton représentant un dragon ailé, sans doute la partie décorative d'un meuble ou d'un support de compas ; un fragment de scie corrodé, peut-être l'instrument d'un chirurgien, enfin un ustensile d'apothicaire en étain, de 24 cm de long. De forme cylindrique, ce dernier est doté d'une clef sur le sommet et d'un robinet à la base sur lequel se branchait un injecteur souple. Comme le confirme sa plaque de

[501] Meyer 1996.

fabrique, encore lisible, il s'agit d'un irrigateur médical dont le système est perfectionné et breveté le 3 février 1842 par le docteur Maurice Eguisier et le bandagiste François Libault (fig. 306). Cet irrigateur vaginal, pouvant servir aussi de clystère, rappelle ici le modèle déposé en 1883, un indice chronologique intéressant. Au bilan, si la cloche anépigraphe ne livre pas d'indication sur l'identité de l'épave, on pense au « *Rita* », perdu dans ce secteur à la fin du XIX e s. ou au début du XX e s.

Fig.306 - Irrigateur médical, Est-Grand Rhône 2 (photo L. Long)

Détail toponymique intéressant, les vestiges du cimentier sis à proximité de l'épave *Est-Grand-Rhône 2 sont* ceux du brick-goélette *La Gracieuse*, construit en 1860, qui s'échoua le 10 janvier 1893 avec son chargement de chaux, sur le they d'Annibal[502]. Nous avons pu récupérer la cloche du navire, elle aussi anépigraphe (fig. 307). Ce banc de sable tirait alors son nom d'une épave plus ancienne, l'allège « *Annibal* », échouée le 27 janvier 1845[503]. depuis l'échouage de « *La Gracieuse* », ce nom lui est resté.

C'est encore près de la Gracieuse, que Gérald Savon signale en 1989 l'épave *Est-Grand-Rhône 3*, à moins d'un demi mille de la précédente, à 0,7 mille de la côte et 7,5 m de fond.

Fig.307 - Cloche en bronze, épave de La Gracieuse (photo L. Long)

D'abord matérialisée par un ballast de galets homogènes, sur 10 m de diamètre, l'épave livre aussi une plaque de bronze liée à du bois dépassant du lest sur une extrémité. Ce détail confirme la présence d'un navire homogène et non d'un délestage. Le lien de voisinage avec les deux autres épaves toutes proches incite à dater *Est-Grand-Rhône 3* du milieu ou de la fin du XIXe s., comme pour le chargement de pierres de Cassis récemment signalé par Claude Vella au grau de Pégoulier.

Enfin, près de Port-Saint-Louis, dans un rejet de drague de l'étang de Carteau, trois statuettes égyptiennes reposaient dans 4 m d'eau dans les années 80.
Inattendues dans ce secteur, ces divinités ou princesses assises en terre cuite sont peut-être des imitations du début du XIXe s. (fig. 308)

[502] Golf, Haesslé 2002, 289.
[503] Galtier, Rouquette 1977, 102-103.

Fig.308 - Statuette égyptienne, étang de Carteau (photo A. Illouze)

Les épaves de la Vapeur

Depuis les travaux de Jean Pierre Joncheray, en 1984, sur l'épave du bateau à moteur « *Le Prophète* », coulé en 1860 par 34 m de fond, au large du Cap Lardier (Var), l'archéologie sous-marine est entrée dans l'ère industrielle, celle de la vapeur et de la machine[504]. Entre 1830 et 1950, ce moyen de propulsion essentiel pour les navires constitue l'un des grands changements de la construction navale. Affranchissant le navire de sa dépendance au vent, il condamne progressivement les mâtures, excepté les mâts de charge, et diminue les risques liés à la navigation à la voile. Les premiers bateaux à aube, coque de bois et fond plat, équipés de machines à vapeur anglaises, sortent des ateliers de Vaise (Lyon), entre 1829 et 1838 et ne découragent pas encore les élégants et rapides clippers qui vont faillir par leur capacité de charge limitée et un équipage nombreux. Le « *Pionner* », premier « bateau à feu » reliant Arles à Lyon en 48 h, avec 115 tonnes à son bord, est lancé en 1829. Marseille devient à son tour la ville de la vapeur en 1865, une vaporisation qui touche dès lors toutes les branches industrielles de la cité, tandis que plus de dix établissements locaux se lancent dans la mécanique marine. Au demeurant, il est nécessaire de prévoir sur la ligne maritime des escales de charbonnage et des ateliers de réparation pour les machines. Si, en 1875, les passagers et les frets rapides abandonnent la voile au profit de la vapeur, il reste encore beaucoup de voiliers en mer, d'autant que des primes à la navigation permettent à la marine marchande à la voile de renaître un temps en France, entre 1893 et 1902[505]. C'est au milieu des années 1990 que nous sommes confrontés, en Camargue, à la dure réalité des vestiges métalliques et des carcasses de tôles éventrées où se combinent la corrosion et l'encroûtement organique. Il s'agit notamment du « *Buenoventura* », du « *Ville de Mèze* » et du « *Louis* », perdus tous les trois à la fin du XIXe s. Durant ces années-là, les épaves contemporaines suscitent l'intérêt des plongeurs mais ne sont pas encore entrées dans l'Histoire comme « biens culturels maritimes ».

Le vapeur espagnol Buenoventura, en 1885

Située à l'ouest du Rhône Vif, face au Mas de Terre-Neuve, par 5m de fond, à 200 m du bord, l'épave *Camargue 25*, qui n'a jamais été déclarée officiellement car elle était déjà connue de tous les pêcheurs, correspond aux reliques métalliques recouvertes de moules du vapeur espagnol « *Buenoventura* », perdu dans la deuxième moitié du XIXe s. Il s'agit d'un voilier mixte d'environ 60 m de long, échoué en octobre 1885, avec des passagers et une cargaison de vin en fût.

Le Ville de Mèze (1889)

Rappelée à notre attention par une affaire de pillage et la saisie chez des clandestins d'une lampe à cardan provenant du site, l'épave du vapeur « *Ville de Mèze* », face au phare de Beauduc, par 4 m de fond, fait l'objet en octobre 1996 de quelques plongées d'expertise. A l'époque, ses vestiges métalliques complètement disloqués, sur 30 m de long, se signalent dans les eaux turbides par l'énorme masse cylindrique de la chaudière tubulaire qui affleure à 1 m sous la surface. Une zone de sable sépare les vestiges de l'avant du navire, où l'éperon et son guibre acéré sont proches d'un grand treuil. C'est de là que provient une lampe à cardan, à suspension près de laquelle nichait un homard (fig. 309). Sur l'arrière, côté terre, à notre stupéfaction, apparaissent les vestiges d'une deuxième épave. Il s'agit d'un fragment de plat-bord peint en blanc avec main courante, cadène de hauban et caps de moutons, visiblement détachés d'un autre vaisseau. Le « *Ville de Mèze* », construit à Sète en 1864, de 283 tonneaux, vient de Tarragone avec un important chargement de vin et de noisettes à destination de Marseille, lorsqu'il s'échoue sans faire de victime, dans la nuit du 10 au 11 avril 1889.

[504] Joncheray 2014.
[505] Randier 1984, 175.

L'épave du vapeur « *Louis* », située légèrement à l'est du phare de Beauduc, par 9 m de fond, est si impressionnante, avec ses 70 m de long, que les chasseurs en apnée l'appellent « la grande ». Elle est d'abord explorée dans les années 80 par l'archéologue varois Jean-Pierre Joncheray, avant notre intervention, avec Albert Illouze, en octobre 1996. A cette occasion, la plongée est contrariée par un très fort courant qui a pour seul avantage d'éclaircir la visibilité. Après la descente le long du mouillage, nous restons accrochés un moment « en drapeau » aux vestiges de ferraille, avant de poursuivre la visite en rampant au milieu des grandes mostelles et des loups argentés. Livrée à une jungle envahissante, la carcasse métallique est penchée sur le côté et fracturée sur le tiers arrière. Dépouillée par le temps de ses atours, l'épave gît au pied d'un affouillement généré par le courant, qui atteint 14 m de profondeur. La guibre est face à la terre, à 0,7 mille du bord, tandis que la poupe et l'hélice sont légèrement décalées vers l'ouest. Au cours d'une seconde visite, avec Gérald Savon, nous repérons la cloche anépigraphe du navire. Mis en chantier à Nantes, en 1870, ce vapeur de 1236 tonneaux, commandé par le capitaine Briand, disparaît au cours d'une tempête, le 1er janvier 1898, entraînant dans sa perte les 17 membres de l'équipage. Hasard de l'histoire, les vestiges métalliques du vapeur se superposent à une autre épave plus ancienne, l'épave *Pointe de Beauduc 3* (Cf. *infra*).

Le 30 décembre 1897, le vapeur marseillais « *Pergame* », de 34 m de long, est en perdition devant le Grau-du-Roi, lorsque trois de ses marins sont sauvés grâce au courage du sous-brigadier Pierre Pons, d'Arles. Le navire qui a dérivé vers l'est dans la nuit est aperçu ensuite par un garde-côte, le 1er janvier 1898, à quelques centaines de mètres au large de Beauduc. Ses mâts et sa cheminée sont encore visibles dans les déferlantes lorsque soudain tout disparaît définitivement dans l'écume et le sable (fig. 310). Une partie du chargement, composé de 60 fûts vides, de nombreux barils d'huile et de 300 balles de farine, est rejetée alors en plage au Grau des Figues, avec les cadavres de quatre marins, inhumés au cimetière de Barcarin, à Salins-de-Giraud. C'est à la suite de ce naufrage qu'est lancée la construction du phare de Beauduc, à la pointe du Sablon[506]. Lors de nos campagnes d'expertise dans ce secteur les vestiges de l'épave, dans quelques mètres d'eau sans visibilité, sont recouverts de filets.

Fig.309 - Lampe à cardan, Ville de Mèze (photo L. Long)

Mais d'autres vapeurs disparus n'ont pas laissé de trace. Nous ignorons ainsi où se trouvent exactement les vestiges de l'« *Alsace* », de 120 cv, naufragé le 1er juillet 1992 à la suite d'un abordage avec le « *Floria* », au large de la plage de Faraman. Son équipage et les passagers furent sauvés par une tartane.

D'autres vestiges restent introuvables comme ceux du vapeur « *Alix* », cargo français de 179 tx, qui, avec 9 hommes d'équipages et 5 passagers transporte depuis Sète un chargement de vin pour Marseille. Il fait naufrage à Faraman, le 26 décembre 1896, et rejette 9 cadavres en plage qui sont inhumés au cimetière de Barcarin.

Les dernières victimes étaient restées longtemps accrochées à la cheminée inclinée du navire, à 400 m du bord, avant d'être emportées par une lame devant l'impuissance des secours.

[506] Illouze 1988, 91.

EPAVES ENDOLAGUNAIRES, PROFONDES, CONTEMPORAINES ET AERONEFS

D'énigmatiques épaves en terre

En marge des épaves du sel examinées dans d'anciens chenaux (cf supra), c'est dans un paysage de sansouire, au milieu des joncs et des salicornes, que nous explorons avec Albert Illouze, en 1994, une épave à fond plat dénommée *Piémançon 1*. Ses vestiges émergent à peine de la Grande Palun, une zone de marécages jadis recouverte par la mer, au nord du cordon littoral actuel, à 800 m à l'est du poste de secours de Salins-de-Giraud. Dans ce secteur humide, plus ou moins limoneux, où la plongée est impossible, émerge visiblement un bateau à fond plat, en très mauvais état, conservé sur 29 m de long et 4 m de large. Les membrures en décomposition (larg. 20 cm, ht. 17 cm), sont fixées au fond de carène par un jeu rapproché de chevilles et de broches en fer (diam. 2,5 cm). Une partie des structures de bois a été arrachée et certaines broches ont été sectionnées au chalumeau. Les membrures ou traverses, maintenues par des chevilles transversales, sont accolées deux à deux et parfois encore serrées dans un fourreau métallique. Dans la partie centrale, la quille ne se démarque pas des autres virures de bordé. Trois pièces de grandes dimensions encore assemblées (larg. 34 à 38 cm, ht. 18 cm), font partie de la sole. Cette construction, robuste mais sans finesse, sans écart ni enture, utilisant un grand renfort de chevilles en fer, nous fait d'abord penser à un élément arraché par la mer ou le fleuve à un édifice, par exemple une porte de bassin de radoub ou un tablier de pont. Mais ses dimensions s'apparentent plutôt à celles d'un bateau de grande taille. Il pourrait donc s'agir d'une grosse allège, un radeau, un ponton ou une grande sapine, utilisée pour le transport de sel, même si ces dernières n'ont en principe rien de commun avec la construction de l'épave *Piémançon 1*. Un échantillon de membrure analysé par radiocarbone au laboratoire Archéolabs, offre une datation calibrée assez haute, puisqu'elle est comprise entre 1480 et 1665. Plusieurs barques françaises vont s'échouer dans ce secteur, sur le gras de Sainte-Anne, à la fin du XVII e s. C'est le cas du *Saint-Jacques Bonaventure*, engravé en février 1691 avec son chargement de blé et totalement recouvert pas le sable en 8 jours[507]. (fig. 311)

L'épave *Piémançon 2*, rappelée à notre attention par Mireille Provansal et Gilles-Arnaud Fassetta, en 1994, lors d'une prospection pédestre au nord du cordon littoral, se trouve à la « Grande Palun », à 300 m à l'est de la précédente. Là, dans les enganes, surgissent les vestiges disloqués de son fond de carène, à broches métalliques en fer, qui a visiblement été coupé en deux parties.

L'épave *Galabert 1* pour sa part, à l'Est des Saintes-Maries-de-la-Mer, au Nord de la Pointe de Beauduc, sur la bordure orientale de l'étang éponyme, est découverte en 1990 lors de nos prospections en zone humide dans les prairies de salicornes charnues et les buissons de soude. A l'époque, les seuls vestiges visibles de cette épave fortement ensablée, sont deux membrures et un chaumard. Le navire, d'époque moderne, s'est échoué sur l'ancien cordon littoral qui sépare en deux l'étang de Galabert, à hauteur du Grau de la Comtesse, aujourd'hui fermé.

Fig.310 - Naufrage du vapeur Pergame en 1897 (coll. A. Chabaud)

[507] Illouze 1988, 40.

L'épave *Galabert 2*, située dans un ancien bras du Rhône navigable au XVII e s., fut repérée par Philippe Rigaud sur la bordure orientale de l'étang de Galabert, à environ 1200 m à l'ouest-N-O de la station de pompage de Beauduc. Près d'un bosquet de tamaris, elle se signale dans 30 cm d'eau par quelques concrétions métalliques (cadènes) et des caps de mouton, possibles vestiges d'une tartane ?

L'épave de meules du Bras de Fer

C'est en décembre 1991, lorsque la Compagnie des Salins du midi et des Salines de l'Est entreprend des travaux de génie civil sur son exploitation des Salins-de-Giraud, à l'Est du sémaphore de Faraman, qu'un ancien vaisseau refait surface dans le chenal du Vieux Rhône. Enfouis dans 1,50 m d'eau, sous 3 m de sédiment, cette épave baptisée *Vieux Rhône 1*, longue d'une vingtaine de mètres, est alors endommagée à l'une de ses extrémités par les godets de la pelle mécanique. Une partie des objets récupérés à cette occasion relèvent du mobilier de bord, notamment un bloc de brai semi-sphérique, une collerette de chaudron à deux anses, en cuivre, des fragments de céramiques vernissées jaune et gris et de commune culinaire. Mais le chargement comprend visiblement plusieurs meules en grès comparables à celles de l'épave dite « *des Ardoises* » ou *Cap Lardier 1*, datée de la fin du XVI e s.[508] Sur ce point, c'est au début du XVII e s. que s'implantent en Basse Provence les meules françaises, majoritaires au XVIII e s.[509]La chronologie de l'épave *Vieux Rhône 1* se situe par conséquent dans ce créneau puisque le chenal du Vieux Rhône, à l'origine le Bras de Fer, s'ouvre directement sur la mer entre 1583 et 1587 et s'affaiblit après la crue de 1711,

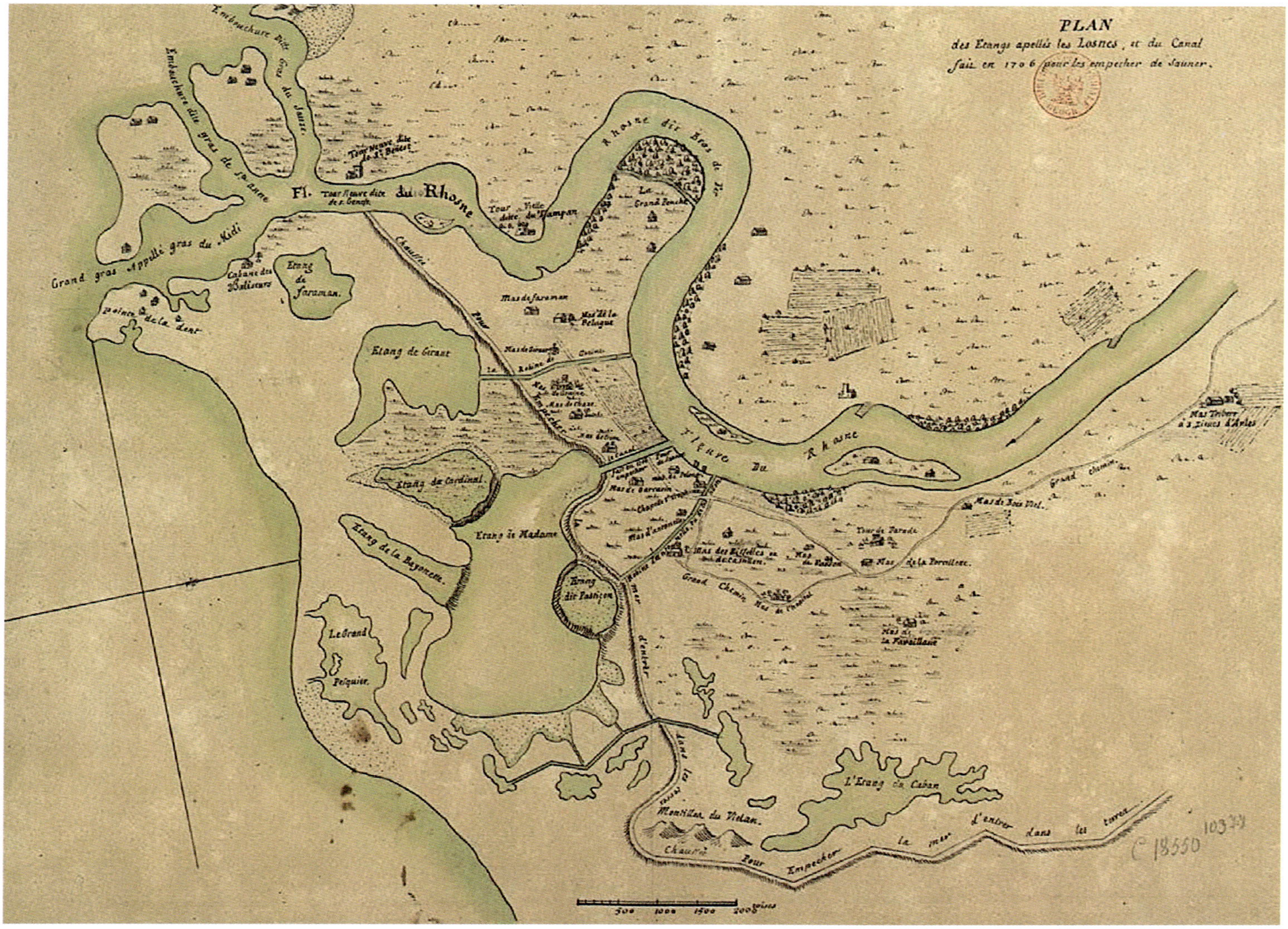

Fig.311 - Gras de Ste-Anne, au centre (carte des étangs et des Losnes, 1706, Médiathèque d'Arles)

[508] Joncheray 1991.
[509] Belmont, 2002, 160.

pour se combler durant le premier tiers du XVIII e s. En 1668, la profondeur d'eau de cette embouchure, balisée pour la navigation, est comprise entre 0,75 et 2 mètres, ce qui n'autorise pas le passage des grosses barques[510]. Ce chenal est toutefois encore navigable en 1726, sans doute pour des embarcations de faible tirant d'eau, comme lors d'une visite des « *isles et islons de la communauté d'Arles* ». Il ne présente plus que 50 cm d'eau en 1778 au Grau du Midy, n'autorisant le passage qu'aux allèges, tandis que le nouveau chenal, baptisé le Bras des Launes, tire son nom de l'ancien canal[511].

Les épaves profondes

Contrairement aux navires antiques, peu d'épaves profondes postmédiévales ou modernes sont connues à grande profondeur. La première est repérée en 1997 lors d'une promenade abyssale du sous-marin *Rémora 2000*. Il s'agit de l'épave moderne intacte *Sud-Port-Camargue*, découverte par Henri-Germain Delauze (COMEX), par 350 m de fond, au pied d'un tombant, au sud de Port-Camargue. Longue de 100 m, elle date de la fin du XIX e s. ou du début du XX e s.

L'épave *Camargue 26,* au large des Saintes-Maries-de-la-Mer, correspond à un important fond de carène en chêne, revêtu de cuivre, par 123 m de fond. Accrochée en 1999 par les filets d'un pêcheur, Michel Gonzales, elle est déclarée avec Pascal Ardois, qui examine avec soin les éléments remontés. Il s'agit de deux virures de bordé, épaisses de 10 cm, revêtues de feuilles de cuivre cloutées, superposées, et d'une chaine de mouillage à gros maillons. Le navire date vraisemblablement du XIX e s.

L'épave *Camargue 15* constitue un troisième gisement profond pour la plongée à l'air, signalé en pêche à 94 m de fond, au large du Petit Rhône. Max Vedel, qui obtient les informations du pêcheur, survole le site en plongée furtivement en mars 1993. Il distingue un chargement de plaques de marbre adossées (230 x 110 cm), associées à des pierres ponces, sans doute utilisées pour polir la pierre. La forme de ces plaques et le bon état de la coque, conservée sur environ 30 m de long et 15 m de large, désignent là encore un bateau du XIXe s.

Baroncelli et l'échouement de La Russie

Personnalité emblématique des Saintes-Maries-de-la-Mer, le marquis Folco de Baroncelli-Javon (1869-1943) est un poète-manadier provençal, artisan des coutumes et défenseur des patrimoines naturel et culturel de la Camargue (fig. 312). Né en 1869, à Aix-en-Provence, et issu d'une grande famille florentine installée à Avignon au temps des papes, cet aristocrate philanthrope et désintéressé, prend la défense de la Camargue, de sa nature, de sa culture et de ses traditions, contre les « dégats du progrès » que représente la pénétration humaine ainsi que la conquête agricole et salinière. C'est à partir de sa vision nostalgique que va s'opérer la construction identitaire de ce pays, dès qu'il s'y installe, à l'âge de 26 ans, pour une vie de *pastre* dont il rêvait depuis son enfance. Mais au-delà des taureaux, des

Fig.312 - Folco de Baroncelli (archives, Palais du Roure, Avignon)

[510] Pichard 2008, 542.
[511] Lenthéric 1910, 323.

gardians et des multiples combats qu'il mène contre l'assèchement du Vaccarès ou pour la création d'une réserve naturelle, du pèlerinage gitan autour de Sainte-Sara et de la défense d'autres minorités en danger, comme les Tziganes et les Indiens d'Amérique, il s'intéresse beaucoup à l'Antiquité et au recensement des monuments mégalithiques de Provence et du Languedoc. Il conserve ainsi des amphores romaines échouées sur le sable, qui seront après sa mort intégrées dans les collections du musée Baroncelli. Mais il s'émeut surtout à chaque nouveau naufrage sur cette « côte maudite » et à son cortège macabre. Dans l'un de ses poèmes célèbres *(Per li souvadou de la « Russio »)*, il loue l'action héroïque des marins saintois, qui au péril de leur vie portent secours par une froide journée de janvier 1901 aux naufragés du cargo « La Russie », et précise dans ses vers : *« Li grand bastimen que la Mort te meno, dormon pèr centeno au founs de toun gou… »*. L'événement fait grand bruit au point que le Président de la République, Emile Loubet, fait le déplacement en personne à Toulon pour récompenser les douze sauveteurs.

A l'origine, dans la nuit du 6 au 7 janvier 1901, le paquebot, qui effectue la liaison régulière entre Oran et Marseille, avec 46 passagers et 56 membres d'équipage à bord, confond par mauvaise visibilité le phare de Faraman avec celui du Planier. Croyant atteindre Marseille, il s'échoue alors à 320 m de la plage de Faraman. Face à la tempête et à l'inefficacité du canon lance-amarre, les sauveteurs saintois et ceux de Carro doivent attendre 5 jours avant d'intervenir. Ils empruntent les étangs avec leur barque à fond plat qu'ils trainent et portent sur les épaules durant 40 km, jusqu'aux montilles face au navire, car la plage est submergée (fig. 313). Au cours de plusieurs allers retours à la rame par grosse mer, ils parviennent à évacuer toutes les personnes qui se trouvaient à bord. Le navire sera deséchoué quelques temps après par des remorqueurs[512].

Quelques épaves du XXe s.

Dans la deuxième moitié du XIXe s., l'hélice l'emporte définitivement sur la voile et la roue à aube, transformant les usages maritimes. Mais si la vapeur offre désormais des gages de rapidité, de régularité et de sécurité sur la marine à voile, la navigation sur le littoral de Camargue va connaître encore bien des heures sombres. Plusieurs épaves du début du XXème siècle, transformées aujourd'hui en amas de tôles concrétionnées, connues des chasseurs sous-marins mais non déclarées, sont répertoriées sur les cartes du SHOM. Elles ont été pour partie expertisées par

Le Petit Journal
SUPPLÉMENT ILLUSTRÉ
DIMANCHE 27 JANVIER 1901
LE DRAME DE « LA RUSSIE »
Tentatives de sauvetage

LE DRAME DE « LA RUSSIE » - Sauvés!!!

Fig.313 - Le drame du paquebot La Russie en 1901 (extraits du Petit Journal du 27/01/1901)

[512] Simien 2013, 39 ; Gallocher 1986, 135.

Fig.314 - Le Sirtico, échoué en 1913 (d'après C. Naudot)

Fig.315 - Le yatch Guervana en plage de Faraman, en 1930 (d'après C. Naudot)

Fig.316 - Le vapeur Schiaffino, coulé en 1934 (archives Plongée infos)

le DRASSM, en 2010, par notre collègue, Marine Jaouen[513]. Elles sont présentées ici par ordre chronologique, avec leurs caractéristiques : *« Le Kléber »*, paquebot en acier de 860 tonnes et 98 m de long, lancé en 1880. Il fait naufrage le 17 décembre 1901 à cause d'une avarie de gouvernail, au large du they de l'Eugène, par 11 m de fond.

L'épave *« Grau de la Dent 1 »,* à l'ouest du Grau-de-la-Dent, appelée dans le milieu de la pêche « *La Mahonne de Jules* », coule également au début du XXe s., avec son chargement de tonneaux, dont il ne reste que des cerclages et des sacs solidifiés, peut-être de la chaux. Le bordé en bois du vaisseau mesure 5 cm d'épaisseur, les membrures entre 20 et 40 cm.

L'épave *Camargue 16*, connue des pêcheurs sous l'appellation « *Grec II* », explorée en juillet 1998 par Alain Chabaud, gît près de l'Espiguette, par 8 m de fond. Des éléments de bois, des pièces métalliques, un cabestan et trois grosses ancres dépassent encore du sable et se rattachent peut-être à la goélette grecque « *Panaglia* », échouée dans le secteur, en 1911.

Le « *Sirtico* », cargo mixte italien, chargé de matériaux de construction, fait naufrage au grau de l'Huile, à 300 m du bord face à la baisse de Paulet, le 5 février 1913 (fig. 314).

Le yatch *Guervana*, de Toulon, échoué en plage de Faraman, le 19 septembre 1930, est immortalisé par un cliché de Carle Naudot (fig. 315).

Le vapeur « *Schiaffino XXIV* », disparu corps et biens par tempête dans la nuit du 9 au 10 décembre 1934, gît recouvert de filets dans l'obscurité et le courantn par 62 m de fond, à 14 km au sud-ouest du phare de l'Espiguette (fig. 316).

Le « *Bartolo* », surnommé « *l'Espagnol* » (souvent confondu avec le « *San-Sebastian* »), cargo de 101 m de long, est torpillé le 6 mars 1943 par le sous-marin anglais *Taurus*. Il repose par 30 m de fond, à 6 km face au phare de Beauduc.

Le « *Derna*, surnommé « *L'Italien* », cargo mixte de 84 m de long, chargé de matériel et de passagers, est torpillé par ce même sous-marin, le 10 mars 1943. Soumis au courant d'Est et à la mauvaise visibilité, il repose par 32 à 35 m de fond, à 18 km au large de la Grande Motte[514].

« L'Embla », dit « *Le Suédois* », est situé non loin de « *L'Italien* », par 34 m de fond, à 6 km face au phare de l'Espiguette, depuis le 19 avril 1944, date où ce bâtiment suédois de la Croix Rouge internationale est pilonné par la RAF.

« Notre Dame d'Artois », chalutier échoué au Grand Radeau entre 1950 et 1960 après avoir touché de son hélice le blockhaus de Reynaud, déjà submergé à l'époque.

---

[513] Jaouen 2014, 50.

[514] Teissier 1986, 59.

« *L'Angela* », cargo de 70 m de long, échoué à 200 m du bord, le 15 novembre 1984, face au Radeau du Loup, entre l'Espiguette et les Saintes-Maries-de-la-Mer, s'est fracturé au centre, entrainant l'affaissement de la partie avant. Cassée par le milieu, l'épave, transformée en récif artificiel où grouillait la faune, est aujourd'hui en partie ensablée par 4 à 5 m d'eau. Le « *Ponton-Grue* », long de 20 m, repose par 15 m de fond dans un courant fréquent. Il s'articule en trois éléments distincts recouverts d'algues, où viennent chasser les dorades royales : un godet, une flèche et un support de grue. Il faut sans doute mettre en relation ces vestiges avec une épave plus éloignée, celle d'un remorqueur au large de l'Espiguette, coulé par gros temps alors qu'il tractait un ponton-grue, dans les années 1980. Les « *Bettina* » 1 et 2 correspondent à deux amas de tôles provenant d'un même navire du XX e s. dont les circonstances du naufrage sont inconnues.

Citons encore deux navires de plaisance contemporains, en aluminium, le « *Vahiné* », goélette de 12 m de long, par 23 m de fond, à l'ouest du Petit Rhône, et le « *Haddock* », perdu à la suite d'un incendie entre 1988 et 1989. Enfin, parmi les épaves les plus récentes, on note le bateau de pêche en bois, « *Tout à Dieu* », construit en 1975, coulé volontairement sans moteur ni apparaux, au début des années 1990, et le chalutier « *Jessica Lucie* », coupé en deux après un incendie en 2012, qui repose par 30 m de fond.

Des avions sous la mer

Au début du XXe s., un dessinateur et photographe très doué pour les scènes de la vie quotidienne et les portraits de ses contemporains, Carle Naudot, devient le premier reporter des naufrages en Camargue, saisissant sur le vif l'échouage de quelques navires et aéronefs. A deux reprises, en avril et juillet 1930, il fixe dans son objectif deux hydravions à la côte, le premier au Grau d'Enfer, le second à Faraman. Moins de quinze ans plus tard, des avions de chasse et des bombardiers abattus dans le secteur s'abiment en mer sans que personne cette fois ne saisisse la scène. Les recherches en archives et sur le terrain, effectuées par Albert Illouze, Philippe Castellano, Pascal et Alain Chabaud, dressent une première liste de ces appareils dont ont été repérés des débris.

On recense d'abord un Morane-Saulnier 406, perdu en 1940 dans le golfe du Grau-du-Roi, puis la même année un *Potez* type 63, au large de l'embouchure du grand Rhône en 1940, touché ensuite par un chalut à 45 m de fond. Dans ce même secteur, un P38 *Landing* a également été chaluté en 1983. Les archives font ensuite état de deux chasseurs abattus dans les étangs, le 15 juin 1944. Le premier est un P 38 *Lightning* (type J-15-LO, numéro 42104109) abimé dans l'Étang du Fangassier ; le deuxième un chasseur P51 *Mustang* (type B-15-NA, numéro 4324883), dans Étang du Vaccarès, à l'Ouest du Mas de Fielouse.

On comptabilise ensuite 3 bombardiers quadrimoteurs abattus le 24 juillet 1944. Le premier est un B24 *Liberator* (type J, numéro 42208709 ?), touché par la Flak dans le Golfe des Saintes-Maries, au sud de l'Étang des Batailloles, par 24 mètres de fond. Deux mitrailleuses M2 chambrées en 12,7 x 99 mm, dont la munition est connue sous l'appellation de « 50 BMG », sont repêchées par un chalut (fig. 317 a, b). Un autre B24 *Liberator* (type H, numéro 41287047 ?), victime lui aussi de la Flak lors du même raid, s'abat dans le Golfe de Fos. Enfin, le troisième est un B24 *Liberator* (type H, numéro 42949358), touché par la Flak au niveau de la soute à bombes et partiellement évacué alors qu'il survole l'Étang du Vaccarés.

Les débris de bombardier péchés par un chalut à 180 m de fond dans la fosse de Beauduc, puis rejetés dans 8 mètres d'eau face au Phare, pourraient appartenir à cet appareil.

Fig.317 a - Vestiges du B24 du golfe des Saintes-Maries (P. Chabaud)

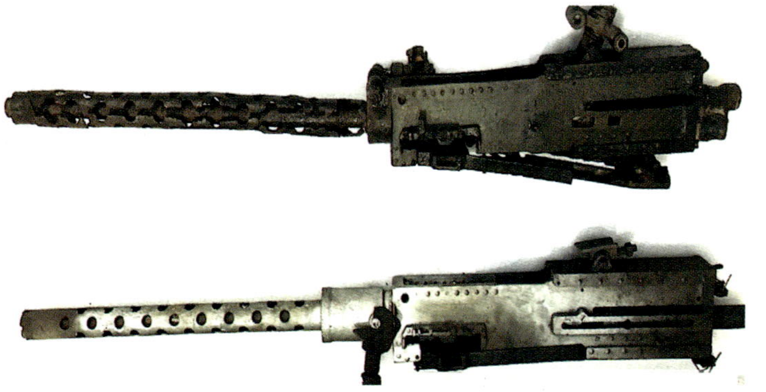

Fig.317 b - Mitrailleuses du B24 du golfe des Saintes-Maries (Photo L. Long)

Un autre bombardier britannique, de type *Lancaster,* tombé au large de la Grande-Motte, par 24 m de fond, a été repéré par Pascal et Alain Chabaud en 2018. Seuls demeurent en place quelques morceaux de tôle, le corps de l'appareil ayant été emporté par les chalutiers.
Enfin, un dixième aéronef, a été repéré dans les années 1990 par Max Vedel, après son accrochage par un pêcheur, à 68 m de fond, au large du Grau-du-Roi. Il s'agit d'un hydravion allemand de type *Dornier* DO 24 trimoteur, retourné sur le fond et recouvert de filets, dont une ligne dorsale du fuselage restait perceptible dans la vase entre les ailes. Si les flotteurs, en l'air, et les hélices dépassaient du sable, la cabine lors de cette courte plongée n'était pas visible. En attendant d'identifier ce crash, on rappellera que l'usine française SCAN, à Sartrouville, qui produisait des avions pour les allemands durant l'occupation, a continué à fabriquer cet appareil après la libération pour l'aéronautique navale française, jusqu'en 1953.

LA CHUTE D'ICARE

Cette longue histoire d'épaves camarguaises s'interrompt provisoirement ici le temps d'une courte pause, pendant que sèchent nos néoprènes et que se met en place le musée des Saintes-Maries. Quelle que soit l'époque, elle nous confronte aux affres d'une côte extrême, sauvage et dynamique, qui n'a cessé d'évoluer tout au long du combat millénaire entre la mer et le fleuve. Le delta du Rhône se caractérise, en effet, par une grande mouvance de son littoral, lors d'avancées rapides ou à l'inverse de reculs importants, liés aux mécanismes d'érosion et d'apports sédimentaires générés par la mobilité des chenaux fluviaux et l'action de la mer. Mais dans cette lutte de géants qui a engendré l'un des plus beaux milieux sauvages, le littoral camarguais n'enferme pas les choses. Toujours en mouvement, du Languedoc à la Provence, il restitue au contraire, sur les franges d'un désert de sable ridé de sel, une terre habitée jadis par d'autres peuples et le souvenir évanescent de navires venus à leur rencontre depuis de lointains horizons. Tout un pan de cette histoire insondable, oubliée sous des mètres de sable, refait alors surface, avec un front de mer bordé d'installations antiques. Ainsi, le tracé à peu près circulaire du cordon de sable de l'ancienne embouchure est aujourd'hui assez précisément restitué par les lignes pointillées que forment entre elles une cinquantaine d'épaves romaines. Dans cette guerre des éléments, le paradoxe veut que la mer recouvre ainsi, sous 10 m d'eau, les ruines d'un port Claudien près d'une batterie côtière allemande submergée, tandis qu'à quelques encablures, un vaisseau du XVIIe s. gît carrément en terre, sous les dunes de sable. Le phénomène de transgression marine, amorcé dès la fin de l'Antiquité, avec l'affaiblissement puis l'assèchement du Rhône de Saint-Ferréol, définitivement fermé au XVe s., a lentement englouti ce lobe naturel. On peut se demander alors combien d'épaves, de villes grecques, de hameaux et de châteaux médiévaux, aux murs en terre, en briques crues, en torchis ou en pisé, cette côte de sable et d'écume, a-t-elle lentement absorbé.
Mais si les archéologues ont pour mission passionnante de ressusciter les mondes oubliés et de renouer le dialogue avec les hommes disparus, la difficulté quelquefois est immense[515]. Car en dépit des efforts, de la méthodologie et d'une réflexion patiente, les sites peu explorés et mal conservés sont sujets à des interprétations arbitraires. En effet, les vestiges archéologiques, une fois dégagés sont si fragilisés, que même repérés et déclarés, ils doivent être expertisés et fouillés rapidement, sous peine d'être perdus définitivement par l'action de pêche ou par les tempêtes. L'archéologie sous-marine en Camargue doit ainsi avoir un caractère opportuniste et doit faire preuve de réactivité, ce qui est de moins en moins compatible avec les lenteurs et la technocratie de l'administration d'État.

Plus connue d'ordinaire pour sa faune avienne, ses 43 variétés de mammifères et les milliers d'espèces qui composent la biodiversité d'un écosystème entre terre et eau, la Camargue livre donc aussi des informations capitales sur une histoire maritime ancestrale.
Nos recherches sur le port fluvial antique d'Arles et ses avant-ports maritimes apportent ainsi un très large éventail de données, qui mettent en relief les difficultés de navigation entre le port fluvial de la cité romaine et une vaste zone d'échanges maritimes aux embouchures. Selon les époques, ces ports de mer occuperont plusieurs sites littoraux alternatifs, parfois très éloignés les uns des autres, au grès des défluviations, de l'évolution ou de l'ensablement des embouchures. C'est notamment le cas aux Saintes-Maries-de-la-Mer, à l'embouchure d'Ulmet et dans l'Anse Saint-Gervais, à Fos-sur-Mer, tandis qu'une autre embouchure, à l'intérieur des terres, celle du Rhône d'Albaron-Daladel, à hauteur d'Aigues-Mortes, n'est toujours pas localisée.

[515] Eydoux 1967, 5.

La fouille de ces espaces lagunaires et l'émergence de nombreuses épaves renouvellent notre vision du commerce maritime au début de l'Empire, lorsque Marseille périclite au profit d'Arles et Narbonne, les deux puissantes cités fluviomaritimes de Gaule romaine. Édifiées loin de la mer, sur des axes de circulation routière, les deux colonies juliennes s'adaptent aux contraintes de l'embouchure lagunaire par un système portuaire évolutif. A l'inverse, après 49 av. J.-C. et la perte de son territoire, la cité phocéenne redevient pendant plusieurs siècles un port au plan d'eau étroit, limité à un environnement montagneux sans réels débouchés intérieurs.
Si on a longtemps considéré que la vocation d'Arles était essentiellement fluviale et son activité maritime concentrée dans un unique avant-port, celui de Fos-sur-Mer[516], *l'Expositio totius mundi et gentium (LVIII)*, au milieu du IVe s. ap. J.-C., célèbre bien la ville comme un port de mer. Sur ce point, la très grande quantité d'épaves, devant l'embouchure de Saint-Ferréol, est à ce jour la plus importante en Méditerranée, au vu de la surface considérée. La multitude de *naves metallariae* conservées en dépit de l'érosion, dont le nombre s'accroit chaque année, donne une idée du nombre très important de vaisseaux plus légers et périssables qui ont totalement disparu et du pourcentage exponentiel de ceux qui ont franchi l'obstacle sans encombre, sans doute à plusieurs reprises.
L'émergence, à l'est, sur le Rhône d'Ulmet, d'un autre secteur d'activité portuaire, au IVe s., reflète l'image d'un *portus* multipolaire qui se déplace au grès des activités humaines et des variations fluviales dans des espaces portuaires plus ou moins bien aménagés[517]. Comme à Narbonne, les ruptures de charge et les équipements portuaires s'organisent en cascade, d'abord dans les avant-ports selon l'ensablement des embouchures et la profondeur des chenaux, puis au niveau de la cité. Seule différence, les aménagements narbonnais peuvent recourir à l'emploi de la pierre, quand la Camargue n'en dispose pas.
Entre le Moyen Age et la période moderne, le delta unit toujours la ville d'Arles à la mer, par les deux bras du Rhône. Mais, dans la course à la suprématie maritime en Méditerranée, qui met aux prises les grandes nations européennes et les forces navales de l'Islam, ce littoral devient le théâtre de combats, pillage, razzias, prises, naufrages et échouages. Après les Sarrasins et les Normands, qui prennent un temps possession des lieux, Génois et Pisans se disputent à la Renaissance le commerce occitan, lorsque, toujours à l'affût, les pirates barbaresques ou catalans rançonnent la population rurale. Par de soudains coups de vent, les navires marchands tombent rapidement de Charybde en Scylla, depuis les tignaux naufrageurs, invisibles de la surface, au feu d'une frégate anglaise, tapie au fond du golfe de Beauduc. Les victimes se comptent par centaines, galiotes majorquines en mal de rapine, morutiers malouins en route pour Marseille, flûtes hollandaises au secours d'Aigues-Mortes, goélettes scandinaves en quête de denrées levantines, allèges arlésiennes missionnées pour ravitailler Marseille et Toulon. Mais ces dangers n'épargnent pas non plus les lourds vapeurs du XIXe s. et les cargos contemporains. Le développement de la vapeur, des chemins de fer, puis la mise en eau du canal et la construction de l'écluse de Port-Saint-Louis, en 1873, vont changer la donne et limiter petit à petit le rôle d'Arles à celui d'un modeste port fluvial[518].
Menée sur plusieurs décennies en collaboration étroite avec les acteurs locaux, élus, pêcheurs, inventeurs, chasseurs sous-marins, et le soutien de Roland Chassain, maire des Saintes, puis de son successeur, Christelle Aillet, cette étude dresse un inventaire exhaustif des vestiges sous-marins entre le

Fig.318 - Visite à bord de R. Chassain, à gauche (photo L. Masselin)

[516] Rougé 1966.
[517] Tréziny 2004, 96.
[518] François 1931, 229.

Grau-du-Roi et Port-Saint-Louis-du-Rhône, soit plus d'une centaine d'épaves qui s'égrènent sur 100 km de côte sablonneuse. Elle n'est pourtant qu'à ses débuts.

Comme les fouilles dans le Rhône ont contribué à l'agrandissement du Musée d'Arles, celles au large de la Camargue ont convaincu la municipalité des Saintes-Maries-de-la-Mer d'édifier face à la mer un grand musée d'histoire maritime apte à mettre en valeur les richesses archéologiques de cet espace nautique particulier, l'un des grands réservoirs d'épaves antiques pour l'avenir (fig. 318)[519]. Un projet pour démontrer mieux que des livres l'incroyable aventure qui s'est jouée au fil du temps sur cette côte de sable, pour des capitaines et des navires de toutes les nationalités. Après les amphores aux formes diverses, la vaisselle, les objets en bronzes, les blocs de marbre et les métaux antiques, le visiteur est confronté alors à un autre éventail d'objets postmédiévaux et modernes. Ainsi, à côté des outils traditionnels de l'activité côtière et manadière provençale, de la croix gardiane à l'instrument du tellinier, émergent des canons et des cloches de marine, des scellés anglo-hollandais et des objets de la vie à bord, comme si deux univers étrangers avaient coexisté à quelques encablures l'un de l'autre. Dans l'un, on cultive la terre, on ramasse le sel, on chasse, on élève les taureaux, les chevaux et on prône la culture provençale ; dans l'autre, on glisse depuis le large, à travers les brisants, sur un grand vaisseau, véritable machine de guerre ou de commerce, avec à bord une communauté de personnes qui parle une même langue, obéit à ses propres règles[520]. Une évocation qui rappelle la « Chute d'Icare », lorsque Bruegel l'Ancien dépeint en 1567 deux espaces parallèles séparés en diagonale, qui s'ignorent : la paysannerie et la Marine. Sur la toile, au premier plan, un laboureur et un berger tournent le dos à une immense caraque près de la côte. Les deux premiers vivent dans un anthroposystème, un lieu cartographique où se noue la relation homme-milieu, tandis que les navires sont des lieux existentiels dynamiques[521]. Exister, c'est être quelque part, les navires eux se déplacent. Entre ces deux mondes, dans l'indifférence générale, Icare éclabousse dans sa chute la surface de l'eau (fig. 319). Précipités sans cesse dans les labyrinthes de l'Histoire, nous sommes un peu ce personnage silencieux qui plonge dans le vide, aux marges du rationnel et de la discipline scientifique.

Prêts pour l'immersion, le bloc gonflé à 200 kg, le chef-hyperbare donne son feu vert. Nous sautons à l'eau avec Giorgio. Dans le ressac, la ville se détache de la brume sur le verre de nos masques. Des silhouettes drapées flânent dans les ruelles, d'autres nous observent depuis la jetée, dans ces failles du temps où la mer est toujours en mouvement.

Fig.319 - La chute d'Icare, Pieter Brueghel, 1567 (Musées royaux des beaux-arts de Belgique).

[519] L'hostilité de certains, au niveau des chefferies locales de la culture, a semé d'embuches le développement de ce projet sans jamais entamer notre obstination à le voir aboutir

[520] Muckelroy 1978.

[521] Berque 2000.

BIBLIOGRAPHIE

Aldini 1989 : ALDINI (T.) — *Nuovi dati sulle anfore forolimpopilensi*, Studi Romagnoli, 1989, p. 348-418.

Alfonsi 2014 : ALFONSI (H.) — *L'épave Porticcio A, Des œuvres d'art en marbre, une cargaison de vitres et une grande variété d'amphores à l'époque de Philippe Ier, dit Philippe l'Arabe,* CAS, 22, 2014, p. 23-114.

Allard 1982 : ALLARD (P.) — La disparition des marins d'Arles, *Provence historique*, 127, 1982, p. 103-121.

Allibert 2011 : ALLIBERT (C.) — *Le Kitab-i bahriyye Piri Re'is et de l'Océan Indien dans le contexte vohémarien. Analyse des versions de 1521 et 1526, Paris INALCO,* Etudes Océan Indien, N° 46-47, 2011, p. 197-220, en ligne.

Allinne, Verdin 2002 : ALLINE (C.), VERDIN (F.) — Le *vicus* d'*Ernaginum* (Saint-Gabriel, Tarascon, Bouches-du-Rhône), *Revue Archéologique de Narbonnaise*, 2002, vol. 35, n° 35, p. 137-156.

Allinne 2005 : ALLINE (C.) — *Les villes antiques du Rhône et le risque fluvial. Gestion des inondations dans les villes romaines : l'exemple de la basse vallée du Rhône,* Thèse, Université d'Aix-Marseille 1, 2005, 3 vol. 343 p, 141 p. et 198 p.

Amargier 1971, AMARGUIER (P.-A.) — "La pêche en Petite Camargue", *Bulletin philologique et historique, Congrès des Sociétés Savantes, Tours, 1968*, Paris, 1971p.331-346.

Amargier 1972, AMARGUIER (P.-A.) — *Cartulaire de Trinquetaille*, Aix en Provence, Centre d'Etudes des Sociétés Méditerranéennes, 1972, 372 p.

Amargier 1973, AMARGUIER (P.-A.) — "La *Silva pinencha* en Camargue", *Hommage à Fernand Benoit*, T. V, Bordighera, Institut d'Etudes Ligures, 1973, p.207-215.

Amargier 1985, AMARGUIER (P.-A.) — *Les Saintes-Maries de la Mer au Moyen Age*, Aix en Provence, Centre d'Etudes des Sociétés Méditerranéennes, 1985.

Archives communales d'Arles, 1997 : Archives Communales d'Arles, *Le Rhône d'Arles. Textes et histoire*, Arles, 1997.

Arcelin 1990 : ARCELIN P. — « La diffusion des amphores massaliètes en Provence occidentale », dans BATS M. (dir.), *Les amphores de Marseille grecque, chronologie et diffusion*, coll. Études massaliètes 2, éd. Errance ADAM, Aix-en-Provence Lattes, 1990, p. 191-205 : p. 202-203.

Arnaud 2005 : ARNAUD (P.) — *Les routes de la navigation antique, Itinéraires en Méditerranée,* éd. Errance, Paris, 2005, 248 p.

Arnaud 2016 : ARNAUD (P.) — Entre mer et rivière, les ports fluvio-maritimes de Méditerranée ancienne, Modèles et solution, in SANCHEZ (C.), JEZEGOU (M.-P.) dir., *Les ports dans l'espace méditerranéen antique, Narbonne et les systèmes portuaires fluvio-lagunaires,* RAN, suppl. 44, Montpellier, 2016, p.139-155.

Arnaud-Fassetta, Provansal 1993 : ARNAUD-FASSETTA (G.), PROVANSAL (M.) — *Étude géomorphologique du delta du Rhône : l'évolution des milieux de sédimentation au cours de l'Holocène récent*, Méditerranée, 3-4, 1993, p. 31-42.

Arnaud-Fassetta 2000 : ARNAUD-FASSETTA (G.) — *Quatre mille ans d'histoire hydrologique dans le delta du Rhône, De l'âge du bronze au siècle du nucléaire.* Grafigéo, coll. Mémoires et documents de l'UMR PRODIG, 2000.

Arnaud-Fassetta 2004 : ARNAUD-FASSETTA (G.) — Le rôle du fleuve : les formations alluviales et la variation du risque fluvial depuis 5000 ans, *In. : Delta du Rhône, Camargue antique et médiévale,* BAP. suppl. 2, Éd. de l'APA, 2004, p. 65-77.

Aurell 2008 : AURELL (G.) — Arles à l'époque carolingienne et féodale, 2008, *Arles, histoire, territoires et cultures,* J.-M. Rouquette (Dir.), Imprimerie nationale Editions, Paris, 2008, p. 283-300.

Ayala 2007 : AYALA (G.) — Lyon. Évolution d'un bord de Saône de l'Antiquité à nos jours : la fouille du parc Saint-Georges, bilan préliminaire, *RAE*, 56, 178, 2007, p. 153-185.

Azuar Ruiz 2009 : AZUAR RUIZ (R.) — Al-Andalus, Una nueva potencia maritima (siglos VIII-XIII), *Arqueologia naùtica Mediterrània,* Monografies del Casc 8, Museu d'Arquelologia de Catalunya, 2009, p. 567-583.

Badan *et al.* 1995 : BADAN (O.), BRUN (J.-P.), CONGES (G.) — Les bergeries romaines de la Crau d'Arles, Les origines de la transhumance en Provence, *Gallia*, 1995, 52, p. 263-310.

Balleto 1973 : BALLETO (M.-L.) — *Navi e navigazione a Genova nel quattrocento. La « cabella marinorum », (1482-1491)*, Bordighera, Istituto Internazionale di studi Liguri, 1973, 151 p.

Bani 2011 : BANI (G.) — Les tartanes provençales du Levant, *Capian*, Patrimoine de la Méditerranée, 1, 1990, p. 8- 17.

Baron *et al.* 2011 : BARON (S.), COUSTURES (M.-P.), BEZIAT (D.), GUERIN (M.), HUEZ (J.), ROBBIOLA (L.) — Lingots de plomb et barres de fer des épaves romaines des Saintes-Maries-de-la-Mer (Bouches-du-Rhône, France) : questions de traçabilité comparée, *RAN*, 44, 2011, p. 71-98.

Barruol 1975 : BARRUOL (G.) — *Les peuples préromains du Sud-Est de la Gaule, Étude de géographie historique*, RAN, suppl. 1, Paris, 1975, 408 p.

Barruol 2013 : BARRUOL (G.) — Les agglomérations du delta du Rhône dans l'Antiquité, In J. Blondel, G. Barruol, R. Vianet (dir.), *L'encyclopédie de la Camargue*, Buchet-Chastel, Paris, 2013, 351 p.

Barruol, Borel 2013 : BARRUOL (G.), BOREL (L.) — Les lieux de pèlerinage traditionnels, In J. Blondel, G. Barruol, R. Vianet (dir.), *L'encyclopédie de la Camargue*, Buchet-Chastel, Paris, 2013, 351 p.

Basch 1987 : BASCH (L.) — *Le musée imaginaire de la marine antique* (MIMA), Institut hellénique pour la préservation de la tradition nautique, Athènes, 1987, p.487-491, n° 1120.

Bastard du Péré 1972 : BASTARD DU PERE (R.) — Navires méditerranéens du temps de Saint-Louis, *Revue d'Histoire Economique et Sociale,* 3, 1972, p. 327-356.

Bats 1986 : BATS (M.) — Le territoire de Marseille grecque, réflexions et problèmes, *Etudes Massaliètes 1*, M. Bats et H. Tréziny éd., Actes de la Table ronde d'Aix-en-Provence (mars 1985), Travaux du centre Camille Jullian, PUP, 1986, p. 17-42.

Bats 2012 : BATS (M.) — Les Phocéens, Marseille et la Gaule (VIIe-IIIe s. avant J.-C.), Pallas, 89, 2012, p. 145-156.

Baudin 1840 : BAUDIN (L. S.) — *Manuel du pilote de la mer Méditerranée*, première partie, éd. L. Laurent, Toulon, 1840, 490 p.

Bejaoui 1998 : BEJAOUI (F.) — L'île de Chypre sur une mosaïque de Haïdra en Tunisie, Cahiers d'Etudes Chypriotes, 28, 1998, p. 87-94.

Beaucage 1982 : BEAUCAGE (B.) — *Visites générales des commanderies de l'ordre des Hospitaliers dépendantes du grand Prieuré de Saint-Gilles (1338),* Aix en Provence, PUP, 1982.

Belmont 2002 : BELMONT (A.) — Les carrières des meules de moulins en France à l'époque moderne, *in : Moulins et meuniers dans les campagnes européennes (IXe - XVIIIe siècles),* Mireille Mousnier (Actes des XXe Journées Internationales d'Histoire de l'Abbaye de Flaran - Sept. 1999). Ed Presses Universitaires du Mirail, Toulouse, 2002. ISBN 2-85816-602-1. p. 147-165 - 286 pages.

Beltrame 2002 : BELTRAME (C.) — *Vita di bordo in età romana,* 2002, éd. Ist. Poligrafico dello Stato, Rome, 147 p.

Benoit 1933 : BENOIT (F.) — Documents historiques sur les incursions des Sarrasins et des Barbaresques en Camargue au Moyen Age, *Revue tunisienne*, Tunis, nouv. série, 11-12, 3e et 4e trim., 1933, p. 301-306.

Benoit 1938 : BENOIT (F.) — Les chaumières à abside de la Camargue : la cabane, origine, description, mode de construction, dans *Revue du folklore français*, t. 9, 1938, No 2, avril-juin, pp. 51-53, pl. h. t.

Benoit 1940 : BENOIT (F.) — Le delta du Rhône à l'époque grecque, *Revue des Études Anciennes,* 1940, 42, 1, p. 567-572.

Benoit 1949 : BENOIT (F.) — La légende d'Héraclès et la colonisation grecque dans le Delta du Rhône, *Bulletin de l'Association Guillaume Budé*, 1949, 1, 8, p. 104-148.

Benoit 1955 : BENOIT (F.) — *La « géographie des chansons de gestes » et le canal des Fosses mariennes*, In Recueil de travaux offerts à M. Clovis Brunel, Société de l'école des Chartes, XII, 1955, I, p. 107-130.

Benoit 1961 : BENOIT (F.) — *L'épave du Grand Congloué à Marseille, Fouilles Sous-Marines,* Gallia suppl. XIV, Centre National de la Recherche Scientifique, Paris, 1961, 211 p.

Benoit 1965 : BENOIT (F.) — *Recherches sur l'hellénisation du Midi de la Gaule*, Aix- en-Provence, Ophrys, 1965, p. 335 (Publications des Annales de la Faculté des Lettres).

Benoit 1969 : BENOIT (F.) — Arts et Dieux de la Gaule, Artaud, 1969, 198 p.

Bérengier 1955 : BERENGIER (A.) — Équipages de Provence, in *Navires de Provence, des galères au derniers voiliers*, éd. Detaille, Marseille, 1955, p. 129-156.

Bergaglio 2016 : BERGAGLIO (S.) — L'histoire du pèlerinage des Saintes-Maries-de-la-Mer, éd. des Lilas, Aix-en-Provence, 2016, 210 p.

Bernal Casasola *et al.* 2011 : BERNAL CASASOLA (D.), MUNOZ VICENTE (A.), VARGAS GIRON (J.-M.), LARA MEDINA (M.) — *Pescar con Arte, Fenicios y Romanos en el origen de los aparejos andaluces,* catalogue d'exposition Baelo Claudia, déc. 2011-juillet 2012, Monografias del Proyecto Sagena 3, Dadix, 2011, 511 p.

Bernard 2006 : BERNARD (H.) — Épaves antiques de marbre sur les côtes du Languedoc : l'épave de Marseillan Beauséjour, in : Jockey, P. (éd.), Λευκός Λίθος. *Marbres et autres pierres de la Méditerranée antique.* Actes du VIIIe colloque international de l'Association ASMOSIA, Aix-en-Provence, 12-18 juin 2006, Aix-en-Provence, 2009, p. 509-525.

Berque 2000 : BERQUE (A.) — *Ecoumène, introduction à l'étude des milieux humains*, coll. Mappemonde, Belin, Paris, 2000, 272 p.

Berti 1990 : BERTI (F.) — *Fortuna Maris, La nave romana di Comacchio,* Bologna : Nuova Alfa Editoriale, 1990, 311 p.

Berthement, Bravard 2016 : BERTHEMONT (J.), BRAVARD (J.-P.) — *Pour saluer le Rhône,* éd. Libel, 2016, 400 p.

Bertrand, Guy, L'Hommer 1974 : BERTRAND (J.-P.), GUY (M.), L'HOMER (A.) — *Complexité de sédimentation récente et actuelle du delta du Rhône et de la côte méditerranéenne française,* European earth Research satellite congres, 1974.

Bertrand 2008 : BERTRAND (R.) — La troisième puis la quatrième ville provençale par sa population, in *Arles, histoire, territoires et cultures*, J.-M. Rouquette dir., Imprimerie Nationale éd., 2008, p. 471-474, 1299 p.

Beurdeley 1985 : BEURDELEY (C.) — *Sur les routes de la soie, Le grand voyage des objets d'art,* éd. Seuil, 1985, 224 p.

Bigot *et al.* 2014 : BIGOT (F.), DUPERRON (G.), LONG (L.) — Nouveaux timbres sur amphores à huile de Bétique découverts à Arles. *In : SFECAG, Actes du Congrès de Chartres*, 2014, p. 753-774.

Bigot, Duperron, Long 2016 : BIGOT (F.), DUPERRON (G.), LONG (L.) — *Quelques types d'amphores orientales découverts dans les ports d'Arles,* in Histoires matérielles : terre cuite, bois, métal et autres objets, Des pots et des potes : mélanges offerts à Lucien Rivet, D. Djaoui dir., Archéologie et Histoire Romaine, 33, éd. Mergoil, 2016, p. 525-532.

Bishop, Coulston 1993 : BISHOP (M. C.), COULSTON (J. C. N.) — *Roman Military Equipment*, Londres : B. T. Batsford, 1993, 256 p.

Blanchard 1998 : BLANCHARD (A.) — La défense des côtes languedociennes à l'époque moderne (XVIe-XVIIIe s.), *L'homme et les espaces maritimes,* CERM, 1998, p. 105-117.

Boetto 2006 : BOETTO (G.) — *Les navires de Fiumicino (Italie) : architecture, matériaux, types et fonctions : contribution à l'étude du système portuaire de Rome à l'époque impériale,* thèse de doctorat sous la direction de P. Pomey, obtenue en 2006 à l'Université de Provence, Faculté des lettres et sciences humaines.

Boetto 2010 : BOETTO (G.) — *Les navires de Fiumicino : influences fluviales et maritimes,* Publications de l'Institut Français d'Etudes Anatoliennes, Transferts technologiques en architecture navale méditerranéenne de l'Antiquité aux temps modernes : identité technique et identité culturelle. Actes de la Table Ronde d'Istanbul 19-22 mai 2007 (P. Pomey Dir.), 2010, 20, P. 137-150.

Boinard 1987 : BOINARD (R.) — Les voies de circulation maritimes dans le delta du Rhône antique, Atelier des Carmélites, Uzès, 1987, 20 p.

Bondurand 1883 : BONDURAND (E.) — "Les droits du port de Saint-Gilles au Moyen Age", *Nemausa*, 1883, p.321-326.

Bondurand 1891 : BONDURAND (E.) — *Les péages de Tarascon*, impr. F. Chastanier, Nîmes 1891, 27 p.

Bondurand 1901 : BONDURAND (E.) — "La leude et les péages de Saint-Gilles au XIIe siècle", *Mémoires de l'Académie de Nîmes*, T. I4, 1901, p.267-291.

Bonifay, Carre, Rigoir 1998 : BONIFAY (M.), CARRE (M.-B.), RIGOIR (Y.) — *Fouilles à Marseille, les mobiliers (Ier-VIIè siècles ap. J.-C.),* Coll. Études Massaliètes 5, éd. Errance, ADAM, 1998, 433 p.

Bonifay *et al.* 2004 : BONIFAY (M.), MUKAI (T.), PIERI (D.), TREGLIA (J.-C.) — Observations préliminaires sur la céramique de la nécropole de Pupput, in A. ben Abed, M. Greiesheimer (dir.), *La nécropole romaine de Pupput*, CEFR, 323, 2004, p. 21-57.

Bonnard 1913 : BONNARD (L.) — *La navigation intérieure de la Gaule à l'époque Gallo-romaine,* Paris, 1913, 268 p.

Bonnet 1999 : BONNET (J.) — Camargue, le cheval d'une région et ses mythes, Société des études euro-asiatiques, *Le cheval en Eurasie : pratiques quotidiennes et déploiements mythologiques*, vol. 8, Eurasia, L'Harmattan, Paris, 1999, p. 47-63.

Bonnet 2000 : BONNET (M.-R.) — *Les remparts d'après « Lo cartulary de la guerra » CC-163, 1442, A.M.A.,* in Espace et Urbanisme d'Arles des origines à nos jours, actes réunis par M. Baudat, Groupe Archéologique Arlésien, 2000, p. 65-69.

Borel 2011 : BOREL (L.) — *Saint-Gilles au Moyen-Âge, une abbaye, un port,* éd ; Thélès, 519 p.

Bony *et al.* 2016 : BONY (G.), CARAYON (N.), FLAUX (C.), MARRINER (N.), MORHANGE (C.), FOURRIER (S.) — Evolution paléoenvironnementale de la baie de *Kition* : mise en évidence d'un possible environnemnt portuaire (Larnaca, Chypre), in : C. Sanchez, M.-P. Jézégou (dir), Les ports dans l'espace méditerranéen antique, Narbonne et les systèmes portuaires fluvio-lagunaires, RAN, suppl. 44, Montpellier, 2016, p. 368-379.

Boucher 1973 : BOUCHER (S.) — *Bronzes romains figurés du Musée des Beaux-Arts de Lyon*, Lyon, 1973, 209 p. (Collections des Musées de Lyon, IX).

Boucher 1976 : BOUCHER (S.) — *Recherches sur les bronzes figurés de Gaule pré-romaine et romaine*, Bibliothèque des Écoles françaises d'Athènes et de Rome, fasc. 228, École française de Rome, Rome, 398 p., 101 pl. (BEFAR, 228).

Boudet 1995 : BOUDET (G.) — *La renaissance des salins du midi de la France au XIX*e s., éd ; SM/Salins du Midi, 1995, 269 p.

Boulanger 1984 : BOULANGER (P.) — Un courant commercial dans la Vallée du Rhône : la circulation des huiles et des savons au XVIIIème siècle, *Études d'histoire maritime, 107ème et 108ème congrès des Sociétés savantes*, Brest-Grenoble, 1982-1983, Paris, 1984, p. 101-113.

Bouras 2009 : BOURAS (C.) — La circulation des pierres et le port d'Ephèse, in : Jockey, P. (éd.), Λευκός λίθος. *Marbres et autres pierres de la Méditerranée antique.* Actes du VIIIe colloque international de l'Association ASMOSIA, Aix-en-Provence, 12-18 juin 2006, Aix-en-Provence, 2009, p. 495-508.

Bourquin 1877 : BOURQUIN (E.-J.) — La pêche et la chasse dans l'Antiquité. Poèmes des Halieutiques, par Oppien de Cilicie. Poème des Cynégétiques, par Oppien de Cilicie, E.-J. Bourquin, impr. A. Ponsot et P. Brodard, 1877, 232 p.

Boyer 2008 : BOYER (T.), Les pompes de cale du Machault, mémoire de maîtrise sous la direction d'E. Rieth, Université Paris 1, Panthéon-Sorbonne, 2008.

Braemer 1982 : BRAEMER (F.) — L'ornementation des établissements ruraux en Gaule et dans les régions limitrophes. In : CHEVALIER (R.) éd. – *La villa romaine dans les provinces du Nord-Ouest* : actes du colloque de Paris, mai 1981, Université de Tours, Institut d'études latines et Centre de recherches A. Piganiol, 1982, p. 53-74.

Braud 1985 : BRAUD (M.) — *Le grand boum de l'archéologie postmédiévale,* Océan, 140, mars 1985, p. 24-25.

Braudel 1966 : BRAUDEL (F.) — *La Méditerranée et le monde méditerranéen à l'époque de Philippe II*, 2è éd., 2 vo. Paris, 1966, 589 et 629 p.

Bravard 1989 : BRAVARD (J.-P.) — *La métamorphose des rivières des Alpes françaises à la fin du moyen Age et à l'époque moderne,* Bulletin de la Société de géographie de Lyon, 4, 1989, p. 191-196.

Bravard, Bethemont 2016 : BRAVARD (J.-P.), BETHEMONT (J.) — *Pour saluer le Rhône,* éd. Libel, Lyon, 2016, 398 p.

Brentchaloff, Salviat 1989 : BRENTCHALOFF (D.), SALVIAT (F.) — Une tête colossale d'Auguste trouvée en mer, *Archéologia*, n° 245, avril 1989, p. 18-25.

Broekaert 2013 : BROEKAERT (W.) — *Navicularí et negotiantes. A prosopographical study of Roman merchants and shippers.* Radhen/Westf., Leidorf, 2013, 564 p. (Pharos, Studien zur griechisch-römischen Antike, Band 28).

Broise 1991 : BROISE (P.) — *Notes archéologiques sur le site d'Erenaginum,* In : Les Amis du Vieux Tarascon, 21, juillet 1991, p. 1-14.

Burnouf, Bravard, Chouquer 1997 : BURNOUF (J.), BRAVARD (J.-P.), CHOUQUER (G.) — *La dynamique des paysages protohistoriques antiques, médiévaux et modernes,* in Actes des XVIIèmes rencontres d'archéologie et d'histoire d'Antibes, 19-21 octobre 1996, Sophia Antipolis, éd. APDCA, 1997.

Burnouf *et al.* 1989 : BURNOUF (J.), BELLON (C.), MARTIN (J.-M.), VEROT-BOURRELY (A.) — Lyon avant Lugdunum, un habitat du premier âge du fer à Vaise, in *Aux Origines de Lyon*, C. Goudineau (dir.), éd. Dara, série lyonnaise 1, 1989, p. 11-21.

Burnouf *et al.* 2003 : BURNOUF (J.), MUXART (T.), VILLALBA (B.), VIVIEN (F.-D.) — *Des Milieux et des Hommes : fragments d'histoires croisées,* éd. Elsevier, 2003.

Burnouf, Leveau 2004 : BURNOUF (J.), LEVEAU (Ph.) — *Fleuves et marais. Une histoire au croisement de la nature et de la culture,* CTHS, Paris, 2004, 498 p.

Cabot 1991 : CABOT (J.) — *Anciens ports et moulins de Petite Camargue, Aspects d'une civilisation de l'eau*, Montpellier, Les Presses du Languedoc, 1991, 123 p.

Cabot 1994 : CABOT (J.) — Anciens ports lagunaires entre Rhône et Vidourle de l'Antiquité au Moyen Age, *Chronique d'Histoire maritime*, n°29, 1994, p. 23-36.

Canetti 1994 : CANETTI (E.) — La langue sauvée, Histoire d'une jeunesse (1905-1921) Paris, LGF, Le livre de Poche, 1984, 414 p.

Carabalona 1978 : CARABALONA (A.) — *Oppidum Ratis ou les Saintes-Maries-de-la-Mer*, Lyon, 1978, 48 p.

Carolus-Barré 1974 : CAROLUS-BARRE (L.) — *« Aventure de mer » et naufrages en Méditerranée au milieu du XIIIè siècle,* Comptes Rendus de l'Académie des Inscriptions, 1974, 118-4, p. 612-626.

Carcopino 1922 : CARCOPINO (J.) — *Choses et gens du pays d'Arles,* revue du Lyonnais, imp. M. Audin, 1922, p. 2-24.

Carraz 2015 : CARRAZ (D.) — *« Une réalité ponctuelle marginale » ? La piraterie sarrasine sur les côtes du golfe du Lion du XIè au XIIIè siècle,* Le Moyen-Âge, 3-4, 2015, T.CXXI, Liège, p. 645-661.

Castoldi 2012 : CASTOLDI (M.) — Recipienti di bronzo dalla domus di piazza Marconi, a Cremona (Regio X), *in : Bronzes grecs et romains, recherches récentes, Hommage à Claude Rolley,* Denoyelle (M.), Descamps-Lequime (S.), Mille (B.) (dir.)., actes de colloque, INHA, 2012, p. 349-365.

Castoldi, Feugère 1991 : CASTOLDI (M.), FEUGERE (M.) — Les simpulums, in : *La vaisselle tardo-républicaine en bronze,* Feugère (M.), Rolley (C.) (dir.), Dijon, 1991, p. 61-88.

Catarina 1988 : CATARINA (D.) — *La frontière rhodanienne du Languedoc à l'époque moderne,* DEA, dir. A. Blanchard, Montpellier III, 1988.

Catarina 2005 : CATARINA (D.) — *La défense du littoral languedocien sous l'Ancien régime, Histoire, défense et sociétés,* 3, Hommage à Anne Blanchard, 2005, p.133-164.

Cave 1745 : CAVE (G.) — *Scriptorum ecclesasticorum historia,* Bâle, 1745, II, p. 38

Charlier 2011 : CHARLIER (M.) — *Plumbum Germanicum ; Nouvelles données.* L'Antiquité classique, 80, 13 p.

Charrière *et al* 2004 : CHARRIERE (J.-L.), GONTIER (C.), MEYER (M), PICON (B), Schleyer-Lindenman (A) — *Port-Saint-Louis-du-Rhône ou le génie de l'adaptation, 1904-2004*, Edisud, 112 p.

Chastagnaret 1993 : CHASTAGNARET (G.) — De Marseille à Madrid, du plomb à la noblesse et au pouvoir d'Etat : la construction de la fortune de la Casa Figueroa, *in Cahiers de la Méditerranée*, 1993, 46-47, p. 123-137.

Chobaut 1925 : CHOBAUT (M.) — *Le commerce d'Aigues Mortes au XIV*[e] s., in Ecole Antique de Nîmes, VIème session, Nîmes, 1925, 121-135.

Christol 1971 : CHRISTOL (M.) — *Remarques sur les naviculaires d'Arles,* Latomus, 30, 1971, p. 645-663.

Christol 1982 : CHRISTOL (M.) — Les naviculaires d'Arles et les structures du grand commerce maritime sous l'empire romain, *Provence Historique*, 127, 1982, p. 5-14.

Christol 2004 : CHRISTOL (M.) — Notes d'épigraphie 7-8, *Cahiers du centre Gustave Glotz*, 2004, 15, p. 85-119.

Christol, Fiches 1999 : CHRISTOL (M.), FICHES (J.-L.) — Le Rhône, batellerie et commerce dans l'Antiquité, In : LEVEAU (Ph.) éd. – *Le Rhône romain. Dynamiques fluviales, dynamiques territoriales.* Gallia, 56, 1999, p. 141-155.

Christol, Fruyt 2009 : CHRISTOL (M.), FRUYT (M.) — *Neptune, Etude épigraphique, in César, Le Rhône pour mémoire, Vingt ans de fouilles dans le fleuve à Arles*, LONG (L.), PICARD (P.), dir., catalogue de l'exposition, Actes-Sud, Musée Départemental Arles Antique, 2009, p. 248-251.

Christol, Tran 2014 : CHRISTOL (M.), TRAN (N.) — *Tituli* et *signa collegiorum* en Gaule méridionale et ailleurs. Réflexions sur le décor des sièges de collèges à partir du cas arlésien, dans S. Agusta-Boularot, E. Rosso (éds.), Signa et tituli *2.* Corpora et scholae *: lieux, pratique et commémoration de la vie associative en Gaule méridionale et dans les régions voisines*, Arles/Aix-en-Provence, Errance/Centre Camille Jullian (Bulletin de l'École Antique de Nîmes, 31), p. 15-31.

Chic Garcia 2001 : CHIC GARCIA (G.) — Datos para un estudio socioeconomica de la Betica, Marcas de alfar sobre anforas olearias, 2 vol, Ecija, 2001, 609 p.

Choisy 1910 : CHOISY (A.) — *Vitruve*, tome III, Livres VII-X, textes et traductions, éd. Lahure, Paris, 1910, 295 p.

Chouquer 1980 : CHOUQUER (G.) — Localisation et extension géographique des cadastres affichés à Orange, in *Cadastres et espace rural*, Table ronde de Besançon, mai 1980, p. 275-295.

Christol 2010 : CHRISTOL (M.) — *Une histoire provinciale, La Gaule romaine de la fin du II*[e] *s. av. J.-C. au III*[e] *s. ap. J.-C.,* Publications de la Sorbonne, 2010.

Ciobanu, Barbuta 2001 : CIOBANU (R.), BARBUTA (V.) — Le port romain d'Apulum, *Caesarodunum XXXIII-XXXIV, La Loire et les feuves de la Gaule romaine et des régions voisines,* éd. R. Bedon et A. Malissard, Limoges, 2001, p. 257-277

Clerc 1927-1929 : CLERC (M.) — *Massalia. Histoire de Marseille dans l'Antiquité, des origines à la fin de l'Empire romain d'Occident (476 ap. J.-C.),* Marseille, impr. Du sémaphore, 1927-1929, 2 vol., 480-489 p.

Cloppet 2001 : CLOPPET (C.) — Remarques sur le droit des cours d'eau sous l'Empire romain. Difficultés et essais de solutions, *Caesarodunum XXXIII-XXXIV, La Loire et les feuves de la Gaule romaine et des régions voisines,* éd. R. Bedon et A. Malissard, Limoges, 2001, p. 331-350.

Colinon 1975 : COLINON (M.) — *Les Saintes-Maries-de-la-Mer ou Les pèlerins du clair de lune, éd.* SOS, 1975, 91 p.

Colls 1982 : COLLS (D.) — *L'épave Cap Béar 3*, Rapport de fouille, relié, 1982, archives DRASSM, Marseille, non publié.

Colls 1986 : COLLS (D.) — *L'épave Cap Béar 3*, Rapport de fouille, relié, 1986, archives DRASSM, Marseille, non publié.

Com'Nougue 2012 : COM'NOUGUE (M.) — Les nouvelles méthodes de navigation dans le Moyen Age, Conservatoire National des Arts et Métiers, thèse, 2012, 530 p.

Combes 1983 : COMBES (J.) — Saint-Gilles et le trafic de l'Europe occidentale au XIIème siècle, dans : *Congrès de Saint-Gilles, Les zones palustres et le littoral méditerranéen de Marseille aux Pyrénées,* Montpellier, 1983, p. 51-71.

Constans 1921 : CONSTANS (L.-A.) — *Arles antique,* Paris, de Boccard, 1921, 426 p.

Constans 1925 : CONSTANS (L.-A.) — Nouvelle note sur l'inscription du podium de l'amphithéâtre d'Arles, *Revue des Etudes Anciennes*, 1925, 27-1, p. 29-32.

Corbeel, Duperron 2013 : CORBEEL (S.), DUPERRON (G.), avec la coll. de BIGOT (F.), LONG (L.) - Nouvelles données sur les timbres sur amphores et couvercles gaulois d'Arles. *RAN*, 46, 2013, p. 395-430.

Courrier 2015 : Une inscription inédite de Fos-sur-Mer : la (vraisemblable) dédicace d'un *nauclerus* à la divinité tutélaire et au Genie de *negotiantes subaediani*, RAN, 2015, 48, p. 9-30.

Coustures *et al.* 2003 : COUSTURES (M.-P.), BEZIAT (D.), TOLLON (F.), DOMERGUE (Cl.), LONG (L.), REBISCOUL (A.) — « The Use of Trace Element Analysis of Entrapped Slag Inclusions to Establish Ore-Bar Iron Links: Examples from Two Gallo-Roman Iron-Making Sites in France (Les Martys, Montagne Noire, and les Ferrys, Loiret), *Archaeometry*, 45- 4, p. 599-613.

Coustures *et al.* 2006 : COUSTURES (M.-P.), RICO (C.), BEZIAT (D.), DJAOUI (D.), LONG (L.), DOMERGUE (Cl.), TOLLON (F.) — « La provenance des barres de fer romaines des Saintes-Maries-de-la- Mer (Bouches-du-Rhône) », *Gallia*, 63, p. 243-261.

Dangréaux 1995 : DANGREAUX (B.) — Presqu'île de Giens, Tour Fondue, Carte archéologique, *Bilan scientifique 2010, Département des recherches subaquatiques et sous-marines*, 1995 (1996), p. 51-52.

De Carolis 2007 : DE CAROLIS (E.) — *Il mobile a Pompei ed Ercolano. Letti tavoli sedie e armadi*, Roma, "L'Erma" di Bretschneider, 2007.

Desjardins 1876 : DESJARDINS (E.) — *Géographie de la Gaule romaine*, t. 1, Paris, 1816, 475 p.

De la Bastide 1733 : DE LA BASTIDE (C. - V.) — *Observations physiques sur les terres qui sont à la droite et à la gauche du Rhône, depuis Beaucaire jusqu'à la mer,* éd. Séguier, Avignon, 1733, 14 p.

Delattre, Navetat 2010 : DELATTRE (L.), NAVETAT (M) — Tour du Tampan ou Tourvielle (Arles, Bouches-du-Rhône), Étude historique, documentaire et archéologique, Étude pour la réhabilitation du château de Tourvieille, 65 p. URL : http://www.parc-camargue.fr/Francais/upload/patrimoine_culturel_6.pdf.

De Izarra 1993 : DE IZARRA (F.) — *Hommes et fleuves en Gaule romaine*, éd. Errance, Hesperides, 1993, 239 p.

De Maisonneuve 1991 : DE MAISONNEUVE (B.) — *Le Maidstone, Miroir d'une mémoire,* ARHIMS, Saint-Gilles-Croix-de-Vie, 1991, 189 p.

Degen 1981 : DEGEN (R.) — Römishe Standarten fragmente von Summus Poenimus, *in : Zeitschaft für Schweizerishe Archëologue und Kunstgeschichte*, 38, 1981, p. 244-259.

Delqué-Kolic *et al.* 2017 : DELQUE-KOLIC (E.), LEROY (S.), PAGES (G.), LEBOYER (J.) — The iron bars trade between Mediterranean and Gaul in the Roman period : radiocarbon dating of semi-products from shipwrecks discovered off the coast of Saintes-Maries-de-la-Mer (Bouches-du-Rhône, France). *Radiocarbon 59*, 2017, 531–544.

Desaunais 1939 : DESAUNAIS (A.) — *La vie d'un fleuve. Vingt ans d'activité rhodanienne*, Géocarrefour, 15-1-3, 1939, p. 209-248.

Desbat 1998 : DESBAT (A.) — L'arrêt des importations de Dressel 1 en Gaule, SFECAG, Actes du congrès d'Istres, Marseille 1998, p. 31-37.

Dez 2006 : DEZ (J.) — *« Camargue 8 », Histoire et archéologie d'une épave moderne au large du delta du Rhône,* Mémoire de master I d'archéologie des périodes historiques, mention archéologie médiévale et moderne, sous la direction de J. Burnouf et Rieth, année universitaire 2005-2006, Univ. Panthéon Sorbonne, Paris.

Di Pietro 1849 : DI PIETTRO (F.-EM.) — *Histoire d'Aigues Mortes*, éd. Furne et Perrotin, Paris, 1849, 504 p.

Di Stefano 2007 : DI STEFANO (G.) — Un carico di lucerne romane fra Camarina di Sicilia e il nord Africa, in : *Archaeologa Maritia Mediterraneo*, an international Journal on Underwater Archaeology, 4, 2007, Pisa-Roma, p. 143-156.

Djaoui 2014 : DJAOUI (D.) — Le commerce à Arles au Haut-Empire, Le musée départemental Arles antique, *Archéologia hors-série*, 16, juin 2014, p. 40-53.

Djaoui 2014 : DJAOUI (D.) — La circulation des matières premières et des amphores à l'échelle du delta du Rhône au Haut-Empire In : Le marché des matières premières dans l'Antiquité et au Moyen Âge [en ligne]. Rome : *Publications de l'École française de Rome*, 2020 (généré le 15 avril 2020), Internet : <http://books.openedition.org/efr/7858>.

Djaoui 2017 : DJAOUI (D.) — Les différents ports du delta du Rhône au Haut Empire : modèle économique autour de la circulation et la diffusion des produits, *Archaeonautica*, 19, L'archéologie maritime et navale de la préhistoire à l'époque contemporaine, 2017, p. 123-140.

Domergue 1994 : DOMERGUE (C.) — L'Etat romain et le commerce des métaux à la fin de la République et sous le Haut-Empire, in : *Economie antique ; les échanges dans l'Antiquité : le rôle de l'Etat,* 1994, (Entretiens d'Archéologie et d'Histoire 1, Saint-Bertrand-de-Comminges), p. 99-113.

Domergue 1998 : DOMERGUE (C.) — A view of Baetica's external commerce in the 1st c. A. D. based on its trade metals, *in : Journal of Roman Archaeology,* suppl. n° 29, 1998, p. 201-215.

Domergue 2004 : DOMERGUE (C.) — Les mines et la production des métaux dans le monde méditerranéen au Ier millénaire avant notre ère. Du producteur au consommateur, in : Lehoërff, A. (éd.), 2004. (dir.), *L'Artisanat métallurgique dans les sociétés anciennes en Méditerranée occidentale. Techniques, lieux et formes de production*, Rome, coll. de l'Ecole française de Rome, 332, p. 129-159.

Doumergue 2004 : DOUMERGUE (C.) — *Marie-Madeleine, La Reine Oubliée, L'épouse du Christ,* 1, 2004, éd. Lacour, 644 p.

Duboul-Ravazet 1956 : DUBOUL-RAVAZET (C.) — *Contribution à l'étude géologique et sédimentologique du delta du Rhône*, Mémoires de la Société Géologique de France, 76, 1956, 234 p.

Duperron 2014 : DUPERRON (G.) — *Arles et Lyon, ports fluviaux de l'Empire romain. Le commerce sur l'axe rhodanien du Ier s. av. J.-C. au VIIe s. ap. J.-C.,* thèse, Univ. Montpellier III-Paul Valéry, école doctorale 60 et UMR 5140, thèse, 2014.

Duperron, Capelli 2015 : DUPERRON (G.), CAPELLI (C.) — Observations archéologiques et archéométriques sur quelques types d'amphores africaines en circulation à Arles aux IIe et IIIe s. ap. J.-C. *Antiquités Africaines*, 51, 2015, p. 167-177.

Durand 1992 : DURAND (A.) — Dynamique biogéographique des boisements forestiers en Languedoc durant le Moyen Age : l'impact de l'an mil, *Bulletin de la Société botanique de France, Actualités Botaniques,* 139, 139 (2/3/4), 1992, p. 627-636.

Durand 2003 : DURAND (A.) — *Les paysages médiévaux du Languedoc (Xe-XIIe siècles)*, Presses Universitaires du Midi, Toulouse, 2003, 480 p.

Durbec 1959 : DURBEC (J.-A.) — Les templiers en Provence, Formation des commanderies et répartition géographique de leuts biens, *Provence Historique,* 35, 1959, 37 p.

Echalier 2003 : ECHALIER (P.) — Entre Rhône et Méditerranée : la marine d'Arles au service d'un petit cabotage polyvalent (XVIè-XVIIIè siècles), Rives nord-méditerranéennes, 2ème série, 13, 2003, p. 59-73.

Erlande-Brandeburg, Vich 1996 : ERLANDE-BRANDEBURG (A.), VICH (C.) — *Catalogue des plans de bâtiments à voiles conservés dans les archives de la Marine*, Vincennes, Service historique de la Marine, 1996, 263 p.

Espérandieu 1907 : ESPERANDIEU (E.) — Recueil général des sculptures sur pierre de la Gaule (Espérandieu 1), vol. 1, Alpes Maritimes, Alpes Cottiennes, Corse, Narbonnaise, Paris, 1907.

Estrangin 1807 : ESTRANGIN (E.) — *Mémoire pour Honoré Bonafox, capitaine du chébeck français, le « Saint-Jean » contre MM. Les régisseurs des Douanes.* Arles, 1807.

Etienne, Mayet 2004 : ETIENNE (R.), MAYET (F.) — L'huile hispanique (Trois clés pour l'économie de l'Hispanie romaine, I), 2 vol. Paris, 2004.

Eydoux 1967 : EYDOUX (H.-P.) — *A la recherche des mondes perdus, Les grandes découvertes archéologiques,* Larousse-Paris, 1967, 288 p.

Eyrier1996 : EYRIER (B.) — *Le Rhône. Halage et batellerie – la vie du Rhône autrefois,* éd. Prouvènço d'aro, Marseille, 1996, 118 p.

Faget 2017 : FAGET (D.) — *L'écaille et le banc, Ressources de la mer dans la Méditerranée moderne, XVIe-XVIIIe siècle,* coll. Le temps de l'Histoire, 2017, Presse universitaire de Provence, 343 p.

Faillon 1865 : FAILLON (E.-M.) — *Monuments inédits sur l'apostolat de Marie-Madeleine en Provence, et sur les autres apôtres de cette contrée, Saint Lazare, Saint Maximin, Sainte Marthe, Les Saintes Maries Jacobé et Salomé* (1848-1865), publié par l'Abbé Migne, éd. de la Bibliothèque du Clergé, 852 p.

Falguéra *et al.* 2000 : FALGUERA (J.-M.), FALGUERA (F.), GUY (M.), MARSAL (A.) — Narbonne, cadre naturel et ports à l'époque romaine, *Méditerranée*, 94, 1-2, 2000, p. 15-24.

Falguéra, Jézégou 2002 : FALGUERA (J.-M.), JEZEGOU (M.-P.) — Aude, Narbonne, Port-la-Nautique, Les vestiges de l'épave, *Bilan scientifique du DRASSM,* Ministère de la Culture, Paris, 2000, p. 43-44.

Falguéra, Jézégou 2011 : FALGUERA (J.-M.), JEZEGOU (M.-P.) — La présence d'un assemblage par ligatures sur des fragments d'une épave romaine découverte fortuitement dans l'emprise du bassin antique de Port-la-Nautique, in *Espaces littoraux et Zones portuaires de Narbonne et sa région dans l'Antiquité*, M. A. M., 2011, 109-114.

Ferreira David 1966 : FERREIRA DAVID (J.) — Aperçu historique des types de navires à travers les siècles et influence des navires ibériques sur la construction navale européenne, *Actes du 5e colloque international d'Histoire maritime*, Lisbonne, sept. 1960, Paris S.E.V.P.E.N. 1966, p. 149-169.

Feugère 1991 : FEUGERE (M.) — Les gobelets, in : *La vaisselle tardo-républicaine en bronze,* Feugère (M.), Rolley (C.) (dir.), Dijon, 1991, p. 53-59.

Feuillas 1988 : FEULLAS (M.) — La controverse magdalénienne au milieu du XVIIe siècle, in : *Marie-Madeleine dans la Mystique, les Arts et les Lettres,* actes du colloque international, Avignon, 21-21-22 juin 1988, publiés par Eve Duperrzay, éd. Beauchesne, p. 89-109.

Février 1964 : FEVRIER (P.-A.) — *Le développement urbain en Provence de l'époque romaine à la fin du XIVe siècle (archéologie et histoire urbaine),* Paris, éd. de Boccard, 1964, BEFAR, fasc. 202, 231 p.

Février 1992 : FEVRIER (P.-A.) — Tours de Camargue, *Provence Historique*, n°169, 1992, p.467-472.

Florençon 1992 : FLORENCON (P.) — *Aigues-Mortes et son littoral aux XIIe et XIVe siècles*, Mémoire, Caisse des Monuments Historiques, 1992.

Fontaine, El-Amouri, Marty 2014 : FONTAINE (S.), EL-AMOURI (M.), MARTY (F.) — *Port antique de Fos, Rapport d'opération 2014, Opération de fouille programmée « Marronède centrale » et opération de prospection acoustique,* DRASSM, 97 p.

Fontaine *et al.* 2019 : FONTAINE (S.), MARTY (F.), EL AMOURI (M.), ROUSSE (C.) — Le système portuaire anrtique de Fos et le canal de Marius : un état des lieux, *RAN*, 52, 2019, p. 15-54.

France 2001 : FRANCE (J.) — *Quadragesima Galliarum*, l'organisation douanière des provinces alpestres gauloises et germaniques de l'Empire romain, Ie s. av. J.-C., IIIe s. ap. J.-C., Collection de l'Ecole française de Rome, 278, Rome, 2001, 501 p.

François 1931 : FRANCOIS (L.) — Port-Saint-Louis du Rhône, *Les Études rhodaniennes*, 7, 3, 1931, p. 221-240.

François 1933 : FRANCOIS (L.) — Évolution actuelle des embouchures du Rhône et des côtes de la Camargue, *Bulletin de l'Association de géographes français,* 1933, 10, n° 74, p. 134-137.

Frost 1997 : FROST (H.) — *False clinkers on a hull fragments from « Saintes-Maries de la Mer Wreck n° 5, Structural comparison with the Marsala punic Ship, In : Crau, Alpilles, Camargue, Histoire et Archéologie,* actes réunis par M. Baudat. Arles : Groupe Archéologique Arlésien, p. 117-119.

Fuchs 1963 : FUCHS (W.) **—** *Der Schiffsfund von Mahdia,* Bildhefte des deutschen Archäologischen Instituts Rom. Zweites Heft. Tübingen, 1963, 132 p.

Fustel de Coulanges 1892 : FUSTEL DE COULANGES (N.-D.) — *Les transformations de la royauté pendant l'époque carolingienne*, manuscrit complété par C. Jullian, Paris, éd. Hachette, 1892, 715 p.

Gailledrat, Vacheret 2020 : GAILLEDRAT (E.), VACHERET (A.) — Lattara/Lattes, comptoir étrusque du littoral languedocien, *Gallia,* Archéologie des Gaules, 77-2, 2020 ; p. 1-32.

Gagnère 1953 : GAGNERE (S.) — *Les bouchons d'amphores vinaires des Saintes-Maries-de-la-Mer,* In Bull. Société d'Études des Sciences Naturelles de Vaucluse, 1953, 21e-22e années, 1950-1951.

Gallet de Santerre 1961 : GALLET DE SANTERRE (H.) — *Recherches et trouvailles sous-marines faites le long du rivage languedocien et roussillonnais*, Actes du IIème congrès international d'archéologie sous-marine, Albenga, 1958 (1961), p. 199-218.

Galli, Sharvit 1999 : GALLI (F.), SHARVIT (J.) — Ships Fittings and Devices Used by Ancient Mariners : Finds from Underwater Surveys off the Israeli Coast, in : *Tropis V*, International Symposium on Ship Construction in Antiquity, Nauplia 1993, Athènes, 1999, p. 167-183.

Gallocher 1986 : GALLOCHER (P.) — Méditerranée Mer cruelle, 1830-1950, 120 ans de drames et fortunes de mer, éd. P. Tacussel, 1986, Marseille, 316 p.

Gantès 2004 : GANTES (L.-F.) — Aperçu sur la céramique grecque d'époques archaïque et classique recueillie en Camargue, *In. : Delta du Rhône, Camargue antique et médiévale,* BAP. suppl. 2, Éd. de l'APA, 2004, p. 195-198.

Garrote Sayo, Marimon Ribas 2011 : GARROTE SAYO (E.), MARIMON RIBAS (P.) — Nouvelles données sur l'huile de Bétique en Narbonnaise, in *Espaces littoraux et Zones portuaires de Narbonne et sa région dans l'Antiquité*, M. A. M., 237-244.

Gassend, Maillet 2004 : GASSEND (J.-M.), MAILLET (B.) — Structures immergées dans l'anse Saint-Gervais (Fos-sur-Mer, Bouches-du-Rhône), dans C. Landuré, M. Pasqualini, A. Guilcher (dir.), *Delta du Rhône, Camargue antique et médiévale*, Bulletin Archéologique de Provence, Supplément 2, Aix-en-Provence, 2004, p. 151-163.

Gassend, Maillet 2013 : GASSEND (J.-M.), MAILLET (B.) — Le port antique de Fos-sur-Mer, dans J. Blondel, G. Barruol, R. Vianet (dir.), *L'encyclopédie de la Camargue*, Buchet-Chastel, Paris, 2013, p. 205.

Gautier-Descottes 1879 : GAUTIER-DESCOTTES (A.) — *L'église des Saintes-Maries ou de la Villa de la Mar. Formation de la Camargue. La légendes des Saintes-Maries*, éd ; Seguin Frères, Avignon, 1879, 119 p.

Gay 1904 : GAY (J.) — *L'Italie méridionale et l'empire byzantin depuis l'avènement de Basile Ier jusqu'à la prise de Bari par les Normands (867-1071)*, Paris, éd. Fontemoing, Bibliothèque des Ecoles françaises d'Athènes et de Rome, 90, 1904, 690 p.

Gayraud 2010 : GAYRAUD (M.) — *Le Rhône antique entre Provence et Languedoc d'après les textes grecs et latins,* Académie des Sciences et lettres de Montpellier, 11/03/2010 (www.ac-sciences-lettres-montpellier.fr/academie_editions/fichiers_conf/gayraud-2010.pdf).

Gazzola 1963 : GAZZOLA (P.) — *Ponti Romani,* Olschki, Firenze, 1963, 220 p.

Genin 2007 : DENIN (M.) — La Graufesenque (Millau, Aveyron). *Sigillées lisses et autres productions,* Vol II, Pessac, 2007.

Gervais de Tilbury : *Otia imperialia* (vers 1214), « Le livre des Merveilles de Gervais de Tilbury », Divertissement pour un Empereur, 3, traduit et annoté par Annie Duchesne, Paris, Édition des Belles Lettres, 1992, 194 p.

Giacobbi-Lequément 1987 : GIACOBBI-LEQUEMENT (M.-F.) — La céramique de l'épave Fos 1, *Archaeonautica*, 7, 1987, p. 167-191.

Gianfrotta 2004 : GIANFROTTA (P.-A.) — I relitti de la Camargue e Sextus Marius Hispaniarum ditissimus (Tac., Ann. VI, 19, 1), *Rivista di Studi Liguri*, LXX, 2004, p. 161-176.

Goddio *et al.* 2002 : GODDIO (F.), CRICK (M.), LAM (P.), PIERSON (S.), SCOT (R.) — *Trésor de Porcelaines, L'étrange voyage de la jonque Lena*, éd. Periplus Publishing, Londres, 2002, 287 p.

Goiran 2013 : GOIRAN (J.-P.) — *Le port perdu d'Ostie*, ArchéOrient-Le Blog (Hypotheses.org), 11 janvier 2013.

Gosse 2007 : GOSSE (P.), *Les pipes de la quarantaine, fouilles du port antique de Pomègues (Marseille)* Oxford, Archaeopress, 2007 (BAR IS, 1590).

Gouron 1939 : GOURON (M.) — Notes sur l'ancienne navigation dans la Petite Camargue, *Bulletin de la Société Historique et Archéologique de Nimes et du Gard*, n°5, 1939, p.20-27.

Grenier 1934 : GRENIER (A.) — Archéologie gallo-romaine, 2ème partie, L'archéologie du sol, navigation, occupation du sol, in *Manuel d'archéologie préhistorique, celtique et gallo-romaine* (Joseph Déchelette), t. VI. Paris, éd. Picard, 1934, 1095 p.

Granier 1965 : GRANIER (J.) — Trouvailles fortuites et « glanes amphoriques » sur le littoral gardois, REL (RSL), XXXI, p. 253-300.

Gras 1987 : GRAS (M) — Marseille, la bataille d'Alalia et Delphes, *Dialogues d'histoire ancienne,* 1987, 13, p. 161-181.

Gras 1987 : GRAS (M) — *La Méditerranée archaïque,* Cursus, Paris, 1995, éd. A Collin, 192 p.

Grenier 1934 : GRENIER (A.) — Manuel d'archéologie gallo-romaine, Les routes, T. 6, 2e partie, Archéologie du sol, A. Picard, Paris, 1934.

Guerard 1895 : GUERARD (A.) — Mouth of the River Rhône. *In* J. Forrest (Ed.) *Excerpt Minutes of Proceedings of the Institution of Civil Engineers*, 82 (4), 34.

Guérout *et al.* 2012 : GUEROUT (M.), HOURCAU (C.), MARTIN (G.), SCIALLANO (M.) — *Compte rendu du sondage effectué sur l'épave de la Chrétienne E, Agay (Var),* GRAN, 2012, 19 p.

Halbout *et al.* 1987 : HALBOUT (P.), PILET (C.), VAUDOUR (C.) — *Corpus des objets domestiques et des armes en fer de Normandie, du Ier au XV*e s., Cahier des annales de Normandie, 20, 1987, 256 p.

Haupt 2003 : HAUPT (H.-C.) — *Le Roman d'Arles dans la copie de Bertran Boysset*, Tübingen-Basel, A. Francke verlag, 2003.

Hayes 1972 : HAYES (J. W.), *Late Roman Pottery,* Londres, 1972, 468 p.

Héron de Villefosse 1918 : HERON DE VILLEFOSSE (A.-M.) — La mosaïque des Narbonnais à Ostie, 1918.

Hesnard *et al.* 1988 : HESNARD (H), CARRE (M.-B.), RIVAL (M.), DANGREAUX (B.) : L'épave romaine Grand Ribaud D (Hyères, Var), *Archaeonautica*, 8, Paris, CNRS, 1988, 180 p.

Hesnard 1994 : HESNARD (A.) — *Une nouvelle fouille du port de Marseille, place Jules verne,* Comptes rendus des séances de l'Académie des Inscriptions et belles Lettres, 1994, 138-1, p. 195-217.

Heijmans 2004 : HEIJMANS (M.) — L'épigraphie en Camargue, *In. : Delta du Rhône, Camargue antique et médiévale*, Landuré (C.) et Pasqualini (M.) (dir.), BAP. suppl. 2, Editions de l'APA, 2004, p. 105-116.

Heimans 2013 : HEIJMANS (M.) — Les évêques d'Arles Hilaire et Césaire (Ve-VIe siècle), In J. Blondel, G. Barruol, R. Vianet (dir.), *L'encyclopédie de la Camargue*, éd. Buchet-Chastel, Paris, 2013, p. 193.

Hersart de la Villemarqué 1995 : HERSART DE LA VILLEMARQUE (J.) — la pêche morutière française de 1500 à 1950, Statistiques, Climat et Société, Repères Océan, 11, éd. Ifremer, 1995, 135 p.

Houston 1988 : HOUSTON (G.) — Ports in perspective : Some comparative materials on Roman merchant ships and ports, *AJA 92*, 1988, p. 553-564.

Huet, Rigaud, Vigne 2004 : HUET (J.), RIGAUD (P.), VIGNE (B.) — *Voiles latines,* Chasse-marée, Bateaux des côtes de France 1, 2004, 160 p.

Ibn-Khurdadbeh 1865 — *Le Livre des Routes et des Provinces*, éd. C. Barbier de Meynard, éd. Imprimerie Impériale, Paris, 1865, et *Journal Asiatique*, mars-avril et mai-juin 1885, p. 227-296 et 446-532.

Jacques de Voragine : De VORAGINE (J.) — *La légende dorée,* traduit du latin par Téodor de Wyzewa, Paris, Perrin éd., 1910, 748 p.

Jal 1840 : JAL (A.) — *Archéologie navale,* Ed. Arthus Bertrand, Paris, II, 1840, 672 p.

Jansen 2012 : JANSEN (K.) — L'arrivée de Marie-Madeleine à Vézelay, *Le Monde de la Bible,* 143, juin 2002, p. 35- 37.

Jaouen 2014 : JAOUEN (M.) — Carte archéologique au They de la Gracieuse, *Bilan scientifique 2010, Département des recherches subaquatiques et sous-marines*, 2014, p. 49-51.

Jehel 1984 : JEHEL (G.) — *Aigues-Mortes, Un port pour un roi, Les Capétiens en Méditerranée,* éd. Horvath, 1984, 198 p.

Jézégou 1998 : JEZEGOU (M.-P.) — L'épave II de l'Anse Saint-Gervais à Fos-sur-Mer (Bouches du Rhône) : Un navire du haut Moyen Age construit sur squelette, in H. Tzalas (éd.), *Tropis I*, 1985.

Jézégou 1998 : JEZEGOU (M.-P.) — Le mobilier de l'épave Saint-Gervais 2 (VIIe s.) à Fos-sur-Mer. *In* : BONIFAY (M.), CARRE (M.-B.), RIGOIR (Y.) dir. - *Fouilles à Marseille. Les mobiliers (Ier-VIIe s. ap. J.-C..)*, Et. Mas., 5, Paris, 1998, p. 343-351.

Jézégou *et al.* 2001 : JEZEGOU (M.-P.), LEROY (F.), CABLAT (A.) et *al.* — Découvertes sous-marines (étang de Thau et mer Méditerranée). *In* : LUGAND (M.) et BERMOND (I.) (dir.) - *Agde et le Bassin de Thau*. Carte Archéologique de la Gaule. Académie des Inscriptions et Belles-Lettres. Paris, 2001, p. 387-408.

Jézégou 2007 : JEZEGOU (M.-P.) — Commerce maritime dans l'Antiquité romaine : un état des connaissances pour la côte roussillonnaise. *In* : *CAG 66* : J. Kotarba, G. Castellvi, Fl. Mazière (dir.), *Le Roussillon, Carte archéologique de la Gaule*, Académie des Inscriptions et Belles Lettres, Paris, 2007, p. 156-163.

Jézégou, Bernard 2012 *et al.* : JEZEGOU (M.-P.), BERNARD (H.), BLANC (P.), MILLE (B.) — L'épave Riches Dunes 5 à Marseillan (Hérault) : un transport d'objets décoratifs à usage domestique au IIe siècle ap. J.-C., *Archaeonautica*, 2012, 17, p. 95-104.

Joncheray 1991 : JONCHERAY (J.-P.) — L'épave dite « des ardoises », au Cap Lardier. Un caboteur ligure de la fin du XVIe s., *Cahier d'Archéologie subaquatique*, X, 1991, p. 5-54.

Joncheray 1994 : JONCHERAY (J.-P.) — Var, au large de Bormes, Cap Bénat 2, *Bilan scientifique 1993, Département des recherches subaquatiques et sous-marines*, 1994, p. 48-49.

Kramer 2001 : KRAMER (B.) — The earliest know map of Spain (?) and the Geography of Artemidorus of Ephesus on papyrus, *Imago Mundi* 53, 2001, p. 115-120.

Kruit 1955 : KRUIT (C.) — *Sediments of the Rhone delta,* Verhandelingen van het koninklijk Mijnbouwkunding Genootshap, Geologische serie deel 15, 1955, p. 359-501.

Künzl 1993 : KÜNTZ (E.) — Die sakralen objekte und votive (C 1-5), in : E. Künzl, *Die Alamannenbeute aus dem Rhein bei Neupotz. Plünderungsgut aus dem römischen Gallien.* Monographien Röm.-German. Zentralmuseum 34, 1 (Mainz 1993) 85-104.

Lacombe 2013 : LACOMBE (A.) — Deux dépotoirs de l'Antiquité tardive à Aix-en-Provence (Bouches-du-Rhône) : Domus de Grassi, *SFECAG*, Actes du Congrès d'Amiens, 2013, p. 573-581.

Lagrue 1990 : LAGRUE (J.-P.) — *Le château de Fos-sur-Mer,* in Provence Historique, fascicule 159, 1990, p. 97-110.

Lambrechts 1937 : LAMBRECHTS (P.) — Le commerce des « Syriens » en Gaule, du Haut Empire à l'époque mérovingienne, *L'Antiquité classique,* 1937, 6-1, p. 35-61.

Landuré, Martin, Pasqualini 2004 : LANDURE (C.), MATIN (L.), PASQUALINI (M.) — Les prospections au sol, *In. : Delta du Rhône, Camargue antique et médiévale,* Landuré (C.) et Pasqualini (M.) (dir.), BAP. suppl. 2, Editions de l'APA, 2004, p. 121-134.

Landuré, Vella 2010 : LANDURE (C.), VELLA (C.) — *La Montille d'Ulmet (Camargue, commune d'Arles) : un avant-port d'Arles à l'Antiquité tardive ?* Etudes archéologiques et paléo-environnementales 2010. Rapport de fouille, 2010, 89 p. (non publié).

Landuré *et al.* **2011** : LANDURE (C.), VELLA (Cl.), CENZON (C.), DURAND (A.), GIRARD (P. E.), SUPPO (G.), TOMATIS (C.) — *La Montille d'Ulmet (Camargue, commune d'Arles) : un avant-port d'Arles à l'Antiquité tardive ? Études archéologiques et paléo environnementales 2011.* Rapport de fouille, 2011, 173 p. (non publié).

Landuré *et al.* **2012** : LANDURE (C.), VELLA (Cl.), BRUNETON (H), COULET (E.), DELTEIL (M.), DUSSOUILLEZ (Ph.), FLEURY (J.), GIRARD (P. E.), HERMITTE (D.), LEGUILLOUX (M.), PORRA (M.), SUPPO (G.), TOMATIS (C.) — *La Montille d'Ulmet (Camargue, commune d'Arles) : un avant-port d'Arles à l'Antiquité tardive ? Études archéologiques et paléo-environnementales 2012*. Rapport de fouille, 2012, 236 p. (non publié).

Landuré 2013 : LANDURE (C.), VELLA (Cl.), CENZON (C.), DURAND (A.), GIRARD (P. E.), SUPPO (G.), TOMATIS (C.) — La Montille d'Ulmet (Camargue, commune d'Arles) : un avant-port d'Arles à l'Antiquité tardive ? Études archéologiques et paléo-environnementales 2011. Rapport de fouille, 2013, 152 p.

Landuré, Vella, Charlet 2015 : LANDURE (C.), VELLA (C.), CHARLET (M.) — *La Camargue, au détour d'un méandre, Études archéologiques et environnementales du Rhône d'Ulmet,* Musée départemental d'Arles antique, catalogue d'exposition, 2015, 169 p.

Landuré, Arcelin, Arnaud-Fassetta 2019 : LANDURE (C.), ARCELIN (P.), ARNAUD-FASSETTA (G.) — *Le village de la Capelière en Camargue. Du début du Ve s. av. notre ère à l'Antiquité tardive, Biama, Archéologies Méditerranéennes, 2019, 451 p.*

Landuré et al. 2020 : LANDURE (C.), ARCELIN (P.), ARNAUD-FASSETTA (G.), BUXO (R.), CHABAL (L.), D'OVIDIO (A.-M.), DUPERRON (G.), FORET (V.), GENTRIC (G.), GIRAD (B.), LEMOINE (Y.), STERNBERG (M.) — *Vivre en Camargue pendant l'Antiquité. Le site de la Capelière, éd. Marion Charlet, cavaillon, 2020, 156 p.*

Laronde 1987 : LARONDE (A.) — Recherches sous-marines dans le port d'Apollonia de Cyrénaïque, *Bulletin de la Société des Antiquaires de France,* 1989 (1987), p. 322-332.

Laubenheimer 2001 : LAUBENHEIMER (F.) — Le vin gaulois de Narbonnaise exporté dans le monde romain sous le Haut-Empire, in : Laubenheimer (F.) dir. *20 ans de recherches à Sallèles d'Aude,* Besançon, PUFC, 2001, p. 51-65.

Laurant 2012 : LAURANT (S.) — Sur les traces de Maries-Madeleine en Provence, *Le Monde de la Bible,* 143, juin 2002, p. 47-50.

Lenthéric 1892 : LENTHERIC (C.) — *Le Rhône, histoire d'un fleuve,* Paris Plon, 1892, 2 vol.

Lenthéric 1910 : LENTHERIC (C.) — *Les villes mortes du Golfe de Lyon,* Paris, Plon, 1910, 7ème édition, 471 p.

Le Gall 1953 : LE GALL (J.) — *Le Tibre, fleuve de Rome dans l'Antiquité,* Paris, PUF, 1953, p. 135-186.

Le Quellec 2012 : LE QUELLEC (J.-L.) — *Alcool de singe et liqueur de vipère, Légendes urbaines,* éd. Errance (Actes Sud), 2012, 300 p.

Le Tourneau 2017 : LE TOURNEAU (B.) — *Nouvelle Histoire des Celtes, Conquête de l'ancien nouveau monde et renaissance celtique,* II, éd. Baudelaire, Lyon, 2017, 453 p.

Leveau 1993 : LEVEAU (Ph.) — Milieu naturel et histoire économique : Arles antique et son espace agricole, Leveau Ph. et Provansal M. (dir.), *Archéologie et environnement. De la Montagne Sainte-Victoire aux alpilles, publications de l'Université de Provence, aix-en Provence, 1993.*

Leveau 2014 : LEVEAU (Ph.) — Le Rhône romain dans sa basse plaine et dans son delta. Variations territoriales, sociétales et environnementales, *RAN*, 2014, 47, p. 9-34.

Leveau, Valentin 1993 : LEVEAU (Ph.), VALENTIN (F.) — *La Camargue dans l'Antiquité : approche bibliographique et historiographique,* Méditerranée, n° 3-4, 1993, p. 95-100.

L'Homer *et al.* 1981 : L'HOMER (A), BAZILE (F.), THOMMERET (J.), THOMMERET (Y.) — Principales étapes de l'édification du delta du Rhône de 7000 BP à nos jours, variations du niveau marin, *Océanis*, 7, 4, 1981, p. 389-408.

Liou 1973 : LIOU (B.) — Informations archéologiques : Recherches sous-marines, *Gallia*, 31, 1973, p. 571-608.

Liou 1974 : LIOU (B.) — Note provisoire sur deux gisements gréco-étrusques (Bon Porté A et pointe du Dattier), *CAS*, III, 1974, p. 7-19.

Liou, Sciallano 1989 : LIOU (B.), SCIALLANO (M.) — *Le trafic du port de Fos dans l'Antiquité : essai d'évaluation à partir des amphores,* S.F.E.C.A.G., Actes du Congrès de Lezoux, 1989, p. 153-167.

Liou, Gassend 1990 : LIOU (B), GASSEND (J.-M.) - *L'épave Saint-Gervais 3 à Fos-sur-Mer (milieu du Ier s. ap. J.-C.). Inscriptions peintes sur amphores de Bétique. Vestiges de coques*, *Archaeonautica*, 10, 1990, p. 157-264.

Lizé 1977 : LIZE (P.) — *Répertoire de naufrages*, Dreux, 1977, 159 p.

L'hour 1987 : L'HOUR (M.) — *Un site sous-marin sur la côte de l'Armorique. L'épave antique de Ploumanac'h*, Rev. Arch. de l'Ouest, 4, 1987, p. 113-131.

Lombard 1971 : LOMBARD (M.) — *L'Islam dans sa première grandeur VIIIe-XIe siècle*, Paris, Flammarion.

Long 1982 : LONG (L.). — L'épave antique Bagaud 2, *in VIe congreso internacional de arqueologia submarina, Cartagena*, 1982, p. 93-98.

Long 1983 : LONG (L.) — Épave de la Plage d'Arles, *in : Archéologie sous-marine,* catalogue d'exposition, sous la direction de B. Liou, M. L'Hour, L. Long, Arles, salles romanes du Cloître Saint-Trophime, 1983, 52 p.

Long 1987 : LONG (L.). — Les épaves du Grand Congloué, Etude du journal de fouille de Fernand Benoit, *Archaeonautica* 7, 1987, p. 9-36.

Long 1984 : LONG (L.) — L'épave I de la Plage d'Arles, *in : Objets métalliques sur les épaves antiques,* catalogue d'exposition, sous la direction de B. Liou, M. L'Hour, L. Long, Musée d'histoire et d'archéologie, bastion Saint-André, Antibes, 1984, p. 78-83.

Long, Volpe 1994 : LONG (L.), VOLPE (G.). — Origini e declino del commercio nel Mediterraneo occidentale tra età arcaica e tarda antichità, I relitti de La Palud (Isola di Port-Cros, Francia), dans *L'Africa romana*, Atti dell'XI convegno di studio Cartagine, 15-18 dicembre 1994, a cura di Mustapha Khanoussi, Paola Ruggeri e Cinzia Vismara, 1994, vol 3, p. 1235-1284.

Long 1994 : LONG (L.). — Prospections et sondages archéologiques dans le Rhône, à Arles et ses environs. *In : Histoire du Rhône en Pays d'Arles, Actes du colloque du 7 nov. 199.* Arles : Groupe Archéologique Arlésien, p. 45-71.

Long 1995 : LONG (L.) — *Les archéologues au bras de fer. Nouvelle approche de l'archéologie en eau profonde,* 100 sites historiques d'intérêt commun méditerranéen, Protection du patrimoine archéologique sous-marin en Méditerranée, Documents techniques V, Atelier du patrimoine, Marseille, 1995, p. 15-46.

Long, Domergue 1995 : LONG (L.), DOMERGUE (C.) — Le « véritable plomb de L. Flavivs Vervcla » et autres lingots. L'épave 1 des Saintes-Maries-de-la-Mer. *MEFRA*, 107, 1995 - 2, p. 801-867.

Long 1996 : LONG (L.) — Petit Rhône, au niveau de Saint-Gilles-du-Gard, *Bilan scientifique 1995, Département des recherches subaquatiques et sous-marines* (1996), p. 44.

Long 1997 : LONG (L.) — Inventaire des épaves de Camargue, de l'Espiguette au Grand Rhône, des cargaisons de fer antiques aux gisements du XIXe s. : leur contribution à l'étude du paléorivage. *In : Crau, Alpilles, Camargue, Histoire et Archéologie,* 1995, actes réunis par M. Baudat. Arles : Groupe Archéologique Arlésien, 1997, p. 59-115.

Long *et al.* 1997 : LONG (L.), LEROY (F.), LONCHAMBON (C.) — Petit Rhône, au niveau de Saint-Gilles-de-Gard : le gisement de Port-Arnaud, *Bilan scientifique 1996, Département des recherches subaquatiques et sous-marines* (1997), p. 79-81.

Long 2002 : LONG (L.). — Recensement des amphores et des objets étrusques isolés du littoral méditerranéen français. *In* : LONG (L.), POMEY (P.), SOURISSEAU (J.-C.) dir. — *Les Étrusques en mer : épaves d'Antibes à Marseille* [catalogue de l'exposition] Musée d'Histoire de Marseille sept. 2002-janvier 2003. Aix-en-Provence : Edisud, 2002, p. 68-80.

Long *et al.* 2002 : LONG (L.), RICO (C.), DOMERGUE (C.) — Les épaves antiques de Camargue et le commerce maritime du fer en Méditerranée nord-occidentale (Ier siècle avant J.-C. - Ier s. ap. J.-C.), *L'Africa Romana*, XIV, Rome, 2002, p. 161-188.

Long 2003 : LONG (L.) — Carte archéologique au large de la Camargue, *Bilan scientifique 1998, Département des recherches subaquatiques et sous-marines* (2003), p. 32-38.

Long, Valente 2003 : LONG (L.), VALENTE (M.) — *Un aspect des échanges et de la navigation depuis l'Antiquité dans les îles et sur le littoral d'Hyères*, *in* Des îles côte à côte, BAP, suppl. 1, éd. de l'APA, 2003, p. 149-164.

Long, Vella 2003 : LONG (L.), VELLA (C.) — *Du nouveau sur le paysage de Giens au Néolithique et sur le port d'Olbia. Recherches sous-marines récentes devant l'Almanarre (Hyères, var)*, *in* Des îles côte à côte, BAP, suppl. 1, éd. de l'APA, 2003, p. 165-173.

Long 2004 : LONG (L.) — Les épaves antiques chargées de marbre, Camargue et Rhône, *Bilan scientifique 1999, Département des recherches subaquatiques et sous-marines* (2004), p. 41-43.

Long, Illouze 2004 : LONG (L.), ILLOUZE (A.) — Nouvelles épaves de Camargue. Les gisements antiques, modernes et contemporains, *In. : Delta du Rhône, Camargue antique et médiévale,* Landuré (C.) et Pasqualini (M.) (dir.), BAP. suppl. 2, Editions de l'APA, 2004, p. 291-330.

Long 2005 : LONG (L.). — Carte archéologique au large de la Camargue et dans le Rhône, *Bilan Scientifique du Département des recherches subaquatiques et sous-marines,* 2005, (2003), p. 59-77.

Long, Djaoui 2005 : LONG (L.), DJAOUI (D.). — Carte archéologique au large de la Camargue, L'épave *Saintes-Maries 25* et son fer anépigraphe, *L'épave Saintes-Maries 9* : éléments de bois, in : *Bilan Scientifique du Département des recherches subaquatiques et sous-marines, 2005* (2007), p. 47-48.

Long *et al.* 2005 : LONG (L.), DJAOUI (D.), RICO (C.). — Lingots et barres de fer : vers une typologie plus complète, in : *Bilan Scientifique du Département des recherches subaquatiques et sous-marines, 2003* (2005), p. 66-68.

Long 2006 : LONG (L.). — Les gisements du Rhône à Arles, *Bilan Scientifique du Département des recherches subaquatiques et sous-marines,* 2004, (2006), p. 53-59.

Long 2007 : LONG (L.) — Carte archéologique. Au large de la Camargue. L'épave Camargue 13, *in : Bilan Scientifique du DRASSM 2005,* Ministère de la Culture et de la Communication (SDA), 2007, p. 56-57.

Long, Djaoui 2007 : LONG (L.), DJAOUI (D.). — Carte archéologique. Au large de la Camargue. L'épave Saintes Maries 25 et son fer anépigraphe. L'épave Saintes Maries 2 : complément d'expertise. L'épave Saintes Maries 9 : éléments de bois. L'épave Saintes Maries 10. L'épave Saintes Maries 27. Réflexions sur l'agencement des timbres des lingots de fer, *in : Bilan Scientifique du DRASSM 2005,* Ministère de la Culture et de la Communication (SDA), 2007, p. 48-54.

Long 2008a : LONG (L.) — *Secrets du Rhône, Les trésors archéologiques du fleuve à Arles,* Actes-Sud, 2008, 267 p.

Long 2008b : LONG (L.) — Saintes-Maries-de-la-Mer. Les découvertes sous-marines, dans M.-P. Rothé, M. Heijmans (dir.), *Carte Archéologique de la Gaule, Arles, Crau, Camargue, 13/5*, Paris, 2008, p. 815-828.

Long 2008c : LONG (L.) — Le Rhône, Les découvertes subaquatiques sur la commune d'Arles, dans M.-P. Rothé, M. Heijmans (dir.), *Carte Archéologique de la Gaule, Arles, Crau, Camargue, 13/5*, Paris, 2008, p. 696-715.

Long 2009a : LONG (L.) — « Duplex Arelas », fluviale et maritime, dans F. Dumasy, F. Queyrel, *Archéologie et environnement dans la Méditerranée antique*, Ecole pratique des Hautes Etudes, sciences historiques et philologiques - III, Hautes études du monde gréco-romain, 42, Genève, 2009, p. 195-220.

Long 2009b : LONG (L.) — De la mer au fleuve : les ports antiques d'Arles. *In* : LONG (L.), PICARD (P.) dir. - *César. Le Rhône pour mémoire. Vingt ans de fouilles dans le fleuve à Arles*, Actes Sud – Musée Départemental Arles Antique, Arles, 2009, p. 30-43.

Long 2009c : LONG (L.) — Objets du commerce et du quotidien : Diversité du mobilier archéologique, Les matières premières : métaux et marbres, *in César, Le Rhône pour mémoire, Vingt ans de fouilles dans le fleuve à Arles*, LONG (L.), PICARD (P.), dir., catalogue de l'exposition, Actes-Sud, Musée Départemental Arles Antique, 2009, p. 248-251.

Long 2009d : LONG (L.) — Les épaves et les équipements de navire. *In* : LONG (L.), PICARD (P.) dir. - *César. Le Rhône pour mémoire. Vingt ans de fouilles dans le fleuve à Arles*, Actes Sud – Musée Départemental Arles Antique, Arles, 2009, p. 232-239.

Long, Rival, Marlier 2009 : LONG (L.), RIVAL (M.), MARLIER (S.) — The *Saintes-Maries-de-la-Mer (SM24)* shipwreck (France, 40-75 AD) : a sea-river cargo vessel with stitched frames, in Bockius, R. (ed.), *Between the Seas, the 11th international Symposium on Boat and Ship Archaeology (ISBSA 11), Mainz, sept. 2006,* Mayence, Tagungen RGZM, 2009, p. 303-311.

Long, Duperron 2011a : LONG (L.), DUPERRON (G.) — Le mobilier de la fouille de l'épave romaine *Arles-Rhône 7.* Un navire fluvio-maritime du III e s. de notre ère. *In* : *SFECAG, Actes du Congrès d'Arles*, Marseille, 2011, p. 37-56.

Long, Duperron 2011b : LONG (L.), DUPERRON (G.) — Recherches sous-marines au large des Saintes-Maries-de-la-Mer (Bouches-du-Rhône). Sur les traces de l'avant-port maritime d'Arles. *In* : *SFECAG, Actes du Congrès d'Arles*, Marseille, 2011, p. 97-118.

Long 2013a : L. Long, Les voies fluviales et maritimes, dans J. Blondel, G. Barruol, R. Vianet (dir.), *L'encyclopédie de la Camargue*, Buchet-Chastel, Paris, 2013, p. 201-202.

Long 2013b : L. Long, Un port antique aux Saintes-Maries-de-la-Mer ?, dans J. Blondel, G. Barruol, R. Vianet (dir.), *L'encyclopédie de la Camargue*, Buchet-Chastel, Paris, 2013, p. 203.

Long 2013c : L. Long, Les épaves antiques découvertes dans le delta, In J. Blondel, G. Barruol, R. Vianet (dir.), *L'encyclopédie de la Camargue*, Buchet-Chastel, Paris, 2013, p. 204-206.

Long, Duperron 2013 : LONG (L.), DUPERRON (G.), avec la coll. de BONIFAY (M.), CAPELLI (C.), DESBAT (A.), LEGER (C.) — Navigation et commerce dans le delta du Rhône : l'épave *Arles-Rhône 14* (IIIe s. ap. J.-C.). *In* : MAUNE (S.), DUPERRON (G.) éd. - *Du Rhône aux Pyrénées. Aspects de la Vie Matérielle en Gaule Narbonnaise II*, éd. M. Mergoil (coll. Archéologie et Histoire Romaine, 25), Montagnac, 2013, p. 125-167.

Long, Duperron 2014 : LONG (L.), DUPERRON (G.) — Note préliminaire sur l'épave *Arles-Rhône 13*. Un navire de mer en contexte fluvial, à Arles, au IV e s. ap. J.-C., *Cahiers d'Archéologie Subaquatique*, 22, 2014, p. 115-144.

Long, Duperron 2015 : — LONG (L.), DUPERRON (G.) — *Nouvelles données sur le commerce maritime à l'embouchure du Rhône de Saint-Ferréol (Les Saintes-Maries-de-la-Mer, Bouches-du-Rhône), du VIe au Ier s. av. J.-C.*, in : Les Gaulois au fil de l'eau, 37è colloque de l'AFEAF (2013), Ausonius, 2015, p. 905-926.

Long, Duperron 2016 : — LONG (L.), DUPERRON (G.) — Navigation et commerce dans le delta du Rhône durant l'Antiquité : bilan des recherches sur le port fluvial d'Arles et ses avant-ports maritimes, in *: Les ports dans l'espace méditerranéen antique, Narbonne et les systèmes portuaires fluvio-lagunaires,* C. Sanchez et M.-P. Jézégou dir., RAN, suppl. 44, Montpellier 2016, p. 199-217.

Long, Duperron 2016 : — LONG (L.), DUPERRON (G.) — Au large de Fos-sur-Mer, Carte archéologique de l'anse Saint-Gervais, *Bilan Scientifique du Département des recherches subaquatiques et sous-marines,* 2013, (2016), p. 74-77.

Long *et al.* 2016 : LONG (L.), DUPERRON (G.), GUIBAL (F.), RIGAUD (P.) *et al. — Carte archéologique du Rhône, Traversée d'Arles,* rapport de fouille, SRA-PACA, 2016, version dactylographiée et numérique, 140 p.

Lopez 1987 : LOPEZ (R.) — Les Suisses à Marseille, une immigration de longue durée, Revue Européennes des Migrations Internationales, 3, 1-2, 2e -3e trim., 1987, p. 149-173.

López Martín 2012 : LOPEZ MARTIN (F.- J.) — *Esculturas, para la guerra. La creacion y evolucion de la artilleria hasta el Siglo XVII,* Consejo superior de investigacion sientifica, Madrid, éd. Dirección General de Relaciones Institucionales de la Defensa, 2012, 640 p.

Lorimer 1903 : LORIMER (H.-L.) — "The Country Cart of Ancient Greece", *JHS* vol.23, 1903, p.132-151

Lot 1946 : LOT (F.) — *L'art militaire et les armées au Moyen Age, en Europe et dans le Proche-Orient*, Payot, Paris, 1, 1946, 505 p.

Lugand 1926 : LUGAND (R.) — *Note sur l'itinéraire maritime de Rome à Arles,* Mélanges d'archéologie et d'histoire, Année 1926, Volume 43, Numéro 43, pp. 124-139

Mc Connell 1989 : MC CONNELL (D.) — *L'artillerie lisse britannique, Étude technologique sur l'identification, l'acquisition, la restauration, la reproduction et l'interprétation de l'artillerie aux parcs historiques nationaux du Canada,* Lieux et parcs historiques nationaux, service canadien des parcs, Environnement Canada, Ottawa, 1989, 629 p.

Maguelone 1983 : MAGUELONE — Maguelone, *Saint Gilles au XIII*[e] *siècle, Le déclin d'une grande cité*, Saint Gilles, 1983.

Maguelone 1993 : MAGUELONE — *Le grand prieuré des Hospitaliers de Saint-Jean de Jérusalem et les Templiers de Saint Gilles,* Paris, Barré et Dayez, 1993.

Maillet 1986 : MAILLET (B.) — *Compte-rendu du sondage 13/86 au large de du port de Saint-Gervais. Commune de Fos-sur-Mer (Epave Fos 2),* Bilan scientifique, DRASSM, 1986.

Maillet *et al.* 2006 : MAILLET (G.-M.), VELLA (C.), BERNE (S.), FRIEND (P.-L.), AMOS (C.-L.), FLEURY (J.), NORMAND (A.) — Morphological changes induced by the December 2003 flood at the present mouth of the Rhône river (southern France). *Marine Geology*, 234, p. 159-177.

Maillet 2005 : MAILLET (G.-M.) — *Relations sédimentaires récentes et actuelles entre un fleuve et son delta en milieu microdital : Exemple de l'embouchure du Rhône,* thèse de doctorat soutenue le 30/09/2005, Ecole doctorale « Espaces, Cultures et Sociétés » n° 355, Université de Provence, Aix-Marseille 1.

Maillet *et al.* 2006 : MAILLET (G.-M.), VELLA (C.), PROVANSAL (M.), SABATIER (F.) — Connexions entre le Rhône et son delta (partie 2) : évolution du trait de côte du delta du Rhône depuis le début du XVIIIe siècle, *in : Géomorphologie*, 12, 2, 2006, p. 125-140.

Maillet *et al.* 2011 : MAILLET (G.-M.), POIZOT (E.), SABATIER (F.), VELLA (C.), MEAR (Y.) — Pattern of Sediment Transport in a Microtidal River Mouth Using Geostatistical Sediment-Trend Analysis. *J. Sediment. Res.* **81**(2), 138–152. Doi :10.2110/jsr.2011.8.

Maïllis 2014 : MAÏLLIS (A.) — *Des Grecs en Camargue, un exil entre sel et mer,* éd. Odyssées, 2014, 239 p.

Malcor 1990 : MALCOR (S.) — L'épave dite « des médailles » au Grand Rouveau. Un témoignage du commerce de pacotille au début du XIXe siècle, *in : Cahiers d'Archéologie subaquatique,* IX, 1990, p. 27-53.

Manen, Boulby *et al.* 2003 : MANEN (J.-F.), BOULBY (L.) — Microsatellites from archaeological Vitis vinifera seeds allow a tentative assignment of the geographical origin of ancient cultivars, in *Journal of Archaeological Science,* 30, 6, 2003, pp. 721-729)

Mangin 2004 : MANGIN (M.) — *Le fer* (collectif), Archéologiques, Errance 2004, Paris, 242 p.

Maréchal 1985 : MARECHAL (J.-F.) — *A propos d'un lingot de plomb repêché à l'embouchure du Petit Rhône*, Bulletin de la Société nationale des Antiquaires de France, Diffusion De Boccard, Paris, 1985, p. 241-243.

Maréchal 1986 : MARECHAL (J.-F.) — *A propos de deux lingots de cuivre pur inscrits retrouvés dans la baie des Saintes-Maries-de-la-Mer*, Bulletin de la Société nationale des Antiquaires de France, Diffusion De Boccard, Paris, 1986 (1984), p. 231-239.

Maréchal 1987 : MARECHAL (J.-F.) — *Minerais, Mines et Lingots de cuivre des Cévennes et du Rouergue*, Actes du colloque Mines et Métallurgie en Gaule et dans les provinces voisines, avril 1986, *Caesarodunum*, XXII, éd. Errance, 1987, p. 164-170.

Maréchal 2002 : MARECHAL (J.-F.) — *A propos de nouveaux lingots de fer d'époque romaine découverts sur la côte de Narbonnaise*, Bulletin de la Société nationale des Antiquaires de France, Paris, 2002 (1998), p. 239-254.

Maréchal 2003 : MARECHAL (J.-F.). — A propos de quelques découvertes sous-marines aux environs de Palavas-les-Flots. *Archéologie en Languedoc*, 27, 2003, p. 119-123.

Marimon Ribas 2002 : MARIMON RIBAS (P.) — La importancia de la Gallia Lugdunensis en la distribucion de los productos béticos hacia el norte del imperio, in : L. Rivet, M. Sciallano (textes rassemblés), Vivre, produire et échanger : reflets méditerranéens. Mélanges offerts à Bernard Liou, *Archéologie et Histoire romaine*, 8, 2002, p. 379-388.

Marilier 1963 : MARILIER (J.) — Compte-rendu, *in : Cahiers de civilisation médiévale*, 6, 21, Poitiers, 1963, p. 70-72.

Marlier 2008 : MARLIER (S.) — Architecture et espace de navigation des navires à *dolia*, *Archaeonautica*, 15, 2008, p. 153-173.

Marlier 2014 : MARLIER (S.) — Arles-Rhône 3, un chaland gallo-romain du Ier s. ap. J.-C., *Archaeonautica*, 18, 2014.

Martin 1995 : MARTIN (M.) — *Objets quotidiens de l'époque romaine,* Augster Blätter zur Römerzeit 3, 1995, 556 p.

Martin-Kilcher 2003 : MARTIN-KILCHER (S.) — Dépôts en milieu urbain et amphores : évacuation organisée - réutilisation - déchets. *In* : BELLET (P.), CORDIER (P.), DIEUDONNE-GLAD (N.) dir. *- La ville et ses déchets dans le mode romain : rebuts et recyclages. Actes du colloque de Poitiers (19-21 Septembre 2002)*, éd. Monique Mergoil, Montagnac, 2003, p. 231-242.

Marty, Zaaraoui 2009 : *Contextes céramiques du Haut-Empire de la bonification de l'Estagon à Fos-sur-Mer (Bouches-du-Rhône),* SFECAG, Actes du Congrès de Colmar, 21-24 mai 2009, p. 397-426.

Marty, Guibal, Hesnard 2016 : MARTY (F.), GUIBAL (F.), HESNARD (A.) — L'Estagnon, technique de bonification d'une zone palustre au Ier s. ap. J.-C. à Fos-sur-Mer (Bouches-du-Rhône), *Les ports dans l'espace méditerranéen antique, Narbonne et les systèmes portuaires fluviolagunaires*, SANCHEZ (C.), JEZEGOU (M.-P.) dir., RAN, Sup.44, Montpellier, 2016, p.263-278.

Marty 2017 : MARTY (F.) — L'installation littorale grecque de la Roque d'Odor, à Fos-sur-Mer (Bouches-du-Rhône), *in Archaeonautica*, 19, 2017, p. 89-121.

Mazel 1935 : MAZEL (A.) — *Les Saintes-Maries-de-la-Mer et la Camargue*, éd. Soc. de la Bonne Pierre du Midi, 3e édition, Vaison-la-Romaine, 1935, 160 p.

Mc Bride, Larn, Davis 1972 : Mc Bride (P.), LARN (R.), DAVIS (R.) — A mid-17th century Merchant Ship found near Mullion Coven Cornwall : an interim Report. *IJNA*, 1, 1972, p. 135-142.

Mees 1995 : MEES (A.-W) — *Modelsignierte dekorationen auf südgallischer Terra Sigillata,* Landesdenkmalamt Baden-Württemberg, Kommissionsverlag, Konrad Theiss Verlag, Stuttgart, 1995, 266 p, 253 pl.

Meffre, Raynaud 1993 : MEFFRE (J.-C.), RAYNAUD (C.) — Céramique commune kaolinitique, dans M. Py (dir.), Dictionnaire des céramiques antiques en Méditerranée nord-occidentale, *Lattara, 6,* 1993, p. 488-499.

Mohen 1990 : MOHEN (J.-P.) — *Métallurgie préhistorique : introduction à la paléométallurgie,* éd. Masson, Collection Préhistoire, Paris, 1990, 230 p.

Mollat 1967 : MOLLAT (M.) — Problèmes maritimes de l'histoire des croisades, *Cahiers de Civilisation Médiévale,* 1967, 10, 39, p. 345-359.

Monguilan 1987 : MONGUILAN (L.) — « Une épave romaine chargée de fer et de plomb dans le golfe de Fos : *Saint- Gervais I* », in *Les Mines et la métallurgie en Gaule et dans les provinces voisines*, *Actes du colloque de Paris, 26-27 avr. 1986*, Paris, Errance (coll. *Caesarodunum*, XXII), p. 171-179.

Moracchini-Mazel, Boinard 1989 : MORACCHINI-MAZEL (G.), BOINARD (R.) — *La Corse selon Ptolémée : une carte marine révélée par le réseau des feux de signalisation et par les ruines du monachisme primitif (IVe-VIIe s.),* Cahier Corsica, éd. Fagec, 1989, 56 p.

Morel 1966 : MOREL (J.-P.) — Les Phocéens en Occident : certitudes et hypothèses, *in Velia e i Focei in Occidente*, 1966, p. 378-420.

Morel 1981 : MOREL (J.-P.) — La produzione della ceramica campana : aspeti economici e sociali, in *Società romana* e produzione schiavistica, II, Merci, mercati e scambi nel Mediterraneo, Andrea Giardina et Aldo Schiavone (dir.), Rome-Bari, 1091, p. 81-97.

Morel 1998 : MOREL (J.-P.) — La céramique « campanienne » à vernis noir, in *Terres naufragées, Le commerce des céramiques en Méditerranée occidentale à l'époque antique*, catalogue d'exposition, Musée d'Istres, 1998, p. 39-50.

Morhange, Marriner, Carayon 2015 : MORHANGE (C.), MARRINER N.), CARAYON (N.) — Géoarchéologie des ports antiques en Méditerranée, *La Géoarchéologie française au XXIème siècle,* Nathalie Carcaud et Gilles Arnaud-Fassetta (dir.), XXI, Paris, éd. du CNRS, p. 281-289.

Morize 1914 : MORIZE (J.). — Aigues-Mortes au XIIIe s., *in : Annales du midi, revue archéologique, historique et philologique de France méridionale,* 1914, 26, 103, p. 313-348.

Morrisson 2008 : MORRISSON (C.) — La monnaie sur les routes fluviales et maritimes des échanges dans le monde méditerranéen (VIe-IXe siècle), *in Acqua nei secoli altomedievali* : Settimane 55 di studio della Fondazione Centro italiano di studi sull'alto Medioevo, Spoleto, 12-17 aprile 2007 (2008), p. 631-670.

Mouchard *et al.* 2016 : MOUCHARD (J.), EPAUD (F.), GUITTON (D.), en coll. Avec FAVREAU (X.), MONTEIL (M.), YAGGER (M.) — Entre fleuve et océan, les quais à pans de bois du port antique de Rezé/*Ratiatum* (Loire-Atlantique), *Les ports dans l'espace méditerranéen antique, Narbonne et les systèmes portuaires fluviolagunaires*, SANCHEZ (C.), JEZEGOU (M.-P.) dir., RAN, Sup.44, Montpellier, 2016, p. 247-262.

Muckelroy 1978 : MUCKELROY (K.) — *Maritime Archaeology*, Cambridge University Press, 1978, 270 p.

Mulliez 2014 : MULLIEZ (M.) — *Le luxe de l'imitation, Les trompe-l'œil de la fin de la République romaine, mémoire des artisans de la couleur*, Naples, Publications du centre Jean- Bérard, 44, 2014, 236 p.

Murat 2003 : MURAT (J.-V.) — Pratiques et succès du cabotage en Méditerranée nord-occidentale au XIVè siècle. Rives nord-méditerranéennes, 2ème série, 13, 2003, p. 23-32.

Naudot 1948 : NAUDOT (C.) — *Camargue et gardians* (éd. Parc Naturel Régional de Camargue 1977), 1948, 217 p.

Neukirchen 1978 : NEUKIRCHEN (H.) — *Pirates sur toutes les mers du monde*, éd. Hier & Demain, Berlin, 1978, 306 p.

Nicolas 1876 : NICOLAS (H.) — Etudes préhistoriques sur la basse vallée du Rhône. Première partie : Constitution du sous-sol des environs d'Arles. Deuxième partie : Présence de l'homme dans les dépots de la Camargue. *Congrès archéologique de France,* 43ème session, Arles, p. 57-58, 65-68, 73-76, 83, 86.

Nicolas 1877 : NICOLAS (H.) — Constitution géologique du sous-sol des environs d'Arles, *in : Congrès archéologique de France*, 1877, Tours, p. 50-80.

Novoa 2019 : NOVOA (K.) — Décor de couvercle de lampe représentant un danseur, *in : César et le Rhône, chefs-d'oeuvre antiques d'Arles,* catalogue d'exposition, Genève, 2019, éd. Snoek, 247 p.

Oldham 1925 : OLDHAM (R.-D.) — Problems of the Rhône Delta, *Nature*, 1925, p.1-19.

Oldham 1925 : OLDHAM (R.-D.) — The portolan maps of the Rhône delta. A contribution to the history of the Sea charts of the Middle Ages, *The Geographical,* London, 1925, p.403-428.

Oldham 1926 : OLDHAM (R.-D.) — The post roman history of the Rhône Delta, *Science Progress*, n°79, p.487-496.

Oldham 1930 : OLDHAM (R.-D.) — Historic changes of level in the delta of the Rhône, *Quaterly Journal of the geographical Society*, vol. LXXXVI, part.1, 1930, p.64-93.

Oldham 1930 : OLDHAM (R.-D.) — Earth movements in the delta of the Rhône, *Nature*, n°3155, vol. 125, 1930, p. 601-604.

Oldham 1934 : OLDHAM (R.-D.) — The age and origin of the lower Rhône, *Quaterly Journal of the geographical Society*, vol. LXXXX, part.1, 1934, p.445-461.

Oldham 1939 : OLDHAM (R.-D.) — Garde et surveillance des côtes de Provence au début du XIVe siècle. Note géographique sur les postes de la région occidentale des Bouches du Rhône, *Congrès de Marseille*, Marseille, 1939, p.40-57.

Orlandos 1966-1968 : ORLANDOS (K.-A.) — *Les matériaux de construction et la technique architecturale des anciens Grecs,* I, 1966 ; II, 1968, École française d'Athènes, Travaux et mémoires des anciens membres étrangers de l'École et de divers savants, 16 et 16 bis, Paris, E. de Boccard.

Orvietani Busch 2001 : ORVIETANI BUSCH (S.) — *Medieval Mediterranean Ports, The Catalan and Tuscan Coast, 1100-1235*, Leyde, E. J. Brill, 2001, XV, 298 p.

Pagès *et al.* 2008 : PAGES (G.), LONG (L.), FLUZIN (P.), DILLMANN (P.) — Réseaux de production et standards de commercialisation du fer antique en Méditerranée : les demi-produits des épaves romaines des Saintes-Maries-de-la-Mer (Bouches-du-Rhône). *RAN*, 41, 2008, p. 261-283.

Pagès 2010 : PAGES (G.) — *Artisanat et économie du fer en France méditerranéenne de l'Antiquité au début du Moyen Âge : une approche interdisciplinaire*, Montagnac, Monique Mergoil (coll. Monographies *Instrumentum*, 37), 317 p.

Pagès *et al.* 2011a : PAGES (G.), DILLMANN (P.), FLUZIN (F.), LONG (L.) — « A Study of the Roman Iron Bars of Saintes-Maries-de-la-Mer (Bouches-du-Rhône, France) : a Proposal for a Comprehensive Metallographic Approach », *JAS*, 38-6, p. 1234-1252.

Pagès *et al.* 2011b : PAGES (G.), FLUZIN (F.), LONG (L.) — « L'acier, une variété de fer parmi d'autres ? : Approches méthodologiques des demi-produits des épaves romaines des Saintes-Maries-de-la-Mer (Bouches-du-Rhône, France) », *in* Dillmann P., Pérez L., Verna C. (dir.), *L'Acier en Europe avant Bessemer, Actes du colloque international de Paris, 8-10 déc. 2005*, Toulouse, éd. du CNRS, Université Toulouse-II Le Mirail (coll. Méridiennes, Série histoire et techniques, 4), p. 147-174.

Pagès 2014 : PAGES (G.) — Productions, commerces et consommation du fer dans le Sud de la Gaule, de la Protohistoire à la domination romaine, *Gallia*, Archéologie de la France antique, 2014, 71.2, CNRS éditions, p. 55-61.

Pagesy 1879 : PAGESY (J.) — *Mémoires d'Aigues-Mortes,* éd. Hachette, Paris, 1879, 395 p.

Panella 2001 : PANELLA (C.) — Le anfore di età imperiale del Mediterraneo occidentale, in LEVÊQUE (J.-P.) et MOREL (J.-P.) dir., *Céramiques hellénistiques et romaines*, III, PUFC, 2001, p. 177-275.

Papon 1778 : PAPON (J.-P.) — *Histoire générale de la Provence,* 2, éd. Moutard, Paris, 1178, 630 p.

Parker 1992 : PARKER (A.-J.) — *Ancient Shipwrecks of the Méditerranean and the Roman provinces* (BAR IS-580), Oxford 1992.

Passelac 1993 : PASSELAC (M.) — Céramique sigillée italique, in PY (M.). — *Dictionnaire des céramiques antiques en Méditerranée nord-occidentale*, Lattes, 1993, p. 554-568 (Lattara 6).

Passelac, Vernhet 1993 : PASSELAC (M.), VERNHET (A.) — Céramique sigillée sud-gauloises, in PY (M.). — *Dictionnaire des céramiques antiques en Méditerranée nord-occidentale*, Lattes, 1993, p. 569-580 (Lattara 6).

Pastore 2013 : PASTORE (G.) — *The Recovered Archimedes Planetarium,* Rome, 2013, 521 p.

Pastoureau 1992: PASTORE (M.) — Voies océanes, Cartes marines et grandes découvertes, Paris, Bibliothèque nationale, 1992, 184 p.

Payn-Echalier 2007 : PAYN-ECHALIER (P.) — *Les marins d'Arles à l'époque moderne*, Aix-en-Provence, PUP, 2007, 326 p.

Payn-Echalier 2008 : PAYN-ECHALIER (P.) — Le commerce fluvio-maritime, in *Arles, histoire, territoires et cultures*, J.-M. Rouquette dir., Imprimerie Nationale éd., 2008, p. 579-587, 1299 p.

Payn-Echalier, Rigaud 2016 : PAYN-ECHALIER (P.), RIGAUD (P.) — *Pierre Giot un capitaine marin "dans la tourmente". Journal, livre de bord, correspondance (1792-1816)*, Aix en Provence, PUP, 2016.

Pellegrino 2009 : PELLEGRINO (E.) — Les céramiques communes d'origine orientale dans le Sud de la Gaule au Haut-Empire. Le gobelet Maribini LXVIII, p. 251-281. In : *Les céramiques communes d'Italie et de Narbonnaise, Structures de production, typologies et contextes inédits, IIe s. av. J.-C. IIIe s. ap. J.-C.,* M. Pasqualini (dir.), Collection du centre Jean Bérard.

Pelletier 1981 : PELLETIER (A.) — Fouilles de l'odéon de Vienne (1973-1976), *Gallia*, 1981, 39-1, p. 149-169.

Pérez, Urbe 1970 : PEREZ (J.-D.), URBE (O.) — *Trésors antiques à Aigues-Mortes,* Nîmes, 1970, 25 p.

Pernambucano de Mele 1979 : PERNAMBUCANO DE MELE (U.) — The shipwreck of the galleon Sacramento-1668 off Brazil, *The International Journal of Nautical Archaeology and Underwater Exploration*, 1979, 8. 3., p. 211-223.

Pichard 1983 : PICHARD (G.) — Marine royale et histoire de l'environnement en Provence. *Compte rendu du 108e Congrès National des Sociétés Savantes*, Colloque d'histoire maritime, 1983, Grenoble, p. 287-316.

Pichard 2005 : PICHARD (G.) — La découverte géologique de la Camargue, du XVIe siècle au début du XIXe siècle, *Travaux du Comité français d'Histoire de la géologie (COFRHIGEO)*, 3è série, T.XIX, 2005, pp.113-136.

Pichard 2008 : PICHARD (G.) — Une approche climatique du Moyen Age et ses implications pour Arles et la Camargue, in *Arles, histoire, territoires et cultures*, J.-M. Rouquette dir., Imprimerie Nationale éd., 2008, 1299 p.

Pichard, Roucaute 2014 : PICHARD (G.), ROUCAUTE (E.) — *Sept siècles d'histoire hydroclimatique du Rhône d'Orange à la mer (1300-2000), Climat, crues, inondations,* Méditerranée, revue géographique des pays méditerranéens, hors-série, 2014, 192 p.

Picon 1978 : PICON (B.) — *L'espace et le temps en Camargue*, Arles, Actes Sud, 231 p.

Pieri 2002 : PIERI (D.) — Marchands orientaux dans l'économie occidentale de l'Antiquité tardive, Vivre, produire et échanger : Reflets méditerranéens ; Mélanges offerts à B. Liou, éd. Mergoil, 2002, p. 123-132.

Pirenne 1937 : PIRENNE (H.) — *Mahomet et Charlemagne*, Coll. Quadrige, PUF, Paris, 1992, 224 p.

Pirenne *et al.* 1995 : PIRENNE (H.), LYON (B.), GUILLOU (A.), GABRIELI (F.), STEUR (H.) — Haut Moyen-Age, Byzance, Islam, Occident, éd. L'Aventurine, 1995, 328 p.

Polignac 1984 : (de) POLIGNAC (F.) — *La naissance de la cité grecque. Cultes, espace et société, VIIIe-VIIe siècles avant J.-C.,* Paris, éd. de la découverte, 1984, 190 p.

Pomey *et al.* 1987-1988 : POMEY (P.), L'HOUR (M.), LONG (L.), RICHEZ (F.) — Recherches sous-Marines, l'épave Saint-Gervais 4, dans *Gallia-informations*, 1987-88.

Pomey 2002 : POMEY (P.) — Une nouvelle tradition technique d'assemblage antique : l'assemblage de la membrure par ligatures et chevilles. *In : Tropis VII, 7th International Symposium on Ship Construction in Antiquity, Pylos 1999,* Athènes : Hellenic Institute for the Preservation of Nautical Tradition, 2002, p. 597-604.

Pomey 2017 : POMEY (P.) — A propos de la voile latine : la mosaïque de Kelenderis et les *Stereometrica* (II, 48-49) d'Héron d'Alexandrie, *Archaeonautica*, 19, 2017, CNRS éditions, p. 9-25.

Pomey, Rieth 2005 : POMEY (P.), RIETH (E.) — *L'archéologie navale*, Collection « Archéologiques », dirigée par A. Ferdière, éd. Errance, 2005, 215 p.

Pons *et al.* 1979 : PONS (A.), TONI (Cl.), TRIAT (H.) — *Édification de la Camargue et histoire holocène de sa végétation,* Terre et Vie, rev. Ecol., 2, 1979, p. 13-30 (+ cartes).

Poveda 2012 : POVEDA (P.) — *Le navire antique comme instrument du commerce maritime : restitution 3D, tonnage, qualités nautiques et calculs hydrostatiques des épaves : Napoli A, Napoli C, Dramont E et Jules Vernes 7,* thèse de doctorat sous la direction de P. Pomey, CCJ CNRS, Aix-Marseille, 2012, vol 1.

Poveda 2012 : POVEDA (P.) — Restitution des formes et études hydrostatiques, in *Arles-Rhône 3, un chaland gallo-romain du Ier s. ap. Jésus-Christ,* Marlier dir., *Archaeonautica*, 18, 2014, p. 222-231.

Provansal *et al.* 1999 : PROVANSAL (M.), BERGER (J.-F.), BRAVARD (J.-P.), SALVADOR (P.-G.), ARNAUD-FASSETTA (G.), BRUNETON (H.), VEROT-BOURRELY (A.) — « Le régime du Rhône dans l'Antiquité et au Haut Moyen Âge », *Gallia*, 56, 1999, p. 29.

Provansal *et al.* 2002 : PROVANSAL (M.), BRUNETON (H.), VELLA (C.), ARNAUD-FASSETTA (G.), BALAIS (J.-L.), LEVEAU (Ph.) — *Paléohydrologie holocène dans la basse vallée du Rhône, d'Orange à la mer,* in Les fleuves ont une histoire, paléo-environnement des rivières et des lacs français depuis 15000 ans, Bravard J.-P. et Magny (M.) (dir) 2002, Errance, 2002, p. 251-258.

Provansal 2003 : PROVANSAL (M.) — Dynamiques à long terme des milieux littoraux, in *Quelle nature voulons-nous ? Pour une approche socio-écologique de l'environnement*, Leveque (C.) et Van Der Leeuw (S.) (dir.), éd. Elsevier, Paris, 2003, p. 140-145.

Provansal, Arnaud-Fassetta, Vella 2004 : PROVANSAL (M.), ARNAUD-FASSETTA (G.), VELLA (C.) — Géomorphologie du delta du Rhône, *In. : Delta du Rhône, Camargue antique et médiévale,* Landuré (C.) et Pasqualini (M.) (dir.), BAP. suppl. 2, Ed. de l'APA, 2004, p. 59-64.

Py, Roure 2002 : PY (M.), ROURE (R.) — Le Caylar (Gard), Un nouveau comptoir lagunaire protohistorique au confluant du Rhôny et du Vistre, *Varia*, 25, 2002, p. 171-214.

Raepsaet 1984 : RAEPSAET (G.) — Transport de tambours de colonnes du Pentélique à Éleusis au IVè siècle avant notre ère, *L'Antiquité classique*, 1984, 53, p. 101-136.

Raepsaet-Charlier 2011 : RAEPSAET-CHARLIER (M.-T.) — *Plumbum Germanicum*. Nouvelles données, *in L'Antiquité classique*, 2011, 80, 1, p. 185-197.

Rambert 1966 : RAMBERT (G.) — *Histoire du commerce de Marseille*, T. VIII, 1660-1789, Paris, 1966.

Randier 1984 : RANDIER (J.) — *Hommes et navires au Cap Horn,* CELIV, Milan, 1984, 383 p.

Raynaud 2015 : RAYNAUD (F.) — Les gardians de Camargue et leurs chevaux, patrimopine archivistique et photographique pour une étude historique, *In situ*, *Revue des patrimoines,* Le cheval et ses patrimoines, 2ème partie, 27, 2015, 26 p.

Reddé 1979 : REDDE (M.) — La navigation au large des côtes atlantiques de la Gaule à l'époque romaine, *MEFRA*, 91, Roma, 1979, p. 481-489.

Remesal 1986 : REMESAL (J.) — *La annona militaris y la exportacion de aceite bético a Germania,* Madrid, 1986.

Reynaud, Helly, Leglay 1982 : REYNAUD (J.-F.), HELLY (B.), LEGLAY (M.) — Nouvelles inscriptions de Lyon, *Gallia*, 1982, 40, 1, p. 123-148.

Rey *et al.* 2005 : REY (T), LEFEVRE (D), VELLA (C) — *Données nouvelles sur les lobes deltaïques du paléogolfe d'Aigues-Mortes à l'Holocène (Petite Camargue, France)*. Quaternaire, 16, 4, p. 329-338.

Rey 2008 : REY (T) — *Dynamiques hydro-sédimentaires en Petite Camargue à l'Holocène,* thèse de doctorat (2006), Univ. Montpellier III-Paul Valéry, UFR des Sciences Humaines de l'Environnement, HAL, archives-ouvertes.fr, 309 p.

Rey *et al.* 2009 : REY (T.), LEFEVRE (D.), VELLA (C.) — *Deltaic plain development and environmental changes in the Petite Camargue, Rhône Delta, France, in the past 2000 years,* Quaternary Research 71, 2009, p. 284-294.

Richarté, Gutierez Lloret 2015 : RICHARTE (C.), GUTIERREZ LLORET (S.), — Céramiques et marchandises transportées le long des côtes provençales, témoignages des échanges commerciaux entre le domaine islamique et l'Occident des IXè-Xè siècle, in RICHARTE (C.), GAYRAUD (R.-P.), POISSON (J.-M.), *Héritages arabo-islamiques dans l'Europe méditerranéenne,* La découverte, Paris, 2015, p. 209-227.

Richer 1967 : RICHER (J.) — *Géographie Sacrée du Monde Grec, Croyances astrales des anciens Grecs,* Librairie Hachette, Paris, 1967, 281 p.

Rico *et al.* 2005-2006 : RICO (C.), DOMERGUE (C.), RAUZIER (M.), KLEIN (S.), LAHAYE (Y.), BREY (G.), VON KAENEL (H.-M.) — La provenance des lingots de cuivre romains de Maguelone (Hérault, France). Etude archéologique et archéométrique, *RAN*, 38-39, 2005-2006, p. 459-472.

Rieth *et al.* 2001 : RIETH (E.), CARRIERE-DESBOIS (C.), SERNA (V.) — *L'épave de Port-Berteau II (Charente-Maritime), Un caboteur fluvio-maritime du haut Moyen-Âge et son contexte nautique,* D.A.F., 86, Paris, 2001, 154 p.

Rigaud 1984 : RIGAUD (P.) — *« La galeota d'Arle », La capture d'une galère catalane en Camargue en 1469,* éd. Mesclum, Arles, 1984, 39 p.

Rigaud, Comte 1989 : RIGAUD (P.), COMTE (C.) — *Un contrat d'assurance maritime, « Le transport d'un chargement de blé d'Arles à Gènes en 1502 »*, Bulletin des Amis du Vieil Arles, 66, ler trimestre, 1989, p. 8-17.

Rigaud 1990 a : RIGAUD (P.) — *Les embouchures du Rhône d'après quelques portulans des XIIIè-XVIIIè siècle*, Revue Capian, 3, mars 1990, p. 36-41.

Rigaud 1990 b : RIGAUD (P.) — Une fortification aux embouchures du Rhône, la Torre del Baloard (1469-1642), *Bulletin du Groupe Archéologique Arlésien*, n°13, 1990, p.28-34.

Rigaud 1991 : RIGAUD (P.) — Pirates et corsaires sur le Bas Rhône, IXe-XVe siècles, *Guerre et commerce en Méditerranée, IXe-XXe siècles*, Paris, Veyrier, 1991, p.37-57.

Rigaud 1994 : RIGAUD (P.) — *Rupem de Odor qui est in littoribus maris*. Histoire d'un confins d'Arles, *in Groupe Archéologique Arlésien*, 18, Arles, GAA, p. 2-11.

Rigaud 1994 : RIGAUD (P.) — *Caractéristiques des frégates du Rhône XVIe-XVIIe* s., in : Histoire du Rhône en pays d'Arles, Actes du colloque du 7 nov. 1992, Groupe Archéologique Arlésien, 1004.

Rigaud 1996 : RIGAUD (P.) — *Arles, le Rhône et la Mer. Catalogue des sources de l'histoire maritime et fluviale d'Arles d'après les fonds des Archives communales le fonds ancien de la médiathèque d'Arles (XIVe-XIXe siècles)*, Arles, Allège du Rhône, 1996.

Rigaud 2001 : RIGAUD (P.) — *La marine d'Arles, une histoire deux fois millénaire,* Le Chasse-Marée, 146, sept. 2001, 16-27.

Rigaud 2003 : RIGAUD (P.) — *Cabotage, caboteurs et risque de mer au début du XVIè siècle en Provence,* Rives nord-méditerranéennes, 2ème série, 13, 2003, p. 47-58.

Rigaud 2004 : RIGAUD (P.) — La navigation dans le delta, *in* LANDURE (C.), PASQUALINI (P.), *Delta du Rhône, Camargue antique et médiévale,* Aix-en-Provence, BAP. suppl. 2, éd. de l'APA, 2004, p. 271-276.

Rigaud 2004 : RIGAUD (P.) — Tours et farots en Camargue, in LANDURE (C.), PASQUALINI (P.), Delta du Rhône, Camargue antique et médiévale, Aix-en-Provence, BAP. suppl. 2, éd. de l'APA, 2004, p. 285-289.

Rigaud 2006 : RIGAUD (P.) — *Pirates et corsaires dans les mers de Provence, XVe-XVIe siècles, Lestras de la costiera,* 2006, CTHS, 277 p.

Rigaud 2008 : RIGAUD (P.) — Les navires du fleuve et de la mer (XVIe-XVIIIe siècle), *in Arles, histoire, territoires et cultures*, J.-M. Rouquette dir., Imprimerie Nationale éd., 2008, p. 571-578,1299 p.

Roblin 1991 : ROBLIN (L.), Le commerce de la mer, les navires, les structures et le financement de l'armement nantais (fin XVIIe -début XVIIIe siècle), Histoire, Economie et Société, 10-2, 1991, p. 195-225.

Rossiaud 2002 : ROSSIAUD (J.) — *Dictionnaire du Rhône médiéval : identités et langages, savoirs et techniques des hommes du fleuve, 1300-1550*, Grenoble, Centre alpin et rhodanien d'ethnologie, 2002, é vol., 255 p. et 368 p.

Rossiaud 2004 : ROSSIAUD (J.) — *Les ports fluviaux au Moyen Age (France, Italie),* in : Actes des congrès de la Société des historiens médiévistes de l'enseignement supérieur public, 35, 1, 2004, p. 9-19.

Rossiaud 2007 : ROSSIAUD (J.) — *Le Rhône au Moyen Âge : histoire et représentation d'un fleuve européen*, Paris, Aubier, 2007, 648 p.

Rothé *et al.* 2008 : ROTHE (M.-P.), BADAN (O.), CONGES (G.), LANDURE (C.), LONG (L.), RICHIER (A.) — Communes de Crau/Camargue, in Arles, Crau, Camargue, C.A.G. 13/5, M. Provost (dir), Académie des Inscriptions et Belles Lettres, 2008, 906 p.

Rougé 1966 : ROUGE (J.) — *Recherches sur l'organisation commerciale en Méditerranée sous l'Empire romain*, Paris, SEVPEN, 1966, 541 p.

Rougé 1987 : ROUGE (J.) — *Routes et ports de la Méditerranée antique, Revue d'Études Ligures,* 1987, p. 159-160.

Rouquette, Jézégou, Wicha 2004 : ROUQUETTE (D.), JEZEGOU (M.-P.), WICHA (S.) — Epave Conque des Salins (étang de Thau), *Bilan scientifique 1999, Département des recherches subaquatiques et sous-marines* (2004), p. 35-38.

Roure 2010 : ROURE (R.) — Grecs et non-Grecs en Languedoc oriental : Espeyran, Le Cailar et la question de Rhodanousia, in : TREZINY (H.) éd. – *Grecs et indigènes de la Catalogne à la mer Noire.* Actes des rencontres du programme européen Ramses2 (2006-2008). Paris-Aix-en-Provence, Errance, 2010, p. 680-688 (BiAMA, 3).

Russel 1942 : RUSSEL (R.-J.) — Geomorphology of the Rhône Delta, *Annals of the Association of American geographers*, XXXII, 2, Louisiana State University, 1942, p. 149-254.

Russel 2013 : RUSSEL (B.) — Roman and late-antique shipwrecks with stone cargos : a new inventory, *Journal of Roman Archaeology*, 26, 2013, p. 331-361.

Sabatier 1772 : SABATIER (J. de) — *Mémoires de cour et de guerre,* manuscrit, in catalogue général des manuscrits des bibliothèques publiques de France. Départements, Tome XX. Arles, 1772, 204 p.

Sanchez, Ginouvez, Kotarba 2011 : SANCHEZ (C.), GINOUVEZ (O.), KOTARBA (J.) — La question des établissements littoraux en relation avec le système portuaire : L'apport des prospections « Sud-Narbonnais » et des recherches récentes, in *Espaces littoraux et Zones portuaires de Narbonne et sa région dans l'Antiquité*, M. A. M., 41-66.

Sanchez, Jézégou 2011 : SANCHEZ (C.), JEZEGOU (M.-P.) — Les ports de Narbonne : Mythe ou réalité ? in *Espaces littoraux et Zones portuaires de Narbonne et sa région dans l'Antiquité*, M. A. M., 2011, 267-270.

Sanchez, Jézégou 2016 : SANCHEZ (C.), JEZEGOU (M.-P.) — *Les ports dans l'espace méditerranéen antique, Narbonne et les systèmes portuaires fluvio-lagunaires,* RAN, suppl. 44, Montpellier, 2016, 402 p.

Santrot 1981 : SANTROT (J.) — Une statuette de Mercure à Monbazillac (Dordogne), *Gallia*, 1981, 39-2, p. 211-217.

Sauzade 2008 : SAUZADE (G.) — *Arles avant Arles : préhistoire de la région,* in Arles, Histoires et Cultures, J.-M. Rouquette (dir.), Imprimerie nationale, Paris, 2008, p. 55-65.

Sauze 2013 : SAUZE (E.) — L'origine du mot « Camargue », In J. Blondel, G. Barruol, R. Vianet (dir.), *L'encyclopédie de la Camargue*, Buchet-Chastel, Paris, 2013, 351 p.

Saxer 1954 : SAXER (V.) — *La « Vie de Sainte-Marie-Madeleine » attribuée au pseudo-Raban Maur, œuvre claravallienne du XIIè siècle,* Mélange Saint-Bernard, Association bourguignonne des sociétés savantes, 8ème centenaire de la mort de Saint-Bernard, Dijon, 1954, p. 408-421.

Saxer 1959 : SAXER (V.) — *Le culte de Marie-Madeleine en Occident, des origines à la fin du Moyen Âge,* Auxerre, vol. 1, Publications de la Société des Fouilles Archéologiques et des Monuments Historiques de l'Yonne (2 vol.), 1959, 464 p.

Schweyer 2020 : SCHWEYER (C.) — Les Etrusques, des marins sans port d'attache, *Océan, Une plongée dans l'invisibble,* Pop'Sciences, Université de Lyon, Mag#6, juin 2020, p. 44-51.

Silvino 2007 : SILVINO (T.) — Lyon, La fouille du Parc Saint-Georges : le mobilier céramique de l'Antiquité tardive, *RAE*, 56, 2007, p. 187-230.

Simien 2013 : SIMIEN (F.) — *Mémoires en Images, Saintes-Maries-de-la-Mer,* éd. Sutton, 2013, 2, 1238 p.

Solier 1981 : SOLIER (Y.) — Les épaves de Gruissan, *Archaeonautica* 3, Paris, CNRS, p. 7-264.

Stenuit 1977 : STENUIT (R.) — *La flûte engloutie*, Plon, 1977, 309 p.

Sternberg 1998 : STERNBERG (M.) — *Les produits de la pêche et la modification des structures halieutiques en Gaule Narbonnaise du IIIe siècle av. J.-C. au Ier siècle ap. J.-C. Les données de lattes (Hérault), Marseille (Bouches-du-Rhône) et Olbia-de-Provence,* Mélanges de l'école française de Rome, 1998, 110-1, p. 81-109.

Stouff 1982 : STOUFF (L.) — *Arles et le Rhône à la fin du Moyen Age,* les levées et le port, *Provence Historique,* XXXII, fasc. 127, 1982, p. 15-36.

Stouff 1990 a : STOUFF (L.) — Le mas arlésien aux XIVe-XVe siècles : à propos de l'habitat dispersé dans la Provence du bas Moyen Age, Cadres de vie et société dans le Midi médiéval, *Annales du Midi*, T. CII, Toulouse, Privat, 1990, p.161-171.

Stouff 1990 b : STOUFF (L.) — Les mas arlésiens au XVe siècle. Deux documents, *Annales du Midi*, T. CII, Toulouse, Privat, 1990, p.493-495.

Stouff 1993 : STOUFF (L.) — La lutte contre les eaux dans les pays du bas Rhône XIIe-XVe siècles. L'exemple de pays d'Arles. *Méditerranée*, t. 78, n°3-4, 1993, pp. 57-68.

Stouff 2000 : STOUFF (L.) — *Arles au Moyen Âge*, éd. La Thune, Marseille, 2000.

Stouff 2008 : STOUFF (L.) — *Arles et la guerre* (milieu XIVe s.– milieu XVe s.), in : *Villes en guerre, XIVe-XVe s.,* C. Raynaud (dir.), éd. Le temps de l'Histoire, Presses universitaires de Provence, 2008, p. 127-136.

Stouff 20014 : STOUFF (L.) — *Arles au Moyen Âge finissant*,Presses Universitaires de Provence Aix, 2014, 372 p..

Sue 1839 : SUE (E.) — Correspondance de Henri d'Escoubleau de Sourdis archevêque de Bordeaux, augmentée des ordres, instructions et lettres de Louis XIII et du cardinal de Richelieu, concernant les opérations des flottes françaises de 1636 à 1642, III, Documents inédits de l'Histoire de France, Paris, Crapelet, 1839, p. 308.

Surell 1847 : SURELL (E.) — *Mémoire sur l'amélioration des embouchures du Rhône,* Imprimerie cévenole, Nîmes, 141 p.

Tassinari 2012 : TASSINARI (S.) — Digression autour de vases domestiques en bronze, *in : Bronzes grecs et romains, recherches récentes, Hommage à Claude Rolley,* Denoyelle (M.), Descamps-Lequime (S.), Mille (B.) (dir.)., actes de colloque, INHA, 2012, p. 366-401.

Tchernia 1969 : TCHERNIA (A.) — Recherches sous-marines, *Gallia*, XXVII, 1969, 2, p. 465-499.

Tchernia 1986 : TCHERNIA (A.) — *Le vin de l'Italie romaine, essai d'histoire économique d'après les amphores,* BEFAR, fasc. 261, Ecole française de Rome, palais Farnèse, 1986, 410 p.

Terre 2009 : TERRER (D.) — Tête monumentale d'Auguste. *In* : LONG (L.), PICARD (P.) dir. - *César. Le Rhône pour mémoire. Vingt ans de fouilles dans le fleuve à Arles*, Actes Sud – Musée Départemental Arles Antique, Arles, 2009, p. 110-111.

Teissier 1986 : TEISSIER (M.) — Cinq épaves, de Beauduc à l'Espiguette, 1986, Nîmes, 92 p.

Teyssier 2009 : TEYSSIER (E.) — Militaires et gladiateurs, Armes et objets, In LONG Luc, PICARD Pascale (dir.), *César, le Rhône pour mémoire,* Actes Sud, 2009, pp. 348-351.

Teyssier 2016 : TEYSSIER (E.) — *Arles la romaine,* éd. Alcide, Nîmes, 2016, 378 p.

Tran 2014 : TRAN (N.) — *C. Veturius Testius Amandus*, les cinq corps de lénunculaires d'Ostie et la batellerie tibérine au début du IIIe siècle, *MEFRA*, 126-1, 2014, Ostia antica – varia (10.4000/mefra.2043).

Tréziny 2004 : *Sources écrites grecques et latines*, Bulletin archéologique de Provence, Delta du Rhône, Camargue antique et médiévale, BAP, suppl. 2, Editions de l'APA, 2004, p. 93-104.

Trincherini *et al.* 2001 : TRINCHERINI (P.-R.), BARBERO (P.), QUARATI (P.), DOMERGUE (C.), LONG (L.) — Where do the lead ingots of Saintes-Maries-de-la-Mer Wreck come from ? Archaeology compared with physics. *Archeometry* 43, 3, 2001, 393-406.

Valaison 1970 : VALAISON (F.) et (M.-C.) — Statuette de bronze découverte au large des Saintes-Maries-de-la-Mer, *RAN*, 1970, 3, p. 179-185.

Van Compernolle 2005 : VAN COMPERNOLLE (T.) — La « Mappa di Soleto ». Document de travail provisoire préliminaire au Colloque de Montpellier, 10-12 mars 2005. Colloque International *"La Mappa di Soleto"*. Échanges de cultures en méditerranée ancienne, Montpellier 10-12 mars 2005.

Vella 1999 : VELLA (C.) — *Perception et évaluation de la mobilité du littoral holocène sur la marge orientale du delta du Rhône*. Thèse nouveau régime en Géographie Physique de l'Université de Provence, Aix-Marseille I, 225 p.

Vella *et al.* 1999 : VELLA (C.), LEVEAU (Ph.), PROVANSAL (M.), GASSEND (J.-M.), MAILLET (B.), SCIALLANO (M.) — Le canal de Marius et les dynamiques littorales du golfe de Fos, Le Rhône romain, Dynamiques fluviales, dynamiques territoriales, *Gallia*, 56, 1999, p. 131-139.

Vella 2004 : VELLA (C.) — *Le rôle de la mer : position du niveau marin et du trait de côte depuis 6000 ans, In. : Delta du Rhône, Camargue antique et médiévale,* BAP. suppl. 2, Editions de l'APA, 2004, p. 79-90.

Vella *et al.* 2005 : VELLA (C.), FLEURY (J.), RACCASI (G.), PROVANSAL (M.), SABATIER (F.) BOURCIER (M.) — Evolution of the Rhone delta plain in the Holocene. *Marine Geology*, 222-223, 235-265.

Vella 2008 : VELLA (C.) — La région d'Arles : un territoire géomorphologique ? 10 000 ans de Paléo-géographie et paléo-environnements, 61-71. In : Carte Archéologique de la Gaule, M.-P. ROTHE & M. HEIJMANS, 609 p.

Vella *et al.* 2009 : VELLA (C.), HERMITTE (C.), PARISOT (J.-C.) — La résistivité électrique et la géomorphologie au service de l'archéologie, In : LONG (L.), PICARD (P.), *César le Rhône pour mémoire*, Actes-Sud, Musée départemental Arles Antique, 2009, p. 204-207.

Vella *et al.* 2014 : VELLA (C.), TOMATIS (C.), SIVAN (O.) — Le contexte paléoenvironnemental, in : *Arles-Rhône 3, un chaland gallo-romain du Ier s. ap. J.-C.,* Archaeonautica, 18, 2014, p. 65-73.

Vella *et al.* 2016 : VELLA (C.), LANDURE (C.), LONG (L.), DUSSOUILLEZ (P.), FLEURY (J.), TOMATIS (C.), SIVAN (O.), MARTY (F.), ISOARDI (D.), POTHIN (V.) — Ports fluviaux, ports lagunaires du Rhône et son delta à l'Antiquité : mobilité environnementale et dynamiques géomorphologiques comme contraintes à l'aménagement (Port d'Arles, Fos Saint-Gervais, Ulmet), in *: Les ports dans l'espace méditerranéen antique, Narbonne et les systèmes portuaires fluvio-lagunaires,* C. Sanchez et M.-P. Jézégou dir., RAN, suppl. 44, Montpellier 2016, p. 353-368.

Venturini 2006 : VENTURINI (A.) — Le sel de Camargue au Moyen-Âge, Etude comparative des pays d'Aigues-Mortes (Languedoc, royaume de France) et de Camargue proprement dite (Comté de Provence, Empire) (IXe–XVe siècle), *in : Le sel de la Baie, Histoire, archéologie, ethnologie des sels atlantiques,* J.-C. Hocquet et J.-L. Sarrazin (dir.), Presses universitaires de Rennes, 2006, p. 365-392.

Villain-Gandossi 1978 : VILLAIN-GANDOSSI (C.) — Navires du Moyen-Âge, *Archéologia*, 114, janvier 1978, p. 8-23.

Virlouvet 2004 : VIRLOUVET (C.) — Les naviculaires d'Arles. A propos de l'inscription provenant de Beyrouth, *MEFRA*, 2004, 116-1, p. 327-370.

Willers 1901 : WILLERS (H.) — *Die römischen Bronzeeimer von Hemmoor (mit einem Anhange über die römischen Silberbarren aus Dierstorf)*, Hannover-Leipzig 1901.

Wolf *et al.* 2007 : WOLF (E.), LANCEL (S.), SOLER (J.) — *Claudius Rutilius Namantianus, sur son retour,* Paris, Les Belles Lettres, 2007 (Coll. Des Universités de France).

Zabeo 2016 : ZABEO (M.) — Construire dans l'eau : aménagements antiques à interpréter dans la lagune de Venise, in *: Les ports dans l'espace méditerranéen antique, Narbonne et les systèmes portuaires fluvio-lagunaires,* C. Sanchez et M.-P. Jézégou dir., RAN, suppl. 44, Montpellier 2016, p. 279-290.

GEORGES NAEF

E-mail : naef.georges@gmail.com
Site : www.georgesnaef.com

Maquette / Graphisme : HEXA-AIX, Aix-en-Provence
Imprimé en Union Européenne (UE)
Dépôt légal : septembre 2021 - ISBN : 2-8313-0438-5